汽车润滑解码

（第三版）

石俊峰　编著

中国石化出版社
HTTP://WWW.SINOPEC-PRESS.COM

内容提要

本书介绍了摩擦磨损的原理以及基础油、添加剂的性能、发展趋势，详细阐述了内燃机油、车辆齿轮油、液压油与液力传动油、汽车制动液、汽车冷却液、润滑脂及车用尿素的分类、规格、性能要求及应用，包括油品配方的研究、故障分析、行车试验等内容。

本书可供内燃机及车辆润滑油（液）应用的技术人员和从事润滑油（液）研制、生产和销售的技术人员参考，也可作为大专院校相关专业师生的参考书。

图书在版编目（CIP）数据

汽车润滑解码 / 石俊峰编著 .--3 版 .—北京：中国石化出版社，2020

ISBN 978-7-5114-5735-6

Ⅰ .①汽… Ⅱ .①石… Ⅲ .①汽车—润滑油—研究 Ⅳ .① U473.6

中国版本图书馆 CIP 数据核字（2020）第 091156 号

中国石化出版社出版发行

地址：北京市东城区安定门外大街58号

邮编：100011　电话：（010）57512500

发行部电话：（010）57512575

http：//www. sinopec-press. com

E-mail：press@ sinopec. com

北京柏力行彩印有限公司印刷

*

787×1092毫米　16开本　22印张　535千字

2020年6月第3版　2020年6月第1次印刷

定价：98.00元

第三版前言

《汽车润滑解码（第二版）》自2012年出版以来，这本拙著幸得专业技术人士的肯定和赞扬，在主机厂家、汽车后市场相关企业的质量、技术部门及大专院校教学中得到广泛应用。

2012年至今，全球汽车产业经历了深刻的技术变革，润滑油产品标准的升级迭代更是呈现出加速之势。2020年5月1日，美国石油学会正式发布全新汽油发动机机油API SP标准，对轿车发动机油润滑性能指标进行了全面的提升。与此同时，国Ⅵ排放标准的全面实施，对汽机油和柴机油规格提出了更高的要求。

为了更好地适应行业形势变化及广大读者的需要，应中国石化出版社的要求，我和龙蟠科技研究院的相关专家一道，对原书进行了一轮重要的更新，本次新增的主要内容包括：API SP汽机油、CK-4柴机油等最新发动机油规格标准的相关介绍，以及与车用尿素溶液相关的内容等。

本书在修订再版过程中，得到了多位国内外润滑技术专家的支持和帮助，在此一并致以衷心的感谢。

石俊峰

2020年6月

目录
Contents

第一章 概　述……………………………………………… 1

第一节　世界车用润滑油市场需求现状 ……………………… 2
第二节　影响世界车用润滑油市场的因素分析 ……………… 2
一、原油价格的波动对车用润滑油市场的影响 ……………… 2
二、全球汽车工业的迅速发展对车用润滑油市场的影响 …… 3
三、车用润滑油质量标准的发展对其市场的影响 …………… 4
第三节　中国车用润滑油市场需求现状 ……………………… 4

第二章 摩擦与磨损基础知识……………………………… 6

第一节　摩　擦 ……………………………………………… 6
第二节　磨　损 ……………………………………………… 12
一、磨损的分类 ……………………………………………… 12
二、影响磨损的因素 ………………………………………… 15
三、减少磨损的途径 ………………………………………… 17

第三章 基础油与添加剂………………………………… 19

第一节　润滑油基础知识 …………………………………… 19
一、矿物润滑油的来源及其基本生产方法 ………………… 19
二、原油的分类 ……………………………………………… 20
三、原油组成 ………………………………………………… 23
第二节　润滑油的基本生产方法 …………………………… 26
一、原油加工方案 …………………………………………… 26
二、润滑油加工过程 ………………………………………… 27
三、润滑油基础油分类及代号 ……………………………… 31
四、润滑油的基本指标 ……………………………………… 39

五、基础油的选用 …… 40
第三节　润滑油产品分类 …… 41
一、工业润滑油黏度分类 …… 42
二、车辆润滑油黏度分类 …… 42
第四节　基础油应用知识问答 …… 43
第五节　汽车润滑油添加剂 …… 70
一、油品添加剂的分类 …… 70
二、添加剂的作用 …… 71
三、内燃机油添加剂的研究现状及发展趋势 …… 78
第六节　润滑油中的纳米材料 …… 82
一、纳米材料的制备方法 …… 83
二、纳米材料的结构和特性 …… 83
三、纳米材料在润滑油添加剂方面的应用 …… 83
第七节　生物降解润滑剂的特点 …… 85
一、生物降解润滑剂的组成与特点 …… 86
二、润滑剂生物降解机理及评定方法 …… 88
第八节　润滑油添加剂面临的挑战和发展趋势 …… 91
一、添加剂面临的挑战 …… 91
二、添加剂未来发展趋势 …… 94

第四章　内燃机油 …… 95

第一节　内燃机工作原理 …… 95
第二节　内燃机油的作用 …… 96
第三节　内燃机油的使用性能 …… 98
第四节　内燃机油黏度标准和质量规格 …… 101
一、内燃机油黏度标准 …… 101
二、内燃机油质量规格 …… 103
第五节　提高内燃机油质量的途径 …… 133
第六节　内燃机油的组成 …… 134
一、汽油机油配方研究 …… 135
二、通用内燃机油配方研究 …… 139
三、柴油机油配方研究 …… 140
四、燃气发动机油 …… 158
五、摩托车专用机油 …… 162
第七节　内燃机油的应用 …… 174
一、柴油机油的使用试验 …… 174
二、润滑油的合理换油期 …… 179
三、内燃机油配方的延伸 …… 180

四、内燃机油的应用 …… 182
第八节 API发动机油认证概述与我国发动机油认证展望 …… 190
一、API发动机油认证体系 …… 190
二、API标志 …… 190
三、API认证程序 …… 192

第五章 车辆齿轮油 …… 194

第一节 概 述 …… 194
一、车辆齿轮油 …… 194
二、国外车辆齿轮油情况 …… 194
三、我国车辆齿轮油的发展概况 …… 195
第二节 车辆齿轮油的特性和标准 …… 196
一、车辆齿轮油的作用 …… 196
二、车辆齿轮油的性能要求 …… 197
三、车辆齿轮油的规格 …… 198
四、车辆齿轮油台架评定 …… 205
第三节 车辆齿轮油的配方和应用 …… 207
一、车辆齿轮油的组成 …… 207
二、车辆齿轮油的配方 …… 208
三、车辆齿轮油的选用 …… 210
第四节 车辆齿轮油的发展趋势 …… 219
一、推动车辆齿轮油发展的因素 …… 219
二、车辆齿轮油的发展趋势 …… 220
第五节 车辆齿轮油知识问答 …… 223

第六章 液压油和液力传动油 …… 231

第一节 液压油的分类与规格要求 …… 232
一、液压系统对液压油的质量要求 …… 233
二、液压油的分类 …… 235
三、液压油的规格标准 …… 236
第二节 液压油的性能与组成 …… 238
一、高压抗磨液压油 …… 238
二、清洁液压油 …… 240
三、高黏度指数多级液压油 …… 243
四、多级液压油应用案例 …… 246
第三节 液压油的应用 …… 246
一、液压油的正确选用及注意事项 …… 246

二、液压油污染物的控制 …… 249
三、液压油质量与液压系统故障 …… 250
四、液压技术发展对液压油性能的要求 …… 251
第四节 车用减震器油 …… 251
一、减震器的工作原理 …… 251
二、减震器油的性能要求 …… 252
三、国内外主要减震器油的性能及规格 …… 253
四、减震器油的研制和开发 …… 253
第五节 液力传动油和自动传动液 …… 255
一、液力传动油的分类 …… 256
二、汽车自动传动液的组成 …… 263
三、无级变速器油的特性与配方 …… 266
四、双离合器变速器油的特性与要求 …… 268
五、汽车自动传动液的选用 …… 271
六、我国液力传动油的生产 …… 272
第六节 润滑油液监测技术 …… 273
一、油液监测技术的基本原理和方法 …… 273
二、油液监测技术是对润滑油销售的技术支持 …… 274
三、油液监测技术的发展趋势 …… 274

第七章 汽车制动液 …… 275

第一节 制动液产品标准 …… 275
一、国外制动液产品标准的制定和发展概况 …… 275
二、我国制动液产品标准及发展状况 …… 279
第二节 汽车制动液的性能 …… 281
第三节 汽车制动液的组成 …… 282
一、醇型汽车制动液的组成 …… 282
二、矿物油型汽车制动液的组成 …… 283
三、合成汽车制动液的组成 …… 283
四、硼酸酯型汽车制动液的配制 …… 283
第四节 我国汽车制动液的发展趋势 …… 285
第五节 汽车制动液的正确使用与维护 …… 286

第八章 汽车冷却液 …… 287

第一节 冷却系统和冷却介质 …… 287
一、冷却系统的功能 …… 287
二、冷却系统的结构 …… 287

三、冷却介质 …… 288
第二节 发动机冷却液的标准和配方 …… 290
一、冷却液的分类 …… 290
二、发动机冷却液的标准 …… 290
三、冷却液的组成 …… 295
第三节 发动机冷却液的应用 …… 296
一、冷却液的正确选用与注意事项 …… 296
二、发动机冷却液出现非正常热现象分析 …… 297
第四节 新能源汽车冷却液 …… 300
一、新能源车辆发展现状 …… 300
二、新能源汽车的分类和主要技术 …… 301
三、新能源汽车的循环冷却系统 …… 304

第九章 润滑脂 …… 311

第一节 润滑脂的分类 …… 311
一、按稠化剂类型分类 …… 311
二、按主要用途分类 …… 312
三、按使用性能分类 …… 313
四、按润滑脂应用部门和应用部位分类 …… 314
五、润滑脂的组成 …… 316
第二节 我国汽车润滑脂的现状及研制 …… 317
一、车用润滑脂 …… 317
二、我国车用润滑脂的现状 …… 319
三、汽车用新型润滑脂的研制 …… 321
第三节 车用润滑脂发展的里程碑——ASTM D4950 …… 323
一、ASTM D4950的适用范围 …… 323
二、ASTM D4950的制定给我们的启示 …… 324
三、我国车用润滑脂发展的主要问题与解决方法 …… 325
第四节 环保型高性能长寿命润滑脂 …… 326
第五节 润滑脂生产工艺 …… 327
一、锂基润滑脂生产工艺 …… 327
二、烃基润滑脂生产工艺 …… 327
三、无机润滑脂生产工艺 …… 327
四、皂基润滑脂的间歇式生产程序（10点法） …… 328
第六节 润滑脂的特性与应用 …… 329
一、润滑脂的特性 …… 329
二、润滑脂的选用 …… 330

第十章 车用尿素溶液……334

第一节 车用尿素产品标准……334
一、国外汽车尾气排放标准的发展状况……334
二、国内汽车尾气排放标准的发展状况……335
三、国内外车用尿素溶液标准的发展……335
第二节 车用尿素溶液的性能……336
一、高效的还原性……337
二、结晶点更低……337
三、对催化剂无毒性……337
四、安全节能、清洁环保性……337
第三节 车用尿素溶液的组成……338
一、低温型车用尿素溶液的组成……338
二、传统车用尿素溶液的组成……338
第四节 我国车用尿素溶液的发展趋势……338
第五节 车用尿素溶液的使用……339
一、车用尿素溶液的工作原理……339
二、车用尿素溶液的使用注意事项……339

参考文献……341

第一章 概 述

润滑油作为石油产品的一个品类，具有技术含量高、产品附加值较高的特点。一个国家润滑油使用水平的高低，直接反映了这个国家的经济发展程度、设备控制状况、生产效率和环保意识的状况。

2013～2019年国际市场润滑油需求量变化见图1–1。

图1–1 2013～2019年全球润滑油需求量变化趋势图

中国已经成为仅次于美国的全球第二大润滑油生产和消费国，车用润滑油的消费量占润滑油总消费量的一半。我国汽车工业的持续发展，给润滑油行业带来了广阔的前景，车用润滑油是润滑油升级换代最快的品种，代表了润滑油的发展水平，也是润滑油行业利润的主要来源。由于我国的地区发展跨越较大，市场上的润滑油产品几乎涵盖了从低档SG、CF–4到高档SP、CK–4在内的所有质量级别，但随着汽车排放相关法规的日益严格，我国车用润滑油的质量标准也必将由低级向高级发展。

随着我国汽车产业的快速发展、私家车普及率的不断提高，到2020年4月，中国汽车保有量已经达到2.6亿辆，预计到2020年年末，中国的汽车保有量将会超过美国，成为全球保有量最大的汽车大国，由此对高档车用润滑油的消费需求将迅速增加。

在占世界润滑油需求一半以上的车用润滑油市场份额中，高、中、低档润滑油分别占15%～20%、50%和30%～35%；但是，车用润滑油80%的利润来却自这20%的高档润滑油市场，这是一个非常值得注意的问题。所以，有必要对影响世界及我国车用润滑油市场的主要因素进行研究，以便及时了解其发展趋势。

随着我国经济的快速发展和人民物质文化生活水平的提高，汽车工业成为国民经济的支柱产业，接近一半的城镇居民家庭已经拥有汽车。汽车润滑油作为保证车辆安全行驶、长期运行的重要产品，越来越受到汽车制造厂家、车辆维修人员、车辆用户及经销商的重视和关注。

本书作为系统介绍汽车润滑知识的专著，为读者全面了解与汽车相关的润滑知识，解决在用车实际中遇到的与润滑相关的问题，提供全方位信息。为此，本书从介绍润滑原理、基础油生产开始，着重阐述了内燃机油、变速箱油、车辆齿轮油、液压油及液力传动油、润滑脂、制动液、防冻液和车用尿素溶液等诸多产品的知识，详细介绍了这些油液的性能、配方组成、规格、标准、发展现状及趋势，对油液在使用中常见问题以问与答的形式展示，尽量做到通俗易懂。

第一节　世界车用润滑油市场需求现状

对于世界润滑油消费结构而言，车用润滑油占各类润滑剂总需求的一半以上，目前全球润滑油需求趋于稳定，基本维持在3500～4000万吨/年，2019年全球润滑油的需求量为4290万吨，比2018年略有增长。从2000年起，中国经济持续高速发展，使亚太地区取代北美成为市场份额最大的区域性市场，润滑油消费量占44%，北美退居第二，为23%，欧洲第三，为17%。

同时，由于环保和发动机技术进步的双重作用，北美、西欧和日本等发达国家生产商为了生产性价比更好、质量较高的润滑油，以达到减少润滑油的用量，他们都更趋向于采用天然气合成油或以高度精制基础油调制的高质量等级的环保型润滑油。

第二节　影响世界车用润滑油市场的因素分析

一　原油价格的波动对车用润滑油市场的影响

2009～2018年间原油价格发生了很大的变化（见图1-2）。世界经济、地缘政治因素的变化，欧佩克及世界其他地区原油供应的变化以及美国政府对油价的态度，都是影响原油价格的原因。

由图1-2可以看出，从2009年3月到2016年1月，国际油价经历了一轮“上升——高位震荡——下降”的完整周期，2016年到2018年，国际油价又进入了一个上升阶段，2019年的油价则相对有所降低。总体而言，由于刚性需求的作用，润滑油价格的波动幅度要小于原油，润滑油价格的平均变化率也高于同期全球通货膨胀率，因为润滑油技术含量较高，其价格构成中既包含了通胀因素，也包括了技术含量提高的部分。

2020年4月，受新冠肺炎疫情的影响，国际油价出现了有史以来最剧烈的波动，4月20日，美国西得州轻质原油期货5月结算价收于每桶-37.63美元，这是自石油期货从1983年在纽约商品交易所开始交易后首次跌入负数交易，预计全年的石油价格仍将在低位徘徊。

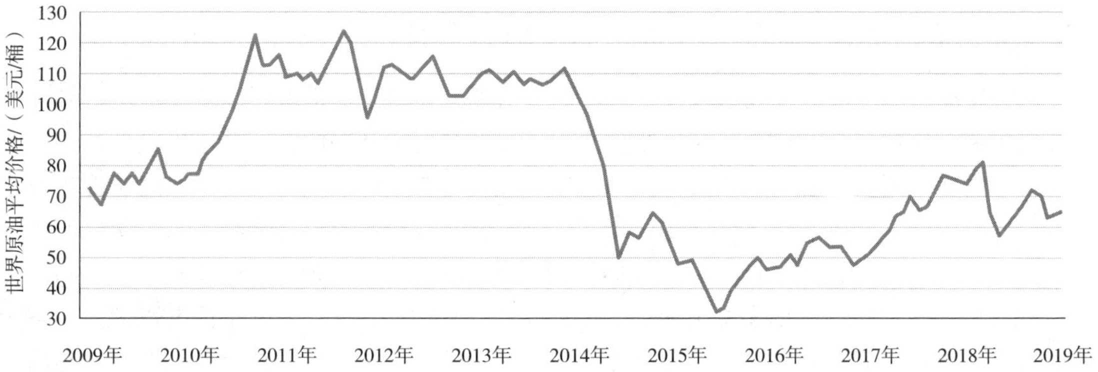

图1–2 世界原油年均价格

二 全球汽车工业的迅速发展对车用润滑油市场的影响

全球汽车保有量已经突破14亿辆，但由于润滑油质量档次的提高，延长了车辆换油期，因此润滑油总需求量增长并不明显。全球及主要国家汽车产销量见表1–1。庞大的市场保有量为车用润滑油需求量的稳定增长提供了强有力的保障。

同时，从表1–1还可看出，作为经济发达地区的北美和西欧，它们的汽车产量在逐年下降，2019年，美国的汽车产量为1088万辆，仅相当于中国2572.07万辆汽车产量的42.3%；欧盟第一大国德国的汽车产量466.13万辆，仅相当于中国的18.1%。汽车销售量的此消彼长，直接影响着车用润滑油需求在全球范围内的重新分配，从而预示着世界各大润滑油公司会根据汽车市场中心的转移，向着有更大潜力的亚太市场进军。

表1–1 2019年全球前十汽车生产国汽车产量及变化 万辆

国家	乘用车产量	商用车产量	汽车总产量	增长率
中国	2136.02	436.05	2572.07	–7.5%
美国	251.28	836.72	1088.00	–3.7%
日本	832.88	135.55	968.43	–0.5%
德国	466.13	0.00	466.13	–9.0%
印度	362.33	89.27	451.60	–12.2%
墨西哥	138.27	260.41	398.68	–2.8%
韩国	361.26	33.80	395.06	–1.9%
巴西	244.85	49.65	294.50	2.2%
西班牙	224.80	57.43	282.24	0.1%
法国	167.52	52.73	220.25	–2.9%

数据来源于OICA（Organisation Internationale des Constructeurs d'Automobiles，国际汽车制造商协会）

三 车用润滑油质量标准的发展对其市场的影响

从世界车用润滑油的发展历程来看，车用润滑油的质量是由低级向高级发展的，其发展主要是为了适应汽车设计的改进、道路状况改善以及节能、环保的社会要求。具体地讲，车辆的技术进步、延长换油期、降低对尾气处理装置及对排放的影响、提高燃油经济性以及更严格的环保法规，都将继续推动车用润滑油质量的发展。近几年，随着汽油发动机的小型化、低速化，以及对低速早燃现象的预防需要，汽油机油的SN PLUS、SP等新等级陆续上市；随着柴油发动机技术的不断升级，4万公里、6万公里、10万公里等长里程换油的柴油机油新产品也随之应运而生。内燃机油的升级换代，不仅反映了发动机技术的进步，反映了社会在节能、环保等可持续发展方面所做的努力，而且还代表了各润滑油公司的技术实力和品牌形象，因此，内燃机油的研究和发展，在润滑油行业最受瞩目。

第三节　中国车用润滑油市场需求现状

随着中国经济的快速增长，国内润滑油消费需求逐年增长。2019年，中国润滑油总消费量达580万吨，其中车用油消费量340万吨，工业油消费量240万吨，产能分布见表1–2。

表1–2　　我国2019润滑油产能及分布

地区	2019年润滑油产能/万吨	2019年润滑油产能占比
华东地区	228	27.98%
华北地区	192	23.56%
东北地区	68	8.34%
华南地区	60	7.36%
西北地区	42	5.15%
华中地区	25	3.07%
西南地区	22	2.70%

数据来源于“唐普资讯”。

汽车工业的发展和环保法规的日益严格，促进了我国车用润滑油的升级换代和用油质量水平的提高，必然会对我国车用润滑油的发展产生深远的影响。

中国已经连续十年成为全球最大的汽车市场。2020年我国汽车保有量突破2.6亿辆，每千人的汽车保有量已经达到180辆，汽车已经成为日益普及的大众消费品。

中国汽车工业的迅速发展，标志着润滑油这一过去带有一定专业性的产品正从工业品向日常民用消费品转化。随着轿车产量的增长和国六排放标准的实行，高档车用润滑油的需求量快速增长，促使我国车用润滑油产品升级加快。近几年新出厂的轿车，大都要求使用SN级以上的发动机油，SN PLUS等级的发动机油销量在2019年也出现了显著的增长。2020年5月1日，API SP规格正式发布，SP等级的发动机油将在今后数年成为各大品牌重新划定排名座次的新起点。

目前中国市场上车用润滑油产品几乎涵盖API（American Petroleum Institute，美国石油学会）低档SG、CF-4到高档SP、CK-4的所有质量级别，主流产品为SN、CI-4及以下的中、低档产品。自2020年7月1日起，全国范围实施轻型汽车国六排放标准，禁止生产国五排放标准轻型汽车；2021年1月1日起，国五车型全国禁售。上述规定的实施，必将使汽车发动机与设备都将对润滑油性能提出更高的要求。此外，新能源汽车销量的不断攀升以及锂电池、燃料电池的技术突破，从长远来看，也将逐步改变我国车用润滑油市场的格局。

第二章　摩擦与磨损基础知识

摩擦消耗了世界上一次性能源的1/3以上，磨损是材料与机械设备失效的3种主要形式之一。润滑则是减少摩擦、降低或避免磨损的最有效手段。在我国，每年因摩擦导致的机械磨损所损耗的材料高达几百亿元，并且由于我国石油资源短缺，造成了经济快速发展与石油需求之间的矛盾，解决这一矛盾的有效途径之一为“减少摩擦、降低磨损、提高油品的燃油经济性、改善润滑条件、节约能源”，这已成为我国各行业科技攻关的重大课题。为了满足发展现代工业的发展和环境保护的需求，未来新兴润滑剂和润滑技术必须立足高速发展的现代工业，同时兼顾环境友好，即满足绿色、高效、多功能（或多效化）的多重需求。新兴的润滑技术已为现代工业、国防等领域的发展提供了无限可能，相信通过努力届时必将会有很多奇特的润滑材料出现，“超润滑”“零摩擦”的新型润滑材料的出现完全有可能。

虽然关于摩擦材料的摩擦磨损机理研究很多，但由于摩擦材料中成分和组织以及材料性能的复杂性，迄今为止还没有一个公认的理论能解释摩擦过程中摩擦磨损的机理。例如，在低负荷和低温下，主要磨损机理既有认为是摩擦磨损的，也有认为是黏着磨损或疲劳磨损的。一般来说，摩擦材料中金属对偶件可出现5种磨损类型，即磨粒磨损、黏着—撕裂磨损、疲劳磨损、热磨损和宏观剪切磨损。

由于对磨损机理的认识不尽相同，且各种磨损机理都未能完全解释各种材质和工况下的摩擦学现象，所以很难建立摩擦磨损的计算模型与公式。目前已有的公式大部分是基于某种磨损机理而建立的，或是根据特定的试验条件而建立的经验公式。

第一节　摩　擦

两个相互接触的物体，在外力作用下发生相对运动或者具有相对运动的趋势时，在接触表面之间产生阻止发生相对运动或者相对运动趋势的阻力，这个阻力称为摩擦力，这种现象称为摩擦现象。为了降低两个相对运动的接触表面间的摩擦与磨损，保证摩擦副长期可靠地工作，节约能源，必须选择良好的润滑。润滑工程已经成为新兴的摩擦学的重要内容。摩擦学是关于摩擦、磨损和润滑的科学。摩擦系统由4个基元组成：一个接触件，对应接触件，上述两者之间的界面和界面上的介质以及环境。在普通滑动轴承中，材料副是轴和轴瓦；在内燃机中，材料副是活塞环和汽缸壁，或者凸轮和挺杆。互相接触的物体相对运动时产生的摩擦现象，被科学家归纳为三条基本定律：

①摩擦与两物体的接触面的大小无关；

②摩擦阻力与垂直负荷成正比；

③在动摩擦中，摩擦阻力与滑动速度无关。

根据上述定律得出摩擦力F与负荷W的关系：$F=f\cdot W$，f称为摩擦系数，在一定条件下，摩擦系数f是一常数。

随着科学技术的不断发展，在实际生活中，出现了与摩擦定律相矛盾的现象，较明显的是对于非常光滑、清洁的表面，摩擦力是与接触面积成正比的；当滑动速度较大时，摩擦阻力会下降。此外，还发现对于光滑表面，摩擦阻力还随着表面粗糙度下降而变化。总之，摩擦现象是产生在两个摩擦表面之间的，它与摩擦表面的相互作用有着密切的关系。它可能是物理过程、物理–化学过程（例如吸附、解吸过程），或者本质上是化学过程（摩擦化学）。摩擦计量参数如摩擦、磨损和温度等数据可从应力面积获取。摩擦应力是表面和接触几何形状、表面负荷或润滑剂黏度等众多指标的产物，摩擦系统结构示意于图2–1。

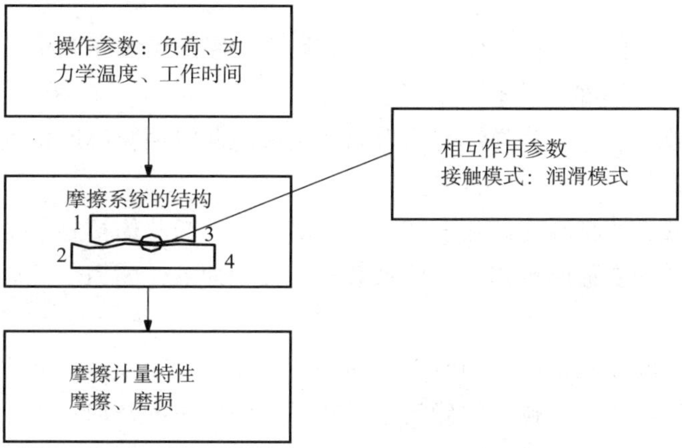

图2–1　摩擦表面示意图

1，2—材料副；3—界面和界面上的介质（润滑剂）；4—环境

金属加工零件的表面层是由不同物质的薄层构成的，其性质与金属零件材料的基体不同。最外面的一层是脏污物质，如油污、灰尘等，其厚度约为30nm；第二层是吸附分子膜，是从周围大气中吸附来的气体、液体分子，厚度为0.3～3nm；第三层是氧化层，是金属表面与空气中的氧化合而成，厚度为10～20nm；第四层是加工变质层，厚度约为1000nm；再下面就是金属的基体。

加工变质层是金属零件在加工过程中，表层受到车削、研磨等机械加工作用而熔化、流动，最后冷却，沉聚在冷的金属基体上，形成一种不定形结构或是微晶结构的硬化层。

由上述可看出，金属零件的表面是不平滑的，有凸峰及凹陷，这种高低不平程度用表面粗糙度来表示。表面粗糙度的大小由加工方法决定，加工愈精细，粗糙度愈小。在加注润滑油的条件下，金属表面还附有油膜等，这些情况对金属零件的摩擦、磨损、润滑都有重大影响。

所有汽车制动系统都是利用摩擦作用进行制动的，车轮制动器利用摩擦制动车轮，轮胎与路面间的摩擦力使汽车停驶，可见摩擦的产生和存在对汽车制动系统是非常重要的。摩擦是两接触表面互相滑动时产生的力，分静摩擦和动摩擦，制动控制包含了两种摩擦形式。汽车动力及传动设备中，凡是相互之间有相对运动和相互接触的两个零件就组成一对摩擦副，如轴与滑动轴承、滚动轴承里的滚动体与保持架等。

根据摩擦副的运动形式，可分为滑动摩擦和滚动摩擦。根据摩擦零件工作条件和润滑油在摩擦表面间所起的作用，将润滑分为两种类型：流体润滑和边界润滑。

流体润滑是在两个摩擦表面之间有一薄层具有一定压力的流体，流体将摩擦表面完全隔开，流体中的压力平衡了摩擦零件所受的外载荷，流体润滑的主要优点是摩擦阻力小。流体润滑还可进一步分为液体动力润滑、液体静力润滑和气体润滑。液体动力润滑是由摩擦面间的相对运动，使收敛形缝隙中的黏性液体产生压力，用以平衡外载荷，并使液体形成足够厚的油膜，将两摩擦表面完全隔开。也就是说，液体动力润滑不需借助外力作用，而靠部件本身运动，在摩擦表面间建立一高压油膜，使摩擦面分开，减少机械表面的摩擦和磨损。液体动力润滑在工业中有很重要的作用，汽车及机械设备都离不开液体动力润滑。液体动力润滑要靠润滑油，起主要作用的是润滑油的黏度。根据操作条件、油膜厚度及材料性质将润滑分为3个区域：

①流体润滑区域。包括弹性流体润滑。此区域内油膜厚度大于两表面粗糙度，摩擦系数f的大小与液体及零件材料的力学性质有关。

②混合润滑区域，或称部分弹性流动力润滑区域。此时油膜厚度接近表面粗糙度，较高的微凸体互相接触。

③边界润滑区域。油膜厚度仅几个分子层厚或更小，微凸体接触数量增多，此时负荷几乎全部靠接触微凸体的变形所承担，摩擦系数与两接触面液体的力学性质、物理性质和化学性质有关。

液体的黏度表示液体阻止运动的能力，黏稠的液体黏度较大，流动比较困难。液体黏度的物理含义是由黏性液体的牛顿定律确定的：在黏性液体中的任何一点，剪切力与剪切速率成正比。测定液体黏度的方法很多，在实验室中应用最多的是玻璃毛细管黏度计，其原理是，一定量的液体流过毛细管的时间t与液体黏度 ν 成正比，即 $\nu = ct$。每一支玻璃黏度计的常数c，可用已知黏度的标准液来测定。

我国石油产品的运动黏度按国家标准GB/T 265进行测定，即一定量的试油在一定温度下流过毛细管的时间，乘上已知系数即得试油的运动黏度，运动黏度的SI单位m^2/s，过去，在CGS制中，曾以斯托克（简称斯，St）作为运动黏度单位，St与m^2/s之间的关系为$1St = 10^{-4} m^2/s$，$1cSt$（厘斯）$= 10^{-6} m^2/s = 1mm^2/s$（毫米^2/秒）。美国石油学会建议从1978年1月1日起测定黏度的温度为40℃（工业用油）和100℃（车辆用油）。

从Stribeck曲线分析看出，摩擦系数随着轴承特性因数的减少而降低，当降到一个临界值时，摩擦系数迅速增大。临界点主要与摩擦表面粗糙度有关。零件表面加工比较精细，表面的微凸体比较矮小，虽然油膜比较薄，但仍能保证两表面的微凸体不直接接触，因而仍能满足流体润滑条件。相反，如加工粗糙，表面微凸体比较高，虽然油膜厚也保证不了流体润滑要求。

在液体流动润滑中，润滑油膜有效隔开两摩擦面，由于表面不直接接触，因此就不出现黏附和磨料磨损，摩擦阻力的大小仅由润滑油的黏度决定。但是液体动力润滑必须在润滑油的黏度和运动零件的转速、负荷配合适当的条件下才能实现，在负荷增大或黏度、转速降低的情况下，液体动压油膜将变薄，当油膜厚度薄到小于摩擦面微凸体的高度时，微凸体将会直接接触，这时摩擦系数增大，并出现能控制住的有限磨损。此时对摩擦副的减摩抗磨作用，不仅取决于润滑油的黏度，更重要的是取决于润滑油化学成分与表面的互相作用，这种情况就属于边界润滑。边界润滑大部分摩擦面上存在一层与润滑介质本体性质不同的薄膜，这层薄膜厚度小于表面微凸体的高度，不能防止摩擦面微凸体的接触，但有良好的润滑性能，可减少摩擦和磨损。

边界润滑广泛地出现于摩擦零件中，如齿轮、发动机汽缸的上下止点及凸轮等处，汽车启动或停车时均会出现边界润滑，边界润滑的状态决定于摩擦面的性状及边界膜的性质，其形成与表面的特殊性有关，特别是摩擦过程中引起的一系列物理和化学效应，有利于边界膜的形成。边界润滑主要特征是，在摩擦过程中摩擦副的表面要与润滑剂及环境介质共同发生作用。在边界润滑过程中，摩擦产生的机械能所引起的表面效应起着很重要的作用，在机械能的作用下，摩擦副表面缺陷增多，剥离出具有活性的新鲜金属表面，激发出外逸电子，形成高强度电场，出现瞬时高温、高压等。这些效应激发和促进了摩擦表面间物理和化学作用的进行，使周围介质和摩擦表面相互作用，在表面形成保护膜和改进膜，减缓了零件的摩擦和磨损。具体地说，金属在摩擦过程中会产生塑性变形，导致能量的大量消耗，进而转化成热量，集中在金属表面的热量瞬时温度可达500～1000℃，这么高的温度下，化学反应很容易进行。例如内燃机油常用的抗磨剂ZDDP、齿轮油中极压抗磨剂硫化异丁烯、亚磷酸酯胺盐，温度在200℃就开始分解，分解出活性元素，还会与摩擦表面发生化学反应，生成极压膜。因此，为了在边界润滑条件下降低摩擦力，在润滑油中加入极压抗磨剂、摩擦改进剂、油性剂，这些添加剂根据它们与摩擦表面的不同作用，能在表面形成吸附膜、沉积膜、反应膜或渗透膜。

吸附膜是润滑剂的极性分子吸附在摩擦表面上形成的，又可进一步分为物理吸附膜和化学吸附膜，前者是由分子吸引力的作用形成，后者是由极性分子的价电子与金属表面的电子交换作用形成。在金属表面形成的吸附膜是物理吸附还是化学吸附，决定于金属表面的活性程度及油中极性分子的性质，化学吸附膜强度较大。当负荷过大或速度过高时，摩擦产生的热量较多，摩擦表面温度逐渐升高，当温度升到吸附膜失效或者熔化时，油膜破裂，摩擦系数迅速增大。

吸附膜和沉积膜在缓和的摩擦条件下工作，而在苛刻条件下工作则选用含硫、磷、氯等元素的添加剂，如硫化烯烃、亚磷酸酯、氯化石蜡，来增强润滑剂的抗磨损、抗黏附作用。硫、磷、氯元素在较高温度下与摩擦面金属发生化学反应，生成能承受较大负荷及剪切强度较低的极压膜。这类反应膜实际上是摩擦面上金属与硫、磷、氯等元素作用生成低熔点无机膜，它们在形成过程中能流动到接触点周围表面，使表面变得平顺光滑，起着化学抛光作用，使单位面积上承载负荷下降。

了解金属表面的性状和负荷与真实接触面的关系，是为了研究产生摩擦与磨损的原因，以及减少摩擦和磨损的方法。汽车燃料燃烧释放的能量中40%用于汽车驱动，30%被汽缸冷却系统消耗，30%的能量由排放消耗；如果单独就摩擦损失来讲，燃料通过燃烧释放的能量中有20%～25%被零件间的摩擦所消耗，降低这部分消耗是节能的关键。

发动机的摩擦部位主要来自阀系、活塞/缸套和轴承，其润滑方式包含了边界润滑、混合润滑和弹性流体润滑，而且在不同的转速、负荷和温度下，各种润滑方式的影响程度也会发生变化。一般而言，轴承主要处于弹性流体润滑状态，阀系和活塞/缸套处于边界/混合润滑状态，要达到降低摩擦和改善燃油效率，就要根据具体的润滑方式采用不同的解决办法。目前，根据发动机的润滑特点进行节能研究主要集中在两方面：在流体润滑和弹性润滑状态下，两摩擦副被润滑油膜隔开，摩擦阻力的大小仅由润滑油的黏度决定，较低的黏度意味着较小的摩擦损失，减少摩擦的关键因素是黏度；在混合和边界润滑状态下，含有减摩剂的润滑油可以在摩擦副表面生成一种剪切强度低、具有层状结构的物理吸附膜或化学反应膜，可以有效降低摩擦损失。关于产生摩擦的原因，有诸多看法，其中黏附理论较为合理。黏附理论认为：金属表面间的摩擦首先是在接触点发生了粘结，当两表面相对运动时，必须有足够大的切向力来剪断这些粘结点。另外，较硬的金属表面的微凸体会陷入较软的金属表面，两表面相对运动时，硬的微凸体会在软的金属面上犁出沟来。粘结和犁沟就是引起摩擦的原因，剪切粘结点和犁沟时所需的切向力就是用来克服摩擦阻力的。

摩擦副在一些部位之所以会发生“黏附”，是因为金属表面压在一起时，仅微凸体的尖端相互接触，由于接触处的面积很小，接触点间的应力很大，大到足以引起接触处的材料产生塑性变形。在接触处产生塑性流动时，摩擦表面的油污等薄膜和氧化层被破坏，暴露出洁净的金属表面，当洁净的两金属表面接触时，表面的原子间会形成较强的金属键结合，出现了两表面金属材料的黏附。黏附理论能解释摩擦定律，还能进一步说明摩擦系数和金属材料性质的关系。该理论还推导出摩擦力与负荷成正比，这是因为摩擦力是与真实接触面积成正比，而真实接触面积又与负荷成正比，最后表现为摩擦力与负荷成正比的关系。古典摩擦定律中提到的摩擦力与接触面积无关，应该说或是与表观接触面积无关，而与真实接触面积有关的。

两金属表面接触时，硬金属表面的微凸体会刺入软金属表面，当发生相对运动时，硬金属表面的微凸体所经过之处，使软金属表面发生塑性变形而犁出一条沟来，犁沟效应是引起摩擦阻力的原因之一。当焊接作用较轻微时，犁沟效应将是产生摩擦阻力的重要原因。例如，交界面间有润滑油膜的情况就是如此。

黏附–犁沟学说较为成功地解释了金属表面的干摩擦现象，但是摩擦现象是比较复杂的，不能认为黏附和犁沟效应是引起干摩擦的全部原因。实际上除了黏附和犁沟效应外，摩擦还包含表面粗糙度和产生静电等因素。在不太光滑的表面，粗糙度一般情况下给整个摩擦系数的影响为0.01个数量级或者更小些，在比较光滑的表面上，随着粗糙度的减小，摩擦阻力反而增大，这是因为在此种情况下黏附的倾向增加了。

滚动摩擦阻力很小，但是滚动摩擦机理却很复杂。滚动时不发生滑动摩擦时的“犁沟”和黏着接点的剪切现象。一般认为滚动摩擦主要来自4个方面：微观滑移、弹性滞后、塑性变形、黏着作用。

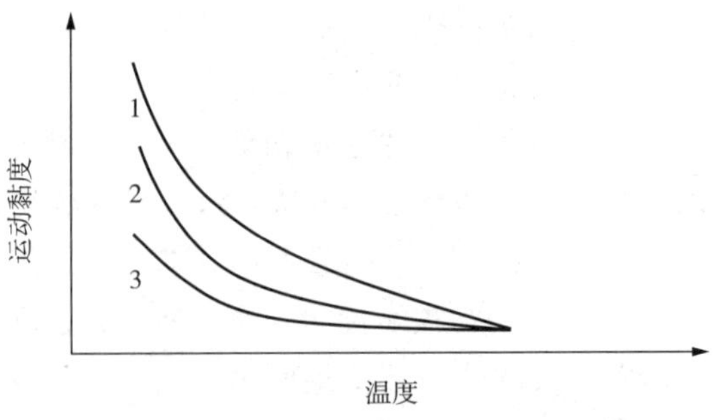

图2–2 基础油黏度与温度的关系
1—环烷基油；2—石蜡基油；3—合成油

温度对黏度的影响较大。液体黏度基本上由分子间吸引力决定，当温度升高时，体积膨胀，分子间的距离增大，分子间吸引力减弱，导致液体黏度的下降。几种润滑油基础油黏度随温度变化的情况见图2–2。

润滑油的黏度随温度升高而变小的性质为黏温特性，特别对在宽温度范围使用的汽车润滑油来说尤为重要。黏温特性是评价润滑油性质优劣的主要标志之一，黏度指数就是用来衡量润滑油黏温特性优劣的指标。

黏度指数是人为地选择两种标准油与之比较而得出的质量标准，选择一种黏温性能好的石蜡基原油，由它制取的基础油黏度指数（Viscosity Index，VI）定为100；再选择一种黏温性能差的环烷基原油，由它制取出的基础油黏度指数定为0；要求某一润滑油黏度指数时，先测出油品40℃和100℃的运动黏度，根据推导出来的计算公式，换算出油品的黏度指数。在实际工作中多不采用计算法，而采用比较简单的查表法。我国计算石油产品黏度指数的方法GB/T 1995与国际标准组织的方法一致，以40℃及100℃的运动黏度来计算黏度指数。从基础油黏度与温度关系图看出，三种油的黏度在100℃相同，但由于黏温特性不同，低温时黏度差别很大，高黏度指数的合成油黏温性能好，低温时黏度变化不大，反之，黏度指数小的环烷基油低温黏度变化相当大。黏温性能较好、黏度指数较高、价格较低的石蜡基基础油广泛用于汽车润滑油中。

润滑油降低摩擦、减缓磨损的能力统称为润滑性能，润滑油的此种性能可以使摩擦表面的摩擦系数减小，从而降低摩擦损失，提高工作效率，并且能减缓摩擦表面的相互磨损，使机械的使用寿命延长。在其他条件相同的情况下，黏度较大的润滑油，在摩擦表面间形成的油膜厚度，较之黏度较小的润滑油所形成的要大。总之，液体的润滑性能仅与液体黏度有关。在选择润滑油时，应根据机械的工作状态来选择黏度适当的润滑油，以保证在设计时规定的工作状态下，能形成足够厚的油膜，防止摩擦面直接接触。同时，还应避免黏度过大，以造成过大的摩擦损失。在液体润滑中，除可按油膜厚度、运动速度、承受压力等计算所需要的润滑油黏度外，还可利用经验数据和图表等来估计所需润滑油的黏度。

在流体润滑中，润滑油的润滑性能可由黏度来判别，而在边界润滑中，润滑性能不能只用一些简单的理化指标来判别，因为边界膜的形成很复杂。即使不考虑其他因素的影响而单纯从油的成分来分析也是比较复杂的，如油中所含极压剂、油性剂，甚至胶质和沥青等都有影响。

由于这些反应膜的熔点、剪切强度低，又能降低单位表面的负荷，所以它们能减少金属的粘结、磨损并提高承载能力。这类添加剂对于齿轮油而言是至关重要的，齿轮油配方中，90%以上都是含硫、磷元素的极压抗磨剂。选择添加剂来增强边界膜的润滑作用时，除了要求在界面上形成的牢固边界膜能起到良好的润滑作用外，还要求形成的边界膜必须稳定，不易被氧化或水解而产生酸性物质或胶质等。此外，还要考虑到边界膜与接触材料的配伍性，有的边界膜在形成过程中要与金属表面发生化学反应，但是反应不能过强，以免引起金属的化学腐蚀。例如在车辆齿轮油中，亚磷酸酯（T304）是相当好的抗磨剂，但其化学活性太强，致使腐蚀、锈蚀严重，因此齿轮油中多选用活性温和的磷酸酯胺盐类T305、T307和T308。因此，在选择添加剂时，必须根据具体的油品、金属材料等进行实验室模拟试验，使生成的边界膜在润滑性、稳定性、配伍性等各方面能满足使用要求。如果要求润滑油在边界润滑的缓和及苛刻条件下都能起到良好的润滑作用，应加入多种油性剂和极压抗磨剂，以适应较宽的温度范围。

任何摩擦和磨损的过程都可分为极压和抗磨两个过程，只是对于不同的过程，二者各自所占的比重不同而已。例如，四球磨损试验机测得的钢球磨斑直径既与抗磨性有关，也与极压性有关，如下式所示：

$$d = f(0.6\alpha_w + 0.4\alpha_{EP})$$

式中　d——在（1470±50）r/min、400N、1h条件下的磨斑直径；

α_w——与抗磨性有关的系数；

α_{EP}——与极压性有关的系数。

在目前所使用的润滑油添加剂中，任何一种单剂都很难同时满足极压性、抗磨性的要求，不同结构、不同活性的极压剂、抗磨剂以及油性剂各自在不同的摩擦过程中起作用，油性剂在较低的温度下起作用，而在这温度下，极压剂、抗磨剂基本上不起作用；对于极压剂而言，主要取决于金属表面的反应，而这种反应则属于化学腐蚀，常温下难以进行。因此，为了取得较好的综合抗磨效应，将不同化学活性的极压剂、抗磨剂、油性剂复合使用，取得协同效应。图2-3给出了极压剂与油性剂对摩擦系数的影响。

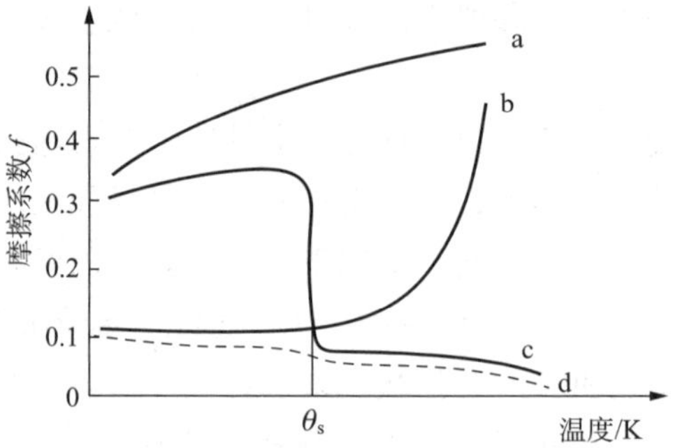

图2-3　几种吸附膜在不同温度下对摩擦系数的影响

a—非极性润滑油；b—含脂肪酸润滑油；c—含极压剂润滑油；d—b、c两种情况混合

摩擦过程是一个十分复杂的过程。摩擦系数不仅随着材料的不同而不同，而且还受其他因素的影响，即摩擦系数不是材料的固有特性，而是材料和工作条件综合的特性。通过实验证明了负荷、粗糙度、滑动速度、温度、表面膜等因素对摩擦系数均有相当的影响，同一种摩擦副在不同的因素影响下可能有极不相同的摩擦系数。

第二节　磨　损

磨损是伴随着摩擦而产生的必然结果，是摩擦副在做相对运动时，表层材料不断发生损耗的过程。汽车运动部件失效模式中，磨损失效约占60%，所以人们极其关注磨损机理、影响磨损的因素和降低磨损的措施等问题。磨损和摩擦一样，是十分复杂的现象，也是一种微观和动态的过程。在这个过程中，表面材料含有弹性、塑性变形，摩擦表面和表层也会伴生一系列物理、化学和机械变化。

一　磨损的分类

两个相互接触的金属表面相对运动时，便会发生摩擦和磨损。磨损的分类方法很多，有的按磨损的现象，有的按磨损件的运动方式，有的按磨损的机理，目前尚无统一的分类方法。按照磨损的机理可将磨损分为黏附磨损、磨粒磨损、疲劳磨损、分层磨损、电蚀磨损、腐蚀磨损等几个基本类型，见表2-1和图2-4。

表2-1 四种基本磨损类型

类型	内容	特点
黏附磨损	摩擦副相对运动时，由于固相焊合，接触点表面的材料由一个表面转移到另一个表面的现象，即黏着磨损	接触点黏着剪切破坏
磨粒磨损	在摩擦过程中，因硬的颗粒或硬的凸出物，冲刷摩擦表面而引起材料脱落的现象，即磨料磨损	磨料作用于材料表面而破坏
疲劳磨损	两接触表面做滚动或滚动滑动复合摩擦时，因周期性载荷作用，使表面产生变形和应力，从而使材料导致裂纹和分离出微片或颗粒的磨损，即疲劳磨损	表层或次表层接触应力反复作用而疲劳破坏
腐蚀磨损	在摩擦过程中，金属同时与周围介质发生化学或电化学反应，产生材料损失现象，即腐蚀磨损	有化学反应或电化学反应的表层腐蚀破坏

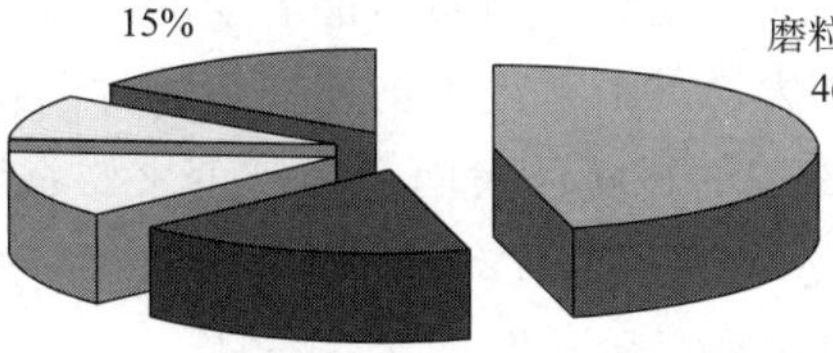

图2-4 磨损类别图

磨损是指摩擦副相对运动时表面物质不断损失或产生残余变形的现象。摩擦副的磨损过程可分为：磨合阶段、稳定磨损阶段和剧烈磨损阶段。稳定磨损属于正常润滑情况，剧烈磨损阶段说明润滑失效，需维修摩擦副或换润滑油。

1．黏附磨损

任何很光滑的金属表面，从微观结构的角度来看仍然是粗糙的。两个摩擦副只靠少数孤立的微凸体相接触。当加上负荷时，在互相接触的突出处，局部压力很高。如超过屈服强度时，微凸体就产生塑性变形，直到真正的接触面积增大到足以支持所加的负荷为止。在没有其他表面膜存在的情况下，这些接触面互相粘结在一起，因而接触处会出现冷焊现象。摩擦面继续滑动时就会剪断连接点，同时又产生新的连接点，在进一步受到摩擦时，一些转移的金属会被摩擦下来，金属表面便会出现磨损，即黏附磨损。

根据黏附磨损理论可推导出简化的黏附磨损定律，说明磨损量与摩擦经历的路程成正比，磨损量与负载成正比，磨损量与较软材料的屈服强度成正比。黏附程度不同，黏附磨损类型也不同。若剪切发生在黏附结合面上，表面转移的材料极轻微，称为“轻微磨损”，如汽缸缸套与活塞的正常磨损。当剪切发生在软金属浅层里面，转移到硬金属表面上，称为“涂抹”，如重载涡轮副的磨损。若剪切发生在软金属接近表层的地方，硬金属可能被划伤，称为“擦伤”，如发动机活塞环与汽缸缸套的异常磨损，缸套被拉伤即“拉缸”。当剪切发生在摩擦副一方或两方金属表面较深的地方，称为“撕脱”，如在主轴和滑动轴承中的严重磨损及滑动轴承表面可以看到这种现象。若磨损再继续严重发展，它们之间会咬死，不能相对运动，称为“咬合”。

2．磨粒磨损

外界硬颗粒或者表面上微凸体在摩擦过程中引起的表面材料脱落的现象称为磨料磨损。通常，磨粒磨损是硬的物质使较软的金属表面擦伤而引起的磨损，可分为两种类型：一种是粗糙的硬表面在软的表面擦过引起的，另一种是硬的颗粒在两个摩擦面间滑动引起的。在摩擦面间出现磨损性颗粒物时，如果金属的弹性变形足以能容许颗粒通过，那么，表面的永久性擦伤是能避免的。例如汽车发动机曲轴的合金轴承，由于合金较软，能容许细小的颗粒杂质嵌入合金中而不产生不良影响，因而减缓了曲轴的磨损。

3．疲劳磨损

黏附磨损和磨粒磨损的机理是基于固体表面的直接接触，磨损在摩擦一开始就出现，并且在整个摩擦过程中持续下去。但这两种磨损机理尚不能解释摩擦副被油膜隔开，表面间无尘埃及金属等颗粒的磨损，这种类型的磨损称之为疲劳磨损。设计、制造很好的滚动轴承的磨损即属于这种情况。滚动轴承在滚动过程中，滚动元件之间有一层润滑油膜，两个零件的表面虽然不直接接触，但对面的强大应力可通过油膜传递过来。疲劳磨损与剪切应力的大小和剪切的次数有关，当剪切应力超过了材料所能承受的限度时，材料就会出现裂纹，在周期性的剪切力作用下，裂纹扩大，并沿着最大剪切应力的方向扩展到表面。当剪切次数达到临界值时，裂纹就发展到使少量的材料从表面上脱落下来，金属表面出现点蚀、剥落。此时，滚动轴承的使用寿命也就终结了。而滑动轴承的黏附磨损和磨粒磨损在一开始运转时就出现，并使轴承逐渐损坏，可用磨损量来衡量磨损情况。

滑动接触会产生黏附磨损和磨粒磨损，是由于两微凸体接触时，一个微凸体或者两个同时在压力下产生塑性变形而让过，不发生粘结和擦伤。经过多次的这种形式的接触，就会出现疲劳而折断，形成磨损碎片。

影响疲劳磨损的因素很多，有金属的质量、表面硬度、粗糙度和润滑油的性质等。由于金属质量差，在金属中就会含有杂质及空隙等，当受到交变应力的作用时，杂质、空隙的尖角处容易产生裂纹，形成早期破坏。润滑油的性质对疲劳磨损有影响，在其他性质相近的情况下，增大黏度能延缓出现损坏的时间。四球机试验结果表明，当黏度从50mm^2/s增加到650mm^2/s时，损坏出现的时间比原来的长3倍，在有润滑油的滚动接触过程中，材料表层受到周期性载荷作用引起表层塑性变形，致使表面硬化，最后在表层出现初始裂纹。初始裂纹向与滚动方向呈小于45° 的倾角方向扩展，并由表及里扩展。当润滑油楔入裂纹中后，若滚动物体的运动方向与裂纹端部方向一致，滚动物体接触到裂纹口时，当裂口封住，使裂纹内的润滑油产生很大压力，迫使裂纹扩展，最后扩展到一定深度，在载荷继续作用下，裂纹与表面间的小金属块折断，形成痘斑状凹坑。

当两个滑动表面接触时，通过接触点传递正向和切向力。较硬表面的微凸体，在滑动时会使软表面发生塑性变形，由于传递力的反复作用，表面的塑性变形增大，因而引起次表面出现空隙。在力的反变作用下，空隙增大，并与相邻的空隙连接形成裂纹，当裂纹发展到一定长度就会伸延向表面，最后使表面层脱落，形成长而薄的磨损碎片。

4．腐蚀磨损

在摩擦过程中，表面金属材料与周围介质发生化学反应或电化学反应，引起金属表面的腐蚀产生剥落，称为腐蚀磨损。腐蚀磨损经常发生在高温或潮湿的环境中，更容易发生在有酸、碱、盐溶液等特殊介质环境中。按腐蚀介质的不同类型，又可分为氧化磨损和特殊介质下的腐蚀磨损。当摩擦是在腐蚀性环境中进行时，摩擦表面会发生化学反应，并在表面上生成反应产物。一般情况下，反应产物与表面粘结不牢，容易在下一步的摩擦过程中被擦掉，露出新的金属表面又产生反应产物，这样不断循环下去，金属表面便被逐渐磨损。腐蚀磨损过程极为复杂，反应产物与环境的成分有关。

使用润滑油能防止金属表面遭受环境中腐蚀物质的损害，但是如果有水分或者腐蚀性物质落入油中，以及油品的氧化变质都会使油的腐蚀性增大。

腐蚀作用一般会增大机器的磨损，但在一定条件下又利用腐蚀作用来减少磨损。例如，在齿轮油中加入化学活性高的腐蚀性极压添加剂，其中含有相当比例的硫、磷、氯元素，能与金属作用生成保护层——极压膜，防止因金属直接接触而出现烧结。

二　影响磨损的因素

磨损是一个多因素在摩擦表面相互作用的过程，摩擦副的材料及加工处理方法不同，其工况条件不同，磨损的形式和磨损速度就不同。影响零件表面磨损的因素有表面膜的状态、温度、负荷、金属的结晶构造等。实际工作中这些因素之间并非孤立的，相互间都有影响。

1．表面膜的影响

摩擦磨损是发生在机械零件的表面层，因此，覆盖在零件上的表面膜对磨损有很大影响。多数金属都是覆盖着氧化膜，即使刚刚经过机械加工，裸露的清洁金属表面，在很短的时间内，就能在表面生成5～50个分子层厚的氧化膜。当覆盖于表面的氧化层在摩擦过程被擦去时，几乎与此同时就会在新露出的金属面上产生一单分子氧化层。只有在负荷很小的情况下，氧化层才可能防止金属的直接接触，但氧化层能防止金属接触面积的增大，因而能降低摩擦及磨损。

（1）边界润滑

边界润滑是指两摩擦面间有油膜，但油膜厚度又不足以完全防止微凸体接触的情形。很多机械是在边界润滑条件下工作的。有的机械虽然设计在液体动压润滑条件下工作，但油膜厚度是速度的函数，在启动和停车过程中速度较低，油膜厚度变薄，不足以使两摩擦面完全隔开，就会出现边界润滑。润滑油中的添加剂与金属表面生成的吸附膜能够限制金属表面微凸体的接触和限制接触面的扩大，因而可减缓机械的磨损。边界润滑剂的效能与其流变性关系不大，主要取决于它的化学性能。例如液态脂肪酸的效果就比碳链长度相同的醇类好，因为活性较强的脂肪酸，化学吸附作用更强，在金属表面形成了一层固态金属皂膜。在润滑条件更加苛刻的双曲线齿轮中，脂肪酸及醇会因接触处的局部温度过高而失效，因此在齿轮油中加入了含硫、磷、氯等元素的化合物，它们在正常温度下是稳定的，但在温度较高的接触点会与金属作用，生成硫化铁、磷化铁、氯化铁等保护膜，防止微凸体烧结，使黏附磨损降到最低的程度。

（2）固体润滑剂

固体润滑剂多使用于轴承表面，可采用树脂黏附的方法，或以粉状形式在低负荷下加入摩擦面间，被吸附在金属表面，最后形成完整的连续覆盖膜。也可以将粉末状的固体润滑剂加在润滑油中，最后摩擦面同样获得一固体润滑剂的覆盖层。固体润滑剂也可以用于汽车发动机的磨合过程，将它加在发动机油中，在金属表面生成薄膜，减少金属接触及防止连接点的扩大，并能形成一低剪切强度的界面。固体润滑剂可用于润滑油、润滑脂不适用的情况，如高温高真空等，也可用于像汽车发动机漏油等紧急情况的短期润滑。

（3）其他表面层

在金属表面镀上一层抗磨的金属能降低摩擦面间的磨损。钛和铬都是很硬的金属，它们的镀层曾成功地用来保护气缸衬筒及曲轴等。这类以钛、铬、铁等为基础的硬表面的抗磨层，具有很好的热–硬性能及抗腐蚀性能。软金属膜如铟、铅等曾经用在硬金属基体上，以降低摩擦及磨损，它们主要作为深度控制钢材的润滑剂。

除了在金属表面喷镀和熔结一层耐磨金属外，还有多种使金属表面起化学作用的方法可用来增强金属的抗磨性。如钢的磷化及硫化；铁的表面可用渗碳及渗氮的方法使之变硬；热处理也可以获得硬的表面层。

2．温度的影响

温度可以改变摩擦副材料的性能，金属材料的相容性与温度有关。温度导致材料相变对金属的摩擦、磨损性能也有极大的影响。摩擦面温度对磨损的影响主要有三个方面：

①温度升高使材料硬度降低，磨损增大。

②高温下周围气体的影响，大气中的氮与金属表面发生作用，形成硬表面层使磨损降低。

③温度升高润滑油易变质，限制了润滑油降低磨损的作用。

润滑油的氧化、热解是不可逆变化，所以高温下必须慎重考虑润滑剂的选用问题。

3．外界机械作用的影响

摩擦类型不同，引起金属表面层塑性变形的特性变化和表面的磨损过程及磨损形式的变化。例如，滚动摩擦时，容易引起表面的疲劳破坏，最后表现为疲劳磨损；滑动摩擦时，可能导致黏着现象和氧化过程的发展，最后表现为黏着磨损和腐蚀磨损的结合。相对滑动速度对磨损过程也有很大影响，可导致不同的磨损形式。因为相对滑动速度可使摩擦时金属表面层变形速度改变，也使因摩擦而产生的温度梯度改变，而这两种改变则对摩擦表面的黏着和氧化过程的产生和发展具有决定性的作用，通常存在着由一种磨损形式过渡到另一种磨损形式的临界速度。

载荷对金属表面层所发生的物理过程的特性也有很大影响，载荷的大小将改变摩擦表面实际接触面积的大小，并直接影响摩擦和磨损过程的表面层厚度以及磨损的过程，也同样存在着由一种磨损转化到另一种磨损的临界压力。负荷增加会使摩擦力增加，进而引起温度升高；负荷增大会使摩擦面的磨损增大。载荷和转速对内燃机磨损强度影响的规律表明，单位时间内的磨损量随速度和载荷的提高而增大，载荷又随着汽车总重的增加和道路条件的恶化而增大。在其他条件一定时，发动机单位行程磨损量与曲轴转速相关，在转速大于或小于最佳值时，单位磨损量可增大25%。

4．金属相容性的影响

摩擦副材质及其加工方法对磨损的影响与材质本身的机械、物理和化学性能有关，也与这些材料的性能及在摩擦和磨损过程的变化有关。金属相容性是指金属互相熔解的能力，同类的金属互相熔解的能力最大。摩擦副的金属材料，应选择相容性小的，这样金属不易相互粘结，磨损也就小。因此，在边界润滑条件下工作的轴承，其摩擦副的材料不应选择同类金属。由于轴颈材料一般是钢或铸铁，与钢体有低黏着趋势的材料是银、镉、铟、锡、金、铅、铋等，而其中以锡、铅最适合作为轴承材料，它们质地柔软，弹性模量低，嵌入性和适应性好。

上述磨损类型以及影响因素等，在实际工作中都不是孤立地发生，而是以综合的形式出现，例如，在内燃机中磨损就是这样。一台新的发动机，在运转前，各摩擦副并未配合好，这有许多因素，如装配不当，摩擦表面有凸出点等；而且轴承间隙开始很小，致使具有润滑、冷却、密封三重作用的润滑油流量不足，摩擦较大，轴承温度比正常时高。

发动机的“磨合”就是消除表面的凸出点，使摩擦副的表面能密切配合，并使表面硬化，以获得较高的抗磨性。在磨合期内，发动机的磨损比正常运动时大很多，这是因为加工后零件表面有较多突出的微凸体接触；装配不当使接触不均匀，局部接触处承受压力增大；较高的温度也使磨损率增大等原因造成的。如果磨合过程顺利地进行，摩擦面的突出点就会被黏附磨损和塑性变形逐渐消除。零件经磨合接触面逐渐地增大，当其等于设计的接触面积时，接触压力就会降低。在磨合期中，摩擦损失逐渐减小，轴承间隙也逐渐增大，润滑油流量增大，使表面温度降低，直至达到发动机正常稳定状态的磨损率。另外，在新发动机中，还有铸造过程遗留在机器中的少量砂粒，机械加工过程中留下的磨屑等都必须从润滑油中滤掉，以防止擦伤零件。

经过磨合的发动机，磨损的主要来源是擦伤及腐蚀。磨粒磨损可用防止外部颗粒进入和有效地过滤润滑油等办法使之降到最低水平，而腐蚀磨损虽然由于近代的润滑油制造工艺能使它大为减小，但仍然是发动机汽缸、活塞环等磨损的主要原因。油品中的硫是产生腐蚀的原因之一，燃烧产物二氧化硫和三氧化硫与水反应生成亚硫酸和硫酸，在发动机冷却下来以后，这些酸性物质凝结在汽缸壁上，生成亚硫酸铁和硫酸铁等磨损性产物。再次启动发动机时，活塞就会将腐蚀产物磨下来，特别是开开停停的短途行驶车辆更容易造成腐蚀磨损。

发动机的这种磨损原理，曾用两台发动机进行过程对比试验而得到验证，一台连续运转，一台间歇运转，其余条件都相同。间歇运转的在每次停车后均让其冷却下来。试验结果表明，后者汽缸的磨损率比前者大许多倍。在连续运转中曾发现活塞与汽缸之间，除上止点及下止点外，均能存在液体动压润滑，上下止点位置时，活塞运动速度为零，属边界润滑，磨损量较大，而且上止点位置的磨损量更大，因为下止点的温度较低，可利用的润滑油也较多。

内燃机活塞与汽缸之间的磨损，说明不同类型的磨损机理在不同程度下的综合作用，摩擦表面间的材料受到黏附、擦伤、腐蚀及疲劳等作用被磨损下来。各种磨损机理在磨损过程中所起的作用，随所处位置、环境情况、速度、负荷、温度及润滑效能等而异。

三 减少磨损的途径

从磨损理论研究和生产实践所获得经验表明，可以从以下几个方面着手分析减少磨损的途径。

1．材料的选配

磨损失效是机械零件失效的重要模式，因此在选择零部件的材料时，也就不仅考虑强度、工艺性、经济性等，还要把材料的耐磨性作为重要的选材依据。材料的耐磨性，是指材料在一定工况条件下抵抗磨损的能力，考虑耐磨性，并不是认为材料硬度愈高愈好，而是要综合考虑材料的硬度、韧性、相容性、耐热性、耐腐蚀性等性质。

发动机运转中磨损是不能避免的，设计轴承时将轴承的一种元件选用磨损率低的材料，与之相匹配的另一元件是可替换的，则选用磨损率较大的材料。例如，内燃机的曲轴是较硬的钢材，与之相配的轴瓦是较软的价廉的金属如铅-锡合金、铜-铅合金、铝-锡合金等。当曲轴形状略有不规则或装配不当时，会在局部区域产生较高压力，而软金属轴瓦容易变形，使局部区域的较高压力重新分布，它还能吸收外来的磨损性颗粒，防止发生磨粒磨损。软金属的熔点较低，一旦发生润滑系统故障时，轴承缺油润滑，温度上升，轴瓦表面的软金属先熔，不至于使较贵重的曲轴遭到损坏。

2. 润滑

润滑状态对磨损值有很大影响。试验证明，边界润滑时磨损大于流体动压润滑；而流体动压润滑时磨损又大于流体静压润滑。在润滑油、脂中加入油性和极压添加剂能提高润滑油膜吸附能力及油膜强度，因而能提高抗磨损能力。

3. 强化处理

在选用通用材料的基础上，为了使材料表面强化、耐磨损，使高性能与经济性较好地结合起来，可采用各种表面强化方法。例如滚压加工表面强化处理，既能降低表面粗糙度，又可以提高表面的硬度20%～50%和增加表面层的残余压应力40%以上，延长零件的使用寿命。采用各种热处理方法，如渗碳、氮化、氰化等以及电火花强化或塑料涂层，也可以提高摩擦副的耐磨性和抗腐蚀性。

4. 结构设计

摩擦副正确的结构设计是减少磨损和提高耐磨性的重要条件。为此，结构设计要有利于摩擦副间表面保护膜的形成及恢复、压力的均匀分布、摩擦热的散发和磨屑的排除，以及防止外界颗粒、灰尘的进入等。此外，结构设计中还可以应用置换原理，即允许系统中一个零件磨损以保护另一个重要的关键零件。

5. 精心使用和维护

汽车发动机及传动机构中较常见的故障，如机油表灯亮、驱动桥齿轮的异常磨损、噪音过大等，这都与用油不当或超载运行有关，都会降低车辆的使用寿命。还有违规操作、没有按时维修等人为原因，也会加剧汽车摩擦副的早期磨损。因此要求车辆操作者精心维护，正确操作。

第三章　基础油与添加剂

润滑油通常由基础油和添加剂组成。基础油不仅是添加剂的载体，更重要的是润滑油的主体，在成品润滑油中所占比例随润滑油的品种和质量的不同而不同，发动机油中含有80%左右的基础油。

基础油对润滑油性能有着至关重要的作用，其物理化学性质决定了润滑油的黏度、氧化安定性、化学活性和挥发性等，而这些性质又直接影响油品的使用性能和发动机性能。如黏度影响油品的低温启动性和泵送性，氧化性、挥发性和溶解性影响活塞沉积物的形成，而黏度和化学活性又影响发动机的磨损等。

长期以来，润滑油特别是内燃机油的升级换代都是通过提高添加剂的质量和增加添加剂品种、添加剂用量来实现的。但是，20世纪90年代以来，发动机本身的升级换代要求润滑油对发动机提供更好的保护，同时要求降低燃油消耗，延长换油期，满足严格的尾气排放要求等，因此用常规基础油通过改变添加剂类型或用量的方法已不能满足要求，特别是SM/GF-4、SN/GF-5、CJ-4、CK-4、FA-4等21世纪开始使用的高档发动机油更是如此。由此可见，基础油的质量直接影响着润滑油的质量，并在润滑油品种的升级代换中起着不可低估的作用。

第一节　润滑油基础知识

润滑油基础油主要分为矿物油基础油及合成基础油两大类。矿物油基础油应用广泛，用量很大，但有些应用场合用矿物油基础油调配的产品已不能满足要求，必须使用合成基础油调配产品，因此使合成基础油得到迅速发展。

一　矿物润滑油的来源及其基本生产方法

目前使用最多的润滑油是从石油中提炼出来的，通称为矿物润滑油。制取这类润滑油的原料充足，价格相对比较便宜，质量上能满足各种机械设备的要求，还可以利用加入各种添加剂的方法，进一步提高其质量，因而得到广泛应用，全世界矿物润滑油的产量已达40Mt以上，占全部润滑油的97%左右。矿物润滑油的品种繁多，生产以及应用润滑油已成为一门技术科学，涉及摩擦化学和润滑剂化学。既要懂得化学和物理等基础知识，又要懂得机械的运动特性和各种机械零部件在摩擦过程中的性状和变化。因此，合理润滑和设备维护等已成为生产和使用部门共同关注的技术。

石油是重要的能源，汽车、机械设备在其运行过程中都离不开石油产品，正确选用石油产品对设备正常运行、能耗和寿命都会产生影响。润滑油的主要原料——基础油是从原油（石油）加工而得到的产品，故了解原油的组成、性质、分类、加工方案，对掌握润滑油的状况是必要的。

二 原油的分类

原油的组成极其复杂，对原油确切分类是很困难的，从不同的角度或观点有不同的分类方法。

在工业上最简单的方法是按原油的相对密度来分类。另外，由于原油中的硫、蜡以及胶质、沥青质含量对其加工过程和油品质量也有影响，因此，工业上还常按原油硫、蜡和胶质含量来分类，但这样一些标准在各国并不相同，也不大明确。

1．按原油的相对密度分类

轻质原油——相对密度（d_4^{20}）＜0.878

中质原油——相对密度（d_4^{20}）＝0.878～0.884

重质原油——相对密度（d_4^{20}）＞0.884

轻质原油中，一般汽油、煤油、柴油等轻质馏分含量较高，硫、胶质含量较少，如我国青海和克拉玛依原油。另一类轻质原油轻馏分含量并不高，但由于烷烃含量高，因而相对密度较低，如大庆原油。轻质原油大体上是地质年代老的原油，与其生成物质的组成差别较大，硫、氮、氧的含量低。

重质原油中，一般轻质馏分和蜡含量都较少，而硫、氮、氧及胶质含量较多，如孤岛原油。重质原油大体上是地质年代短的原油，与其生成物质的组成相近。

2．按原油的硫含量分类

低硫原油——硫含量低于0.5%

含硫原油——硫含量约0.5%～2.0%

高硫原油——硫含量高于2.0%

大庆原油为低硫原油，胜利混合原油为含硫原油。目前在世界原油总产量中，含硫和高硫原油约占75%。

原油的化学分类是以其化学组成为基础，通常利用与化学组成有关联的原油物理性质作为分类依据。化学组成不同是原油性质差异的原因，因此化学分类比较确切，应用比较广泛，而工业分类可作其补充。

3．按特性因数分类

原油的特性因数K值可以与馏分油类似的方法求得，但由于原油的中平均沸点已测定，通常用50℃或100℃的黏度与比重指数通过查图求得。经过对数十种原油及馏分油性质的研究，发现可以用特性因数对原油进行分类。

石蜡基原油——特性因数K＞12.1

中间基原油——特性因数K＝11.5～12.1

环烷基原油——特性因数K＝10.5～11.5

石蜡基原油一般烷烃含量超过50%，其特点是蜡含量较高，密度较小，凝点高，并可制得黏温性质好的润滑油，大庆原油是典型的石蜡基原油。环烷基原油一般密度大，凝点低，所产汽油含有较多环烷烃，辛烷值较高，柴油的十六烷值较低，润滑油的黏温性质差。环烷基原油中的重质原油，往往含有大量胶质和沥青质，可以生产各种高质量沥青，我国孤岛原油就是一例。中间基原油的性质介于上述二者之间。

按特性因数分类一般能够反映原油组成的特性，但由于原油的组成十分复杂，在低沸点馏分和高沸点馏分中烃类分布并不相同，原油的特性因数不能分别表明各馏分的特点。况且，测定原油的黏度不够准确，查图求出的K值作为分类依据有时难以完全符合原油的实际情况。

4. 按关键馏分特性分类

将原油在简单蒸馏装置上进行常压蒸馏得250～275℃馏出物作为第一关键馏分；残余的油用不带填料的蒸馏瓶，在残压5.3kPa下进行减压蒸馏，取得275～300℃馏分（相当于常压下395～425℃馏分）作为第二关键馏分。测定以上两个关键馏分的相对密度，并对照表3-1的分类指标确定两个关键馏分的类别，然后根据表3-2的规定来确定原油的类别。

表3-1　　关键馏分的分类指标

关键馏分	石蜡基	中间基	环烷基
第一关键馏分	相对密度＜0.8210 比重指数＞40 （K＞11.9）	相对密度＝0.8210～0.8563 比重指数＞33~40 （K＞11.5～11.9）	相对密度＜0.8562 比重指数＜32 （K＜11.5）
第二关键馏分	相对密度＜0.8723 比重指数＞30 （K＞12.2）	相对密度＝0.8723～0.9305 比重指数＞20～30 （K＞11.5～12.2）	相对密度＜0.9305 比重指数＜20 （K＜11.5）

关键馏分特性分类的界限，对低沸点和高沸点两个馏分规定了不同的密度限值。这样比较符合原油组成的实际情况，因此它比特性因数分类更为合理。如按特性因数分类，克拉玛依原油应属于石蜡基，这与其一系列性质并不相符。同理，按特性因数分类与关键馏分特性分类，孤岛原油的类别不同，而按关键馏分分类更符合实际情况。

为了更全面地反映原油的性质，通常将硫含量分类作为关键馏分特性分类的补充。

表3-2　　关键馏分特性分类类别

轻油部分的类别	重油部分的类别	原油类别（基属）
石蜡基	石蜡基	石蜡基
石蜡基	中间基	石蜡—中间基
中间基	石蜡基	中间—石蜡基
中间基	中间基	中间基
中间基	环烷基	中间—环烷基
环烷基	中间基	环烷—中间基
环烷基	环烷基	环烷基

目前，我国原油评价采用关键馏分特性分类法和硫含量来对其进行分类。需要说明的是，由于油田油区、采样地点和油田开采时间的不同，原油的性质均会发生变化，其特性因数值也会有变化。现将我国主要油田的特性因数K值及润滑油生产厂家列于表3-3，结合其含硫量的分析，便可得到其分类。

表3-3　我国主要油田原油分类及润滑油基础油生产厂

油田	硫含量/%	特性因素K值	分类	基础油生产厂
大庆	0.11	12.5	低硫石蜡基原油	大庆、林源、二厂、大连、锦西、燕化、上炼、茂名
吉林	0.1	12.3	低硫石蜡基原油	吉化
辽河	0.18	11.9	低硫中间基原油	锦西、辽河
二连			低硫石蜡基原油	呼炼
唐山	0.12	11.8 ~ 12.3	低硫中间－石蜡基原油	燕化
大港	0.16	11.0 ~ 12.0	低硫环烷－中间基原油	大港、南大港
大港羊三木	0.33		低硫环烷基原油	大港
华北	0.29	12.3	低硫石蜡基原油	燕化
胜利混	0.91	11.8	含硫中间基原油	齐鲁、镇海
中原	0.5	＞12.05	低硫石蜡基原油	济南
苏北	0.18	＞12.5	低硫石蜡基原油	
南阳混	0.15	12.5	低硫石蜡基原油	荆门
南阳井楼	0.15		低硫环烷基原油	荆门
江汉	1.5	12.4	含硫石蜡基原油	荆门
川中		12.15	低硫石蜡基原油	南充
百色	0.17	12.15	低硫石蜡基原油	
青海	0.2	12.5	低硫石蜡基原油	兰炼
玉门	0.18	12.3	低硫石蜡基原油	玉炼
冷湖			低硫石蜡基原油	
新疆东	0.1	12.3	低硫石蜡基原油	兰炼
克拉玛依			低硫中间－石蜡基原油	克拉玛依
新九区			环烷－中间基原油	独山子、兰炼

表3-3所列各种原油的性质均在不断变化，所列数据供参考。我们从辽河、胜利油田各油区看出，即使同一个油田，原油性质变化甚大，可属不同类别原油，这在制定原油加工方案时尤为重要。即使都是石蜡基原油，也会因K值变化和其他性质相异而使产品性质有显著不同，必须对原油进行全面评价才能获得正确的判断。但的确可以从此分类中大致了解该原油性质，判断出生产什么性质的润滑油，如石蜡中性油、中间基或环烷基基础油。

三 原油组成

不同油区所产的原油在组成和性质上差异很大，即使在同一油区不同油层和油井的原油在组成和性质上也可能有很大差异。

原油的外表特性与其化学组成有密切的关系，为了较深刻地认识原油，必须研究其化学组成。而化学组成的基础是元素组成，所以首先应考察原油的元素组成。

组成原油的元素主要有碳、氢、氧、氮和硫等5种。表3-4是某些原油的元素组成（质量分数）。

表3-4 某些原油的元素组成 %

原油名称	碳	氢	氧①	硫	氮
大庆原油	85.74	13.31	—	0.11	0.15
胜利原油	86.26	12.20	—	0.80	0.41
克拉玛依原油	86.1	13.3	0.28	0.04	0.25
孤岛原油	84.24	11.74	—	2.20	0.47
苏联杜依玛兹原油	83.9	12.3	0.74	2.67	0.33
墨西哥原油	84.2	11.4	0.80	3.6	—
伊朗原油	85.4	12.8	0.74	1.06	—
印度尼西亚沙拉巴克原油	85.5	12.4	0.68	0.35	0.13

①氧含量一般用减差法求得，不准确，仅供参考。

从表3-4可以看出，组成原油的主要元素是碳和氢。它们约占95%～99%，其中碳为83%～87%，氢为11%～14%。大部分原油中硫、氧、氮总含量不超过1%～5%，但也有少数原油硫、氮、氧含量较高，如墨西哥原油含硫3.6%～5.3%，委内瑞拉原油含硫高达5.5%。大多数原油含氮甚少，约千分之几，但个别原油如阿尔及利亚原油及美国加利福尼亚原油氮含量达1.4%～2.2%。

除上述5种主要元素外，在原油中还发现许多微量元素。微量金属元素主要是钒（V）、镍（Ni）、铁（Fe）、铜（Cu）、铅（Pb），此外还有钙（Ca）、钛（Ti）、镁（Mg）、钠（Na）、钴（Co）、锌（Zn）等。微量非金属元素主要是氯（Cl）、硅（Si）、磷（P）、砷（As）等。

石油是复杂的有机化合物的混合物。它包括由碳、氢两种元素组成的烃类和碳、氢与其他元素组成的非烃类。这些烃类和非烃类的结构和含量决定了石油及其产品的性质。

1. 石油的烃类组成

石油中有各种不同的烃类，按其结构可分为烷烃、环烷烃、芳香烃。一般天然石油中不含有烯烃，而二次加工产物中常含有数量不等的烯烃。石油可以按烃类分子的大小、沸点的高低、相对密度的不同分割成轻重不同的馏分。其中最轻的部分是常温下为气态的天然气及油田气。液态石油可按沸点不同依次分成：＜200℃的汽油馏分（或称低沸点的馏分），200～350℃的煤、柴油馏分（或称中间馏分），350～500℃左右的润滑油馏分（或称高沸点馏分），剩下最重的为近于黑色的残渣油。

（1）烷烃

烷烃是组成石油的基本组分之一。石油中的烷烃总含量（体积分数）一般为40%～50%。在某些原油中烷烃含量则达到50%～70%，然而也有一些原油的烷烃含量却只有10%～15%。我国石油的烷烃含量一般较高，随着馏分变重，烷烃含量减少。在200～300℃的中间馏分中，烷烃含量通常不超过55%～61%，当馏出温度接近500℃时，烷烃含量降到19%～5%或更低。烷烃以气态、液态、固态三种状态存在于石油中。

C_1～C_4气态烷烃主要存在于石油气体中。从纯气田开采的天然气主要是甲烷，其含量为93%～99%，还含有少量的乙烷、丙烷以及氮气、硫化氢和二氧化碳等。从油气田得到的油田气除了含有气态烃类外，还含有少量低沸点的液体烃。石油加工过程中产生的炼油厂气因加工条件不同可以有很大的差别。这类气体的特点是除了含有气态烷烃外，还含有烯烃、氢气、硫化氢等。

C_5～C_{11}烷烃存在于汽油馏分中，C_{11}～C_{20}烷烃存在于煤、柴油馏分中，C_{20}～C_{36}烷烃存在于润滑油馏分中，C_{16}以上的正构烷烃一般多以溶解状态存在于石油中，当温度降低时，即以固态结晶析出，称为蜡。蜡又分为石蜡和地蜡。

石蜡主要分布在柴油和轻质润滑油馏分中，其分子量为300～500，分子中碳原子数为19～35，熔点为30～70℃。地蜡主要分布在重质润滑油馏分及渣油中，其分子量为500～700，分子中碳原子数为35～55，熔点为60～90℃。从结晶形态来看，石蜡是相互交织的片状或带状结晶，结晶容易；而地蜡则是细小针状结晶，结晶较困难。从化学性质看，石蜡与氯磺酸不发生反应，在常温或100℃条件下，石蜡与发烟硫酸不发生反应；地蜡的化学性质比较活泼，与氯磺酸反应放出氯化氢气体，与发烟硫酸反应时，经常反应剧烈，同时发生泡沫并生成焦炭。

石蜡与地蜡的化学结构不同导致了其性质之间的显著差别。研究表明，石蜡主要由正构烷烃组成。除正构烷烃外，石蜡中还含有少量异构烷烃、环烷烃以及少量芳香烃，地蜡则以环状烃为主体，正、异构烷烃的含量都不高。

存在于石油及石油馏分中的蜡，严重影响油的低温流动性，对石油的输送和加工及产品都有影响。但从另一方面看，蜡又是很重要的石油产品，可以广泛用于电气、化学、医药和日用品等工业。

（2）环烷烃

环烷烃是石油中的第二主要烃类，石油所含的环烷烃主要是环戊烷的同系物。此外，在石油中还发现有各种五元环与六元环的稠环烃类，其中常常含有芳香环，称为混合环状烃。

环烷烃在石油馏分中的含量各不相同，它们的相对含量随馏分沸点的升高而增多，只是在沸点较高的润滑油馏分中，由于芳香烃的含量增加，环烷烃含量则逐渐减少。

石油低沸点馏分主要含单环环烷烃，随着馏分沸点的升高，还出现了双环和三环环烷烃等。研究表明：分子中含C_5～C_8的单环环烃主要集中在初馏点～125℃的馏分中。石油高沸点馏分中的环烷烃包括从单环、双环直至六环甚至高于六环的环烷烃，其结构以稠合型为主。

（3）芳香烃

芳香烃在石油中的含量通常比烷烃和环烷烃的含量少。这类烃在不同原油中的总含量的变化范围相当大，平均为10%～20%（质量分数）。

芳香烃的代表物是苯及其同系物，以及双环和多环化合物的衍生物。在石油低沸点馏分中只含有单环芳香烃，且含量较少。随着馏分沸点的升高，芳香烃含量增多，且芳香烃环数、侧链数目及侧链长度均增加。在石油高沸点馏分中甚至有四环及四环以上的芳香烃。此外，在石油中还有为数不等、多至5～6个环的环烷烃–芳香烃混合烃，它们也主要呈稠合型。

芳香烃密度最大，碳氢比也最高，与环烷烃一样，分子中环数、侧链数、侧链长度对芳香烃性质影响颇大，可以改变其诸多性质。与分子量大致相同的烷烃、环烷烃相比，其黏度较大，多环芳烃的黏度增长甚至大于多环烷烃；凝点大致介于石蜡和环烷烃之间，氧化安定性最好，而且当芳烃以适当比例与环烷烃组成混合物时，芳烃氧化成酚类化合物，可使环烷烃氧化安定性增加；黏温性能也可随侧链状况变化，也是润滑油的重要组成之一。特别是少环长侧链芳香烃、少环长侧链环烷–芳香烃兼有石蜡烃、环烷烃和芳香烃的优点，是润滑油的理想组分。

（4）不饱和烃

不饱和烃即烯烃、二烯烃、环烯烃、炔烃等，在原油中很少，但在石油加工过程中，由于烃类裂解而存在于馏分油中，化学安定性不佳，是润滑油的非理想组分。

（5）非烃化合物

尽管这些所谓“杂元素”的含量仅1%，但它们组成的化合物其含量可达10%以上，而且对石油加工和产品性质影响很大，在研究润滑油品时，尤为如此。

原油中氧含量一般不到1%，大部分存在于环烷酸和胶质沥青中。环烷酸为五元或六元环烷一元羧酸衍生物，在环烷基原油和部分中间基原油中含量较高，在石油加工中对设备和产品均产生不良影响。但环烷酸却是宝贵的化工产品，是生产润滑油添加剂的原材料。

原油中硫化物含量一般也不足1%，但不同原油硫含量相差极大，我国部分油田原油硫含量见表3–5。从表可见，除孤岛、江汉、胜利原油外，多为低硫原油。

表3–5　　我国部分原油硫含量

原油	大庆	吉林	东北	大港	冀北	东疆	百色	孤岛	临商	中原	汉江	胜利
硫含量/%	0.2	0.1	0.29	0.16	0.11	0.07	0.17	1.81	0.34	0.5	1.5	0.9

硫在石油及有关产品中一部分以元素硫、硫化氢、硫酸存在，一部分以硫醚、二硫化物、多硫化物、噻吩等存在于高沸点馏分中，硫化物存在于石油和油品中影响加工过程和油品质量，一般应予除掉。但近期研究表明，在润滑油中应保留部分有硫化物作为天然抗氧剂，不能对油品精制“过度”。

石油中含氮化合物一般为千分之几到万分之几，大多属碱性有机氮化物，大部分集中在高沸点馏分中。我国部分油田原油氮含量见表3–6。

表3–6　　我国部分原油氮含量

原油	大庆	玉门	大港	胜利	华北	东疆	百色	南阳
氮含量/%	0.1	0.45	0.23	0.28	0.33	0.44	0.26	0.20

含氮化合物如吡啶、喹啉等易于受光和热的作用以后叠合或氧化为胶质，使油品变色。我国原油氮含量偏大，又多集中于润滑油组分中，故加氢精制油的安定性一直不佳，就是这个缘故。

石油中的非烃化合物相当一大部分是呈胶质、沥青质状态存在，即大部分含氧、硫、氮化合物是富集在和碳、氢原子组成的复杂化合物中。

胶质、沥青质的存在影响了润滑油品的产率，给加工过程带来困难，给润滑油的颜色、氧化安定性、黏温特性、残炭等性质带来影响，是润滑油的非理想组分。

2．原油的馏分组成

原油的沸点范围宽，因此，无论对原油进行研究或是加工，都必须用蒸馏的方法将原油按沸点的高低切割为若干个部分，即所谓馏分。每个馏分的沸点范围简称馏程或沸程。从原油中直接蒸馏得到的馏分称为直馏馏分。一般把原油中180℃（或200℃）以前的轻馏分称为汽油馏分；180℃（或200℃）~ 350℃之间的中间馏分称为柴油馏分或常压瓦斯油；350℃以上的馏分则称为常压渣油或常压重油，350 ~ 500℃的减压馏分称为润滑油馏分或减压瓦斯油，而500℃以上的减压馏分称为减压渣油。

对馏分润滑油而言，其烃类碳数分布约为C_{20} ~ C_{40}，沸点范围为350 ~ 535℃，平均分子量为300 ~ 500；对残渣润滑油料而言，其烃类碳数分布更高（C_{40}以上），沸点范围更高，达到500 ~ 535℃以上，分子量也更大，达500以上。在润滑油基础油的加工过程中，对润滑油料所进行的添加剂用丙烷脱沥青、溶剂（通常用糠醛）精制、溶剂（通常用酮苯）脱蜡、加氢处理、加氢脱蜡、白土精制或加氢精制等一系列加工过程，不论是物理的还是化学的，从根本上讲，都是调整烃类和非烃类在基础油中的含量。

第二节　润滑油的基本生产方法

由于炼油工业的飞速发展，通过催化裂化、催化重整和加氢处理、加氢精制等手段使原油性质发生了深刻的变化，生产出合格的优质润滑油，添加剂技术的进步也提供了这样的条件，故原油性质不再是制约生产润滑油产品的最主要因素。

一　原油加工方案

根据原油性质和用户的需求，原油有不同的加工方案。石蜡基原油凝点高、密度小，含硫、胶质一般较少，汽油辛烷值低，柴油十六烷值却比较高，可获得石蜡产品和黏度指数高的优质润滑油品；环烷基石油则密度较大、凝点低，汽油辛烷值较高，柴油十六烷值却较低，可获得优质沥青和凝点很低、电气性能很好的润滑油；中间基原油则介于二者之间，而且中间基原油“靠近”二者的程度对其性质变化有很大关系。石油炼制者早先和目前主要就是根据它们的固有性质，再根据市场需求，确定其加工方案，在一定范围内改变其性质和产品结构。由于催化技术和加氢技术的崛起，提供了更多的原油加工方案。现将炼油厂主要加工方案列叙如下。

1．燃料油－润滑油－石蜡方案

我国目前石蜡基原油生产润滑油的厂家大部分采用此方案，如大庆石化、吉林石化、抚顺石化、大连石化、锦西炼化、北京燕山石化、上海石化、茂名石化、荆门、南充等，一部分用中间基原油生产润滑油的厂家，如兰州、独山子炼油厂也采用此方案。

2．燃料油－润滑油－沥青方案

对部分环烷基或中间－环烷基原油，可采用此方案，如独山子、大港等炼油厂即采用了该项方案。

3．燃料油－沥青方案

对部分中间基或中间－环烷基原油，未考虑分输分炼的状况，不能考虑润滑油方案，而采用了燃油－沥青方案，我国相当一部分厂家采用了此方案，如辽河、呼和浩特、镇海、广州、武汉、九江、南京等炼油厂。

4．燃料油方案

炼油厂仅生产燃料油，对重质油部分采用了重油催化裂化加工措施，将其转化为燃料油，我国大连西太平洋石化公司即属此类厂。

5．燃料油－化工原料方案

各类原油根据需要均可采用此方案。我国大部分石化厂如辽阳石化、上海石化、扬子石化、仪征化纤等企业采用了此方案。

二 润滑油加工过程

原油加工方案中，有关润滑油生产的加工方案也是多种多样的，在以前主要是依据原油的固有性质，在此基础上对其进行加工，去掉润滑油非理想组分，保留理想组分，再用添加剂改善其性能，使其达到润滑油油品的要求。这就是迄今为止大多数润滑油生产厂家仍沿用所谓“老三套”装置（溶剂精制、溶剂脱蜡、白土）或加氢精制的原因。所谓“老三套”工艺是指减压蒸馏得到的各种润滑油组分因其中含有氧化物、硫化物、胶状物质、蜡、沥青等非理想组分，必须进行处理而采用的溶剂精制、溶剂脱蜡和白土精制工艺。

溶剂精制的目的是除去润滑油馏分中的不理想组分，改善油品的黏温性和提高油品的抗氧化安定性。溶剂精制是利用糠醛对石油馏分中所含各种组分溶解度不同的物理性质，胶质、沥青质等非理想组分在溶剂中溶解度大，而理想组分不溶或少溶，通过抽提把二者分开，从而达到除去非理想组分目的。

润滑油馏分经酸碱或溶剂精制后，通常还要经过白土补充精制，除去溶剂精制过程中残留的胶质、环烷酸皂、酸渣、磺酸、残留酸碱以及溶剂等。这样可提高润滑油抗氧化安定性和抗乳化性能，改善油品外观颜色。

溶剂脱蜡是一种在油中加入溶剂（常用甲苯和丁酮混合物）对油品进行稀释，而其蜡不溶或少溶，然后降低温度，使蜡结晶析出，经过分离使油和蜡分开的一种精制工艺。

“老三套”装置加工润滑油受到了原油性质的很大局限，已不能满足高端润滑油产品需要，故现在发展了加氢技术，对不理想的原油组分进行破坏加工，生产出Ⅱ类、Ⅲ类基础油，品质优于“老三套”装置所生产的润滑油基础油。现根据国外生产润滑油的工艺流程，介绍如下。

1．石蜡基原油一般加工流程

石蜡基原油典型加工流程有二，即所谓先精制后脱蜡的正序流程（见图3－1）和先脱蜡后精制的反序流程。所谓正、反序即在于脱蜡和精制顺序不同，它们对基础油质量影响不

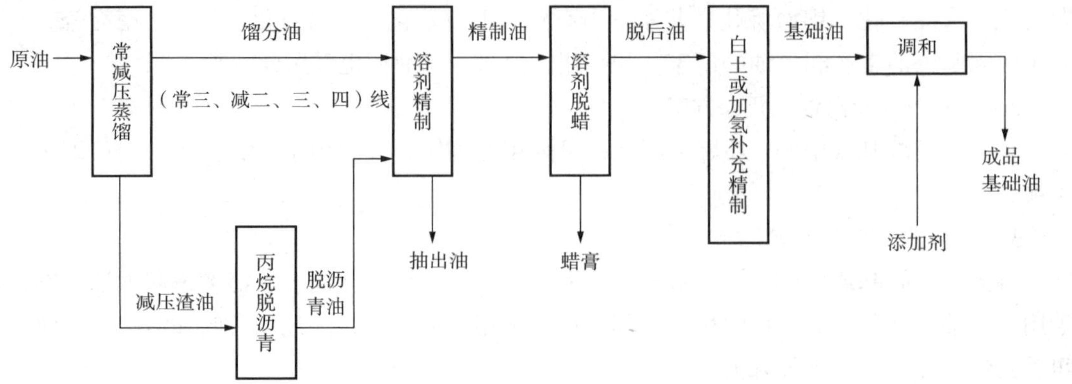

图3-1　石蜡基原油润滑油加工正序流程

大，但对各种加工装置的操作条件却有一定影响，对各种装置的副产品质量也有颇大影响。例如正序流程抽出油含蜡凝点高，一般只能作燃料油组分，而蜡膏由于已经精制，颜色较好；反序流程蜡膏颜色较黄，但抽出油凝点低，可作车轴油、橡胶填充油等原料。

国外炼油厂大多采用正序流程。我国处理大庆原油的润滑油生产厂中，采用正序流程的有大庆、锦西、燕山、茂名石化公司及荆门炼油厂；我国由于考虑大庆原油含蜡量高，以及各厂脱蜡和精制的平衡，有部分厂采用了反序流程，如大连石化公司、吉林石化公司、上海炼油厂等。通过计算表明，即使像大庆原油这样高含蜡原油，从装置整体投资费用和操作费用综合平衡，仍以正序流程为宜。

2．中间基原油一般加工流程

中间基原油由于蜡含量相对较少，在老三套流程中原则上采用正序流程，如兰州石化公司、济南石化公司、济南炼油厂、独山子炼油厂、克拉玛依炼油厂等。我国的中间基原油以及某些非标准的石蜡基原油所生产的基础油黏度指数呈马鞍型变化，即关键的500ZN基础油，其黏度指数最低，小于60，达不到基础油的标准，以致在调配成品油时必须加入一定量的黏度指数改进剂从而增加了成本。这是我们在采购和调和这类油时应予注意的之处。这也是石化企业决定引进加氢裂化技术的原因，从根本上改变中间基基础油质量不高弊病的原因。

3．环烷基原油的一般加工流程

环烷基原油由于本身蜡含量很低，故可以不用脱蜡装置，一般仅采用蒸馏－精制－补充精制工艺流程（见图3-2）。

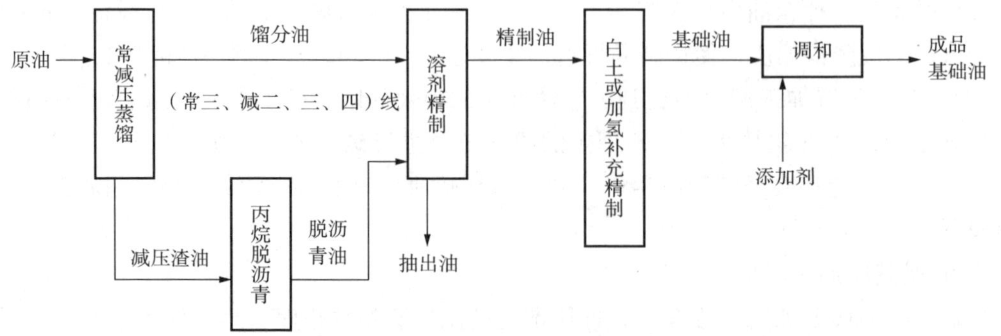

图3-2　环烷基原油润滑油加工流程

4．加氢处理生产润滑油流程

对润滑油加氢过程，我国过去仅限用加氢补充精制，而且相当一部分的反应压力偏低，在3MPa左右，故加氢精制效果一直是各厂研究的课题。由于我国原油多为低硫原油，加氢精制后把本来少量的硫也破坏殆尽，而在低压下加氢过程又对氮化物束手无策，故加氢精制油在光安定性上一直不佳，外商进口我国中性油多要白土精制油。加氢处理过程简介如下。

（1）润滑油馏分缓合加氢预精制工艺

大港羊三木原油属环烷基原油，酸值高，糠醛精制溶剂比和白土加入量均大，采用新流程后，糠醛溶剂比由（3～4）：1下降至（1.5～2.5）：1；白土精制白土用量由5%～10%降到2%～5%。大港油田炼油厂将按此流程生产。

克拉玛依九区稠油减三、减四线馏分油也采用此工艺流程，润滑油收率提高15%。克拉玛依炼油厂1989年已采用此流程生产。

（2）润滑油溶剂萃取－加氢处理工艺

在加氢处理前保留溶剂精制工艺，可以除去油品中部分氮化物和稠环芳烃；缓和加氢处理的操作条件，使产品收率高，而且光安定性比较好。中国石化石油化工科学研究院采用RL－1催化剂，在加氢分压6.4MPa、反应温度370℃、空速$0.5h^{-1}$条件下，对克拉玛依九区稠油减三线馏分油进行了溶剂精制－加氢处理工艺生产润滑油的工作，也用该工艺对新疆混合原油减四线润滑油馏分进行处理生产高黏度指数润滑油（VI达90以上）。该工艺将在克拉玛依炼油厂和独山子炼油厂投产。

5．润滑油其他加工过程

对一些特种油品或由于本身的工艺条件，润滑油尚有一些其他加工过程。

（1）异丙醇脱沥青

在没有丙烷的情况下，可用异丙醇脱沥青，南充炼油厂采用此工艺。

（2）脱蜡过程：冷榨脱蜡、尿素脱蜡、细菌脱蜡、离心脱蜡过程

我国冷榨脱蜡工艺装置大多已经停产，但对一些轻质原料，如常三线、减二线馏分油、某些厂如泰州石化总厂、青岛石化总厂、南阳炼油厂继续用它来生产石蜡和软麻油，一些更简陋的设备，也利用其原理，生产出石蜡或软麻油。尿素脱蜡作为生产低凝轻质油的一种措施，在兰州炼化总厂仍继续使用。离心脱蜡则是独山子炼油厂采用过的一种脱蜡工艺，采用高速旋转离心机将蜡分离出来。

（3）精制过程：碱精制、硫酸精制、三氧化硫黄化精制、硅胶吸附精制过程

碱精制主要用于环烷酸含量高的油品，有效的碱精制不仅精制了油品，减少了后续工艺的负担，而且还获得了宝贵的环烷酸。目前独山子炼油厂已经有效地利用静态混合器将减二线馏分油中高分子量环烷酸抽提出来，为降低糠醛精制负荷提供了条件。硫酸精制是一种传统的老工艺，鉴于其酸渣问题，大部分厂家已经不用此工艺，但它仍然在润滑油精制中占有一席之地。存在以下几点原因：白油生产，有高压加氢法和磺化法，高压加氢法投资较高，我国仅有少数装置生产，大部分小厂仍用硫酸精制，如杭州炼油厂等，可兼得磺酸盐，同时，也产生大量酸渣，这是其一；三氧化硫磺化精制是硫酸精制生产白油工艺的改进，可以大量减少酸渣量，吉林油脂厂、玉门炼油厂用此法生产，这是其二；以获得磺酸盐产品为目的工艺，显然还是使用磺化工艺，如锦州石化公司用三氧化硫磺化烷基苯以生产T105、T106添加剂，便见一斑，这是其三；我国废润滑油再生工艺目前仍沿用硫酸精制工艺，此为

其四。故我国油品硫酸精制工艺仍占一定地位，至于该工艺所产生令人讨厌的酸渣问题，现在已经有脱模油法、氧化沥青法、乳化燃烧法、焦化法、浮选剂法、萃取–油剂法、油田增注剂法等来解决。硅胶吸附精制法将已经精制好的油品，进一步用硅胶进行固定床吸附以生产特种油品，大连石化公司用它生产扩散泵油、增压泵油便是一例。

6．几种基础油生产工艺的竞争力分析

影响基础油生产成本的因素主要包括炼厂建设费用、原料成本、运转费用、产量和产品价值等。

溶剂精制基础油炼油厂主要通过溶剂精制和溶剂脱蜡工艺生产基础油，该工艺需要低硫、高蜡的石蜡基原油，主要生产Ⅰ类基础油、光亮油和蜡，低价值的副产物包括抽出油和沥青质。典型溶剂精制炼油厂的基础油生产能力为5000～5500桶/天。

加氢裂化装置可炼制的原油的范围很宽，能够生产Ⅱ、Ⅱ$^{+}$和Ⅲ类基础油。加氢裂化装置无法得到蜡及光亮油产品，但是大多数副产品的价值较高，如低硫的汽油、柴油组分。典型产量在2万桶/天。

第三种类型的基础油炼油厂采用燃料油加氢裂化装置后面连接加氢异构化脱蜡工艺，比如雪佛龙的加氢异构化脱蜡技术。该类型的基础油炼油厂主要生产Ⅲ类基础油，包括轻质和中质基础油，同样也无法生产蜡和光亮油，但其副产物几乎全部为高价值产品，主要是低硫的汽油、柴油组分。此类装置基础油产量一般为1万桶/天。

在装置建设成本方面，就1万桶/天的产量而言，异构化脱蜡装置的成本不到溶剂精制装置的40%，加氢裂化装置的成本约为溶剂精制装置的60%。

在基础油生产阶段，原料成本占基础油成本的四分之三。溶剂精制装置要求原料为低硫原油，而加氢装置可以加工重质、酸性原油，两者原料的使用上存在较大差别，阿拉伯重质和轻质原油每桶的差价一般为7美元。包括能耗、维护、人力、化学溶剂（溶剂精制装置）或催化剂（加氢装置）等成本在内，运营成本占基础油生产成本剩余的四分之一。运营成本中，加氢技术仍然具有优势，根据2006年的统计，润滑油加氢裂化装置的运营成本大约只有溶剂精制装置的60%，而异构化脱蜡装置的运营成本则仅占溶剂精制装置的30%。

产品价格则是考虑基础油炼油厂经济效益最基本的因素。加氢裂化的基础油成品与溶剂精制的相比，有着每加仑数美分的优势，溶剂精制炼厂则必须通过其高价值副产品光亮油及蜡提升竞争力。如果运转良好，溶剂精制装置仍然具有相当的竞争力。

7．合成油

除了由原油加工制造润滑油外，尚有用化学合成方法制造的化合物为基础油，加入添加剂生产合成润滑油。与天然矿物油不同，它大多为单一或几种化合物所组成，具有较低的凝点、挥发性、较高的热氧化安定性和黏度指数及良好的抗燃性，故在矿物润滑油不能满足使用要求的地方，都要使用合成油或半合成油。Ⅳ类基础油PAO由馏分烯烃聚合生成，常用的生产方法有石蜡裂解法和乙烯聚合法。按照聚合度不同，PAO可分为低分子量、中分子量、高分子量3类，分别用来调制不同的油品。与矿物油相比，PAO无硫、磷和金属元素，由于不含蜡，所以倾点低，黏度指数很高。PAO边界润滑性差，它自身极性小，对溶解极性添加剂的能力差，且对橡胶密封有一定收缩性，可以通过添加一定量酯类予以克服。Ⅴ类基础油，除Ⅰ～Ⅳ类基础油之外的其他合成油，包括合成烃类、酯类、硅油等植物油。合成基础油一般具有倾点低、黏度指数高等特性，常用于其他基础油不能满足使用要求的一些特殊润滑条件场合，尤其是极端高温、低温的场合。某些植物油闪点高且具有优良的润滑特性，可以与矿物油、添加剂和大多数合成油相溶，尤其可生物降解，但热氧化安定性差，由于满足环保要求，越来越受到重视。

合成油有以下几大类：

①合成烃润滑油。主要为聚α–烯烃和烷基苯，是我国合成油的主要来源。

②酯类。主要有双酯（二元酸酯）、多元醇酯、复酯等。

③硅油。主要为甲基硅油、乙基硅油、苯基硅油、甲基氯苯硅油等。

④磷酸酯。主要为磷酸三酯类。

⑤氟油。主要为氟碳油、氟氯油、聚全氟丙醚等。

8．关于各线油产品范围

从以上分析看出，各常减压线产品不尽相同，而且即使同一厂、同一油源也会因加工方案不同而异。如处理大庆原油时，常三线油可以出25#变压器油料，又可出75SN；减二线油可出150SN，又可出200SN；减三线油应出500SN，可是有时只能出400SN；丙烷脱沥青，有的厂出150BS，有的厂只能出120BS。中间基、环烷基原油的减四线油其100℃运动黏度可从14～21mm^2/s，大幅度变化，这是购买基础油时要注意的。

三　润滑油基础油分类及代号

润滑油基础油是根据黏度指数分类的，又根据适用范围分为通用基础油和专用基础油。

1．黏度等级的划分

润滑油基础油的黏度等级按赛氏通用黏度划分，其数值为某黏度等级基础油运动黏度所对应的赛氏通用黏度整数近似值。低黏度组分称为中性油，黏度等级以40℃赛氏通用黏度（秒）表示；高黏度组分称为光亮油，黏度等级以100℃赛氏通用黏度（秒）表示。

2．所用代号的说明

润滑油基础油的代号根据黏度指数和适用范围确定。每个品种由一组英文字母组成的代号表示。根据国内某石化企业的分类，润滑油通用基础油代号由表示黏度指数高低的英文字母组成，“MVI”表示“中黏度指数Ⅰ类基础油”，“HVI”表示“高黏度指数Ⅰ类基础油”，“HVIS”表示“高黏度指数深度精制Ⅰ类基础油”，“HVIW”表示“高黏度指数低凝Ⅰ类基础油”，“HVIH”表示“高黏度指数加氢Ⅱ类基础油”，“HVIP”表示“高黏度指数优质加氢Ⅱ类基础油”，“VHVI”表示“很高黏度指数加氢Ⅲ类基础油”，“BS”表示光亮油。

3．润滑油基础油的分类

润滑油基础油的分类见表3–7。

表3–7　润滑油基础油的分类

项目	Ⅰ		Ⅱ		Ⅲ
	MVI	HVI HVIS HVIW	HVIH	HVIP	VHVI
饱和烃/%	＜90	＜90	≥90	≥90	≥90
黏度指数VI	80≤VI＜95	95≤VI＜120	80≤VI＜110	110≤VI＜120	≥120

4．润滑油通用基础油标准

（1）HVI基础油标准

本标准适用于用于调配高黏度指数润滑油基础油（见表3-8）。黏度指数不小于95，可用于调配黏温性要求较高的润滑油。按牌号分为HVI150、HVI200、HVI400、HVI500和HVI650。

光亮油按牌号分为HVI90BS、HVI120BS。

（2）MVI基础油标准

本标准适用于中黏度指数润滑油基础油（见表3-9）。黏度指数不小于80，可用于调配黏温性要求不很高的润滑油。按牌号分为MVI150、MVI300、MVI400、MVI500、MVI600、MVI750。

光亮油按牌号分为MVI90BS、MVI120BS和MVI 150BS。

（3）VHVI基础油标准

本标准适用于用于调配低黏度节能型润滑油基础油（见表3-10）。黏度指数不小于120，可用于调配黏温性要求更高的润滑油。按牌号分为VHVI 2、VHVI 4、VHVI 5、VHVI 6、VHVI 8、VHVI 10、VHVI 12、VHVI 14和VHVI 20。

（4）异构脱蜡基础油的特点

节能、环保是推动发动机设计、制造技术不断提高的直接动力。同时对发动机提出了更高的要求，要求基础油具备低挥发性、良好的低温性能、很高的黏度指数、很好的热氧化安定性等。用前面所述的传统老三套工艺生产的Ⅰ类基础油已不能满足这种新的要求，Ⅱ、Ⅲ类基础油是未来市场主流。我国润滑油生产能力出现过剩，总生产能力超过5Mt/a，实际生产量超过3Mt/a，95%以上是老三套工艺生产的Ⅰ类基础油。为满足国内对高档油市场的需要，中石油大庆炼化公司引进CHEVRON公司异构化脱蜡专利技术，建成一套200kt/a加氢异构脱蜡基础油装置，可根据用户需求生产HVIH60、75、125，150；HVIP60、75、125、150、200、300、350、90BS和VHVI60、75、125、150、200、300、350、90BS共20个品种的Ⅱ、Ⅲ类基础油。Ⅲ类基础油和Ⅱ类基础油相比，属高黏度指数的加氢基础油，从生产工艺来看，二者本质是一样的，但Ⅲ类基础油要在Ⅱ类基础油生产工艺的基础上考虑进料性质并采用苛刻的操作条件和较深的加工深度。Ⅲ类基础油在性能上远远超过Ⅰ类基础油和Ⅱ类基础油，尤其具有很高的黏度指数和很低的挥发性。Ⅲ类基础油和Ⅳ类基础油性质与组成十分接近，随着费-托合成蜡资源的增多和Ⅲ类基础油生产技术的改进，预计在今后几年间，Ⅲ类基础油的需求量会有较大幅度的增长，其应用领域将拓宽并覆盖聚α-烯烃的应用领域，聚α-烯烃的需求量将会减少。

该装置以大庆经糠醛精制和酮苯脱蜡后的减二线脱蜡油或蜡下油（HVI150料）、经糠醛精制后的减四线油（HVI650料）和经糠醛精制后的轻脱沥青油（HVI150BS料）为原料，采用全加氢工艺，分别为加氢预精制、异构脱蜡和加氢补充精制三部分。加氢预精制主要是降低反应进料的氮含量，反应采用高压和尽量低的温度来抑制加氢裂化反应的进行。异构脱蜡是使直链的正构烷烃（蜡）在催化剂的作用下异构化反应，变成异构烷烃，降低了倾点，达到脱蜡目的。加氢补充精制是使芳烃进一步饱和、脱去微量杂质、改善基础油的氧化安定性和颜色。其示意流程见图3-3。

表 3–8　　HVI 基础油技术要求

项目 \ 黏度等级牌号		HVI 150	HVI 200	HVI 400	HVI 500	HVI 650	HVI 90BS	HVI 120BS	试验方法
运动黏度 /（mm^2/s）	40℃ 100℃	28 ~ ＜34 报告	35 ~ ＜42 报告	74 ~ 82 报告	95 ~ 107 报告	120 ~ 135 报告	报告 25 ~ 28	报告 30 ~ 33	GB/T 265
外观		透明	透明	透明	透明	透明	透明	透明	目测
色度 / 号	不大于	1.5	2.0	3.5	4.0	5.0	5.5	6.0	GB/T 6540
黏度指数	不小于	100	98	95	95	95	95	95	GB/T 1995
闪点（开口）/℃	不低于	200	210	225	235	255	265	290	GB/T 3536
倾点 /℃	不高于	−12	−9	−5	−5	−5	−5	−5	GB/T 3535
酸值 /（mgKOH/g）	不大于	0.02	0.02	0.03	0.03	0.03	0.03	0.03	GB/T 7304
饱和烃（质量分数）/%	不大于	报告	报告	报告	报告	报告	报告	报告	SH/T 0607,SH/T 0753
残炭（质量分数）/%		—	—	0.10	0.15	0.25	0.3	0.60	GB/T 268, GB/T 17144
密度（20℃）/（kg/m^3）		报告	报告	报告	报告	报告	报告	报告	GB/T 1884,GB/T 1885, SH/T 0604
苯胺点 /℃		报告	报告	报告	报告	报告	报告	报告	GB/T 262
硫含量（质量分数）/%		报告	报告	报告	报告	报告	报告	报告	GB/T 387,GB/T 17040, SH/T 0689, SH/T 0253
氮含量（质量分数）/%		报告	报告	报告	报告	报告	报告	报告	GB/T 9170.SH/T 0657
碱性氮（质量分数）/%		报告	报告	报告	报告	报告	报告	报告	SH/T 0162
蒸发损失（Noack 法，250℃，1h）（质量分数）/%	不小于	20	15	—	—	—	—	—	SH/T 0059
氧化安定性（旋转氧弹法）（150℃）/min	不小于	200	200	190	170	150	150	150	SH/T 0193
低温动力黏度（−15℃）/（mPa·s）		报告	—	—	—	—	—	—	GB/T 6538

表3-9 MVI基础油技术要求

项目	黏度等级牌号	MVI 150	300	400	500	600	750	90BS	120BS	150BS	试验方法
运动黏度/（mm²/s）	40℃ 100℃	28 ~ <34 报告	50 ~ <62 报告	74 ~ <90 报告	90 ~ <110 报告	110 ~ <120 报告	135 ~ <160 报告	报告 70~ <22	报告 22 ~ <28	报告 28 ~ <34	GB/T 265
外观		透明	透明	透明	透明	透明	透明	透明	透明	透明	目测
色度/号	不大于	1.0	2.0	2.5	3.0	3.5	4.0	5.5	5.5	6.0	GB/T 6540
黏度指数	不小于	80	80	80	80	80	80	80	80	80	GB/T 1995
闪点（开口）/℃	不低于	170	200	210	215	220	225	240	255	270	GB/T 3536
倾点/℃	不高于	−12	−9	−9	−5	−5	−5	−5	−5	−5	GB/T 3535
酸值/（mgKOH/g）	不大于	0.05	0.05	0.05	0.05	0.05	0.05	0.1	0.1	0.1	GB/T 7304
饱和烃（质量分数）/%		报告	报告	报告	报告	报告	报告	报告	报告	报告	SH/T 0607,SH/T 0753
残炭（质量分数）/%	不大于	—	0.02	0.03	0.03	0.035	0.04	0.5	0.5	0.5	GB/T 268
密度（20℃）/（kg/cm³）		报告	报告	报告	报告	报告	报告	报告	报告	报告	GB/T 1884, GB/T 1885, SH/T 0604
苯胺点/℃		报告	报告	报告	报告	报告	报告	报告	报告	报告	GB/T 262
硫（质量分数）/%		报告	报告	报告	报告	报告	报告	报告	报告	报告	GB/T 387,GB/T 17040,SH/T 0689, SH/T 0253
氮/%		报告	报告	报告	报告	报告	报告	报告	报告	报告	GB/T 9170.SH/T 0657
抗乳化性/min 54℃（40−40−0） 82℃（40−37−3）	 不大于 不大于	10 —	15 —	15 —	— 10	— 10	— 15	— 15	— 15	— 15	GB/T 7305
碱性氮/%		报告	报告	报告	报告	报告	报告	报告	报告	报告	SH/T 0162
蒸发损失（Noack法，250℃，1h）（质量分数）/%	不小于	23	—	—	—	—	—	—	—	—	SH/T 0059
氧化安定性（旋转氧弹法）（150℃）/min	不小于	200	200	200	200	200	200	200	130	130	SH/T 0193

表3-10 VHVI基础油技术要求

项目 \ 黏度等级牌号		VHVI									试验方法
		2	4	5	6	8	10	12	14	20（90BS）	
运动黏度/（mm^2/s）	40℃ 100℃	报告 1.5～＜2.5	报告 3.5～＜4.5	报告 4.5～＜5.5	报告 5.5～＜6.5	报告 7.5～＜9.0	报告 9.0～＜11.0	报告 11.0～＜13.0	报告 13.0～＜15.0	报告 17.0～＜22.0	GB/T265
外观		透明	透明	透明	透明	透明	透明	透明	透明	透明	目测
色度/号	不大于	0.5	0.5	0.5	0.5	0.5	0.5	0.5	0.5	1.0	GB/T6540
黏度指数	不小于	120	120	120	120	120	120	120	120	120	GB/T 1995
闪点（开口）/℃	不低于	140	200	205	210	220	230	230	240	265	GB/T3536
倾点/℃	不高于	-30	-18	-18	-18	-18	-18	-18	-18	-18	GB/T3535
浊点/℃	不高于	-20	-10	-10	-10	-5	-5	-5	-5	报告	GB/T 6986
酸值/（mgKOH/g）	不大于	0.01	0.01	0.01	0.01	0.01	0.01	0.01	0.01	0.02	GB/T7304
饱和烃（质量分数）/%	不小于	90	90	90	90	90	90	90	90	90	SH/T 0607, SH/T 0753
密度（20℃）/（kg/m^3）		报告	报告	报告	报告	报告	报告	报告	报告	报告	GB/T1884, GB/T 1885, SH/T 0604
硫（质量分数）/%		报告	报告	报告	报告	报告	报告	报告	报告	报告	GB/T 387, GB/T 17040, SH/T 0689, SH/T 0253
蒸发损失（Noack法，250℃，1h）（质量分数）/%	不小于	—	15	13	9	—	—	—	—	—	SH/T 0059
抗乳化性/min 54℃（40-40-0） 82℃（40-37-3）	 不大于 不大于	 10 —	 10 —	 10 —	 10 —	 10 —	 — 15	 — 15	 — 15	 — 25	GB/T 7305
低温动力黏度/（mPa·s）	-25℃ -20℃	— —	报告 —	— 报告	— 报告	— —	— —	— —	— —	— —	GB/T 6538
氧化安定性（旋转氧弹法）（150℃）/min	不小于	300	300	300	300	300	300	300	300	300	SH/T0193

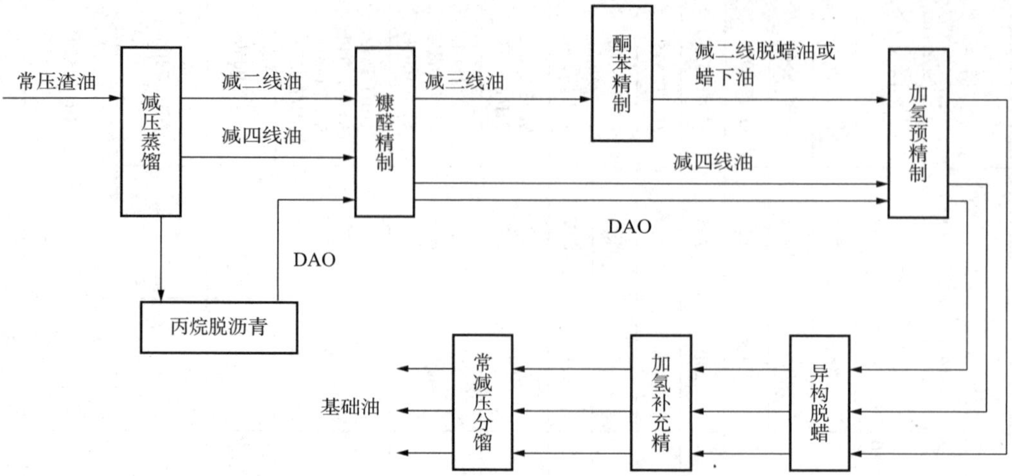

图3-3　大庆加氢异构化装置生产基础油示意流程图

正构烷烃黏度指数、氧化安定性、挥发性和对抗氧剂的感受性都非常好，但倾点高、低温性能差；芳香烃和极性物（含硫物除外）各种性能都非常差，是润滑油的非理想组分；异构烷烃和环烷烃各种性能居中，是润滑油的理想组分，特别是异构烷烃是润滑油的最理想组分。大庆异构化基础油经三段加氢，脱除了极性物质，将凝点高的正构烷烃通过异构化反应转化为异构烷烃，芳香烃得到最大限度的饱和，因此大庆异构化基础油饱和烃含量高、极性物很少、黏度指数高、氧化稳定性好、挥发性低、倾点低、低温性能好、对抗氧剂的感受性好，是生产高档润滑油的优质原料，与大庆原油通过老三套生产的Ⅰ类基础油性能及烃类组成的比较见表3-11。

表3-11　　**异构化油、Ⅰ类基础油性能及组成典型数据**

项目	HVI150	HVIW 150	HVI500	VHVI 10
运动黏度/（mm^2/s）　40℃ 100℃	31.85 5.31	30.4 5.5	96.04 10.78	67.3 10.0
黏度指数	100	119	95	132
色度（D1500）/号 硫含量/（μg/g） 氮含量/（mg/g） 族组成/（μg/g）	1 370 77	0 2 ＜2	3.5 760 235	0 5 ＜2
饱和烃 芳香物 极性物	83.6 16.2 0.2	96.7 2.1 0.1	76.3 22.4 1.30	97.60 2.10 0.30
结构组成/% C_A C_P C_N	 5.06 64.84 30.10	 1.92 66.31 31.77	 6.81 68.11 25.08	 1.90 74.18 23.92

基础油的性能取决于组成，因此API以基础油的组成将其分为Ⅰ、Ⅱ、Ⅲ、Ⅳ、Ⅴ五大类，具体分类见表3-12。

表3-12　　API基础油分类

分类	硫含量/%	饱和烃含量/%	黏度指数
Ⅰ	＞0.03	＜90	80～120
Ⅱ	≤0.03	＞90	80～120
Ⅲ	≤0.03	＞90	≥120
Ⅳ		聚α-烯烃	
Ⅴ		Ⅰ～Ⅳ类以外的其他基础油	

美国API基础油分类的目的是进行基础油互换，与上述API基础油分类同时存在的还有API发动机基础油互换原则，见表3-13。

表3-13　　API基础油互换规则（以API CF-4柴油机油为例）①

原始认可基础油	Ⅰ类油	Ⅱ类油	Ⅲ类油	Ⅳ类油	Ⅴ类油
Ⅰ类油	无	无	全部	全部	全部
Ⅱ类油	无	无	全部	全部	全部
Ⅲ类油	全部	全部	全部	全部	全部
Ⅳ类油	全部	全部	全部	无	全部
Ⅴ类油	全部	全部	全部	全部	全部

①全部＝所有标准认可的发动机台架项目；无＝无发动机台架要求。

如某种属于Ⅰ类油的基础油并以某种添加剂为配方的油品通过了CF-4全套台架试验，那么其他属于Ⅰ类油或Ⅱ类油的基础油也能以该添加剂为配方达到CF-4 性能，不用再做任何CF-4所要求的台架试验，如Cat-1K；而换成其他类基础油则要做发动机台架试验，这正是API对基础油分类的用心所在，也体现了其优越之处。

由于市场对润滑油性能要求越来越高，新的润滑油规范不断出现，试验费用也越来越昂贵。作为添加剂公司，开发配方就要考虑同一添加剂产品要配合众多基础油，尽量拓展通用性，如添加剂公司开发某种添加剂产品，很多情况下要选择在市场流动通用的基础油为配方进行台架试验。而对润滑油厂商来说，为增强其产品的竞争力，需要考虑自身的基础油适应不同品牌、牌号的添加剂，尽量选择性能价格优越的添加剂，这就对基础油的制造商提出了要求：基础油同样要通用化以适应更广泛的添加剂。很多基础油制造商为了更好地销售其产品，采用某种通用典型的添加剂产品进行台架试验，反过来证明其基础油的性能。

从上述讨论可以看出，API正是考虑到基础油的应用而推出的这种分类，给润滑油厂商和添加剂厂商提供了一种对话的语言，给双方都带来了很多便利。因此，中国基础油现行的企业标准也将考虑更改，与API的标准接轨。

面对众多的基础油，基础油的用户、生产商和贸易商对基础油规格标准有着不同理解，国外进口的基础油多称一次加氢油和两次加氢油，国内生产的基础油多按中国石化的企业标准（如HVI和MVI等），而很多用户却参考美国API的分类（如Ⅰ族或Ⅱ族）。对基础油的不同称谓实际也部分代表了从不同角度对基础油规格的理解，大多认为，中国现行的基础油规格应向流行的API基础油规范靠近和统一，进而实现通用化和国际化。

5．润滑油基础油的发展前景

润滑油基础油性能对润滑油品质有着直接的影响，而基础油加工工艺是决定润滑油质量的关键因素，目前传统"老三套"工艺生产的Ⅰ类基础油仍占主导地位。随着环保、节能及汽车发动机技术的日益发展，对采用加氢工艺生产的Ⅱ类、Ⅲ类基础油的需求会逐渐增加。

Ⅰ类基础油由于芳烃、硫、氮含量较高，氧化安定性和热安定性较差，已不能完全适用生产高档发动机油的需要，特别是新一代发动机油的需要。而采用加氢工艺生产的Ⅱ类、Ⅲ类基础油有良好特性，Ⅱ类基础油硫含量低、饱和烃含量高、杂质含量少、热稳定性好、抗氧化性好；Ⅲ类基础油除了具有Ⅱ类基础油的特点外，还具有较好的低温启动性能及很少的蒸发损失。为了生产符合GF-2、GF-3及GF-4标准的5W油，必须使用一部分或全部Ⅱ类基础油或Ⅲ类基础油，而传统工艺生产的Ⅰ类基础油无法生产此类高档产品。

尽管世界汽车保有量不断增加，但是由于润滑油档次提高，质量改进，延长了换油期，使机油消耗量下降，从而导致世界润滑油需求总量增长平缓，变化不大，常年在38Mt左右浮动。目前全球润滑油基础油生产能力约有45Mt/a，其中80%以上是用传统溶剂精制生产的Ⅰ类基础油。现在正处于常规（Ⅰ类）基础油向非常规基础油的转变时期，特别是北美和西欧。全球基础油市场供大于求，结构性矛盾突出，常规基础油占主导地位，但需求逐年减少，非常规基础油需求量增长，供不应求。长久以来北美和欧洲是润滑油的主要产地、消费地和润滑油标准的制定者、润滑油升级换代的引导者。但近20年，随着地区经济的发展，亚太地区润滑油消费开始快速增长，世界润滑油行业的发展重心也从欧美开始向亚太转移，1992年以后年均增长1%，但增加的主要是Ⅱ类、Ⅲ类基础油。Ⅱ/Ⅲ类基础油占世界基础油市场的比例已从1995年的11%增长到2001年的23%，2008年亚太地区Ⅱ/Ⅲ类基础油生产能力超过17Mt，占全球总产能的34%。

为了满足汽车严格的环保和工况要求，Ⅱ类和Ⅲ类基础油起着越来越重要的作用，并将继续大幅度增长。在欧洲，由于对基础油的挥发性制定了严格标准，Ⅲ类油已得到广泛使用，其主要应用于如下领域：

①满足GF-3标准的轿车发动机油，每年数量超过100Mgal。首先用于制备5W-30油，然后是数量较少的10W-30。

②"全程不更换"自动传动液ATF，每年约10Mgal。

欧洲生产的汽车发动机工作温度高于美国，对基础油的挥发性要求严格，对燃料经济性要求亦高，对Ⅲ类基础油的需求迅速增长。

亚太地区主要生产的仍是Ⅰ类基础油，日本、韩国、新加坡、澳大利亚等经济发达国家，内燃机油倾向使用低挥发性的5W级别，对Ⅱ类和Ⅲ类基础的油需求呈上升趋势。亚太地区发展中国家继续主要使用Ⅰ类基础油配制润滑油，趋向使用Ⅱ类基础油，特别是新车型，因此未来对Ⅱ类基础油的需求将稳步增长。

我国内燃机油质量和品质正朝着"高档化、多级化、通用化"的方向发展，同时润滑油发展的升级换代也将按着循序渐进的过程进行，这是与我国汽车工业的整体发展水平分不开的。我国润滑油质量水平不高的原因很多，最关键的因素就是缺少Ⅱ类、Ⅲ类基础油，即开发高档油所需要的低黏度、低凝点、很高黏度指数或超高黏度指数基础油尚不能大量生产，目前除兰州炼油厂和大庆炼化公司采用加氢工艺生产Ⅱ/Ⅲ类基础油外，克拉玛依炼油厂的300kt/a、荆门石化总厂的200kt/a及茂名石化、上海高桥石化的加氢处理装置也已投产，为我国润滑油的升级换代打下了坚实基础。

中国石油拥有石蜡基、中间基和环烷基三种资源，有达到接近世界水平的润滑油基础油加工手段，大庆炼化公司的异构脱蜡石蜡基基础油、兰州石化的中间基基础油和克拉玛依炼油厂生产的环烷基基础油形成了高品质资源组合：以环烷基油生产的变压器油已打入国际市场；环烷基矿物油生产的全封闭空调压缩机用基础油已达到国际标准和水平；用国产基础油生产的车辆齿轮油已达到世界同级先进水平。车用高档内燃机油性能也达到了进口油同类水平。

按照我国目前润滑油产品的构成推测，采用传统的溶剂精制技术与采用加氢技术生产润滑油基础油并存的局面将持续较长时期，因此，不能把采用溶剂精制法生产的Ⅰ类基础油看成夕阳工业，认为很快会被加氢工艺生产的Ⅱ/Ⅲ类基础油所取代，而无所作为。根据国外经验，由某些含硫原油，可以生产出质量好的Ⅰ类基础油，关键是炼油厂对生产润滑油基础油的原油必须有所选择，同时也要提高装置对不同原油的适应能力，采取措施，改进基础油质量。

四　润滑油的基本指标

1．外观

质量优良的油，首先应给人以良好的外观感觉，这是十分重要的，油品质量的优劣，很大程度上可以从外观察觉，特别是进入商品市场，油品的外观就显得更为重要。

2．颜色

油品的精制程度越高，颜色越浅，黏度低的油，颜色也较浅。但某些高黏度油，虽然精制程度很高，其颜色仍然较深。润滑油在使用过程中，由于杂质污染及氧化变质，都会使颜色逐渐变深甚至变黑。因此，润滑油从油品的颜色变化情况可以大致判断油品变质程度。颜色的鉴别方法，可按照GB/T 6540《石油产品颜色测定法》。

3．透明度

质量良好的油品应当有较好的透明度，油中如混入水分、气体、杂质及其他外来成分，都会影响透明度。

4．黏度

润滑油是一种黏性流体，必须施加一定外力才能克服其阻力而发生流动，这种内阻力就是摩擦力，其大小即是黏性，用黏度表示。绝大多数润滑油是根据其黏度大小来划分牌号的。黏度分为绝对黏度和相对黏度两大类，绝对黏度分为动力黏度和运动黏度两种；相对黏度有恩氏黏度、赛氏黏度和雷氏黏度等几种表示方法。润滑油经常使用运动黏度。

流体的动力黏度与同温度下该流体密度的比值称为运动黏度，在国际单位制（SI）中，运动黏度单位是m^2/s，实际中通常使用厘斯（cSt）做运动黏度单位，其等于$10^{-6}m^2/s$，即$1mm^2/s$，其测定方法见GB/T 265。

5．黏度指数

润滑油的黏度与温度有密切关系，黏度随温度的变化而变化，然而黏度指数的幅度，各种油品不完全相同。在国际上，目前广泛采用黏度指数（VI）这一指标，用它来评价油品的黏度受温度变化的影响，即黏温特性的优劣。黏度指数的测定方法，按照GB/T 1995《石油产品黏度指数计算法》，只要测定油品40℃及100℃的运动黏度，查表计算，即得出黏度指数数值。

6．倾点和凝点

油品在标准规定条件下冷却时，能够继续流动的最低温度称为倾点，按GB/T 3535标准方法测定。油品在标准规定试验条件下，冷却到液面不移动时的最高温度为凝点，按GB/T 510标准方法测定。由于倾点和凝点的定义和测试条件不同，所以同一个油品的倾点比凝点高3℃左右，现在世界各国多采用倾点来表示润滑油的低温性能。

7．闪点

在规定条件下加热油样，当温度达到某温度时，油样的蒸气和周围空气的混合气一旦与火焰接触，即发生闪火现象，最低的闪火温度称为闪点，是反映油品安全性的质量指标。测定闪点的方法有两种：开口闪点测定法（GB/T 267）和闭口闪点测定法（GB/T 261）。一般轻质油品采用闭口闪点测定法，重质油品采用开口闪点测定法，同一个油品，其开口闪点较闭口闪点高20～30℃。

五 基础油的选用

20世纪上半叶，人们探索了矿物润滑油的性质、组成以及它们与润滑油重要物理、化学性质之间的某些关系。润滑油一般的理化性质已不能很好地表征润滑油日益苛刻的使用性能，开始寻求润滑油化学组成与实用性能的关系，与台架试验相关联，与添加剂感受相关联，并试图在油品化学组成和使用性能之间建立某种数学模型，在原油加工方案、油品使用性能和添加剂配方诸方面进行预测指导，已获得了某些进展。

需要指出的是，现代润滑油的大部分已经是矿物基础油与化学合成添加剂的组合，其使用性能在一定程度上已不再取决于石油组分的天然特性，而受到外加各种功能添加剂的作用和符合配伍优势的深刻影响。可以说，现代润滑油的许多使用特性是由不同配方的添加剂赋予的，而基本的、共同的一些性能则是由基础油提供的，诸如黏温性能、热安定性、氧化安定性、色度、流动性以及添加剂的感受性等。润滑油生产工艺和润滑油性能的作用范围，也在于基础油的上述性能，而这些基本性能是与基础油中烃类组成相关联的。

在选择基础油时，首先要明确成品油的规格标准和对油品的质量要求这个前提，在此前提下提出以下6条选择基础油的原则，供参考。

1．必须性

根据所调和成品油的规格要求选择何种类别基础油，是石蜡基还是环烷基基础油，或是与部分Ⅱ/Ⅲ类基础油的掺合；对同一类基础油是采用标准基础油还是采用或高于或低于其性能基础油，以满足其主要的基本性能。

2．可能性

根据成品油性能确定了最佳基础油组分后，就要考虑其可能性，即这些组分是否可得，若没有就要考虑替补方案。例如调和SAE40级别内燃机油，最好使用650SN调配，但库存没有650SN，那么就有两个方案可选，其一是500SN加入高黏度组分（150BS、合成油、轻脱油）；其二是500SN加入增黏剂T613或T614。显然这些选择必须满足油品的基本要求。

3．经济性

如果有几个方案可满足油品要求，就要比较其经济性，以降低成本。从前例可以看出，如果调和普通的SAE40机油，除了使用100% 650SN的方案，还有若干个方案可能满足油品要求，比较其经济性和性价比后即可确定采用何种基础油。

4．灵活性

对一些常规油品暂无最佳基础油组分，或非常规油品需特殊基础油，或用户提出临时的、或高或低的产品性能要求时，可以考虑基础油的灵活性，但此灵活性必须满足用户的要求，必须与用户达成协议指标。

5．注意相邻组分原则

在选择基础油时，如果一个组分达不到要求，就需要两个组分进行调和，选择时一般选择相邻组分进行调整，使组分性质不能相差过大、馏分过宽，以满足基础组分要求。但根据油品性质要求，有时可以例外，如为了增加内燃机油的抗磨及抗氧化性能，可以用少量高黏组分如150BS；又如为了满足油品低温性能要求，在调和多级内燃机油时可以用部分低黏低凝组分如25#变压器油等。

6．注意实际质量

在选择基础油时一定要注意实际质量，切勿凭经验行事或片面相信牌号，特别是油品市场混乱时尤为如此。其一是，从厂方购出基础油时要问清实际质量和油品加工工艺；其二是，进厂后进行实测，根据实测质量判别基础油类别。

第三节　润滑油产品分类

石油产品总分类原则是按照石油产品的主要特征来划分的，其类别名称是依据反映各类产品主要特性的英文名称的第一个字母而确定的。按照GB/T 498规定，把石油产品分为五大类：F—燃料；S—溶剂和化工原料；L—润滑剂、工业润滑油和有关产品；W—蜡；B—沥青。产品用统一的方式命名，产品代号的一般形式如下所示：

ISO—类—品种—数字

或用简式：

类—品种—数字

类别用上述五大类产品的英文名称的第一个大写字母表示。品种由一组英文字母（1～4个）所组成，其首字母表示组别，任何后面所跟字母在相关组成品种分类标准中予以明确。数字的含义应在相应的标准中规定。

例如L-ECD 40，L表示润滑剂，E表示内燃机油，C表示柴油机油，D表示质量等级，40表示黏度等级。这样就确定了该柴油机油黏度等级，也就确定了其100℃运动黏度范围、低温倾点温度，也确认了其质量等级，表明该通过了Cat.1G_2、L-38台架实验，可用于柴油卡车。在实际应用中，进一步简化成CD 40。

由于润滑剂和有关产品种类繁多，应用广泛，如果只按石油产品的总分类将其定为L类，会带来诸多不便，所以又根据其主要应用场合将L类产品分为19组，每个组又单独制定一个分类标准，一个组的详细分类由产品的品种确定，但该产品必须符合该组所要求的应用场合，L类产品的分组情况如表3-14所示。

表3-14　L类产品分组情况

组别	应用场合	组别	应用场合
A	全损耗系统	C	齿轮
B	脱膜	D	压缩机（包括冷冻机和真空泵）

续表

组别	应用场合	组别	应用场合
E	内燃机	Q	热传导液
F	主轴、轴承和离合器	R	暂时保护防腐蚀
G	导轨	T	汽轮机
H	液压系统	U	热处理
M	金属加工	X	用润滑脂的场合
N	电器绝缘	Y	其他应用场合
P	气动工具	Z	蒸汽气缸

一 工业润滑油黏度分类

《工业润滑剂ISO黏度分类》（GB/T 3141—1994），适用于作为润滑剂、液压液、电器绝缘油和其他工业液体润滑剂。本分类不适用于可用作润滑剂的某些纯化学品和天然制品，也不适用于内燃机油和车辆齿轮油。不同黏度指数在各种温度下具有相应的运动黏度的ISO黏度分类见表3–15。

表3–15　　ISO黏度分类

ISO黏度等级	中间点运动黏度（40℃）/（mm^2/s）	运动黏度范围（40℃）/（mm^2/s）	
		最小	最大
2	2.2	1.98	2.42
3	3.2	2.88	3.52
5	4.6	4.14	5.06
7	6.8	6.12	7.48
10	10	9.00	11.0
15	15	13.5	16.5
22	22	19.8	24.2
32	32	28.8	35.2
46	46	41.4	50.6
68	68	61.2	74.8
100	100	90.0	110
150	150	135	165
220	220	198	242
320	320	288	352
460	460	414	506
680	680	612	748
1 000	1 000	900	1 100
1 500	1 500	1 350	1 650
2 200	2 200	1 980	2 420
3 200	3 200	2 880	3 520

二 车辆润滑油黏度分类

车辆润滑油主要包括内燃机油和车辆齿轮油，其黏度分类将在后面章节做详细介绍。

第四节　基础油应用知识问答

1．润滑油基础油的性能和作用包括哪些？

基础油的性能和作用可以归纳为：

①基础油黏度：直接影响低温性能、抗磨损能力、摩擦损失。

②基础油的热氧化安定性：直接影响使用寿命，特别是导致油泥和酸性氧化物生成倾向，因此也影响油品的综合性能。

③基础油的挥发性：与油品蒸发所导致的黏度增大有关，也影响油品使用性能。

④基础油的表面活性：影响油品破乳和发泡倾向水平，间接影响抗磨损能力。

⑤基础油的化学活性：影响油品的腐蚀倾向。

⑥基础油的溶解能力：影响油品对密封件间的适应性，同时对使用中抑制沉积物及对添加剂的相容性有关。

上述基础油的作用和性能，与其加工工艺及组成有关。酯类合成非烃类基础油，可改善对功能剂的溶解性，特别是其生物降解性高，可调配环保型润滑油。随着基础油加工工艺的不断进步和合成酯的扩大采用，既增加了基础油在成品油中的成本比例，同时也使人们对基础油的作用有了进一步认识，基础油对提高润滑油质量的贡献率将超过添加剂。

2．美国石油学会对基础油是怎样分类的？

美国石油学会和欧洲润滑油工业技术协会在20世纪90年代后期共同提出了新的润滑油基础油分类法，该法根据基础油的碳氢链的组分、黏度指数和硫含量的多少，将基础油分为五类，这个分类得到广泛承认和实际应用。

Ⅰ类基础油：即常规基础油，采用传统的溶剂精制、脱蜡、白土补充精制工艺生产的基础油，目前在基础油市场占据主导地位。但其热氧化安定性不好，挥发损失大，黏度指数低，硫含量高。这类基础油的产量和应用都将逐年减少，在高性能润滑油产品中将完全不使用。

Ⅱ类和Ⅲ类基础油：Ⅱ类基础油是常规减压瓦斯油、加氢裂化尾油脱脂后加氢生产的产品；Ⅲ类基础油因加氢裂化的原料不同，性质和组成也不一样，黏度指数可以从120到150，挥发度也不尽相同。Ⅲ类基础油需要用含氢量较高的原料脱蜡，因此Ⅲ类基础生产成本较高。

Ⅳ类基础油：Ⅳ类基础油是聚 α－烯烃油。随着Ⅲ类基础油生产技术的改进，预计在今后几年间，Ⅲ类基础油需求量会有较大幅度增长，其应用领域将拓宽并覆盖聚 α－烯烃油的应用领域，后者的需求量将会减少。

Ⅴ类基础油：Ⅰ类、Ⅱ类、Ⅲ类和Ⅳ类外的其他基础油。

伴随着润滑油更新换代步伐的加快，我国对基础油的需求也将逐渐从Ⅰ类油向Ⅱ类、Ⅲ类基础油转变。例如，为了生产符合GF－2及GF－3标准的5W油、75W/90GL－5油和长寿命的自动变速器ATF油，用常规的溶剂精制Ⅰ类基础油无法调制出质量合格的此类产品。

3．世界基础油的应用和发展趋势怎样？

进入21世纪，优质基础油用量不断增加，各种合成油及加氢异构化油的产量以每年10%的速度增长。2001年世界合成油产量已超过500kt，而“老三套”工艺生产的常规基础油呈逐年减少趋势。优质基础油的重要性凸现出来，其价值平衡率得到迅速提升，即在基础油和添加剂共同维护产品质量的天平上，基础油的砝码在加重，如表3-16所示。

表3-16　　基础油与添加剂的价值平衡率

油品等级和基础油类别	价值平衡率/%	
	基础油	添加剂
CD 15W-40，Ⅰ类基础油	53	47
CD 10W-40，Ⅱ类基础油	74	26
CD 5W-40，Ⅲ/Ⅳ类基础油	78	22
SJ 0W-30，Ⅳ类基础油	84	16

合成油聚α-烯烃和聚酯本身就具有优良的性能，如较高的黏度指数（大于120），则不需要添加黏度指数改进剂；优良的低温性能（倾点可达-60℃），则不需要添加降凝剂；对抗氧剂感受性好，则加入较低剂量的抗氧剂便可达到提高氧化安定性的目的。随着基础油质量的提高，预示着添加剂的作用将会有所下降，尽管添加剂的用量还会增长，品种还会增加。

另外，各类合成油与矿物油的相对价格：矿物油1；聚α-烯烃3～5；聚醚、双酯、多元醇酯4～10；磷酸酯5～10；硅油30～100。

4．对非常规基础油质量的要求有哪些？

对非常规基础油质量的要求主要有以下6项：

①热氧化安定好。延长润滑油寿命、延长换油期、降低消耗量等都要求基础油有好的热氧化安定性。

②低挥发性。延长润滑油使用寿命和在使用期间润滑油质量不出现重大变化，即要求基础油具有低挥发性。环境保护也限制基础油的挥发性，因此对基础油挥发性的要求呈进一步加强之势。

③高黏度指数。润滑油在保持黏度大致稳定的同时，在较宽的温度范围内充分发挥润滑油功能的要求已经提高，并将继续下去，实现这个要求最好的办法就是使用高黏度指数基础油替代对黏度指数改进剂的依赖。

④低硫、无硫。矿物基础油中的硫是一种天然抗氧剂和极压剂，但硫会与添加剂化合物相互作用，并使添加剂配方难以优化，硫对发动机排气系统催化转化器脱除氮氧化合物有负面影响也是一个重要因素。

⑤低黏度。降低黏度有助于提高内燃机效率，有明显节能功效。此外，要求润滑油有较好的低温流动性，也必然要降低黏度。

⑥环境友好。21世纪继续使用石油类矿物基础油的前提条件就是进一步降低芳烃含量，特别是稠环芳烃含量，还要求基础油在加工处理或再生循环时不会造成有碍人体健康的特殊问题，对全损耗润滑油和在环境敏感地区使用的润滑油，除了要求在水中和地上无毒性外，可生物降解性也将提到议事日程上来，并越来越受重视。

5．低凝和深度精制的常规基础油在三大油品中的应用情况如何？

常规工艺生产的基础油是经溶剂精制、溶剂脱蜡、加氢补充精制或白土补充精制，但有些项目指标还未达到调制高档润滑油要求。适当提高溶剂和白土精制深度，例如将糠醛精制比由2.5：1提高至3：1；白土由2%～3%提高至4%～7%，便可生产出旋转氧弹大于200min的HVIW500、HVIS500和MVIW500基础油及旋转氧弹大于180min的HVW120BS和HVIW650基础油，这些基础油可调配：

（1）高档内燃机油

随着内燃机油质量级别的提高，添加剂量不断增加，成品油的低温性能因此受到影响，从而对基础油的要求日益严格，并要求降低轻质基础油的蒸发损失。应用证明，采用倾点为-15℃的HVIW 150和HVIW 500基础油，不添加其他低凝组分，可调制出低温黏度合格的10W-30 SF/CD产品；辅加适量加氢尾油临氢降凝组分，可调配添加剂量高达10%的SJ级产品。HVIW各牌号基础油可直接用于SH级以下的多级油产品。

（2）高档齿轮油

基础油的精制深度主要影响齿轮油的氧化安定性，用HVIW 120BS和HVIW 650调配的80W-90 GL-5油通过了CRC L-60氧化台架试验和L-33、L-37、L-42齿轮台架试验。

（3）液压油和液力传动油

过去调制符合L-HM油和高压抗磨液压油标准的产品难点在于HVI 150基础油达不到HM 32产品倾点-15℃的要求，需调和低凝组分。另外，由于基础油精制深度不够，导致HM 68产品的空气释放值不符合要求，采用HVIW 150和HVIW 500基础油，调配的产品在高温性、低温性及抗乳化性、空气释放性方面均优于常规基础油调配的产品。HVIW 100是ATF油较理想的基础油组分之一。

6. 环烷基基础油适宜调配哪些油品？

环烷基润滑油基础油广泛应用于调配变压器油、冷冻油及工艺用油。由于环烷基基础油有极好的溶解能力，可用于合成橡胶填充油、润滑脂和船用中速机油、汽缸油的生产。环烷基油与添加剂相容性好，这一特点对添加剂量大的高碱值船用油很有利，另外环烷基油在发动机高温区域生成的积炭也较松软，有利于降低活塞和缸套的磨损。

7. 为什么要开发生产加氢基础油？

20世纪90年代以来，由于环保法规日益严格和设备制造商对润滑油规格的要求日趋苛刻，特别是汽车工业的快速发展。润滑油正向着长换油期、低黏度和多极化的方向发展。以轿车用发动机油和自动传动液为先导，重负荷柴油机油、液压油、压缩机油等润滑油规格不断升级换代，仅依靠使用添加剂的手段已很难满足要求，传统的“老三套”基础油生产工艺只能生产Ⅰ类基础油，无法调制高档油，加氢工艺逐渐成为生产润滑油基础油的必然选择。以内燃机油为例，新的SAE分类标准提高了对油品低温性能的要求，并将低温泵送性（MRV）试验温度降低了5℃，对基础油的低温性能提出了更加苛刻的要求。而Ⅰ类基础油只可调制15W-40、20W-50等多级油和对低温性能及挥发性无要求的单级油，加氢基础油即Ⅱ类、Ⅲ类基础油可用于生产跨度较大的5W-30、10W-40等高档多级油，并将越来越多地投入使用。

8. 什么是润滑油的加氢技术？

润滑油的加氢技术包括加氢处理、加氢催化脱蜡、加氢异构脱蜡、加氢裂化/异构脱蜡等技术，加氢基础油制取过程中的化学反应有以下几个方面：

①稠环芳烃加氢生成单环和双环芳烃或多环芳烃；

②稠环环烷烃部分加氢开环，生成带长侧链的单环和双环烷烃；

③正构烷烃或分支程度低的异构烷烃临氢异构为分支程度较高的异构烷烃；

④同时脱除氮、硫、氧等杂环原子，并使烯烃饱和。

采用化学方法制得的加氢基础油具有黏度指数较高、烃类组成更理想、热稳定性和氧化安定性优异、蒸发损失较低、硫含量和氮含量低及环境友好等性能，是传统的“老三套”工艺生产Ⅰ类基础油所无法比拟的。API基础油分类标准将基础油的主要化学组成（饱和烃、硫含量）和反映基础油综合特性的黏度指数作为分类的主要依据，加氢基础油分属Ⅱ类、Ⅲ类基础油。

9. Ⅱ类或Ⅲ类基础油的性质有何差异？应用对比情况如何？

采用加氢技术生产的Ⅱ类、Ⅲ类基础油尽管在族组成上具有相同要求的饱和烃、芳烃和硫含量，但由于其含有的各类烷烃、芳烃比例不同，因此Ⅱ类、Ⅲ类基础油仍然存在着理想组分和非理想组分结构分布和含量的不同。这些不同致使加氢基础油的性质及调制的润滑油在使用性能上存在着差异，如Ⅱ类、Ⅲ类基础油黏度指数的差距正是理想组分多寡的体现，也是加氢基础油在程度上区别的表征。

Ⅲ类基础油较Ⅱ类基础油具有更好的热氧化安定性、更好的黏度性能、较低的挥发性和更好的环保性能。因此，由于加氢基础油进料、操作条件、苛刻程度、加工精制深度、工艺流程和所用催化剂的不同，对产品质量控制的程度不同，所得的加氢基础油在具体性质及使用性能上各有长短。在一些对热稳定性、氧化安定性、挥发性及低温性能要求较高的特殊场合，应当慎用Ⅱ类基础油。尤其在配方技术上，应明确表明选用Ⅱ类还是Ⅲ类基础油，有针对性地调整配方，扬长避短，才能调制出性能优异的润滑油。我国使用加氢异构化的Ⅲ类基础油调制出5W-30 SJ/GF-2和5W-30 SL/GF-3汽油机油，能满足高档轿车要求。用Ⅱ类和Ⅲ类基础油调制的SJ油，曾进行了实车使用试验，结果表明，尽管Ⅱ类、Ⅲ类基础油都可满足SJ油规格标准，但在实车使用试验中油品的碱值、酸值存在一些差异，而且行驶里程越长，差异越大。这是由于黏度指数高的Ⅲ类基础油含有更多的理想组分，在同样使用条件下，被氧化生成的酸性化合物要比Ⅱ类基础油调制的SJ油少，从而消耗的碱性添加剂也要少，其碱保持能力更好。

分别使用Ⅱ类、Ⅲ类基础油调制的22 DAH喷油螺杆压缩机油，在实际使用1000h后，用前者调制的DAH压缩机油颜色明显变黑，40℃黏度变化率大，酸值迅速增长。继续使用，虽未造成事故，但油品变稠、油泥增多、蒸发损失较大，使用过程中逸出的油蒸气较多，油耗明显上升，费用增高。

Ⅱ类、Ⅲ类基础油由于工艺流程、加工深度、生产批次不同，其基本性能也不同，必然使油品的品质和使用性能在较大范围内波动。因此，要根据具体情况对有关实验项目进行认真评价，准确选择基础油或确定各类基础油混合比例，在配方上做出相应调整，既保证油品使用性能，又考虑到经济性，不因为质量过剩造成不必要的浪费。

10. Ⅱ类基础油是否可代替Ⅲ类基础油？

降低排放、提高燃油经济性和改进苛刻工况下产品性能等要求的出台，对发动机润滑油的硫含量限制越来越严格，如API CJ-4和ACEA E9规范中都规定硫含量要小于0.4%。更严格的环境法规和性能要求意味着润滑油配方中必须采用不含硫的基础油。Ⅰ类基础油采用溶剂精炼工艺，仅除去了50%～80%的杂质，硫含量高。而Ⅱ类和Ⅲ类基础油均经过加氢处理，将其中98%～99.99%的劣质分子转换为优质基础油，硫含量低，且来源广泛。因此，新配方的选择将主要集中在Ⅱ类基础和Ⅲ类基础油之间。

除了0W等级超轻油外，欧洲传统的方法是采用Ⅰ类基础油和Ⅲ类基础油混调，但直接用Ⅱ类和Ⅱ⁺基础油则润滑油的性能更好，且降低了Ⅲ类基础油的需求。如ACEA E9/API CJ-4 10W-30机油的配方，可以使用70%的Ⅰ类基础油和30%的Ⅲ类基础油，也可以用45%的Ⅱ类基础油和55%的Ⅱ⁺基础油混合，后者的好处是可以降低费用。部分使用Ⅱ类基础油及Ⅲ类基础油的配方比较（超轻油除外）见表3-17。

表3-17　　Ⅱ类油与Ⅲ类油配方比较（超轻油除外）

产品等级	诺亚克蒸发损失/%	Ⅱ类基础油/%	Ⅱ⁺类基础油/%	Ⅲ类基础油/%	应用
0W-XX				100	
5W-XX	不大于13		100		欧洲摩托车
5W-XX	不大于15	25	75		GF-4、GF-5
10W-XX		100			欧洲GF-4、GF-5
15W-XX		100			

11. Ⅱ类及Ⅲ类基础油需求迅速增加的原因是什么？

润滑油产品质量的提高，要求基础油具有更高的黏度指数、更低的蒸发损失、更好的氧化安定性和低温流动性。例如，汽油机油GF-2规格要求油品蒸发损失不大于22%，而汽油机油GF-3则要求不大于15%，为了生产符合GF-3标准的5W汽油机油必须使用一部分或全部符合API基础油分类标准的Ⅱ类或Ⅲ类基础油，而常用规格的溶剂精制Ⅰ类基础油则无法调制出蒸发损失及低温黏度合格的此类产品。在氧化安定性方面，汽油机油GF-3也比GF-2要求更高，GF-3不但采用了更为苛刻的程序ⅢF发动机试验方法，并且规格指标也有不同程度的提高；此外，GF-3对发动机试验过后油的性质也有要求，例如要求评定程序ⅥB 80h试验后油品的节能保持性以及ⅢF试验后油品的低温泵送性等。研究表明，要通过这些试验，油品必须具有优异的氧化安定性，基础油必须部分或全部为Ⅱ类或Ⅲ类基础油。而新出台的GF-4和最近讨论的GF-5，因为对节能要求更高，则更加需要Ⅱ类或Ⅲ类基础油。在柴油机油方面，为了满足环保要求，新的柴油车采用了延迟喷油等降低氮氧化合物排放的措施，这些措施使机油中烟炱含量大幅度增加，因而要求油品有优异的烟炱分散性。基础油中芳烃含量高将使柴油机油难于通过Mark T8烟炱分散性试验。由于这些原因，导致近几年来国外Ⅱ类及Ⅲ类基础油的需求迅速增加，在北美，Ⅱ类及Ⅲ类基础油的生产能力已超过其总生产能力的50%。此外，美国每年还从其他地区进口大量的Ⅱ类和Ⅲ类基础油。

12. 加氢工艺生产的Ⅱ类、Ⅲ类基础油能否全部取代目前的“老三套”基础油？

Ⅱ类基础油与“老三套”Ⅰ类基础油主要区别于芳烃含量，但Ⅱ类油不会迅速把Ⅰ类油挤出润滑油市场。因为某些油品需要一定芳烃含量的基础油，提供必要的使用性能。例如，某些工业用油的基础油要求含有一定量芳烃提供清净性，溶解或胶溶氧化产物，防止油泥和沉淀形成。如果使用芳烃含量很少的基础油，而由清净剂提供清净性，往往会降低水分离性。再者，亚洲地区目前仍然使用中档内燃机油，如SF/CD级油，不一定非用Ⅱ类基础油不可。而Ⅲ类基础油的市场份额取决于高档低黏度内燃机油的应用。SH级汽油机油的黏度等级为5W-30、10W-30、15W-30；SJ油为0W-20、5W-20、5W-30、10W-30、15W-40。

由此可见低黏度等级SJ油的大量使用，才会使Ⅲ类基础油需求增长。美国Baytown炼油厂具备加氢工艺技术，可以生产Ⅲ类基础油，但目前不生产，原因是市场需求不多，而且无论使用何种加氢工艺，随着基础油黏度指数的提高，收率都要下降。

我国内燃机油中5W–30的比例很小，10W–30也不多，主要是15W–40，所以目前Ⅲ类基础油需求量不大。

13．目前国内加氢基础油的生产状况如何？

国内使用加氢法生产润滑油的有抚顺石油三厂、兰州石化公司、大庆润滑油二厂、茂名石化公司和克拉玛依石化厂等。实践证明，采用异构脱蜡与加氢补充精制或白土精制相结合的工艺，润滑油收率高，黏度指数也有所提高，并拓宽了原料油的范围，可以制备符合API Ⅱ、Ⅲ类规格的基础油。

国内开发了一种将润滑油溶剂精制与加氢处理相结合的工艺，即将加氢处理装置的进料，先经过溶剂精制以降低进料中的氮化物及稠环芳烃含量。由于改善了进料质量，加氢处理可在较缓和的温度和压力下进行，这样不但可以提高基础油的黏度指数，而且产品收率高，黏度损失小，光安定性好。由于大多数炼油厂已有溶剂精制装置，故只需要增加一套中压加氢处理装置，就能生产出Ⅱ类和Ⅲ类基础油。根据该研究成果，一套加工能力为200kt/a的从中间基原油生产Ⅱ类及Ⅲ类基础油的中压加氢处理装置已在湖北荆门炼油厂建成投产成功。

茂名石化公司利用其加氢裂化尾油，采用中国石化石油化工科学院的异构脱蜡工艺制取Ⅲ类基础油，具体方法是：采用传统的溶剂精制法，将蒸馏切去轻馏分的加氢裂化尾油，用酮苯脱蜡以降低倾点，然后通过糠醛精制以除去其中对安定性有不良影响的芳烃，产品收率达68%，黏度指数126，倾点–15℃，旋转氧弹氧化试验高达422min。

面对激烈的润滑油市场竞争，近几年我国开发出高档润滑油基础油生产技术，大多数已应用于或即将应用于工业生产，这些技术的开发及推广应用，对提高我国基础油质量及技术水平有积极作用，推动了润滑油的升级换代。

14．加氢基础油与溶剂精制基础油对成品油蒸发损失有何影响？

随着汽车工业的发展，发动机油品种、质量升级换代速度加快，平均每隔4年升级1次，其中，对油品的挥发性要求愈来愈严格。蒸发损失是基础油质量的一大特征。加氢基础油具有较小的蒸发损失，加氢基础油与溶剂精制基础油自身的蒸发损失及其对成品油的影响情况如下：

加氢基础油与溶剂精制基础油加入相同牌号、相同剂量的降凝剂、稠化剂及功能添加剂后，成品油的蒸发损失有所增加（见表3–18），但总的变化不大，除了稠化剂与复合剂的综合效应外，起决定作用的是基础油本身的蒸发损失大小。

表3–18　加氢基础油与溶剂精制基础油蒸发损失比较　%

基础油类型	加氢基础油			溶剂精制基础油		
	SF/CC	CD/SF	SJ/GF–2	SF/CC	CD/SF	SJ/GF–2
加剂前	9.1	9.0	8.8	18.4	18.5	18.5
加剂后	9.8	9.9	9.8	19.2	19.4	19.6
差值	0.7	0.9	1.0	0.8	0.9	1.1

15．加氢处理对基础油结构和性能的影响如何？

基础油通过加氢裂化、加氢异构化和加氢处理后，几乎所有的重芳烃组分都被除去，表现出卓越的性能。以石蜡基油、石蜡加氢油、环烷基油、同一芳烃抽提物不同程度加氢后油样及PAO为样品，研究其性能，并应用核磁共振（NMR）对加氢前后结构进行比较，数据如表3–19、表3–20所示。

表3–19　基础油基本性能①

项目	石蜡基油	石蜡加氢油	环烷基油	HA1	HA2	HA3	PAO
黏度（40℃）/（mm^2/s）	84.2	79.96	30.53	92.24	64.11	35.27	22.83
黏度（100℃）/（mm^2/s）	9.9	9.676	5.045	5.899	5.1	4.16	5.05
折光率（20℃）	1.4809	1.4773	1.4761	1.5819	1.567	1.5384	1.4574
黏度指数	96	99	89	3	6	20	155

①HA1是芳烃抽提物一次加氢产物，HA2是二次加氢产物，HA3是三次加氢产物。

表3–20　NMR结构分析

NMR测定的结构	石蜡基油	石蜡加氢油	环烷基油	HA1	HA2	HA3	PAO
芳香碳原子含量*CA*/%	4.5	2.4	0.0	46.4	40.1	25.0	0.6
饱和烃原子含量*CS*/%	95.5	97.6	100.0	53.6	59.9	75.0	99.4
正构石蜡碳原子含量*CPN*/%	41.4	37.3	16.2	19.5	22.8	7.2	58.3
异构石蜡碳原子含量*CPI*/%	38.4	29.2	28.5	24.9	22.3	16.4	41.0
环烷碳原子含量*CN*/%	15.7	31.0	55.3	9.2	14.8	51.5	0.0
平均链长*ACL*	16.1	14.5	8.7	11.5	11.9	12.7	9.1
碳氢比	0.512	0.506	0.500	0.651	0.625	0.571	0.502
支化度系数	33.8	34.4	63.5	0.5	8.9	18.9	27.2

科技人员进一步对它们的结构和性能进行关联，发现折光率和芳烃碳含量、饱和烃含量、碳氢比存在线形关系，相关性系数R^2分别为0.98、0.98、0.97。基础油中芳烃碳含量以及碳氢比高，折光率就高，而饱和碳含量越高，折光率越低。饱和碳含量与折光率的关联性见图3–4。

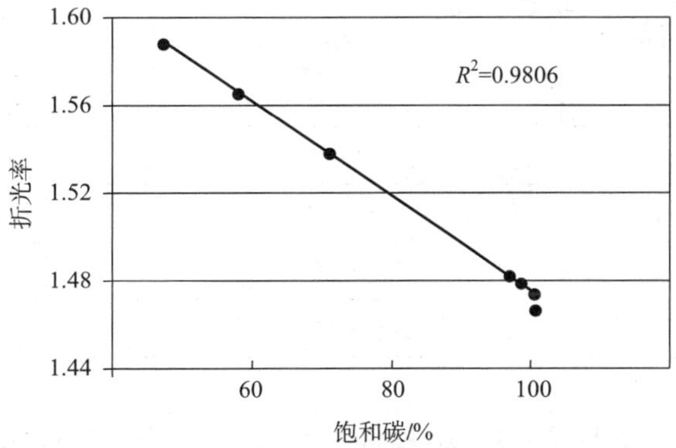

图3–4　饱和碳含量与折光率的关联图

同样，黏度指数也与基础油的结构密切相关。将黏度指数同正、异构烷烃碳原子含量和环烷烃碳原子含量进行关联，均无法得到较好的相关性，最大R^2值仅为0.83。若用多个结构参数（如用饱和烃原子含量CS和环烷烃碳原子含量CN为参数）与黏度指数相关联，则可得到较好的相关性，R^2值达到0.97，见图3–5。

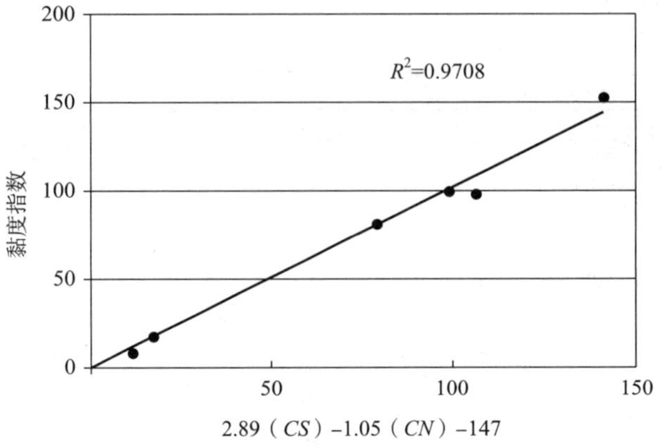

图3–5　结构参数与黏度指数的关联图

除折光率和黏度指数以外，大部分油品的物理性质（如黏度、氧化安定性等）变化也与其结构参数有关。因此，可对基础油的结构进行检测分析，并与油品的物理性质进行关联，进而控制加氢程度，得到最佳性能的油品。

16．用加氢基础油调配的高档内燃机油的质量如何?

内燃机油规格是随着汽车工业的发展而变化的，为了提高燃料的经济性，保护排放系统，降低排放污染，降低油耗，延长使用寿命，对基础油提出了更高的氧化安定性、更低的挥发性和良好的低温性能等要求。由于注重节能，并延长换油期，因此广泛使用大跨度多级油，多使用5W–X或10W–X油。

具体地说，加氢基础油加剂后，全配方成品油可满足大跨度高档油5W–30 SJ/GF–2规格要求，在L–38抗腐性、Ⅱ D防锈、Ⅲ E抗氧抗磨损、TEOST沉积控制、Ⅴ E油泥控制和Ⅵ A燃料经济性等发动机台架评定中，各项性能指数均符合要求，见表3–21。

表3–21　　加氢基础油调配的5W–30多级油性能评定结果

项目	质量指标	实测值
运动黏度（100℃）/（mm^2/s）	9.3 ~ 12.5	10.26
闪点（开口）/℃	≥200	232
倾点/℃	≤–35	–39
低温动力黏度（–30℃）/（mPa·s）	≤6600	5800
高温高剪切黏度/（mPa·s）	≥2.9	3.2
蒸发损失/%	≤15	10.3

用加氢基础油调配的5W–30 SJ/GF–2油，经过3×10^4km的高温、高速行车试验证明，各项性能均满足要求，可以取代相应的进口同档高级润滑油。

17．Ⅲ类基础油性能差异较大给发动机油延伸带来哪些困难？

API主要根据硫含量、饱和烃含量和黏度指数等指标对基础油进行划分，其中对Ⅰ类、Ⅱ类基础油研究较多，积累的试验数据也多，其延伸规则及根据组成进行配方调制已经比较成熟，但对Ⅲ类基础油研究相对较少，其延伸规则及根据组成进行配方调制明显不足。Ⅲ类基础油硫含量很低，为10^{-6}级，而饱和烃含量却很高，接近100%，也无法根据Ⅰ、Ⅱ类油的经验来判断其延伸及配方调制。另外，不同组成的Ⅲ类基础油性能差异较大，主要是其饱和烃、中烷烃和链烷烃含量不同所致，与硫含量关系不大。有人选择两种不同的Ⅲ类基础油进行比较，结果如图3-6所示。

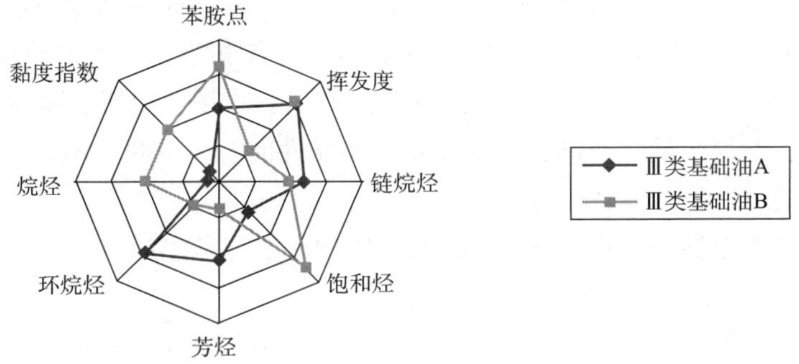

图3-6　两种Ⅲ类基础油的组成

用同一种复合剂对这两种Ⅲ类基础油进行调配，经ⅢG、VW TDI、VG和Mack T10台架试验对其进行评定，结果如图3-7、图3-8、图3-9所示。

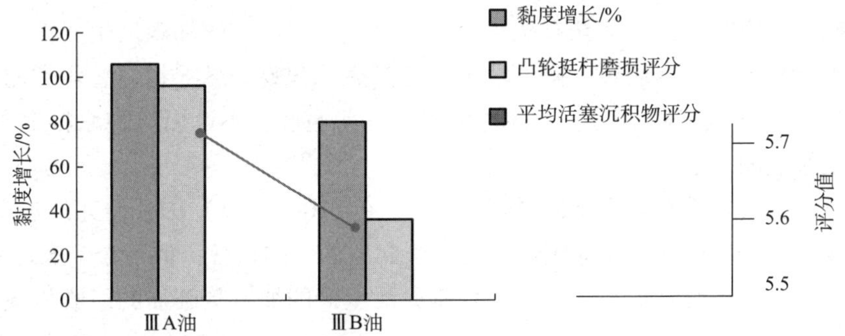

图3-7　ⅢG氧化试验

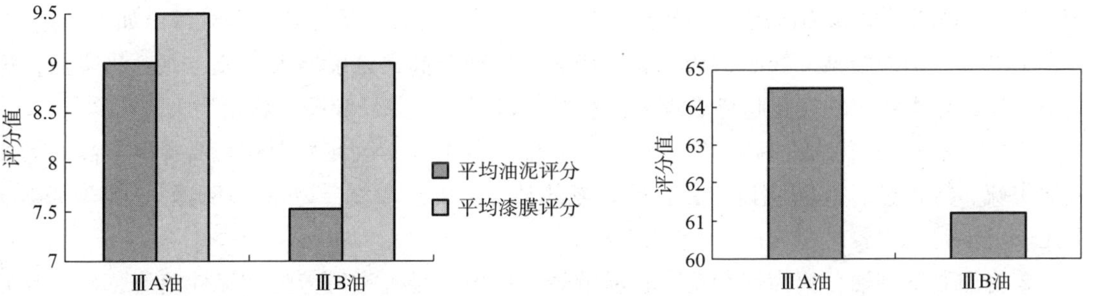

图3-8　VG发动机清净性VW、TDI活塞清净性

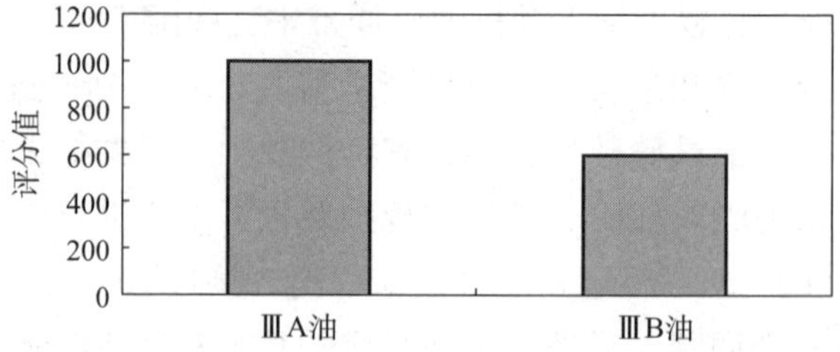

图3-9　Mack T10清净性及磨损评分

ⅢG台架试验表明，黏度增长B油优于A油，但凸轮挺杆磨损及沉淀物则相反：VW TDI清净性试验A油优于B油；VG试验，两种油成漆性能相当，但A油处理油泥能力好于B油；在Mack T10清净性及磨损试验中A油好。这些试验也说明，Ⅲ类基础油组成不同，其性能也各不相同，需要大量台架试验数据关联出油品性能与组成的关系，才能作出很好的延伸规则及根据组成进行配方调制。

18. 加氢基础油光安定性差的原因是什么？影响因素有哪些？

加氢基础油光安定性差的原因有如下三点：

①加氢基础油经深度加氢后，油品的硫含量很低，芳烃含量也不高，即天然抗氧剂几乎全部被除去。

②加氢基础油组成中绝大部分是饱和烃，对氧化产物溶解能力很低，氧化产物易形成沉淀析出。

③加氢基础油中含有部分加氢饱和的多环烷烃，这类物质非常不稳定，可能是影响其光安定性的主要原因。

加氢基础油光安定性差，即在有氧条件下通过光照，优良的外观发生变化，主要表现为加氢基础油的颜色加深、透明度下降，严重时还产生沉积物和悬浮物，恶化了油品的外观与内在质量，影响了加氢基础油性能。这种现象具有普遍性，不论用何种原料生成的加氢油，都存在光安定性差的问题。

加氢基础油光安定性差是个老问题，20世纪60～70年代已是国外研究的热点。近年来，随着我国开发了加氢基础油，光安定性问题又引起了国内的重视，但至今未取得共识。

1967年，Kartzark研究了委内瑞拉环烷基原油生产的加氢基础油的组成与颜色安定性之间的关系，发现氮化物是加氢基础油加氢变色的主要原因。1970年日本学者研究了用科威特含硫原油制取的加氢基础油的光安定性，对从加氢基础油沉淀物分离得到的含硫化合物、碱性氮化物和非碱性氮化物进行试验，得出正是这些分离物导致了加氢基础油光安定性差。1972年，Norak研究认为沉淀是不溶于己烷的沥青质。科研人员经几年研究得出如下结论：

①加氢基础油经紫外线照射后，黏度增大，酸值升高，密度增大，硫、氮含量降低，透光率降低；烃类组成的变化趋势表现为饱和烃含量降低，芳烃和胶质含量增大；

②加氢基础油沉淀物由碳、氢、氧、氮、硫元素组成，沉淀物中硫、氮含量最高时为加氢油中硫、氮含量的2000倍以上，含硫、氮的某些芳香杂环化合物和多环芳烃是加氢基础油中光安定性差的主要化合物；

③将加氢基础油分离为饱和烃、轻质芳烃、中质芳烃、重质芳烃和极性组分，硫、氮元素主要集中在重质芳烃和极性物质中，是光安定性差的化合物主要组成；

④以加氢基础油光照过程生成的各种化合物为依据，证实了加氢基础油光照过程氧化机理是链式自由基反应机理。

19．解决加氢基础油光安定性差的途径有哪些？

为了提高基础油质量，我国兰州、克拉玛依及大庆炼油厂采用了润滑油加氢处理工艺，通过加氢、开环、异构化等一系列化学反应，有效地改善了油品黏温性质，由Ⅰ类基础油升级为Ⅱ类、Ⅲ类基础油。加氢法生产润滑油是世界润滑油市场走向高档化、多极化、通用化的必然，加氢基础油与传统“老三套”工艺生产的基础油相比有如下优点：

硫、氮含量低，颜色很浅，呈水白色；较高的黏度指数；较低的挥发性；很高的饱和烃性质和对添加剂良好的感受性。

然而，加氢基础油存在着光安定性差的严重缺点。为了改善加氢基础油的光安定性，采用了多种后处理工艺，如溶剂后处理、加氢后处理、催化脱氢后处理等；也可对加氢工艺进行改良；还可采用与溶剂精制油调和及添加抗紫外线添加剂等方法。

在诸多解决方法中，用得最多的是加氢后处理，其实质是芳烃加氢饱和，将光安定性差的少量部分饱和多环芳烃中的环烷芳烃混合环进一步加氢饱和生成光安定性好的环烷烃。可采用以下工艺方法：

①原料预先经150%糠醛精制，以降低加氢原料中的多环芳烃含量；

②采用一段串联加氢方法，即经过加氢处理的产品直接进入第二台反应器，使部分加氢的多环芳烃进一步饱和。

使用Ⅰ类、Ⅱ类加氢基础油调制内燃机油、液压油和齿轮油时，若与抗紫外线添加剂存在配伍性问题，出现混浊、溶解度差等现象，必须注意避光贮运和使用。试验表明，即使出现了混浊、悬浮物的成品油，并不影响其使用性能。

20．加氢润滑油基础油在使用中的优点及存在的问题有哪些？

近几年来，润滑油的规格标准变化很快，对基础油的质量要求也越来越高，并在传统润滑的基础上提出了符合现代润滑油的新要求，促使润滑油基础油的努力方向是：

①降低基础油的黏度等级，从而提高燃料油的经济性；

②降低基础油的黏度等级，改善低温黏度，从而提高润滑油的低温流动性和泵送性；

③提高基础油的黏度指数，减少黏度指数改进剂的用量，提高剪切稳定性；

④提高基础油的热氧化安定性；

⑤降低基础油的挥发性，提高氧化安定性，从而延长换油期；

⑥降低基础油的挥发性，提高与催化剂的适应性，从而控制好内燃发动机的排放。

因此，传统的物理加工工艺（“老三套”工艺）生产的基础油，仅仅依靠改善添加剂的配方已难以满足润滑油的规格标准。合成油是高质量的润滑油基础油，但价格昂贵，普通用户难以承受，不是近期生产润滑油基础油的途径。为了提高润滑油基础油中的饱和烃含量，提高基础油的质量，许多国家开始采用加氢工艺生产润滑油。从目前的加氢润滑油基础油的使用情况来看，具有很多优点，但也有不足。

（1）加氢润滑油基础油的优点

加氢润滑油基础油与溶剂精制基础油相比主要有以下优点：

①硫、氮含量低，颜色浅；

②具有较高的黏度指数；

③具有较低的挥发性；

④饱和烃含量高；

⑤对添加剂具有良好的感受性；

⑥具有较低的倾点。

符合API标准的Ⅱ类、Ⅲ类加氢基础油，与Ⅰ类基础油或传统的溶剂精制中性油和光亮油相比，性能上更具有优越性，进一步改善了基础油的空气释放性、水分离性、低温流动性和发动机燃烧积炭的分散性。基础油的优越性能使其在产品配方上具有更多的选择，由于基础油对功能添加剂的感受性增强，因而在调和成品油时，加剂量可得以降低。最近的实验表明，用Ⅱ类基础油调制API CG-4油，相对Ⅰ类基础油来说，其添加剂加入量可降低约10%。此外，还可用Ⅱ类、Ⅲ类以上的加氢基础油调和满足市场需求的专用油或高附加值产品。

采用常规“老三套”工艺生产的Ⅰ类基础油，其质量依赖于原油种类。以茂名石化公司来说，近年来加工的原油品种日益增多，较为复杂，所得润滑油基础油的质量也变化不定。当采用这些质量不一的（有的甚至相差较远）的基础油来调和成品润滑油时，在不同基础油之间进行配方研究和调整所花费的时间和费用非常多，特别是内燃机油方面，由于台架试验的费用昂贵，对每种基础油和每种配方都要进行全过程的评定，所需的时间和费用往往难以承受。于是，在国际上启动了基础油互换实验，如美国石油学会（API）、国际润滑油标准化和认可委员会（ILSAC）和欧洲工业润滑油技术联合会（ATIEL）都已采用了基础油互换试验模型，ATIEL已把基础油互换试验全部规则作为欧洲发动油质量管理体系的一部分，比API/ILSAC的分类更加严格。表3-22列出了同类API基础油和不同类API基础油以CH-4配方的基础油互换试验模型，可以看出，从Ⅰ类油到Ⅱ类（或更高级别）油，基础油互换试验要求降低，证实了Ⅱ类（或更高级别）油所具有的优越性能。因此如对基础油和添加剂仔细选择，所需产品的开发时间和耗费可大大减少。

表3-22　原API许可的CH-4柴油机油用于基础油互换的发动机试验

API认可的CH-4基础油	互换基础油				
	Ⅰ类	Ⅱ类	Ⅲ类	Ⅳ类	Ⅴ类
Ⅰ类	ⅢE M-11 T-8E T-9	ⅢE IP	全部①	全部	全部
Ⅱ类	ⅢE M-11 T-8E T-9 滚筒磨损试验	ⅢE M-11 T-8E T-9	全部	全部	全部
Ⅲ类	全部	全部	全部	全部	全部
Ⅳ类	全部	全部	全部	不要求	全部
Ⅴ类	全部	全部	全部	全部	全部

①“全部”指所有已获许可的发动机试验程序。

（2）加氢基础油使用中存在的一些问题

加氢基础油虽然在质量方面具有比传统基础油更多的优势，但是由于是新发展的技术，因而在刚开始发展的过程中，会存在一些问题：

①与“老三套”工艺生产的润滑油基础油相比，其光安定性差。

②对极性添加剂的溶解性稍差。

加氢基础油光安定性差表现在有氧气存在的条件下，对阳光或紫外线辐射很敏感，油的颜色会变深、变浑浊，产生雾状絮凝物，最后会形成沉淀。研究表明，这种现象是由加氢基础油中存在少量的多环、杂环芳烃引起的，沉淀的母体是部分加氢的杂环化合物，特别是氧化物。这类化合物很活泼，极易通过自由基机理进行光引发的氧化作用，并进行缩合、聚合反应，而基础油对产生的强极性物质溶解性差，最终生成了不溶于油的沉淀。解决方法有以下几种：

①化学改质法（包括催化加氢、加氢后处理、芳烃烷基化和酸处理等）；

②分离法（如溶剂后精制处理、白土吸附后处理等）；

③改进加氢工艺（如原料馏分的选择、操作条件的改进及催化剂的优选等）；

④调和法（如加入促进分散溶解的特效添加剂，比如将不同类型的抗氧化剂与不同类型的光稳定剂合理搭配、与常规“老三套”工艺基础油调和等）。

馏分油在加氢工艺条件下，化学组成发生了变化，芳烃饱和裂解、环烷烃开环、烷烃发生裂解和异构化等，基础油中的饱和烃含量大幅度增加，芳烃含量降至很低。饱和烃含量增加，芳烃含量的降低，导致油品对一些极性添加剂的溶解性变差。在调和成品油时，加氢基础油所溶解的部分极性添加剂会不稳定，从油中析出，使油品发生浑浊、分层和沉淀，从而影响了油品的储存和使用性能。因此，在调制高档润滑油时，在满足油品指标的前提下，要在加氢基础油中适当加入少量的常规“老三套”基础油进行调和，并注意对油品配方中的功能添加剂根据加氢基础油的特点进行适当调整。

21．简述聚α–烯烃（PAO）和酯类油的特性。

在全世界所需合成润滑油之基础油中，PAO和酯类油就占了60%～70%。由于PAO和酯类油具有优异的特性，如良好的高、低温性能及低挥发性等，它们在许多油品中仍是不可取代的。目前我国的PAO主要通过蜡裂解法获得，其α–烯烃含量比国外用乙烯法所得产品低15%～34%，质量相对较低，在氧化安定性等方面存在差距，黏度指数也低。

（1）PAO特性

①黏度指数及低温性能

低黏度PAO与相同黏度Ⅲ类基础油的性质对比见表3–23。

表3–23　低黏度PAO与Ⅲ类基础油的黏度特性

项目	PAO	Ⅲ类基础油	PAO	Ⅲ类基础油
100℃黏度/（mm^2/s）	4.61	4.62	7.86	7.76
黏度指数	131	129	138	129
倾点/℃	＜–66	–24	–48	–21
动力黏度/（mPa·s） –30℃ –40℃	 1000 3400	 1700 151000	 4800 16200	 8760 冻结

表3–24数据说明，除黏度指数大于Ⅲ类基础油外，PAO的突出特点是倾点低，低温流动性大大优于Ⅲ类基础油。在0W发动机油、75W齿轮油、ATF、低温液压油及其他对低温黏度要求高的油品中，PAO的地位是不可取代的。

在高黏度油品领域中，目前尚无合适的Ⅱ类及Ⅲ类基础油；而聚异丁烯（PIB），无论是黏度指数，还是倾点及闪点，都大大逊于PAO，见表3-24。

表3-24 高黏度PAO与PIB的对比

项目	PAO40	PIB40	PAO100	PIB110
黏度/（mm^2/s） 100℃ 40℃	 39 396	 31 604	 100 1240	 112 3550
黏度指数	147	75	170	98
倾点/℃	-36	-35	-31	-13
闪点/℃	281	＞141	283	＞190

②热氧化安定性

众所周知，PAO的稳定性好，虽然本身的氧化安定性并不特别高，但它对抗氧剂的感受性特别好，加入少量抗氧剂，特别是胺类抗氧剂时，PAO表现出了优异的抗氧化安定性。表3-25为PAO与矿物油氧化安定性对比数据。表3-26为PAO与矿物油热安定性对比数据。

表3-25 PAO与矿物油氧化安定性对比①

项目	Ⅱ类矿物油	PAO，60mm^2/s	PAO，40mm^2/s
黏度（100℃）增加/%	215.7	3.5	2.6
TAN变化/（mgKOH/g）	14.5	0.1	0.08
铅失重/mg	160.7	0.9	0.1
油泥	中度	无	无

①抗氧剂加量2%；试验条件：163℃，72h。

表3-26 PAO与矿物油热安定性对比

基础油	评分
矿物油，4.0mm^2/s	0
PAO，4.0mm^2/s	8.0
PAO/多元醇酯，4.0mm^2/s	9.5

①成漆板试验：铝板310℃，溅油6min，烘烤1.5min；评分：10＝清洁。

③挥发性

PAO的挥发性比相同黏度的矿物油低。除了上述优于矿物油的突出特性外，PAO还具有水解安定性好、配伍性好、润滑性较好等优点。

尽管PAO与普通矿物油相比有许多方面的优点，但是由于价格因素的影响，合成油还难以被广大普通用户所接受，其市场占有份额还较低，大规模使用还有一定难度，目前更倾向于使用加氢异构化脱蜡的Ⅱ/Ⅲ类基础油。另外，PAO对某些极性添加剂的溶解性差，与某些橡胶的相容性差，影响密封性，都需要与适量酯类油调和使用。

（2）酯类油特性

酯类油是另一类广泛应用的合成润滑油的基础油，是由各种醇和酸反应所生成的具有预定分子结构的有机酯，其黏度指数高，不含普通矿物油中所含有的不稳定杂质。其最大的特点是酯分子中的多重酯键（–COOR）赋予酯分子以极性，因而赋予酯类油许多无可比拟的性能和应用特点。多数酯类油的黏度指数都很高，具有很好的低温性能，可在极宽的温度范围内使用。

①热氧化安定性

由于一般在多元醇酯的醇基之β碳原子上没有氢原子，因而多元醇酯的热稳定性比双酯更好，其氧化安定性也比双酯高。酯类油的氧化安定性主要受酯中酸的化学结构的影响，其安定性顺序为：长链酸＜短链酸、轻度分支的酸＜直链酸、高度分支的酸。各种酯类油的氧化安定性及其与矿物油的对比评价结果见表3–27。

表3–27　　各种酯类油的氧化安定性及其与矿物油的对比①

油名称	试验结果
矿物油	3.95
双酯	2.50
苯二甲酸酯	1.07
偏苯三酸酯	0.04～0.50
三羟甲基丙烷基	0.18～0.57

①成漆板试验条件：275℃，22h，通入空气；目测评分：＞2为失败，0.5～2.0为通过，＜0.5为优；样品均含有1%的胺型抗氧剂。

②润滑性能

酯的极性使其在金属表面形成一个稳定的膜，因而能在极端条件下提高油品的润滑性，见表3–28。PAO中加入酯类油能显著减小摩擦系数。

表3–28　　PAO中加入酯类油对HFRR试验结果的影响①

试油	摩擦系数	成膜性/%
PAO（$2mm^2/s$）	0.230	14
PAO（$2mm^2/s$）+20%多元醇酯	0.115	70
PAO（$4mm^2/s$）	0.157	20
PAO（$4mm^2/s$）+20%多元醇酯	0.102	85

①HFRR试验：高频往复台架试验。

③对极性物质的溶解性

酯的极性有助于增加添加剂和油中初级氧化产物及油泥的溶解度，防止油泥的生成。

④可生物降解性

酯键为微生物攻击酯分子提供了活化点，因为酯是可生物降解的，因而酯类油可用于环境友好润滑油的配方。不同酯类油的可生物降解性见表3–29。

表3–29　　不同酯类油的可生物降解性

酯类油类型	OECD301B（20d）/%	CECL33A93（21d）/%
单酯	30～90	70～100
双酯	10～80	70～100
苯二甲酸酯	5～70	40～100

续表

酯类油类型	OECD301B（20d）/%	CECL33A93（21d）/%
偏苯三酸酯	0 ~ 40	0 ~ 70
直链多元醇酯	50 ~ 90	80 ~ 100
支链多元醇酯	0 ~ 40	0 ~ 40
复合酯	60 ~ 90	70 ~ 100

⑤挥发性

与其他基础油相比，在相同黏度时酯的蒸气压低，闪点高，因而所生成的润滑剂蒸发度低，酯的蒸气压随其结构的不同而不同。

22．Ⅳ类基础油PAO的应用情况如何？

随着内燃机油的规格要求更加苛刻，比如ILSAC GF-3、GF-4对油品的挥发性、低温性能、燃料经济性、换油期及排放要求日趋严格，这些都推动了PAO的生产发展。Ⅳ类基础油PAO具有稳定的组成，不含环烷烃和芳烃，黏度范围宽，黏度指数高，倾点低，低温流动性好，具有优异的热氧化安定性，在合成油中综合性能最好。可调制0W-20到0W-50各类高档油及全寿命的ATF，半合成油可调制需求量较大的5W-30、5W-40等级别的高档汽车机油。

世界上生产PAO主要采用低聚路线和蜡裂解路线。从生产路线上看，前者用纯度达99%的C_8 ~ C_{12}烯烃聚合，根据聚合度来控制PAO的黏度，其黏度（100℃）高达3000mm^2/s时流动性也很好，倾点-9℃，产品质量好。后者蜡中含有不同量的油及各种杂质，蜡裂解产物含有二烯烃及各种结构的烷烃，产品质量不如前者。我国蜡资源丰富，加上乙烯短缺，目前PAO在工业上主要是通过蜡裂解法获得，其质量与国外乙烯法油有明显差距。

PAO成本虽然较矿物油高，通常要每吨4万元左右，但使用PAO具有可减少油品耗量，延长换油期等优点。PAO在内燃机油中主要用于调制高档大跨度油，有时考虑到经济性，混兑一些深精制的Ⅰ类矿物基础油，可改善PAO对功能剂的相容性。PAO应用实例如下：

5W-30 SJ油组成（半合成油）：功能剂 8.5%，NDOCP（多功效黏度指数改进剂）7%，降凝剂0.5%，HVIW150 47%，PAO 37%；

5W-40 SJ油组成（半合成油）：功能剂 8.5%，黏度指数改进剂7%，HVIW150 25%，降凝剂 0.5%，PAO-6（KV_{100}约6mm^2/s）22%，PAO-8余量。

0W-30 SJ油组成（全合成油）：功能剂 8.5%，黏度指数改进剂10.5%，PAO-4（KV_{100}约4mm^2/s）60%，双酯或多元醇酯 20%。

75W/90 GL-5油组成（半合成油）：功能剂 5.6%，降凝剂 0.5%，HVIW150、PAO-8、PAO-40各31.3%。

23．聚醚和酯类基础油的应用情况如何？

用作合成润滑剂的酯类基础油通常可分为五类：单酯、双酯、芳香酯（苯二甲酸酯和偏苯三酸酯）、多元醇酯及复合酯。其中双酯是由二元酸与各种醇生成的，双酯曾被用作早期的喷气发动机油，目前多用于高性能润滑脂及发动机油，亦可用于各种各样的工业用油。芳香酯是由苯二甲酸及偏苯三酸与各种醇生产的，其特点是可作为低成本的高黏度调和组分使用，主要用于调制对黏度指数要求不高但要求必须清洁操作的空气压缩机油。多元醇酯是由多元醇，例如三羟甲基丙烷或季戊四醇，与各种一元酸反应生成的。多元醇酯是高性能酯类油，具有更好的热氧化安定性，有可能使润滑剂的使用温度范围扩大50~100℃。此外，酯键被适当屏蔽的多元醇酯的水解安定性比双酯要好得多。多元醇酯主要用于现代航空燃气发动机油。其他应用包括：空气压缩机油、齿轮油、仪器用油和发动机油的调和组分，还越来越多地被用作环保型润滑油和润滑脂，如二冲程油，可生物降解液压油和冷冻机油等。复合多元醇酯是由一元及二元酸与多元酸反应生成的，其分子量高，且具有交联聚合结构，是可生物降解的酯。

聚醚又称聚乙二醇醚，是目前销量最大的一种合成油。聚醚的突出特点是随分子量的增加，其黏度和黏度指数相应增加，黏度指数比矿物油大许多，约为170~245。

由于聚醚具有许多优良性能，加之原料为石油化工产品，价廉易得，因其应用范围不断扩大，目前主要用于高温润滑剂、齿轮油、制动液、难燃型液压油、金属加工液、压缩机油、冷冻机油、真空泵油等。

良好的黏温性能和在高温下不易结焦的特性，使聚醚可以作为玻璃、塑料、纺织、印染、陶瓷、冶金等行业中的高温齿轮、链条及轴承的理想润滑材料。由于聚醚的水溶性、油溶性以及逆溶性，在金属加工液中主要用作切削液和淬火液。作为切削液，其冷却性、润滑性、无沉淀和起泡倾向较好，渗透力也好，对大部分金属不腐蚀，较少受水质或水硬度的影响。由于聚醚具有良好的黏温性能、低温流动性、氧化稳定性和润滑性，对烃类气体和氢气的溶解度较小，和氟利昂气体有较好的相溶性，因此适合作氢气、乙烯和天然气压缩机油以及冷冻机油和真空泵油。印染和塑料工业中广泛使用的热定型油，用于热定型机和拉幅机的链条与导轨之间高温、高速下的润滑，要求润滑油具有良好的高温氧化安定性以及结焦少、润滑性好等性能，聚醚因具备这些性能而被采用。

除了上述之外，聚醚还可用作润滑脂基础油，主要用于生产制动器和离合器用脂、耐烃溶剂用脂、大于300℃高温下固定螺栓、链条用高温摩擦件用脂以及仪器机械用脂等，其中在汽车制动器和离合器中使用时，其主要优点是与其中的橡胶件有良好的相溶性和优良的抗氧化性能。

24. 轻质加氢基础油如何利用?

对润滑油加氢装置所生产的基础油进行分析，根据分析结果提出利用方案：除2.0mm²/s基础油外，还有部分富余的其他加氢基础油也可用于生产高档白油、果冻蜡等。

（1）生产变压器油

在润滑油加氢装置开工初期阶段，根据其原料进料情况，对产品进行了质量跟踪。对采用编号为GQ60-2的2.0mm²/s加氢基础油研制25#变压器油的性质进行了分析，其结果见表3-30。

表3-30　　2.0mm²/s加氢基础油的性质分析结果

项目	2.0mm²/s加氢基础油	25#变压器油	试验方法
运动黏度（40℃）/（mm²/s）	10.93	≤13	GB/T 265
闪点（闭口）/℃	162	≥140	GB/T 261
外观	无色透明	–	目测
密度（20℃）/（g/cm³）	0.8398	≤0.8950	SH/T 0604
倾点/℃	–33	≤–22	GB/T 3535
介质损耗因数	0.0011	≤0.005	GB/T 5654

续表

项目	2.0mm²/s加氢基础油	25#变压器油	试验方法
击穿电压/kV	52.5	≥35	GB/T 507
界面张力/（mN·m）	52.4	≥40	GB/T 6541

从表3-31可以看出加氢基础油的性质优越，其有关25#变压器油的关键指标——介质损耗因数、击穿电压与界面张力均优于指标要求，而且该基础油对各添加剂的感受性非常好。

从目前市场了解到，25#变压器油的需求量很大，因此有很好的经济效益。

（2）生产高档白油

分析加氢基础油各有关白油的质量指标，并与SH/T 0006《工业白油》、SH 0007《化妆用白油》、GB 4853《食品级白油》质量指标进行比较，可以看出，上海高桥分公司炼油事业部加氢装置生产的2.0cSt、150N与300N基础油基本达到10#、32#与68#工业级白油质量标准。

润滑是包括食品机械在内的各种机械设备正常运转的必要条件，也是造成食品化学污染的来源之一。发达国家早已认识到润滑剂可能造成的食品污染，提出对食品机械润滑剂应进行认证、分类管理。

食品机械润滑剂包括ISO 6743规定的所有类型的润滑材料，即所有类型的润滑油和润滑脂等。食品机械润滑剂之所以成为特殊的一类产品，主要是因为在机械设备运转过程中，润滑剂有可能接触到食品，对食品的外观、气味、味道、储存期造成不良的影响。因此，要求食品机械润滑剂不含重金属、致癌、致畸、致遗传变异等物质，不含致病微生物等。符合GB 4853要求的产品可以用于偶尔接触食品的润滑部位，符合GB/T 12494要求的产品只能用于机械设备的润滑，符合GB 15197要求的产品可以直接用于食品。但是，这3项标准所涉及的产品远不能满足食品机械的润滑要求，除了以硫酸磺化法来进一步加工精制加氢基础油来生产食品级白油外，还可以在适当的条件下进一步加氢来生产化妆品级以上的白油产品。

25. 天然气合成润滑油基础油发展情况如何？

20世纪90年代以来，天然气合成润滑油基础油的技术越来越受到人们的关注和重视，成为利用天然气的一个重要的、崭新的领域。由于天然气合成润滑油基础油的性能优异，生产成本低，市场需求量大，以及天然气费-托合成技术和合成蜡加工为润滑油基础油技术所取得的重大进展，预示着天然气合成润滑油基础油良好的发展前景。因此，及时跟踪了解世界天然气合成润滑油基础油的技术发展动向具有非常现实的意义。

（1）天然气合成润滑油基础油的性能

用天然气合成的基础油是Ⅲ类基础油中质量最高的一档，见表3-31。

表3-31　黏度为4mm²/s的四类基础油性能与组成比较[①]

项目	类别（API分类）					
	Ⅰ	Ⅱ	Ⅲ			Ⅳ
	溶剂精制SN-100	HC-1	HC-2	HC-3	HC-4	聚α-烯烃
运动黏度（100℃）/（mm²/s）	4	4	4	4	4	4
典型黏度指数	100	105	125	130	140	125
挥发性（Noack蒸发损失）/%	23	18	14	13	12	12

续表

项目	类别（API分类）					
	Ⅰ	Ⅱ	Ⅲ			Ⅳ
	溶剂精制SN-100	HC-1	HC-2	HC-3	HC-4	聚α-烯烃
倾点/℃	-15	-15	-18	-20	-20	-65
正和异构烷烃含量/%	25	30	55	75	100	96
单环烷烃含量/%	20	35	24	156	0	4
多环烷烃含量/%	30	34	20	10	0	
芳烃含量/%	24	0.5	0.3	0.1	0	
噻吩含量/%	0.5				0	

①HC-1为加氢裂化减压瓦斯油（VGO）；HC-2为苛刻加氢裂化的VGO；HC-3为以石油蜡为原料的加氢裂化油；HCF-4为以费-托合成蜡为原料的加氢裂化油。

这类油的性能类似聚α-烯烃，但生产成本却比聚α-烯烃低87%，大约是超高黏度指数（UHVI）基础油的60%。因此，西欧从1994年开始正式用这种Ⅲ类油替代聚α-烯烃，而且这种Ⅲ类油的需求增长速度远快于聚α-烯烃。目前有几家国际化的润滑油生产厂正采用2000年制定的苛刻的GF-3来评价这一新型的基础油。美国Syntroleum公司以天然气合成润滑油基础油研究开发SAE 0W-30、5W-30。

（2）天然气合成润滑油基础油技术发展动向

天然气合成润滑油基础油工艺，与通常所指的天然气合成油工艺相似，不同之处在于其所有过程均采用有利于生产润滑油基础油的工艺技术。生产过程一般包括以下三个步骤：

①由天然气生产合成气（一氧化碳和氢气的混合物）；

②低温法合成气合成液体烃；

③由合成液体烃加工成润滑油基础油产品和其他石化产品。

目前工业应用成熟的合成气生产技术有蒸汽转化法、部分氧化法、自然转化法和混合转化法4种；开发中的合成气生产新技术有改进的自然转化技术、催化部分氧化技术、集成转化技术、感应耦合等离子转化技术、陶瓷膜分离-转化技术。其中合成气新技术——陶瓷膜分离—转化技术，是取代空气分离和高温氧化生产合成气的创新技术。用一种陶瓷膜分离反应器，既能从空气中分离出氧气又能使分离出的氧气与天然气通过部分氧化生产合成气。目前，进行这项研究的有两个小组：一个是由美国能源部资助，有美国空气化学品公司、Babcock&Wilcox公司、阿尔科公司和其他研究单位参加的小组；另一个是有Praxaix公司、阿莫科公司、BP公司、萨索尔公司和挪威国家石油公司参加的小组。据估计，这种方法开发成功能降低合成气投资费用30%以上，最好的情况可降低投资费用50%。

目前工业上费-托（F-T）合成液体烃技术主要采用循环流化床高温合成和固定床低温合成两种工艺。新工艺主要由南非萨索尔（Sasol）公司、英荷壳牌（Shell）公司、美国埃克森美孚（ExxonMobil）公司、美国科诺科（Conoco）公司、美国合成油（Syntroleum）公司、美国Rentech公司等分别开发的悬浮床合成技术。低温技术和高温技术除了温度有所不同之外，最主要的是产品分布有所不同。高温技术以生产汽油和软烯烃为主，而低温技术主要是以生产清洁汽油、石蜡和石蜡烃为主。因此，只有采用低温合成工艺的天然气合成液体烃厂，才能生产高档润滑油基础油产品。悬浮床合成技术的主要优点是能更好地控制反应温度，使用活性较高的催化剂，提高装置的生产能力，降低装置投资费用和生产成本，在低温下操作，合成油经过加工能得到市场销路好的清洁柴油、液体石蜡、润滑油基础油料和合成蜡等产品。悬浮床低温合成技术，代表了F-T合成技术的发展方向。天然气合成工艺流程示意图见图3-10。

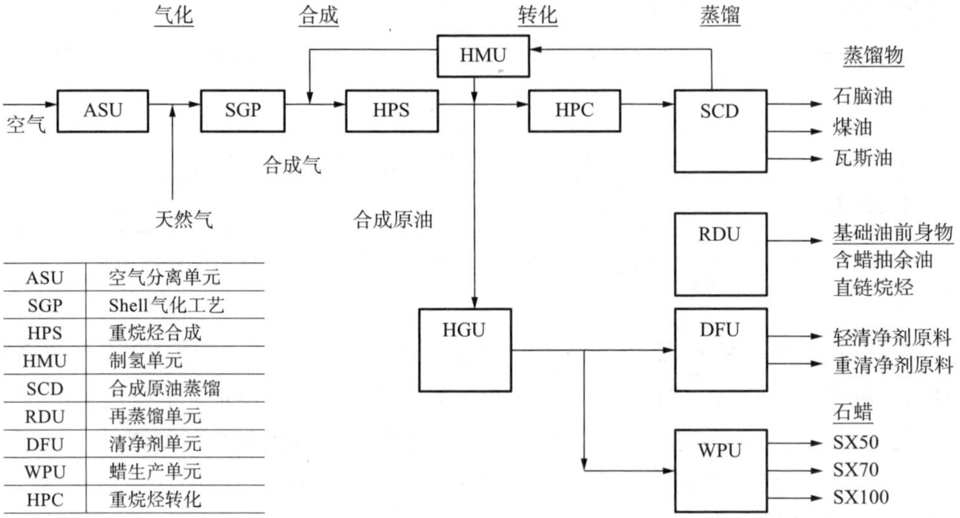

图3-10　天然气合成工艺流程示意图

26．未来几年，高质量基础油的发展情况如何？

近20年来，世界润滑油工业发生了巨大的变化，新装置、新工艺、新技术和愈加苛刻的产品规格驱动着整个润滑油工业进行一轮又一轮的变革，基础油加工工艺的变革自然也成为推动润滑油行业发展的重要因素。目前，世界著名石油公司正在投入大量资金进行天然气合成油（GTL）的研究，而GTL技术制备基础油工艺的逐步商业化，将引起基础油领域新一轮的变革。

GTL技术是将天然气转变成合成油后再进一步转变为燃油、润滑油及其他碳氢化合物，通俗地说，首先将天然气（甲烷）分子撕裂，然后将它们重新组成长链大分子。这个过程将制备纯度极高、无硫、无氮、无芳烃和无金属元素的合成型原油，其分子基本上是由直链烷烃、烯烃组成，之后，合成油经过进一步炼制，生产出对环境友好的燃料油和化学品，例如柴油、石脑油、石蜡及其他特殊产品。石蜡经加氢异构化制取润滑油基础油。

GTL工艺包括两个主要步骤：将天然气转换为合成气，即将天然气与氧气经过部分氧化反应制备成一氧化碳-氢气合成气；将合成气转换成合成油，即将合成气经过含有催化剂的固定床反应器转变为各种黏度级别的液态碳氢化合物。GTL技术制备的合成型碳氢化合物性能优异，可以直接使用或与低质量原油生产的燃料进行混合使用，以满足越来越苛刻的环保和油品性能指标的要求。GTL装置经过合成反应制备超清洁燃料的同时，还可以生产清洁的合成型烷基石蜡，石蜡可以进一步被转化为不含硫、氮、芳烃、金属杂质的润滑油基础油，完全不同于传统的石油炼制过程经过溶剂精制或加氢精制制备的基础油。由于GTL基础油分子结构基本上为异构烷烃，因此GTL基础油具有低黏度、清洁、长寿命的特点，为市场需求提供了新的选择。

正在制订或实施的内燃机油规格，如API SL/SM，ILSAC GF-4、GF-5，需要较低的黏度以满足燃油经济性的标准，同时环保法规要求减少重负荷柴油机的固体颗粒污染物（PM）、NO_x的排放，以及低NO_x内燃机设计所产生的额外烟炱，要提高柴油机油的使用性能，就必须使用高质量的基础油，GTL基础油则表现出优异的氧化安定性、低温性能，较低的NOACK蒸发损失和高的黏度指数。目前，GTL基础油生产工艺发展到能够制备从$2mm^2/s$到大于$9mm^2/s$的较大跨度黏度（100℃）级别基础油，甚至可以生产高黏度级别的光亮油，突破了加氢工艺只能生产$10mm^2/s$以下级别的API Ⅱ/Ⅲ类基础油较窄范围的局限，也扩展了业界对高黏度级别的高性能基础油的需求。此类基础油调配的润滑油能够满足现代内燃机润滑要求，应用前景广阔。

27. 植物基润滑油的应用情况如何？

植物油不论是生态毒性还是生物降解性均优于矿物油，具有可再生性和环境友好性。因植物油（如蓖麻油、菜籽油、橄榄油等）的天然可再生性、可降解性和润滑性，在制备环境友好型润滑油中得到越来越广泛的应用。主要植物油的典型润滑数据见表3-32。

表3-32　主要植物油的典型润滑数据

项目	棕榈油	大豆油	向日葵油	高油酸向日葵油	蓖麻油
运动黏度（40℃）/（mm^2/s）	40	31	33	41	252
运动黏度（100℃）/（mm^2/s）	8.3	7.4	8.3	8.8	20
黏度指数	190	218	242	202	90
倾点/℃		-9	-15	-12	-24

在实际润滑应用中，多数植物油都用作环保型液压基础油和舷外机油基础油。国外一家研究机构对菜籽油基液压油在各种农用机械上进行了长达6年的使用试验，结果表明，发动机运行35000h，行驶21000km后，没有任何损坏，也没有更多泄漏，但由于植物油热氧化安定性差，易在汽缸内形成沉积物。另一家研究机构对植物油用作金属切削液进行考察，结果证实植物油能够提高有效润滑，但黏度会逐渐上升，流动性变差，对金属冲洗和散热作用下降。

植物油的润滑性能满足很多实际需求，但是其最大的缺陷——较差的氧化安定性制约了在润滑油工业上的应用。主要原因是植物油中的甘油三酸酯含有易于被氧化的不饱和脂肪酸，其不饱和程度越高，越容易被氧化。只有增加植物油的抗氧化特性，才能使之更好地用于润滑油工业。

28. 废润滑油再生技术的现状发展情况如何？

我国是润滑油消费大国，2008年润滑油消费量约5Mt。随着润滑油消费量的增长，车辆及设备每年换下来的废润滑油量亦将逐年增加，如将这些废油丢弃必然会造成严重的环境污染，废油的回收利用将是我国环境保护与节能所面临的现实问题。将废润滑油经过适当的工艺处理，除去变质成分及外来污染物后成为再生润滑油基础油具有较好的经济性。

世界各国提高了对废润滑油再生意义的认识，不仅从节约资源的角度，而且更多地考虑了环境保护的需要，其主要做法是通过立法明确规定对废润滑油进行回收再生，同时制定政策予以鼓励。美军标准MIL-2105D明确要求可以使用再生基础油调制GL-5车辆齿轮油。

由于能源的紧张和环境保护意识的增强，废润滑油再生工艺日益得到各国的重视，将废润滑油再精炼成润滑油基础油的工艺由此得到迅速发展。德国公司开发的Meinken工艺，采用专利强力搅拌器，可降低硫酸消耗，进而减少酸渣生成。此法得到的再生润滑油质量令人满意，原料中的添加剂几乎从再生油中除去。与以前老的硫酸精制法相比，各工艺步骤减少了酸性淤浆量和废油白土再生量，并提高了润滑油产量，其流程示意图见图3-11。

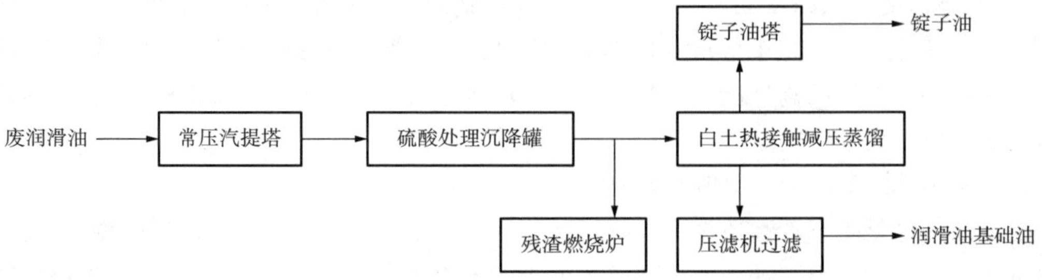

图3-11　废润滑油再生工艺流程示意图

另外，废润滑油再生工艺本身还要注意环境污染问题，发展新的无污染再生工艺，推广绿色的废润滑油再生循环利用技术，以取代硫酸精制。例如采用高真空、低温下的薄膜蒸发，将基础油馏分蒸出而不发生任何裂化，然后再经过加氢精制，成为质量良好的再生基础油，既提高了废润滑油的附加值，也有效地避免了在治废过程中对环境所产生的二次污染。

我国在废润滑油再生领域的技术处于比较落后的状态，国外已淘汰的蒸馏-硫酸-白土精制工艺仍占据我国废润滑油再生的主导地位。工业发达国家已把蒸馏-加氢工艺作为废润滑油再生最环保、最具操作性的工艺，并在实际生产中得到了很好的应用，因此该工艺是未来废润滑油再生的主流技术。我国应抓住机遇，适时推进废油再生新技术，在现有GB/T 17145-1997《废润滑油回收与再生利用技术导则》基础上，完善并制定我国的废润滑油再生加工法规，切实把立足点转移到节约能源和环境保护上来。

29．基础油与添加剂对多级内燃机油低温性能有何影响？

概括起来说，基础油与添加剂对多级内燃机油低温性能的影响有以下几点：

（1）基础油对多级发动机油低温性能的影响

基础油是发动机油的基础组分，在高档多级油中占70%～80%，所以直接影响到成品油的性能和质量，在大跨度多级油如10W-40及5W-30中基础油的选择尤其重要，经常采用的主要基础油的低温动力黏度见表3-33。

表3-33　几种基础油的低温动力黏度　mPa·s

温度	大连HVI150	大连HVIW150	大庆加氢150	韩国油公	进口PAO-6
-20℃	2394	1931	1081	1573	1200
-25℃	—	4130	1866	2668	1450

由表3-34可看出，进口PAO低温动力黏度最小，加氢基础油的低温性能较深度脱蜡的低凝油也改善了许多，普通高黏度指数基础油已不能用于10W-30及5W-30黏度等级中，调制5W-30油则必须以加氢或合成油为主。为调和基础油黏度，通常加入少量重质基础油如HVI500、HVI150BS，这样在满足油品高、低温性能要求的同时，可减少黏度指数改进剂的

用量，也可改善基础油的综合性能，如提高抗氧化性、抗磨性等。但这些重组分对油品的低温性能影响很大，选择与控制其加入量十分重要。在以HVIW150为主要基础油组分调制10W-30油时，HVI150BS的加入量一般都不超过5%。

（2）OCP对多级发动机油低温性能的影响

在调和多级油时，因基础油本身的黏温性能不能同时满足多级油的高低温黏度要求，必须加入黏度指数改进剂（VI剂），最常使用的是乙丙共聚物OCP。在大跨度多级油中，OCP加入量较高，对油品低温动力黏度影响也较大。试验证明，在含T803的HVI150基础油中，OCP加入量每增加0.5%，-20℃动力黏度增加30mPa·s左右。可见黏度指数改进剂在改善油品低温性能的同时，增加了油品的低温动力黏度，低温性能变差。同时，黏度指数改进剂对油品的其他性能也造成一定影响，如高温清净性变差。所以，在满足油品高低温流变性要求的前提下，尽量减少OCP用量，既可降低成本，又可提高油品的综合性能。

（3）功能添加剂对多级发动机油低温性能的影响

发动机油常用的添加剂主要有清净分散剂（如磺酸盐、烷基酚盐、烷基水杨酸盐），无灰分散剂（如聚异丁烯丁二酰亚胺、聚异丁烯丁二酸酯），抗氧抗腐剂（如二烷基二硫代磷酸锌、二烷基二硫代氨基甲酸盐）。实验证明，无灰分散剂对油品低温性能影响最大，它含有的分子量约1000的聚异丁烯基团是油品低温动力黏度增大的主要原因。无灰分散剂在柴油机油和汽油机油中分别约占功能剂总量的40%和50%，对加剂量较高的中高档多级油，功能剂引起的油品低温动力黏度增大基本在1000mPa·s。

（4）对发动机低温泵送性能的影响

发动机油的低温泵送性能是保证发动机低温润滑的关键指标，其好坏直接影响发动机的使用寿命，因此日益受到重视。随着发动机油规格的升级，对低温泵送性能的要求也越来越严格，API在其制定的CI-4及CJ-4重负荷柴油机油规格中，对经过Mack T10/T11发动机试验后的旧油低温泵送性能（MRV）进行了限制。

研究发现，基础油、降凝剂、黏度指数改进剂，特别是高乙烯含量的结晶、半结晶OCP以及其他一些带有线性石蜡结构的功能添加剂，均能对发动机油的低温泵送性能带来影响，合理选用降凝剂的种类和加剂量可以有效控制新旧发动机油的低温泵送性能。不同品牌的发动机油因基础油和配方组成上的差异，在低温泵送性能上存在兼容性问题，用户在更换或补加不同品牌的发动机油时，可能会带来低温泵送性失效的风险。

30．基础油对节能有何影响？

推动润滑油发展的三大动力为不断提高汽车排放标准、不断提高节油技术和延长换油期。燃料经济性成为最令人关注的热点，汽油机油节能试验的快速发展，就说明节能的重要性。API SH规格曾将节能实验作为顾客需求来确定，ILSAC规格从一开始就将节能发动机试验作为其要求之一。ILSAC GF-1规格的油品要求通过程序Ⅵ节能实验，GF-2要通过ⅥA节能实验，GF-3要通过ⅥB，即将出台的GF-4将会用改进试验条件的ⅥB来评价。

实验表明，发动机44%的摩擦损失产生在活塞区域。活塞环和汽缸在线性表面运动，润滑通常处于流体润滑状态，只有上止点和下止点的润滑才处于边界润滑状态。在边界润滑区域，油品配方中的添加剂，特别是ZDDP的选择起决定性作用；在流体动力的润滑区域，基础油黏温特性对节能起决定性作用，见表3-34。

表3-34 基础油对节能的影响

编号	黏度级别	基础油类型	基础油组分	VI	100℃运动黏度/(m^2/s)	-25℃动力黏度/(Pa·s)	程序ⅥA *EFEI*/%
1	5W-30	Ⅰ	100N/140N	94	10.6	2.91	0.9
2	5W-30	Ⅰ	100N	95	10.5	3.00	0.9
3	5W-30	Ⅱ	100N	97	10.5	2.85	1.0
4	5W-30	Ⅱ	100N/170N	100	10.4	3.09	1.1
5	0W-30	Ⅲ	90N/250N	144	10.4	1.72	1.4
6	0W-30	Ⅳ	4cSt/8cSt	141	10.5	1.45	1.6

从表3-35看出，具有相同高温黏度的油品，Ⅱ类基础油比Ⅰ类基础油节油性能优越，节油率*EFEI*数值相应提高，Ⅲ类和Ⅳ类基础油可明显改善节油率，即高黏度指数基础油比低黏度指数基础油具有更优异的节能性能。

31．面对激烈的市场竞争，应采取哪些对策？

从20世纪后期以来，我国润滑油工业得到了长足的发展，生产能力的增长远大于需求的增长，同时国外各大石油公司纷纷在我国建厂生产高级润滑油，润滑油产品已从过去的短缺变成过剩，从卖方市场变为买方市场。我国润滑油市场面临的形势非常严峻，特别是润滑油结构的高档化进程加速。2007年1月1日开始实施了新的润滑油国家标准，并废止部分低档油品规格，2007年10月开始，SC、SD规格的低档汽油机油退出市场。高档油品成为市场主流的速度在加快，润滑油品种细分和性能化差异化越来越明显。全面润滑和终生润滑的要求不断提高，对一个润滑油公司来说，提供满足客户全面要求和特殊要求的润滑产品，以及为客户的车辆提供终身润滑服务，已成为开发和维护终端客户的有力手段。需求量大的重点客户，对润滑油企业产品开发的能力和技术支持的要求越来越高，对产品细分和差异化的要求也越来越强烈。

伴随着润滑油高档化进程速度的加快，高档产品市场的竞争将日趋激烈，我们应把握机会，应对挑战，针对市场对高档产品的需求的不断增加，加快高档基础油产能建设，加大科研投入，加强油品配方和添加剂的研究，以便更好地满足市场的需要，并增加产品盈利能力，实现国产润滑油品牌的可持续发展。

32．我国汽车润滑油市场定位情况如何？

我国汽车润滑油市场大致可将润滑油分为高、中、低三档油。从市场份额看，高档油约占20%，如车辆用油API SL、SJ、CH-4、CI-4、ATF和GL-5，适用对象主要是进口车辆和国产高档车辆；中档油约占60%，如API SG、SF和CD、CF、CF-4、GL-4，一般是多级油-通用油，适用对象主要是国内生产的小排量轿车和旧款卡车；低档油约占20%，如API CC、SD和农用车用油，多由地方小调和厂生产。

高档油质优价高，适应高档车对发动机的严格要求和制造商的出厂规定。对高档车用油，原则上是就高不就低，否则会产生严重后果。随着环境保护要求苛刻，高档油逐年增加。中档油的市场增长最快，市场份额最大。因为中低档轿车的保有量增加最快，需求量最大。根据我国国情，低档油将与中高档油长期并存，随着时间的推移，它们之间仅会出现比例的变化，而不会像欧美那样，随着新一代油品的出现，原先使用的油不久即被淘汰。

33. 实验室如何筛选润滑油的配方组成?

概括起来说，润滑油配方研制过程包括：配方筛选、理化性能测试、模拟试验、台架评定和行车试验等环节。

理化性能检测包括：色度、黏度、黏度指数、水分、闪点、总酸值、碱值、倾点、水分离性、泡沫特性、铜片腐蚀、氧化安定性、蒸发损失、锥入度、滴点等。

模拟试验尽可能模拟特定的机械润滑部件的实际使用情况，在标准的试验条件下（如温度、速度、载荷）进行试验。通过这种试验所得到的结果，与实际结果具有较强的相关性和可比性。与台架试验相比，模拟试验费用低廉，如四球机试验、梯姆肯机试验、成漆板/成焦板试验、低温泵送试验、齿轮机试验等。需要指出的是有些模拟试验如四球机的P_B、P_D、ZMZ试验结果精度、重复性差，指标间相关性差，与台架试验相关性也差。

台架试验是把有代表性的发动机或机械装置安装在实验室中，在规定的条件下对油品进行评定试验，如Cat.1G_2、L–38、MS程序等试验。台架试验比较真实反映油品的使用情况，同时也是确定油品质量等级的依据，只有通过相关要求的系列台架试验的油品，才能通过质量鉴定，再投放市场。

以常见的CD级油来详细说明这个问题。CD级柴油机油的黏度规格主要依靠基础油（对多级油还包括黏度指数改进剂和降凝剂）组成来保证，要兼顾成品油的高低温黏度、闪点、倾点、蒸发损失和高温清净性；质量规格则依靠调整添加剂配方来保证，大致是先拟订抗氧剂用量，然后拟订清净剂和分散剂用量，在总剂量已定的前提下就是先拟订抗氧剂用量再拟订清净剂与分散剂之比。

CD级油的关键指标是高温清净性、Cat.1G_2台架和轴瓦腐蚀L–38台架试验，这些可先在实验室里用模拟试验方法进行筛选，然后再做正式台架评定。从实验室强化氧化腐蚀试验结果的总评定看，在CD级油配方中T203用量可降至0.70%，可满足油品的抗氧化腐蚀要求，此时强化氧化腐蚀总分在20分左右，有可能通过petter W_1或L–38台架。另外，实验室成漆板的评级与Cat.1G_2台架的活塞环台和裙部漆膜评定有一定相关性，成焦板焦重与活塞环槽积炭有一定相关性，作为高温清净剂的高碱磺酸盐和高碱硫化烷基酚盐与适量的无灰分散剂复合是足以满足CD级油的这项要求，其配比为（3：2）~（4：3）。这样，当确定CD级油的总剂量为6.5%时，首先确定T203的加剂量为0.7%，再经实验室模拟评定确定高碱磺酸盐T106和高碱硫化烷基酚盐T122与无灰分散剂T154的比例，那么配方就大致确定了。按此配方进行Cat.1G_2和L–38台架试验，如能顺利通过并完成行车试验，那么这个配方就可以进行技术鉴定，用于生产。值得注意的是，单级油较容易通过Cat.1G_2台架，多级油中加入黏度指数改进剂OCP，对油品高温清净性有不良影响，在调制多级油时，应适当增加功能添加剂的数量，通常要比单级油的加剂量高出15%左右。

润滑油配方的研究是一项很复杂的工作，包括基础油与添加剂、剂与剂之间的协同关系的研究，还要建立符合国际标准的油品性能评定试验台架，为了考察汽车润滑油的实际使用性能，还要建立试验车队，配方研发过程如图3–12所示。

34. 怎样正确选用、代用和混用润滑油?

（1）合理选择润滑油

①选用油要考虑的要素

润滑油选用时应综合考虑实际使用设备的工作条件（即工况），选用机械设备制造厂商

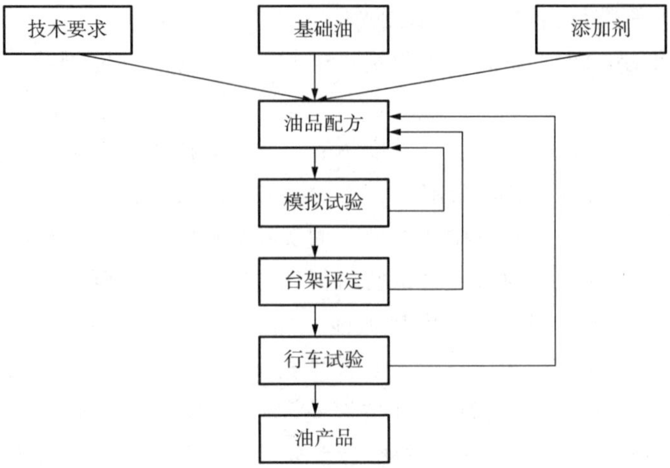

图3-12　配方研发过程示意图

说明书指定或推荐的以及润滑油制造厂商规定或推荐的油品。实际中最常采用的是机械设备制造厂商说明书指定或推荐的油品，认为这样最保险，但事实上并不科学，这样选油存在极大的隐患。如RENAULT牵引车（G300型）厂家推荐的变速箱油为CC/CD 30W、CC/CD 40W、GL-4 80W、GL-5 90W，车辆出厂时添加的是CD 15W-40的发动机油。按惯例使用该车时照旧加CD 15W-40发动机油，结果该型号的车在港口使用不到3年（运行5×10^4km左右）变速箱全部大修，每台变速箱的维修费用在5万元人民币左右。

②性能指标的选定

a）黏度。黏度是各种润滑油分类分级的指标之一，对质量鉴别和确定有决定性意义。设备用油的黏度一般依设计或计算数据并结合相关标准来确定，实际车辆选用油品时，应参考设备厂家的推荐，再根据车辆的实际工况做出科学合理的选择。如RENAULT G系列牵引车，车辆出厂时加的是CD 15W-40机油，但该车在南方港口使用，港口环境温度高，润滑油黏度偏低，变速箱内各运动副无法形成油膜；另一方面，在港区内运行的车辆，因换挡频繁、车辆超载等使得变速箱冲击负荷加大，油温升高，使用CD 15W-40的机油不能很好地形成油膜。例如，同步器为表面粗糙的铸铁件，因油品黏度不够，导致该车同步器使用寿命缩短。后改用GL-4 80W/90的极压齿轮油，大大改善了变速箱的润滑状况，其使用寿命变为正常。

b）闪点。闪点是润滑油储运及使用中的安全指标，同时也作为生产时控制润滑油馏分和挥发性的指标。闪点指标规定的温度应比实际使用温度高1/2，如内燃机油底壳油温最高不超过120℃，因而规定内燃机油闪点最低为180℃。实际使用中，如果润滑油冷却或散热不良，油温超过闪点，就会发生油品自燃。曾经有一台集装箱卡车发生过液压油自燃的事故，在某港口还发生整台正面吊烧毁的严重事故。因此，油品的闪点、散热的好坏对设备的使用寿命、设备的安全性影响很大，要注意对油品工作温度的监控。

③油品质量等级的选定

同样黏度的润滑油，油品质量等级不同则润滑效果相差很大。应综合设备的工况、制造厂要求和油品说明来确定油品质量等级，努力做到既满足润滑要求，又经济合理。曾有一台正面吊，因以低等级的机油替代厂家指定的机油作为CLARK的变速箱的润滑油，不到

6000h变速箱就损坏了。

实际选油中，往往重发动机而轻变速箱，使得变速箱的润滑油等级不够或使用周期过长，变速箱的润滑不良，直接影响设备的使用寿命。

（2）润滑油代用原则

①尽量用同一类油品或性能相近的油品。

②黏度要相当，代用油品的黏度不能超过原用油品黏度 ±15%，应优先考虑黏度稍大的油品进行代用。

③油品等级可以高代低。

（3）润滑油的混用

①不同生产厂家、不同种类油品、新旧油不可以混用。在实际使用中，当换用一个新厂家的润滑油时，最好在设备保养换油时进行。

②绝对禁止混用的油品：

a）军用特种油、专用油料不能与别的油品混用；

b）有抗乳化性能要求的油品不得与无抗乳化要求的油品相混；

c）抗氨汽轮机油不得与其他汽轮机油相混；

d）含锌抗磨液压油不能与抗银液压油相混；

e）齿轮油不能与蜗轮蜗杆用油相混。

③可以混用的油品：

a）同一厂家质量基本相近的产品；

b）同一厂家同一类别（如齿轮油或柴油机油）不同品种（如齿轮油的GL-4，GL-5；柴油机油的CD、CF、CF-4、CH-4）；

c）不同类的油品，如果知道对混的两组分均不含添加剂；

d）不同类的油品经混用试验无异常现象或明显性能改变的。一般情况下，受条件限制不要进行这方面的尝试，以免导致不良后果甚至设备润滑事故。

（4）润滑油的使用

①要定期检查跟踪。润滑油使用中要定期检查跟踪，当润滑油出现颜色异常、黏度变化、乳化、异味等异常情况时，必须立即换油和更换过滤器，并查明原因。当车辆出现动力不足、挂挡时有异响、自动变速箱提不起来等现象时，建议先检查润滑油，再检查其他故障原因。

②添加润滑油时，要按标准进行。润滑油过多，油中会产生气泡，引起设备过热，使油的黏度下降，油的使用寿命缩短。

③添加或检查油品后，要注意旋紧油盖，以免水或其他杂质混入，对于自动变速箱用的油品，更应避免油中混入水分，水分会损坏箱体中的摩擦片（该材料易溶于水和防冻液）。

35．如何更好地储存润滑油？

大型润滑油经销商的库房可能存有几十吨的各类包装、各种品种的润滑油，大型工矿企业的储油间堆放有数百桶常用的齿轮油、液压油、内燃机油及特殊用油，还可能在某个角落堆放废弃更换后的润滑油，如何管理这么庞大的储油间尚需要一定的学问。目前，国内有的单位将润滑油堆放在车间某个废弃角落，甚至直接将油品露天堆放，仅在上面盖上防雨布，可见油品的储存管理需要引起足够重视。下面介绍的一些好方法值得借鉴。

①储油间应该坚固、避风、避雨、避免阳光直射，透风较好，还要防尘；地面要做防滑

处理；避免储油间温度过高或过低；严格管理储油间的下水管路，避免将油倒入下水道；储油间的地理位置要方便运输车辆、叉车的进入。

②各类油品要规范摆放，保证搬运方便。灭火设备、小型润滑油分装设备、运输设备、滤油机等要齐全，同时摆放有序。

③储油间的规章制度要贴在明处，禁止在此吸烟、进食，警告标志明显。储油间要由经过技术培训的专门人员管理，明确岗位职责。

④各类油品要有明确的标牌管理，做好油品的入库、出库的存货单，做好入库油品的检验记录，对于油品使用做到“先进先出，后进后出”的原则，同时做到保证油品的最低库存底线，杜绝出现油品用时找不到的事故。

⑤大桶（200L）罐装油组合使用货架仓储，卧式排放，高度做到3～4层，使用提升机摆放、取用，这样节省面积，方便取放，起到防尘、防水的作用，做到良好管理，提高工作效率。

⑥废油和检验不合格的油品要有明确的堆放地点，做到良好管理。

储油间的规范管理，可以为企业节约很多资源，严格按照健康、安全、环保（HSE）的规范管理，可以提升企业形象，提高企业润滑工作效率。

第五节 汽车润滑油添加剂

以很少的量加入基础油中，从而赋予润滑油一种或多种新的特性，能显著提高润滑油质量的物质称为添加剂。随着炼油工业的发展和市场对石油产品质量要求的提高，添加剂工业也得到了飞速发展。添加剂已成为提高油品使用性能、改善油品质量的有效手段。润滑油添加剂对改进润滑油性能、节能及减少环境污染起着重要作用。添加剂的使用不仅使润滑油能够满足汽车工业多方面的性能要求，而且进一步弥补了润滑油加工工艺的不足。但是，润滑油中的硫、磷、金属也大部分来自添加剂。因此，为了适应环境保护的要求，添加剂本身也应该向着低硫、低磷、低灰分的方向发展，以满足更高质量发动机油的要求。目前最新GF-5规格中磷含量不大于0.05%，硫含量0.2%，硫酸盐灰分不大于0.5%，仅为当前市场在用高档内燃机油指标的一半，因此急需开发新型的低灰分、低磷及低硫的替代添加剂。

国外各添加剂生产厂商在提高单剂质量的同时，大力研究各种添加剂的复合效应，以期得到更好的综合性能。目前国际市场上出售的商品种类多为复合添加剂，用户只要按照推荐的加剂量，就能调制出各种质量等级的润滑油。

我国自20世纪60年代，相继兴建石油磺酸盐、水杨酸盐清净剂和ZDDP抗氧抗腐剂生产装置。到80年代，又引进了硫化烷基酚盐和无灰分散剂生产技术，使我国润滑油添加剂生产能力具有相当规模，品种和产量也有很大提高。近年来，我国也开发了各种复合剂，有些复合剂如齿轮油复合剂已达到世界先进水平。复合剂使用方便，对简化调和工艺，提高油品质量具有重要作用。

一 油品添加剂的分类

根据石油化工行业标准SH/T 0389—92《石油添加剂的分类》，石油添加剂按应用场合分为润滑剂添加剂、燃油添加剂、复合添加剂和其他添加剂四部分。润滑剂添加剂按作用又分成清净剂和分散剂、抗氧抗腐剂、极压抗磨剂、油性剂和摩擦改进剂、抗氧剂和金属减活剂、黏度指数改进剂、防锈剂、降凝剂、抗泡沫剂等。复合添加剂按油品分为汽油机油复合剂、柴油机油复合剂、通用汽车发动机油复合剂、二冲程汽油机油复合剂、铁路机车油复合剂、船用发动机油复合剂、工业齿轮油复合剂、车辆齿轮油复合剂、通用齿轮油复合剂、工业润滑油复合剂、防锈油复合剂等组。润滑油添加剂的组别、统一命名、新代号、原代号见表3–35。

润滑油添加剂通常按一定形式及符号表示，例：T102，T—类（石油添加剂）；102—品种（表示清净剂和分散剂组中的中碱值石油磺酸钙，其第一个阿拉伯数字“1”表示润滑剂添加剂部分中清净剂和分散剂的组别号）。

表3–35　　润滑剂添加剂化学名称

组号	组别	统一命名	新代号	原代号
1	清净剂和分散剂	102 清净剂 108 清净剂 109 清净剂 111 清净剂 151 分散剂 152 分散剂	T 102 T 108 T 109 T 111 T 151 T 152	T 102 T 108 T 109 T 111 T 113 T 113B
2	抗氧抗腐剂	201 抗氧抗腐剂 202 抗氧抗腐剂	T 201 T 202	T 201 T 202
3	极压抗磨剂	301 极压抗磨剂 304 极压抗磨剂 305 极压抗磨剂 321 极压抗磨剂 322 极压抗磨剂 341 极压抗磨剂	T 301 T 304 T 305 T 321 T 322 T 341	T 301 T 304 T 305 T 308 T 302 T 307
4	油性剂和摩擦改进剂	401 油性剂 402 油性剂 404 油性剂 405 油性剂 406 油性剂	T 401 T 402 T 404 T 405 T 406	T 401 T 402 T 404 T 405 T 406
5	抗氧剂和金属减活剂	501 抗氧剂	T 501	T 501
6	黏度指数改进剂	601 黏度指数改进剂 602 黏度指数改进剂 603 黏度指数改进剂	T 601 T 602 T 603	T 601 T 602 T 603
7	防锈剂	701 防锈剂 702 防锈剂 703 防锈剂 704 防锈剂 705 防锈剂 706 防锈剂 708 防锈剂 743 防锈剂 746 防锈剂	T 701 T 702 T 703 T 704 T 705 T 706 T 708 T 743 T 746	T 701 T 702 T 703 T 704 T 705 T 706 T 708 T 743 T 746
8	降凝剂	801 降凝剂 803 降凝剂	T 801 T 803	T 801 T 803

二　添加剂的作用

不同的油品，由于使用的目的不同，要求有不同的使用性能，这就要加入不同的添加剂。然而并不是添加得多的油品使用性能就好，适量、有目的地添加润滑油添加剂，既提高了润滑油的经济性，又保证了油品的使用性能。此外，利用添加剂可以显著提高基础油的某些性能而不降低油品的产率，或使油品的使用寿命延长。例如，为降低基础油的倾点需要进行脱蜡，而脱蜡深度愈大，则产品收率愈低。若采用降凝剂的方法使基础油倾点降低，就可降低脱蜡深度使收率提高，同时也降低了生产成本。

添加剂可大大地改善润滑油的某些品质，但它的效果不是万能的，其用量也有一定限度，不同的基础油对添加剂的感受性也各不相同。有些添加剂还可能对润滑油带来某些不利的影响。例如，在液压油中添加硅油抗泡沫剂，可降低油品的泡沫倾向，但会降低空气释放值，此时就应添加酯类抗泡沫剂；又如在车辆齿轮油中添加防锈剂可提高油品的防锈性，有利于通过L-33锈蚀台架试验，但添加防锈剂又会降低油品的极压抗磨性，不利于通过承载能力和抗擦伤能力的台架试验L-37和L-43。所以，选择添加剂时，尽量使用对油品其他性能影响最小的物质，使油品性能全面。

由于添加剂的种类繁多，下面分别讨论各种添加剂的作用。

1．清净剂和分散剂

早期在内燃机油中广泛应用的清净剂和分散剂为含有金属的磺酸盐、烷基酚盐、烷基水杨酸盐，称之为金属清净剂和分散剂，其后发现了一种不含金属的添加剂，它具有优异的分散性能，为了区别前者，称为无灰分散剂。

磺酸盐是清净剂中使用较早、应用较广和用量最多的一种。按碱值来分，有中性或低碱值磺酸盐，中碱值磺酸盐和高碱值磺酸盐。中性或低碱值磺酸盐对油中的烟炱分散作用更好，能牢固地吸附在金属表面形成不透水的保护膜，保证了它具有良好的防锈性；高碱值磺酸盐有较好的中和能力和高温清净性。磺酸盐的清净性取决于中性磺酸盐即皂含量的多少，其中和性能主要来自分散在胶束中的碳酸钙的含量，未与二氧化碳反应的氢氧化钙应尽量减少，这样在使用中碱储备性能就越好。

清净剂主要有磺酸盐、硫化烷基酚盐、水杨酸盐和环烷酸盐等，一般不单独使用，常与无灰分分散剂、抗氧抗腐剂复合使用，用于内燃机油，具有酸中和、洗涤、分散、增溶和防锈作用，能防止发动机部件腐蚀，减少漆膜和积炭的生成。低碱值磺酸盐的清净分散性能好，多用于高档柴油机油，以提高油品对烟炱的分散性能，并减少活塞裙部漆膜；高碱值磺酸盐高温清净性好，酸中和性能好，是调制内燃机油的主要添加剂；磺酸镁盐防锈性更好，灰分低，与钙盐复合还有协同效应，是适应高档汽油机油要求低灰分而发展起来的，但价格较贵。磺酸盐主要的缺陷是抗氧化性能较差，在苛刻条件下，中和速度不如水杨酸盐和烷基酚盐，同时遇有水分时，抗乳化及分水性也较差。

金属清净剂在油中以载荷胶束、非载荷胶束和单分子三者处于某种平衡状态而存在。新油时尚无烟炱胶束，当其对在旧油中的烟炱进行分散作用时，原有平衡被打破而形成新的平衡。载荷胶束有一定的不稳定性，因而高碱值金属清净剂本身或与其他添加剂共存时，有可能出现浑浊或析出沉淀。

金属清净剂的中和、增溶、分散及对摩擦副表面沉积物的清洗作用往往是混合在一起的，在一定环境下作用有主、有次。对非固体颗粒分散称增溶，而对固体颗粒分散则称分散。高碱值磺酸盐虽对油品氧化有不利影响，但其酸中和能力强，能中和润滑油氧化生成的酸性胶质，即沉积物母体，使其失去活性，将其溶于油中。

硫化烷基酚盐具有突出的酸中和能力和优良的抗氧抗腐性及抗磨性，高温清净性也特别好，抑制柴油机油顶环槽积炭特别有效，与磺酸盐合理搭配后协同效应较好，与磺酸盐复合可以互补缺点，在柴油机油中能有效抑制氧化和环粘结。烷基水杨酸是在烷基酚的苯环上引入羟基，使其极性加强，高温清净性大为提高，中和能力很强；其含酚结构及产品中含有少量烷基酚，使之又具有抗氧抗腐性能。由于它的高温清净性好和中和能力强，又具有抗氧性，多用于柴油机油，通常不与磺酸盐搭配，因相容性问题会出现沉淀物。

分散剂指能抑制油泥、漆膜和淤渣等物质的沉积，并能使这些沉积物以胶体状态悬浮于油中的化学品。含金属的称为有灰分清净剂，不含金属的称为无灰分分散剂，丁二酰亚胺分散剂在油中起分散和增溶作用，与清净剂复合后有增效作用，提高了内燃机油的质量。

分散剂提供的油溶性基团比清净剂大，能有效地屏障积炭和胶状物互相聚集，可使0～50nm的粒子胶溶，也可通过电荷斥力胶溶更大的离子使之分散于油中。分散剂的分散作用相当于清净剂的10倍，而聚合型分散剂，能在离子间形成较厚的屏障膜，胶溶高达100nm的离子。

分散剂又是一些表面活性剂，将一些油溶或不油溶的固体和液体溶解到胶束中心去，即增溶作用。发动机油，特别是汽油机油中的油泥是一些氧化产物进行聚合与冷凝水、杂质混合后生成，影响油泵和机油滤清器正常工作，而分散剂把它们络合成油溶性的液体而分散在油中。

按反应的烯基数量可分为单丁烯基二酰亚胺分散剂、双丁烯基二酰亚胺分散剂和多丁烯基二酰亚胺分散剂，按烷基分子量的大小可分为低分子量和高分子量丁二酰亚胺分散剂。单烯基丁二酰亚胺低温分散性好，主要用于汽油机油；双丁烯基二酰亚胺分散剂和多烯基丁二酰亚胺高温分散性好，主要用于柴油机油；高分子量丁二酰亚胺的低温和高温分散性都好，既可用于汽油机油，又可用于柴油机油，特别适用于SG级以上的高档汽油机油，可有效解决黑油泥问题。含硼的丁二酰胺是无灰剂兼有抗磨抗氧性，含酯无灰剂改善了对橡胶密封件的相容性，含硫无灰剂改进了对铅、铅轴瓦高温腐蚀。

分散剂在油中的溶存状态与磺酸盐类似，而它的载荷胶束是油泥和烟灰，在油中以极性端与载荷作用。

分散剂与清净剂能形成混合胶束，二者复合有协同效应，混合胶束使清净剂胶束更稳定，增强清净作用和碱值保持性，还能分散清净剂的分解和中和产物。内燃机油中的油泥和烟炱颗粒被分散剂增溶或分散悬浮于油中，阻止其聚集，形成沉积物，防止油品黏度快速增长和产生磨损。

2. 抗氧抗腐剂

抗氧抗腐剂主要品种是二烷基二硫代磷酸锌（简称ZDDP），是一种多效添加剂，具有抗氧、抗腐和抗磨作用，能抑制发动机油的漆膜、油泥、环槽黏附物的生成，抑制油品黏度增长，能防止汽缸、环槽、凸轮和阀杆的磨损，还能防止轴承腐蚀，常用于内燃机油和液压油。ZDDP的结构有仲烷基、伯烷基和芳基3种，其性能有很大差异。

短链伯烷基ZDDP的抗氧性、抗磨性、热稳定性、水解稳定性及综合性能一般，多用于中低档内燃机油；长链伯烷基ZDDP（T203）的热氧化安定性、热稳定性和水解安定性都优异，适宜于柴油机油，特别是要求热稳定性高的CD及CD以上等级的柴油机油；仲烷基ZDDP（T202）的抗磨性突出，抗氧性和水解安定性较好，在汽油机油中可抑制氧化，对防止油品黏度增长及凸轮挺杆磨损特别有效，同时也广泛用于含锌抗磨液压油。

发动机油磷含量大部分来源于ZDDP，磷能使汽车尾气转化器中的三元催化剂中毒，因此高档发动机油限制了磷含量，例如SJ/GF-2油要求油的磷含量不大于0.10%，实现低磷化对策就意味着减少ZDDP的用量，会对油品抗氧和抗磨性能产生大的影响。目前科技人员正着手开发研制低磷或无灰添加剂，以取代或部分取代ZDDP。

3．极压抗磨剂

极压抗磨剂一般为含有硫、磷、氯等活性元素的有机化合物。当滑动的两个表面压力增加，表面膜变薄，两个表面凸起处互相接触，产生局部高温和高压，此时极压剂的活性元素与金属发生化学反应，生成剪切强度较低的固体保护膜，把两个金属表面隔开，从而防止两个金属表面的磨损和烧结。极压抗磨剂广泛用于车辆齿轮油，占其配方添加剂组分的90%以上。例如，硫化异丁烯（T321）在高速冲击负荷条件下，与金属表面生成硫化铁固体膜，能有效防止齿面擦伤；亚磷酸酯（T304）在低速高扭矩条件下，在金属摩擦面上生成亚磷酸铁或磷酸铁有机膜，起抗磨作用，防止齿面出现点蚀、剥落和异常磨损。同时，在摩擦热高温下，硫化异丁烯与磷酸酯发生化学反应，生成有润滑作用的硫化磷酸酯类化合物，因此硫、磷剂的合理搭配使用具有极压抗磨协同效应，根据添加剂结构差异，最佳搭配比例也不同。为了减少酸性磷酸酯的化学腐蚀性而又充分保持其承载能力，又发展了磷酸酯胺盐（T307、T308），它们具有适度的化学活性、好的油溶性和配伍性以及多效性。T361硼酸盐极压抗磨剂，添加了高效活性剂，形成了共晶滚球，多用于润滑脂。

4．油性剂和摩擦改进剂

油性剂在边界润滑条件下起增强润滑油的润滑性，降低摩擦系数和防止磨损，通常是动植物油或在烃链末端有极性基团的化合物，对金属有很强的亲和力，通过极性基团吸附在摩擦面上，形成分子定向吸附膜，阻止金属间互相接触。目前把能降低摩擦面的摩擦系数的物质称为摩擦改进剂，其定义范围比油性剂更为广泛。油性剂吸附膜大多数是物理吸附膜，物理吸附膜是可逆的，温度升高后将脱附，因此，油性剂只有在温度较低、负荷较小的情况下有效。

摩擦改进剂用于汽车自动传动液中，可改善油品动、静摩擦系数，改善换挡舒适性；发动机油和齿轮油中使用减摩剂，具有降低边界润滑的摩擦系数的作用，提高了燃料的经济性。

5．抗氧剂和金属钝化剂

油品在使用过程中不可避免地发生氧化，使油品变质，缩短使用寿命。氧化后产生的酸、油泥和沉淀会腐蚀磨损机件，造成故障，抗氧剂能有效防止油品氧化，能延长其使用和储存寿命。酚类和胺类抗氧剂能捕捉自由基，是氧化反应自由基的终止剂，而ZDDP主要是氧化反应中产生的过氧化物的分解剂。

金属钝化剂能使金属钝化失去催化活性，多与抗氧剂复合使用，但应避免与ZDDP复用用于液压油中，以免产生沉淀物。

6．黏度指数改进剂

黏度指数改进剂是一种油溶性高分子聚合物，加入黏度较低的基础油中能显著提高油品黏度和改善黏温性能，适应宽温度范围对油品黏度的要求，要制取黏温性能优良的润滑油特别是多级内燃机油必须添加黏度指数改进剂。目前润滑油市场上应用最多的黏度指数改进剂是聚甲基丙烯酸酯（PMA）、聚异丁烯（PIB）、乙丙共聚物（OCP）、氢化苯乙烯双烯共聚物（HSD）等四种，其中聚甲基丙烯酸酯和乙丙共聚物还有改进的双效或多效产品，如分散型聚甲基丙烯酸酯、分散型乙丙共聚物、分散抗氧型乙丙共聚物等，使用双效、多效的黏度指数改进剂可减少配方中无灰剂或抗氧剂用量，从而改善油品的低温性能。在这四种黏度指数改进剂中，聚异丁烯由于低温性能较差，目前已很少应用于内燃机油；聚甲基丙烯酸酯由于价格较高，目前也很少应用于内燃机油；乙丙共聚物由于其原料易得，价格便宜，综合性能较好，而成为目前使用量最大的黏度指数改进剂。氢化苯乙烯双烯共聚物，由于其优良的剪切稳定性，有可能将在CF-4、SJ级以上高档内燃机油中有较好的应用前景。

在高温下，高分子聚合物分子链伸展，其流体力学体积增大，导致液体内摩擦增大，即黏度增加，从而弥补了油品由于温度升高而黏度降低的缺陷；反之，在低温下，分子收缩，其流体体积变小，油品黏度相应变小。加有黏度指数改进剂的油品构成了非牛顿液体，即剪切速率和对应的剪切应力的关系不呈直线关系，含增黏剂高分子化合物的润滑油在不同的剪切应力作用下，高分子化合物有不同的形态，因而有不同的黏度，称表观黏度。在发动机中各部位的剪切速率随速度和载荷不同而变化，而存在于各润滑部位的表观黏度，则必须在不同的剪切速率和温度下测定。

含黏度指数改进剂油剪切后的永久黏度损失，随剪切速率和受剪切时间的增加而增加。因此，剪切稳定性是黏度指数改进剂非常重要的一项使用性能，它直接影响多级油的黏度级别。一种黏度指数改进剂剪切稳定性的好坏取决于其分子量的大小、分子量分布的宽窄及在润滑油中的流体动力学体积。剪切稳定性差的黏度指数改进剂，其高分子链在剪切力作用下，主链断裂，导致分子量减小，使油品黏度降低，达不到使用黏度要求，从而对磨损、油耗等产生负面影响。剪切稳定性一般用剪切黏度下降率及剪切稳定性指数（*SSI*）来表示。*SSI*与黏度指数改进剂分子量和分子量分布有关，分子量高或分子量分布宽者剪切稳定性差。黏度指数改进剂的稠化能力主要取决于其分子量的大小，作为多级内燃机油黏度指数改进剂的乙丙橡胶，其数均分子量一般都在100000以上。

SH/T0566-1993（2004）《润滑油黏度指数改进剂增稠能力测定法》是将干胶以1%比例溶于HVI150中，HVI150加剂前后的100℃黏度增长数，称为增稠能力。由于各调和厂购进的黏度指数改进剂是含稀释油的，其干剂含量多少对增稠能力影响很大，而SH/T 0566只是反映干胶的增稠能力并不反映OCP胶液的稠化能力，为此国内润滑油公司最近颁布一个对OCP胶液的稠化能力测定法标准。在该标准中将购进的OCP胶液以1:9溶于HVI150中，先计算出OCP胶液在HVI150中的百分含量M，再测出加入OCP胶液前后的HVI150的100℃黏度增长数，然后再用黏度增长数除OCP胶液的百分含量数M，得到的就是加入1%OCP胶液后，胶液的稠化能力。这个新标准对各润滑油厂的使用价值较大。

一个好的黏度指数改进剂不仅要求增黏能力强，剪切稳定性好，而且要求好的低温性能和热氧化安定性能。目前为止，还没有一种黏度指数改进剂能满足上述全部要求，因此在调制多级内燃机油和大跨度车辆齿轮油时，一定要注意选择合适的黏度指数改进剂。低分子量聚甲基丙烯酸酯具有增黏和降凝双重作用，抗剪切安定性好，广泛用于汽车自动变速器油、液力传动油和GL-5 75W-90油中。

乙丙共聚物广泛用于多级内燃机油中，现代发动机要求黏度指数改进剂剪切稳定性好，因此从规格上一再限制并提高其对剪切稳定性的要求。一般而言，剪切稳定性越好，分子量就越小，稠化能力就越差，共聚物加入量也要相应增大，又会导致内燃机油清净性变差。因而，只有从结构上发展剪切稳定性好而稠化能力也好的共聚物来满足日益增长的剪切稳定性要求，同时又不使油品的清净性变差。

黏度指数改进剂的低温性能是指其对多级油的低温性能的影响。在实验室中采用CCS低温动力黏度和MRV低温泵送性来测试多级油的低温性能。低温性能较好的黏度指数改进剂对多级油的CCS低温动力黏度、MRV低温泵送性的负面影响较小，在现在使用的黏度指数改进剂中聚甲基丙烯酸酯的低温性能最好，聚异丁烯的低温性能最差。

在国内润滑油公司最新颁布的OCP黏度指数改进剂标准中，增加了–20℃ CCS低温动力黏度报告项目，以考察黏度指数改进剂对多级油的低温性能的影响。该方法是将HVI150中加入黏度指数改进剂，将黏度调到10.0～10.5mm²/s之间，测其–20℃低温动力黏度，数值越小说明其低温性能越好。

剪切安定性是共聚物在油中的重要指标，其与增稠能力、低温性能三者之间又互相有联系。油中共聚物在发动机中受到汽缸和活塞之间的剪切作用及热的作用发生高分子链断裂，使稠化能力变小，油品黏度变小，导致润滑变差，机油压力小，密封作用差，亮红灯，甚至引起过度磨损，以致拉缸烧瓦。不同共聚物的剪切稳定性不一样，分子量越小，分子量分布越窄，其剪切稳定性越好。剪切稳定性的表示方法，过去常用剪切后黏度下降的百分比表示，但此方法与基础油黏度大小的关系很大，因而不同基础油得出的黏度下降率很难做出比较。目前已采用剪切稳定性指数（*SSI*）表示，这样就有可比性。

$$SSI = \frac{\text{新油黏度} - \text{基础油黏度}}{\text{新油黏度} - \text{剪切后油品黏度}} \times 100 = \frac{\text{聚合物增稠黏度上升}}{\text{剪切后黏度损失}} \times 100$$

*SSI*值越小，剪切稳定性越好。其测定方法有三：

①L–38方法为美国汽油机油规格，由于使用实际发动机试验，相关性较好，但试验结果缓和、数据偏低；

②柴油喷嘴法为欧洲汽油机油及欧美柴油机油规格，由于与实际发动机的关联性较好，测定方法比较简单，目前广泛使用；

③超声波法与实际发动机工作没有关联，对不同黏度指数改进剂还会造成与发动机实际结果不符，在国外已经淘汰。

在汽油机油方面，欧洲ACEA规格要求使用柴油喷嘴剪切30次循环后仍留在黏度规格内，比美国规格严得多。能够满足欧洲规格的黏度指数改进剂的要求，其柴油喷嘴法测定的*SSI*为25左右。我国轿车多数为欧洲合资厂生产，因而要求*SSI*为25左右。国内许多卡车经常超载，因而也希望在卡车发动机油中使用剪切性好的黏度指数改进剂。由于发动机及其油品规格发展要求，使用柴油喷嘴法*SSI*为25或更低已经形成普遍趋势。

黏度指数改进剂在实际使用过程中要经受高温氧化，致使其热氧化分解。在发动机环槽周围，特别是在增压柴油机以及高负荷汽油机中，聚合物在强酸、氧气的存在下，要经受250℃以上的高温作用，在这种条件下引起聚合物解聚、裂解、氧化，造成黏度下降、酸值增加，环槽积炭增多、粘环等系列问题。大量的发动机台架试验证明，聚合物明显地对环槽周围的清净性造成负面影响，所以对多级油来说，要得到与单级油同样的性能，必须多添加5%～10%的清净剂和抗氧剂。因此，热氧化安定性好的黏度指数改进剂对多级内燃机油是十分重要的。采用差热分析法测试干胶的初分解、10%、30%、50%、70%、90%及完全分解的各点温度，大致可看出这种胶的热氧化安定性，这些点的分解温度越高也就说明这种胶的热氧化安定性较好。

乙丙共聚物最早在1970年开始用于内燃机油，如ECA9291，*SSI*为50左右，基本上是无定型共聚物，乙烯含量40%～50%。为适应剪切稳定性需要，已开发了LZ7067、杜邦NDR125及国产吉化J-0010、茂名T613B、大连T614，其*SSI*为25左右。国外又开发出半结晶的OCP，例如H 8714，乙烯含量高达70%，改善了剪切稳定性的同时，也改进了增稠能力和低温性能，其*SSI*为24，广泛用于国外基础油中。但H8714胶生产的OCP的流动性不如J-0010、J-0030，且产品的透明度相对差些，由于其中乙烯有结晶交联倾向，因而与含蜡量高的石蜡基基础油的倾点及低温性能均有干扰，与T803有干扰，在使用中应引起注意，最好与无定型OCP复合使用。氢化苯乙烯异戊二烯共聚物为无定型聚合物，可用于高蜡基础油中，*SSI*达到25时，其用量很低，增稠能力好，低温性能也佳，是新一代有前途的黏度指数改进剂。

7．防锈剂

防锈剂是油溶性表面活性剂，其主要作用机理在于防锈剂分子中极性一端吸附于金属表面，烃基一端伸向油层，形成分子定向排列的致密分子膜，以阻止水分与氧渗入金属表面产生锈蚀。防锈剂在金属表面的吸附有物理吸附和化学吸附，如内燃机油中磺酸盐的极性分子的偶极与金属表面发生静电吸附而形成物理吸附；烯基丁二酸与金属发生化学作用，形成化学吸附膜，一般常用于液力传动油和齿轮油。而两类防锈剂复合使用，效果更佳，比例为2∶1，多用于液压油和工业用油。烯基丁二酸自身酸值很高，在一些要求酸值的油中使用受限，从而发展了半酯型防锈剂。

8．降凝剂

含蜡油品在低温下失去流动性，是高熔点的固体烃分子的定向排列，形成板状或片状结晶并互相联接，形成三维的网状结构，同时将低熔点的油通过吸附或溶剂化包于其中，致使整个油品失去流动性。降凝剂虽然不能改变油品析出石蜡的数量，但能够吸附在蜡表面或共晶，对蜡晶的生长方向及形状产生作用，从而阻止蜡晶粒间的粘接作用，抑制了蜡形成三维网状结构，使倾点降低。烷基萘是双取代的高分子烷基萘而具有降凝作用；对于聚甲基丙烯酸酯和聚α-烯烃，其侧链的平均碳数对降凝效果有决定性的作用。另外，降凝剂的降凝效果与基础油有密切的关系，同一降凝剂在不同基础油中的感受性不同，加氢基础油对降凝剂的感受性较溶剂精制基础油要好很多，加入0.1%时倾点降幅即可达15℃左右。对于溶剂精制Ⅰ类基础油而言，降凝剂加剂量0.3%～0.7%时效果较好，T801烷基萘超过0.7%时倾点回升，T803B超过0.7%时倾点下降不明显。降凝剂的化学结构对降凝效果影响很大，T801效果最差，聚甲基丙烯酸酯和乙酸乙烯酯共聚物效果最好，T803次之。这三类降凝剂在内燃机油中都可以使用，可根据基础油和复合添加剂及油品的要求来选择。

9．抗泡沫剂

泡沫特性指油品生成泡沫的倾向性及泡沫的稳定性。润滑油容易受到配方中的活性物质（如清净剂、极压抗磨剂和腐蚀抑制剂）的影响，特别是含有强极性添加剂的车辆齿轮油，在传动轴、齿轮组搅拌作用下，会混入空气，在界面张力作用下形成泡沫。油中泡沫会使管路产生气阻，导致供油不足，机械磨损增加，冷却效果下降，促进油品氧化，甚至造成含泡沫润滑油溢出。

抗泡沫剂的作用机理是有效降低泡膜的表面张力，常用的硅油抗泡剂不溶于油，以高度分散的胶体粒子状态存于油中，吸附在泡膜上，然后浸入泡膜，继而在泡膜上扩张，使膜越来越薄而破裂。其特点是无臭、无味、化学稳定性好、凝点低、挥发性小、用量少、抗氧性和抗高温性能好，应用相当广泛；缺点是抗泡稳定性差，对空气释放值的影响较大和对调和技术十分敏感等。

为了克服硅油抗泡沫剂的缺点，发展了聚丙烯酸酯类非硅抗泡沫剂。非硅抗泡沫剂与某些添加剂比较敏感，对加有水杨酸、钡盐添加剂的油品不宜使用。在实际应用中将硅油和非硅油两类抗泡沫剂按1:1比例复合后使用，扬长避短，抗泡效果更好，特别适用于含清净剂比例较高的柴油机油及极性化合物较多的GL-5齿轮油，加入0.003%～0.005%即可满足抗泡沫指标要求。

10．抗乳化剂

乳化是一种液体在另一种液体中紧密分散形成乳状液的现象，它是两种液体的混合而并非相互溶解。抗乳化则是从乳化物质中把两种液体分离开的过程。润滑油的抗乳化性是指油品遇水不乳化，或虽是乳化但经过静置，油、水能迅速分离的性能。常用的润滑油破乳剂是胺化物的环氧乙烷、环氧丙烷衍生物。T1001、DL-32破乳剂用于油品的破乳、脱水，常用于船用油和工业用油。

三 内燃机油添加剂的研究现状及发展趋势

20世纪30年代以前，发动机润滑油中很少使用添加剂，一般用直馏矿物油就能满足其性能要求。随着发动机功率的不断加大，使用当时的润滑油出现了活塞环沉积物增多，粘环事故不断发生，甚至造成发动机无法正常运转的现象，从而引发了各石油公司研究相应对策。1935年，卡特皮勒（Caterpillar）公司和加利福尼亚（California）公司共同研究开发了加有环烷酸铝的润滑油以解决此问题。从此，发动机油进入了添加剂时代，油品的质量及性能才得以不断地发展和升级。

1．我国内燃机油的发展趋势分析

目前，我国润滑油工业既面临严峻挑战，又存在良好的发展机遇。激烈的竞争将使中国的润滑油市场充满生机。从发展趋势看，我国润滑油需求总量将平缓上升，高档润滑油增长速度较快。在车用润滑油中，柴油机油的比例会因柴油车的发展而逐步提高。随着发动机功率的不断提高，燃料经济性将促使润滑油不断升级换代，环境友好的要求将推动润滑油更加清洁。顺应世界潮流，节能、低排放、无污染、长寿命将成为我国润滑油发展的主要方向。

为满足排放标准日益严格的要求，未来汽车均采用电控燃油喷射技术，广泛安装催化转化器，柴油车还要安装颗粒物过滤器。汽车技术的发展对车用润滑油发展提出了新的要求，主要表现在：高档润滑油需求量增加，级别不断提高；为防止催化转化器催化剂中毒，润滑油必须低磷、低硫、低灰分；良好的高温抗氧化性能、清洁分散性；为适应节能要求，使用多级油；开发清洁燃料发动机油，该油品在使用性能上除具备汽、柴油机油的清净性和分散性，抗氧、抗腐蚀外，还需具有更好的抗磨损性。醇类燃料发动机油还要具有良好的酸中和能力。

2．内燃机油添加剂的研究现状及发展趋势

内燃机油添加剂品种繁多，功能各异，主要分为金属清净剂、无灰分散剂、抗氧抗腐剂、摩擦改进剂、黏度指数改进剂、降凝剂、抗泡沫剂等，其中前四种是主要的功能添加剂。

（1）金属清净剂

金属清净剂是内燃机油的重要添加剂，主要包括磺酸盐、硫化烷基酚盐、烷基水杨酸盐、环烷酸盐、硫磷酸盐以及其他羧酸盐，其中前三种占绝大多数。

磺酸盐由于原料易得，成本较低，而使用性能可以适应各种不同要求（如低碱值磺酸盐分散作用好，高碱值磺酸盐具有优异的中和能力及高温清净性，所有的磺酸盐又具有一定的防锈性能），因此发展快，应用广，形成了低、中、高不同碱值及钙、镁、钠、钡等不同金属的系列化产品，其中碱值高达500mgKOH/g的产品已见诸报道。

烷基水杨酸盐是在烷基酚上引入羧基，并将金属由羟基位置转到羧基位置。这种转变使得其分子极性极强，高温清净性大为提高，目前已形成了低、中、高等不同碱值及不同金属（钙、镁）的系列化产品。

硫化烷基酚盐除具有特好的中和能力和一定的高温清净性外，还具有很好的抗氧化、抗腐蚀性能和抗水解性，且与其他的清净剂具有良好的协同作用，使油品性能明显改善，因而得到很好的应用。

目前，金属清净剂产品仍以钙盐为主，灰分高、毒性大、对环境有污染的钡盐的应用日渐减少，而灰分较低的镁盐的应用日渐增多。

近年来国内相继开发研制出一系列赶超国际水平的新产品。

超高碱值烷基水杨酸（钙、镁）盐，其中钙盐碱值高达350mgKOH/g以上，镁盐碱值高达400mgKOH/g以上。该产品能明显提高油品的酸中和能力，在保证油品碱值相同的情况下，能明显降低添加剂在油品中的加入量，可广泛应用于不同档次的内燃机油及船用油。

硫化烷基水杨酸盐，具有优异的耐热性、高温清净性、良好的极压抗磨性、抗氧化安定性，是一种性能全面的润滑油添加剂。目前主要有中碱值（TBN＞160mgKOH/g、硫含量＞3.0%）、高碱值产品（TBN＞280mgKOH/g），适用于不同档次的内燃机油。

硼化金属清净剂，不仅具有优良的高温清净性，而且具有良好的氧化安定性、抗腐蚀性、防锈性能等高效多功能的特性。

混合基质清净剂（TBN＞350mgKOH/g），除兼具传统烷基水杨酸钙及磺酸钙的各项性能外，特别是将磺酸盐与水杨酸盐在反应早期溶于一体，解决了两类剂的共沉淀问题，有良好的使用前景。

复合型金属清净剂（TBN＞350mgKOH/g），具有优异的高温清净性及相溶性、良好的抗氧抗腐蚀等性能。由于产品碱值高、碱性组分多元化（含钙、镁、钠三种金属元素），其中引入了低灰分的镁，在保证同样碱值的情况下，较钙盐的使用所产生的灰分要低，故有利于发动机的清洁性和与之相伴随的其他使用性能。

高碱值（合成、石油）磺酸镁盐，产品碱值高达400mgKOH/g，除具有优良的高温清净性外，还具有良好的低温分散性，一定的极压抗磨性、防锈性，是一种性能优越的润滑油添加剂。

随着国内外润滑油向高档化的方向发展，金属清净剂的发展主要集中在以下几个方面：

多功能清净剂，通过不同功能基团的引入或不同金属盐的复配以提高产品的极压抗磨等综合性能，如不同金属盐（镁、钠、铜等）、硫化、硼化产品。

节能型清净剂，一方面开发高碱值产品，以降低添加剂生产成本及其在油品中的加入量；另一方面，赋予其一定的减摩作用，以减小摩擦、降低发动机能耗。

抗氧型清净剂，油品的衰败主要由氧化变质引起，通过抗氧型基团的引入不但可减少抗氧剂的用量，而且可以改变产品的综合使用性能。

环保型金属清净剂，其一是要求低灰分、无毒性，能满足油品低硫、低磷等性能要求，该类清净剂的生产及使用不会污染环境；其二是可以生物降解，主要包括不含硫、磷等元素的有机金属羧酸盐。

（2）无灰分散剂

无灰分散剂的作用主要是分散、增溶油品中生成的积炭、油泥和酸性氧化产物。在20世纪80～90年代，国内润滑油水平较低，普遍使用的是单烯基丁二酰亚胺、双烯基丁二酰亚胺。此后随着国内汽车工业的发展，对车用润滑油的要求也越来越严格，普通丁二酰亚胺由于自身结构方面的原因，很难满足这些要求，高分子无灰分散剂的出现解决了这一问题。高分子无灰分散剂在保持良好低温分散性能的同时，大幅度提高了产品的热稳定性能和高温清净性能，更适于调制高档内燃机油。

近年来国内新研制开发的无灰分散剂主要有：

T157（双酐无灰分散剂），属于高分子无灰分散剂，具有较好的分散性能和热稳定性能。

硼化无灰分散剂，具有较好的分散性能、良好的高温稳定性能和抗氧化性能，且具有一定的抗磨性能与良好的橡胶相溶性，主要用于调制CF-4及以上级别的高档柴油机油和通用内燃机油。

T161A新型高分子无灰分散剂，具有良好的高温热稳定性能、较好的高温分散性能和优异的低温分散性能，主要用于调制SG级以上的高档汽油机油，与双烯基丁二酰亚胺复合使用，效果更佳。

酯类无灰分散剂，具有良好的高温热稳定性能和高温清净性能，主要用于调制SG级以上的高档汽油机油。

进入21世纪后，随着国外公司高活性聚异丁烯产品进入国内，锦州、苏州等地的一些化工企业开始利用国外的这些生产原料，采用热加合工艺制备高活性丁二酰亚胺无灰分散剂，主要有单烯基丁二酰亚胺、双烯基丁二酰亚胺和高分子丁二酰亚胺。其结构、基本特性与采用氯化工艺合成的对应产品一致，但产品几乎不含氯，在颜色外观等方面也有很大的改善。

为满足高档内燃机油的规格要求，无灰分散剂的发展主要集中在以下三个方面：

高分子化，高分子无灰分散剂自身热稳定性、分散性能较好，在高温条件下可以表现出良好的清净性能和抗氧化性能。

无氯化，在国外油品中使用无灰分散剂已经向无氯产品全面过渡。国内由于技术与市场的限制，一直生产的是氯含量较高的产品。随着国家环保法规的不断完善，对燃料与润滑油中有害组分的限制将会日益严格。

多功能化，主要是在原有产品的基础上通过引入功能基团或改进产物部分片段的结构来达到增加产品的功能、改善产品性能的作用。日常较为常见的有通过引入小分子酚/胺改善产品的抗氧化性能，引入硼改善产品的抗摩擦性能等。

（3）抗氧抗腐剂

油品的氧化是造成其质量变坏和消耗增大的重要原因之一。这是因为氧化过程可以生成过氧化物、醇、醛、酸、酯、羟基酸等产物，进一步缩合生成不溶于油的大分子化合物，附着在活塞环上成为漆膜，以至促进积炭的生成，从而引起油品的黏度增长。生成的各种有机酸类产物还会造成金属（活塞环、钢套、轴承等）的腐蚀，从而使磨损增大。有些氧化物与其他杂质形成油泥，造成油路堵塞。因此在油品调和过程中，需要加入一定量的抗氧化添加剂，用来减缓油品的氧化，延长换油期。

用作抗氧抗腐剂的化合物主要是一些含硫、氮、磷和金属的有机化合物以及多种烷基酚。传统的烷基酚类和胺类抗氧剂在高温条件下易失去活性，其使用范围受到限制，而仅仅使用ZDDP系列抗氧抗腐剂已经无法满足高档润滑油的抗氧化性能要求，因此各种抗高温的屏蔽酚型、胺型、有机铜盐、碱金属盐类等新型无灰抗氧化添加剂的研制工作得到了较快的发展。

在内燃机油中，抗氧剂的用量仅次于清净剂和分散剂而居第3位。目前主要有下面几种：

①有机铜盐抗氧剂：二烷基二硫代磷酸亚铜（CuDDP）是一种加剂量低、高温抗氧化性能优异的新型润滑油添加剂。它能有效地控制油品因氧化而引起的黏度增长，与高温清净剂及无灰分散剂具有良好的配合性，是调制高档内燃机油的辅助添加剂之一。

②胺型抗氧剂：二壬基二苯胺（DNA）是一种油溶性好、配伍性强的辅助抗氧剂，它能够增强各剂间的协同效应，提高添加剂的使用效率，从而达到提高油品档次和减少添加剂用量的目的。芳胺抗氧剂与ZDDP复合可以在高温情况下使用，并能有效控制油品黏度和酸值的变化。

③屏蔽酚型抗氧剂：屏蔽酚型无灰抗氧剂（RHY505）是一种油溶性好、高温抗氧化性能优异的辅助抗氧化剂。它不但有较好的抗氧化性能，而且具有优良的控制油泥形成的能力，与其他的添加剂具有良好的相溶性和配合性。由于它具有优良的溶解性，可广泛用于矿物油和非常规处理的基础油中。

抗氧剂DTE是一种含硫醚的受阻酚型无灰高温添加剂，在加氢及非常规处理的基础油中具有优良的抗氧化性能，主要应用于发动机油和传动液中，是研制开发各种高档润滑油不可缺少的组分之一。

④抗氧/减磨多功能添加剂：抗氧剂AEG是一种含有受阻酚结构的多元醇脂肪酸酯类混合物的多功能添加剂，在植物油中的抗氧性能尤其明显。

总而言之，未来抗氧剂的发展就是开发新型无磷抗磨剂和抗氧添加剂来补偿发动机油中ZDDP减少的损失。这些ZDDP的替代化学品与当今在发动机油中使用的ZDDP在技术上有很大区别。因此，目前抗氧剂的主要发展方向是寻找一种能够部分替代ZDDP的具有抗氧抗腐、抗磨的高效多功能润滑油添加剂。

（4）摩擦改进剂

摩擦改进剂是一类能在摩擦表面形成物理吸附膜或者化学吸附膜，从而降低摩擦系数，起润滑作用，并且具有增强油膜能力的物质。油溶性摩擦改进剂主要分为无灰型长链烷基有机化合物和金属有机化合物，前者又可分为非硼型摩擦改进剂和含硼型摩擦改进剂。非硼型摩擦改进剂包括不含杂原子、含氮摩擦改进剂等。金属有机化合物摩擦改进剂主要为油溶性有机钼润滑油添加剂，该剂在使用过程中分解成非油溶性的二硫化钼和油溶性的二硫代磷酸酯，从而达到改进润滑油摩擦性能的效果。有机钼润滑油添加剂是优异的摩擦改进剂、抗磨剂和极压剂。

近年来，随着世界范围内石油短缺和燃料价格的上涨，燃料经济性已经成为国际性的热点话题之一，开发性能优良的摩擦改进剂（FM）势在必行。新型摩擦改进剂的研发方向为：

①不含硫、磷的有机钼盐：该类添加剂可广泛用于调配各种中高档内燃机油、汽轮机油、齿轮油和机械润滑油，能明显降低润滑油的摩擦系数，提高发动机燃油的经济性，延长发动机寿命。该剂还具有良好的抗氧化性能，能减少润滑油高温沉积物的形成，有效控制油品的氧化，与ZDDP有显著的协同作用，两者结合能大幅度改善润滑油的减摩性能。

②新型无灰摩擦改进剂：有机硼酸酯化合物在润滑油中具有减磨抗磨作用，在负载较高（仍小于其*PD*值）的情况下，此时摩擦条件变得较为苛刻（但尚未达到硼酸酯的失效负荷），摩擦表面温度很高，摩擦表面的机械应力增强，金属表面缺陷增加，外逸电子发射增强，使得硼酸酯分子中的B–O、C–O、C–H键均开始断裂。当摩擦条件变得更加苛刻时，分子中键断裂加剧，分解出更多的活性B、C、O等原子，为摩擦渗硼渗碳提供了条件。正是这些沉积物膜和渗透层能增加摩擦副表面硬度及抗疲劳强度，提高表面的耐磨性，降低边界润滑条件下的摩擦及磨损。因此，有机硼酸酯化合物是一种亟待开发的具有抗磨减磨的多功能润滑油添加剂。

③纳米级摩擦改进剂：纳米材料是由纳米粒子组成的，纳米粒子一般是指尺寸在1～100nm间的粒子，是处在原子簇和宏观物体交界的过渡区域，具有表面效应、量子尺寸效应、体积效应、宏观量子隧道四种基本特征。这种纳米润滑剂添加到油品中，可以减少摩擦，降低能耗，延长汽车引擎或机械寿命。

④复合型摩擦改进剂：在添加剂的使用过程中，人们在对现有添加剂的组成、结构进行调整以使产品系列化、单剂更具特色之外，同时还通过不同产品之间的复配以使产品多功能化。一方面，摩擦改进剂与其他功能添加剂复配可增强抗磨减摩性能，另一方面，不同摩擦改进剂之间进行复配而形成的复合型摩擦改进剂，具有更为优良的抗磨减摩性能。

随着发动机功率的不断提高，燃料经济性将促使润滑油不断升级换代，环境友好的要求将推动润滑油更加清洁。顺应世界潮流，节能、低排放、无污染、长寿命将成为我国润滑油发展的方向，因此传统的润滑油添加剂越来越不能满足油品日益严格的规格要求，而开发节能、环保、无灰等高性能、多功能的添加剂必将成为未来的发展趋势。

第六节　润滑油中的纳米材料

润滑油的润滑性和抗磨性是润滑油质量的重要标志，润滑油的润滑过程是一个复杂的过程。润滑油的作用是防止接触件在相互运动时发生表面粗糙微凸体的接触，它吸附在运动体表面形成一层液膜，阻隔摩擦表面粗糙微凸体的接触。由于摩擦面运动时或环境因素（温度、压力等）变化对液体的物理性质影响较大，难以在摩擦表面长久维持液膜的承载压力，从而使粗糙表面微凸体接触，摩擦面的摩擦系数增加，使金属表面产生磨损。为了弥补液体润滑油的缺欠，通常采用添加润滑剂的方法提高润滑油的润滑性能和抗磨性能。例如添加多种有机或者无机混合物、液态或者固态的添加剂，添加剂通过物理吸附或化学吸附或者化学反应形成一层液膜，提高液膜的承载能力，降低摩擦面的摩擦系数。润滑油添加剂虽能改善摩擦，但也产生一些副作用，如由于化合物性能不稳定，在使用过程中遇水生成酸，腐蚀摩擦表面；环境和条件超出化合物的允许范围，化合物可能产生化学变化形成对润滑不利的物质，破坏润滑。纳米物质由于量子尺寸效应和表面效应，在摩擦表面以纳米颗粒或者纳米膜的形式存在，具有良好的润滑性能和减磨性能。在润滑油中添加纳米材料制成的润滑剂可显著提高其润滑性能和承载能力，减少添加剂的用量，提高产品的质量，特别适合于苛刻条件下的润滑场合。

一 纳米材料的制备方法

1．物理法

将较粗的物质利用低温、超声波、水锤、高能球、冲击波粉碎法进行粉碎，或者采用沉积法及晶化法等方法，制成纳米颗粒。近几年开发一些新的物理方法，如利用光刻或者激光刻方法制成纳米元件等。

2．化学法

化学法是通过适当的化学反应，从分子、原子出发制备纳米材料的方法。分为气相、液相、固相反应法。

①气相反应法：这是一种常用的方法，利用两种或者多种气体或蒸气相互反应，控制浓度、温度和混合速度，可制得纳米级的固体颗粒。气相沉积法可将纳米物质制成纳米晶粒和薄膜。通过改变沉积速度控制纳米物质状态（颗粒或者薄膜）。

②液相反应法：常见的是在溶液中不同的分子或者离子进行反应，产生固体颗粒。控制反应物浓度、反应温度和搅拌速度，可得到不同尺寸的纳米级固体产物。液相反应法有水解反应、水热反应和还原反应，根据不同的需要采用相应的制备方法制备纳米物质。

③固相反应法：固相反应的方法以前应用比较少，但近年来倍受重视，利用金属盐的热分解制备纳米颗粒和利用金属有机化合物的热分解制备纳米金属颗粒。近几年又发现，金属有机化合物在超声波的作用下，可分解出纳米金属颗粒。

二 纳米材料的结构和特性

纳米材料与宏观三维材料相比，是一维材料，在三个方向上的尺寸为1～100nm。由于纳米材料的表面原子数与总原子数之比是随尺寸变小而增大的，表面原子的晶场环境和结合能与内部原子不同，表面原子周围缺少电子，因此具有很多空键，使其具有不饱和性，产生“表面效应”；当材料的尺寸与电子传导的波长接近或更小时，周期性的边界条件被破坏，材料的磁性、光吸附性、热阻等性质发生巨大变化，即产生所谓的“体积效应”；材料的尺寸小到一定值时，会产生“量子尺寸效应”。纳米材料具有上述独特的结构特点，使其产生了高扩散性、熔点低、硬度高、易烧结、催化反应活性高等特性而得到广泛应用。使用以上纳米材料制备的润滑材料，不仅可以在摩擦表面形成降低摩擦系数的薄膜，而且可以修复破损的摩擦表面。

三 纳米材料在润滑油添加剂方面的应用

1．利用纳米材料改进摩擦性能

润滑油添加剂能赋予或者提高基础油的使用性能，性能良好的添加剂是高档润滑油不可缺少的一部分。纳米材料由于晶粒极细，处于晶界和晶粒内缺陷中心的原子及其本生具有的量子尺寸效应、小尺寸效应、表面效应及宏观量子隧道效应等，使纳米材料在润滑与摩擦学方面具有特殊的降磨减摩和高负荷能力。科技人员研究了纳米氢氧化镍对油品抗磨性、最大无卡咬负荷及摩擦系数的影响，结果表明：在500SN的基础油中加入一定量的30～80nm氢氧化镍和分散剂，可有效提高油的抗磨和极压承载能力，显著降低摩擦系数。

科研人员针对纳米金属氢氧化物或者金属氧化物在有机介质中分散性差，易于团聚的问题，利用C_2～C_{20}脂肪酸对其进行修饰，使纳米颗粒表面形成稳定的化学修饰层，这种修饰作用可控制纳米颗粒的团聚，使其均匀分散在润滑油中。

利用含氮有机物修饰纳米氟化稀土，克服了由于稀土氟化物在润滑油中分散性差，在使用中受到限制的缺陷，提高了润滑油的极压性和抗磨性。

利用含硫有机化合物修饰硫金属化合物和二硫金属化合物，制成纳米微粉，该物质在有机溶剂和润滑油中具有良好的分散性，解决了纳米颗粒在润滑油中聚结、分散性差的问题，使润滑油具有良好的抗磨性及承载能力。

纳米材料在润滑油中减摩抗磨的机理是边界润滑理论中的“鹅卵石”模型，认为纳米粒子在摩擦表面起支承负荷的“滚珠轴承”作用，即认为纳米粒子的尺寸很小可以看作近球形，在摩擦副间像鹅卵石一样，起支承负荷的“滚珠轴承”作用而提高润滑油膜的抗磨性。

纳米材料在润滑油中的抗磨作用，有人通过摩擦副的微观表面分析认为：纳米粒子作为润滑油的添加剂，在摩擦副凹凸表面起填充作用，与表面的摩擦化学反应使其形成稳定的“第三体”，它的稳定性优于传统的有磨粒磨屑构成的“第三体”，因此具有更好的抗磨效果。

2．纳米材料的润滑作用

纳米金属粉作为润滑剂代替传统的润滑剂，是利用固体的物化性质受温度、压力变化影响较小的特点，将纳米金属材料添加到润滑油中，发挥其纳米材料特有的物化性能，在润滑油中起到承压骨架的作用，纳米金属可部分渗入到摩擦金属表面，改变表面结构，使其硬度发生变化，提高抗氧化、抗腐蚀及抗磨性能。未渗入金属表面的纳米金属粉填充在摩擦表面的凹凸处，提高摩擦面的承载面积，以降低摩擦系数，提高承压能力。

科技人员将25%～30%的20%～100nm钼、钽、镍、铜固体纳米金属微粉与70%～75%的溶剂混合制成抗磨添加剂，在润滑油中添加3%～5%的这种固液混合添加剂，可明显改善润滑油的润滑性能，降低摩擦系数，减少部件磨损和噪声，减轻发动机的振动，延长发动机的寿命。利用四球机测定了3～5nm的利用烷基二硫代磷酸修饰的PbS纳米粒子在润滑油中的摩擦性能，其产生了良好的抗磨效果，认为这主要是在摩擦过程中产生高温高压使PbS纳米粒子熔化，在摩擦表面形成边界润滑膜的原因。

将已用2-乙基己酸修饰的、平均粒径为5nm的TiO_2纳米粒子添加到润滑油中，利用四球机进行磨损试验，结果发现该纳米粒子具有良好的抗磨能力和载荷性能，认为这是由于TiO_2纳米粒子在摩擦表面形成一层抗高温的边界润滑膜的缘故。许多研究者利用多种微观测量设备观察摩擦表面的分子结构、组成变化，结合纳米粒子的高扩散性、易烧结性等，提出了纳米粒子的“薄膜润滑”的观点，提高了对纳米粒子润滑作用的认识。

纳米材料作为润滑油添加剂的研究还处于起步阶段，它涉及纳米摩擦学、润滑学、纳米材料学、现代表面学等许多先进的学科，纳米材料在润滑油中的应用对于完善润滑理论，揭示薄膜润滑和边界润滑的机理有着非常重要的意义。

3．超碱值纳米清净剂的制备及性能特点

超碱值纳米清净剂是由外层包覆表面活性剂的纳米碳酸钙（或氢氧化钙）颗粒构成的胶

体束，由两部分组成：芯部无机纳米核以及外部油溶性表面活性剂。制备方法一般采用“金属氧化物/氢氧化物”工艺，主要步骤为：表面活性剂在极性溶液中形成膨胀的对称胶囊，囊内部分散着$Ca(OH)_2$，向体系中通入CO_2气体，使$Ca(OH)_2$转化为过饱和$CaCO_3$，成为内部无机核，无机核通过颗粒合并而长大，在高温高压下过滤，得到颗粒尺寸分布非常窄的纳米颗粒。

许多金属碳酸盐都可以作为纳米核，基于性价比考虑，目前广泛使用的是Ca、Mg、Na的碳酸盐，尺寸大约在1～10nm。很多表面活性剂都可以用作纳米碳酸钙颗粒的外层，阻止活塞上漆膜的形成，承担活塞和汽缸之间摩擦并提供一定减摩作用。主要的表面活性剂有4种：磺酸盐、酚盐、水杨酸盐、磷酸盐，这些表面活性剂的主碳链在C_9～C_{60}之间。不同表面活性剂制备的纳米碳酸钙的性能见表3-36。

表3-36　不同表面活性剂制备的纳米碳酸钙的性能

项目	酚盐	磺酸盐	水杨酸盐	膦酸盐
碱值/（mgKOH/g）	0～300	0～500	0～300	0～80
水解安定性	好	中等	好	中等
氧化安定性	很好	差	很好	中等
热稳定性	优秀	优秀	优秀	中等
清净性	好	好	优秀	好
防锈性能	低	好	低	好
抗氧化效果	很好	差	很好	好

其中磺酸盐是最常用的表面活性剂，其次为酚盐、水杨酸盐和磷酸盐。从环境保护方面看，硫的排放污染大气，并且硫的存在可以使汽车催化转换器中的催化剂中毒，因此必须开发无硫型的超碱值清净剂，例如水杨酸盐、桥联烷基酚盐或者这些盐类的组合。

纳米清净剂的需求越来越多，要求有性能优越的新型表面活性剂的出现。但目前的工作仍然停留在大规模生产时对清净剂性能的分析以及优化上，且现有制备方法的溶剂（苯、甲醇等）用量高达百万吨，因此，需要寻找更加绿色环保的产品替代这些有害溶剂或者减少其使用量。

第七节　生物降解润滑剂的特点

目前全球年消耗润滑剂量约3.6Mt，但回收利用的润滑剂尚不到总消耗量的32%。德国是欧洲环保规范最严格的国家，其润滑剂回收利用率也只有65%。全球每年有大量的润滑剂排放到大自然中，而矿物润滑油对土壤、水体等有持久的污染，很难降解，所以必须采取措施减少润滑剂对环境的污染。

20世纪70年代，国外开始了对生物降解润滑剂的研究工作，其种类和数量都得到了较快的发展。1993年3月，在英国召开了“润滑剂与环境”学术研讨会，专门讨论润滑剂的生物降解问题，并致力于生物降解润滑剂的研究与应用。我国也越来越关注润滑剂对环境造成污染的问题，并明确规定了地面水中石油类成分含量的质量指标。

目前，国外生物降解润滑剂主要有舷外二冲程发动机油、电锯二冲程发动机油、液压油、润滑脂、金属加工用油、齿轮油等，国内在这方面尚未得到很好的研究与应用。随着对环境生态问题的重视，生物降解润滑剂的研究与开发显得十分必要。

一 生物降解润滑剂的组成与特点

1．基础油

生物降解润滑剂的基础油主要有合成酯、植物油、聚α－烯烃（PAO）、聚二醇等。

（1）合成酯

合成酯作为高性能润滑剂的基础油，在航空领域早已得到广泛应用。近年来，合成酯也被应用于特种内燃机油，以弥补矿物油在某些性能上的缺陷。

合成酯具有以下特性：

①与矿物油相比，合成酯具有较高的黏度指数、优良的黏温性能与低温性能。合成酯的物理化学性质与其结构组成有密切的关系，其黏度与黏度指数主要取决于分子形态。合成酯的链长增加，黏度和黏度指数增大，倾点升高；加入侧链，黏度增高，倾点下降；侧链的位置离酯基越远，对黏度指数和黏度的影响越小。双酯的黏度较小，但黏度指数较高，一般都超过120，甚至可达180。双酯的倾点一般都低于-60℃，而闪点则通常超过200℃，这是同黏度的矿物油很难达到的。多元醇酯的黏度较双酯大，黏度指数低于双酯，但高于同黏度的矿物油，倾点也远低于矿物油。复酯的黏度高，倾点低，黏度指数高。

②合成酯热安定性好。矿物油热分解温度一般在260～340℃之间。双酯的热分解温度为283℃，比同黏度矿物油高。多元醇酯的热分解温度在310℃以上。

③合成酯具有较好的生物降解性。合成酯的生物降解性与其化学结构有关，通常支链和芳环的引入会降低合成酯的生物降解性，邻苯二甲酸酯、1，2，4-苯三甲酸酯及1，2，4，5-苯四甲酸酯的生物降解率分别为38%、6%和0%，因此用作生物降解润滑剂的合成酯一般是双酯和多元醇酯。双酯是由二元羧酸（己二酸、壬二酸、癸二酸等）与一元醇（2-乙基己醇、异辛醇、壬醇、异癸醇等）直接酯化而成；多元醇酯是由新戊基多元醇（季戊四醇、三羟甲基丙烷等）与长链羧酸酯化而得。新戊基多元醇酯具有分子量大、挥发性低、热稳定性高的特点，能满足比较苛刻的工况，已在润滑油领域内广泛应用。

④合成酯的分子结构中含有较高活性的酯基基团，易于吸附在金属表面形成牢固的润滑剂膜，具有较好的摩擦润滑特性。

（2）植物油

植物油与合成酯相比，成本较低、来源丰富，是可再生资源。植物油作为基础油，具有无毒、生物降解性和可再生性极好、润滑性良好、黏度指数高、挥发性低、处理过程需要的能量少、向环境扩散少、比合成酯价格低等优点；但同时又有价格较高、黏度范围窄、氧化安定性差、低温流动性差、水解安定性差、起泡多、过滤性差等缺点。

植物油的主要成分是脂肪酸三甘油酯，其中的脂肪酸成分不同，则各项理化指标如碘值、凝点、氧化安定性等也有所不同。不饱和酸含量越高，其低温流动性好，但氧化安定性越差。植物油的氧化安定性和油酸含量有关，油酸含量越高，氧化安定性越好。油酸含量对植物油的使用温度也有很大的影响，例如，高油酸菜籽油的使用温度范围可从普通菜籽油

的 –20 ~ 80℃扩大到 –30 ~ 130℃。几种植物油的物理化学性质及其润滑性能比较见表3–37。

表3–37　植物油的物理化学性质及润滑性能

项目	棉籽油	玉米油	橄榄油	蓖麻油	菜籽油	豆油	葵花籽油
油含量/%	14 ~ 15	3 ~ 6	38 ~ 49	50 ~ 60	35 ~ 40	18 ~ 20	42 ~ 63
运动黏度/（mm^2/s） 40℃ 100℃	24	30 6	34 6	232 17	35 8	27.5 6	28 7
黏度指数		162	207	72	210	75	188
油酸含量/%	22 ~ 35	26 ~ 40	20 ~ 26	2 ~ 3	59 ~ 60	22 ~ 31	14 ~ 35
亚油酸含量/%	10 ~ 52	40 ~ 55	14 ~ 20	3 ~ 5	19 ~ 20	49 ~ 55	30 ~ 75
亚麻酸含量/%	痕量	＜1	51 ~ 54	痕量	7 ~ 8	6 ~ 11	＜9.1
四球机试验 最大无卡咬负荷/N 磨斑直径/mm	692 0.68	685 0.60	492 0.54	785 0.58	628 0.53	588 0.72	540 0.64

目前，动、植物油的改性研究是生物降解润滑剂研究的主要趋势。可以通过精制或化学改性来提高植物油的质量，如菜籽油（三甘油脂）可进行连续改进：菜籽油→油酸甘油酯→三羟甲基丙烷三油酸酯→三羟甲基丙烷三硬脂酸酯。通过改进，菜籽油的性能大大提高，但成本也增加了。其他的植物油也可以通过酯交换、硫化、加氢来降低其双键产生的氧化性，避免润滑剂油质劣化。

近年来，随着生物技术的发展，可运用基因改良技术提高植物油的油酸含量，从而提高其氧化安定性。基因改良高油酸豆油的氧化稳定指数为193h，远远高于一般豆油的7h；经过化学修饰并加入抗氧剂后，这种豆油的氧化稳定指数高达500h。采用ASTM D2271方法测试1000h后，其黏度仅改变2.3%。基因改良豆油的这些优点可以使其经受260℃的高温，从而在制备过程中经受更苛刻的条件，扩大其使用范围。

总体而言，油酸含量越高，亚油酸和亚麻酸含量越低，植物油的氧化稳定性越好。高油酸的单不饱和酸多的及多不饱和酸少的植物油，其氧化稳定性比一般植物油好，如高油酸的葵花籽油展示了较好的氧化稳定性，菜籽油进入美国润滑剂市场的原因之一就是其氧化稳定性较好。植物油由于含有不饱和键容易氧化变质，但通过化学精制和基因改良，可大大提高其抗氧化能力，且由于其具有较好的润滑性和再生性，作为生物降解润滑剂的基础油将会得到广泛应用。

2．其他基础油

生物降解基础油还包括聚α–烯烃（PAO）、聚二醇、聚醇醚类及调和基础油。其中，PAO具有优异的物理性质（包括高闪点、高燃点、低倾点、高黏度指数和低挥发性）和优良的化学性质（如热氧化安定性和水解安定性）。聚二醇的代表化合物有聚亚烷基二醇（PAGs）和聚乙二醇（PEGs），它们具有高黏度指数、低倾点、良好的生物降解性、低毒性等特点。聚烷基二醇是环氧乙烷和环氧丙烷的共聚物，具有良好的黏温特性、机械承载能力和较长的使用寿命，且生物降解性能优良。

对各种基础油进行调和可弥补各自的某些缺点，可用作生物降解润滑剂的基础油。如酯类油与其他基础油调和，既可降低产品成本，又可达到生物降解的要求。

3．添加剂

根据所使用的环境条件，生物降解润滑剂需要具有极压性、氧化安定性、防锈性等，但这些添加剂对其生物降解性有一定的影响。生物降解润滑剂的添加剂本身也应该可降解，无毒，或至少不妨碍基础油的生物降解性。生物降解润滑剂的添加剂应考虑下列因素：

①无致癌、致残和诱变因素；

②水污染等级为WGK 1；

③不含氯和亚硝酸盐；

④不含金属；

⑤生物降解率（OECD法）大于20%；

⑥低毒性。

采用测定细菌数的简易试验方法可确定各种添加剂对生物降解性的影响。胺系和酚系抗氧剂具有优异的生物降解性；硫磷系极压剂、ZDDP以及磺酸系防锈剂均具有抑制细菌繁殖的效果，使生物降解性降低。一般含过渡金属的添加剂和某些影响微生物活动的清净分散剂会降低润滑剂的生物降解性，而某些含氮和磷元素的添加剂因为能够提供有利于微生物生长的养分，可提高润滑剂的生物降解性。

在极压性能、抗磨性能以及对铜系金属的影响方面，最好选用综合性能好的硫化物。硫化天然甘油三酸酯不仅生物降解性优异，而且可使极压性能和抗磨性能得到提高。

在生物降解添加剂中，低碱性磺酸钙对于脂肪酸酯来说是效果最好的防锈剂，可使对酯水解构成较大影响的总酸值保持在较低水平。此外，对不同类型的稠化剂，防锈剂的加剂量有较大差别，如在膨润土脂中的加剂量比在锂基润滑脂中的多1倍。

国外正在积极开展基础油和添加剂对环境影响的调查，研究环境友好基础油与各种添加剂的相容性以及它们的摩擦化学性质，以便开发新一代的生物降解润滑剂。

4．稠化剂

生物降解润滑脂的稠化剂大多为钙皂和锂皂。在以植物油脂为基础油的生物降解润滑脂中，菜籽油与钙皂的组合较多。在以钙皂作为稠化剂时，制备工序中的加热温度较低，可防止基础油氧化变质；而以锂皂作为稠化剂时，制备工序中的加热温度高达200℃左右，容易使基础油氧化变质，从而使润滑脂的热安定性降低。但一般认为，从润滑脂的综合性能考虑，以合成酯类油为基础油的锂基润滑脂和复合锂基润滑脂是今后发展的主流。

最近，在生物降解润滑脂的开发过程中，发现了一种新型的生物降解稠化剂，即复合钛皂。据认为这是近期润滑领域的重大发现。复合钛皂除了具有优异的生物降解性外，即使不添加任何添加剂，所制备的润滑脂的各项理化性能也比复合锂基润滑脂和复合铝基润滑脂好，是生物降解润滑脂稠化剂发展的一个重要方向。

二 润滑剂生物降解机理及评定方法

1．润滑剂生物降解机理

润滑剂生物降解性是指该润滑剂能被自然界存在的微生物消化代谢分解为二氧化碳和水或组织中间体的能力，并以生物降解率，即一定条件下、一定时间内润滑剂被微生物降解的百分率来衡量。润滑剂在生物降解过程中，总要伴随一些现象产生，如物质的损失、二氧化碳和水的形成、氧气的耗用、热量的产生和微生物的增加等。润滑剂产生生物降解有三个必要条件，即大量的细菌群、充足的氧气和合适的环境温度（一般在30℃，以利于细菌的生存）。三个条件缺一不可，但在自然环境中容易满足。

润滑剂生物降解机理见图3-13。不同类型的润滑剂有不同的生物降解过程，目前公认的润滑剂生物降解过程有3种：酯的水解、长链碳氢化合物的氧化和芳烃的氧化开环。三种生物降解的活化能不同，因此不同类型的润滑剂的生物降解性能也不同。另外，对同一类型的润滑剂来说，由于其结构不同，经受水解、β-氧化和芳烃氧化时的难易程度也不同，因此生物降解性也有很大差异。

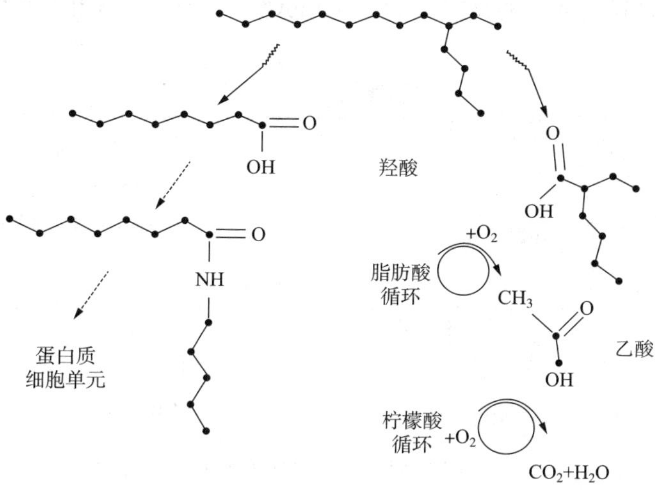

图3-13　润滑剂生物降解机理

2．生物降解性评定方法

生物降解性评定方法正是通过测定润滑剂在生物降解过程中产生的现象，并使之定量化，来衡量其生物降解性能。

目前，关于润滑剂生物降解性的测定还没有国际通用的标准，绝大多数是建立在测量物质损失和新物质产生的基础上的。一些常用的润滑剂生物降解性评定方法及其适用范围见表3-38。其中应用最广泛的是CEC-L-33-A-93实验法，它是由CEC-L-33-A-82实验法发展而来的。该方法是针对舷外二冲程发动机油制定的，但很快成为润滑油生物降解性测定的标准，并在欧洲得到广泛的认证。该方法测定的是相对生物降解性。

表3-38　**常用润滑剂生物降解性评定方法**

测试方法	测试参数	使用范围
CEC-L-33-A-93	IR吸收峰分析数据	非水溶性物质
ASTM D5864	释放CO_2的量	水溶性和非水溶性物质
改进的MITI法	BOD、COD	水溶性、非水溶性和挥发性物质
BODIS试验（ISO 10708）	BOD、COD	水溶性和非水溶性物质
封瓶试验	氧的消耗量	水溶性和非水溶性物质
改进的詹-威伦斯法	TOC、COD	天然生物降解物质

CEC-L-33-A-93实验法的实验程序是：在实验瓶中装入润滑剂、营养液和活性污泥细

菌，振动分散均匀，在25℃下放置21d。实验结束时，试瓶用超声波震荡，并用四氯化碳或1，1，2-三氯三氟乙烷抽取，抽取物用红外吸光光度法测定碳氢化合物的残余量，然后与参考油DITA和白油比较。

3．改性植物油用作润滑油基础油的研究

植物油中的甘油分子含有β-碳及酰基脂肪酸双键，易于被氧化，因此限制了其在润滑油行业中的应用。但是经过适当改性，如消去不饱和脂肪酸中的酰基双键等，则可提高其氧化安定性。目前用高油酸的葵花籽油与甲醇进行酯交换反应，提纯后得到MEOA，对MEOA进行化学反应，分别得到四种三酯MELASA、MEPASA、MELCSA和MEPCSA。其反应方程式如图3-14。

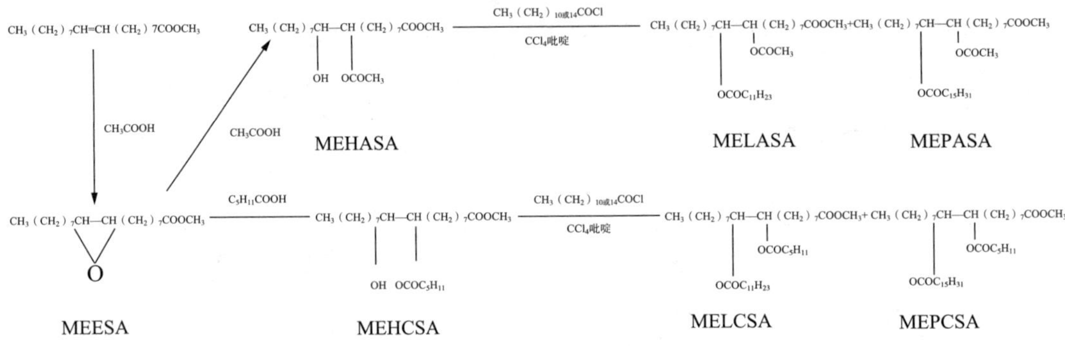

图3-14　三酯反应方程式

对上述4种三酯的基本性质进行了分析（其中用DSC方法测试热氧化稳定性，得到起始氧化温度），并与市售合成油癸二酸盐（EHS）进行比较，结果见表3-39。

表3-39　　四种三酯指标

项目	MELASA	MEPASA	MELCSA	MEPCSA	EHS
密度/（kg/m³）	957	942	995	937	
折光率（20℃）	1.4588	1.4597	1.4563	1.4595	
运动黏度（40℃）/（mm²/s）	38.068	44.585	34.634	46.154	11.8
运动黏度（100℃）/（mm²/s）	6.664	14.925	6.473	8.121	3.1
黏度指数	127	171	137	135	126
倾点/℃	＜-30	-20	＜-30	-20	-60
起始氧化温度/℃	176.63	176.64	176.29	188.5	188.35

这些三酯部分润滑性能优于EHS。对于热稳定性，MEPCSA与EHS相当，其他三酯的热氧化起始温度略低，在176～177℃之间。参照以前对改性大豆油的研究（大豆油改性后起始氧化温度为188.1℃，加入添加剂后达到243.3℃，而不经处理大豆油的起始氧化温度仅为167.8℃），预计加入合适添加剂后这些三酯的热稳定性也都能够满足要求。

另一方面，用ASTM D2783方法在四球机上对这四种三酯的抗磨性能进行了评定，并与用于汽油机油的矿物油基础油、成品电动机油MO SAE 15W-40和齿轮油GO SEA 90进行比较，结果见表3-40。

表3-40　四种三酯抗磨性能比较　dN

样品	最大无卡咬负荷	烧结负荷	综合磨损值
MELASA	61.78	196.13	35.35
MEPASA	49.03	245.17	30.44
MELCSA	49.03	245.17	33.32
MEPCSA	49.03	245.17	34.24
矿物油基础油	49.03	156.91	24.75
MO SAE 15W-40油	98.07	245.17	43.73
GO SAE 90 油	61.78	392.26	57.72

由表可3-40可知，四种三酯的最大无卡咬负荷、烧结负荷、综合磨损值均优于或相当于矿物油基础油，但比含有添加剂的成品油差。估计加入添加剂后能够改善其抗磨性能，有望用作润滑油基础油。

第八节　润滑油添加剂面临的挑战和发展趋势

汽车发动机润滑油除了具有公认的润滑功能外，还有助于冷却发动机，把摩擦/燃烧产生的热带到油底壳，把有害粒子从敏感的金属表面带走，并防止发动机内部金属部件腐蚀的作用。现代汽车不仅要求润滑油能起到传统的保护发动机的作用，而且要求其对后处理装置（即催化剂转换器、柴油微粒过滤器等）的影响减少到最小。

传统的发动机油由80%～90%的矿物油（当然还有合成油和可生物降解的动植物油）和10%～20%的添加剂组成。在某些情况下，发动机油中添加剂的加剂量可高达30%（如船用汽缸油）。为控制污染，欧美国家制定的新排放法规将对发动机油的配方技术造成非常大的影响。新法规对排放控制更加严格，并要求延长排气处理系统的寿命，同时提高燃料经济性。欧洲法规还要求油品有更好的环境兼容性、生物降解性、可再生性和更小的环境毒性。对于润滑油中的硫酸盐灰分、磷和硫（Sulphated Ash，Phosphorous and Sulphur，简称SAPS），新规格的限值更低了。低的SAPS限值要求对发动机油配方加以调整改进。目前，主要的添加剂制造商正在减少ZDDP和清净剂的加剂量，并用无灰抗氧剂、抗磨剂、分散剂和黏度指数改进剂进行替代。

一　添加剂面临的挑战

1．排放

为了进一步减少环境污染，发达国家出台了更严格的汽油机和柴油机排放法规。1998～2002年（原定为2004年），美国柴油机排放指标中的NO_x值下降了50%，而PM值没有变化。欧洲从欧Ⅲ升级为欧Ⅳ时，NO_x值下降为原来的70%，但PM值却下降为原来的20%，比美国严格了许多。日本的NO_x值下降与欧洲差不多，而PM值下降为原来的20%。

美国于2007年实施阶段Ⅲ时，NO_x值下降了一个数量级。欧洲从欧Ⅳ升级为欧Ⅴ时，NO_x值下降为原来的60%。日本则重点针对PM制定了新的规范，三星级柴油车的PM值从

0.18g/kW·h下降为0.05g/kW·h，四星级柴油车的PM值仅为0.027g/kW·h，但不如美国的0.013g/kW·h严格。

环保法规的修订促使排放控制技术进一步发展，同时对添加剂技术的要求也产生了影响。新的添加剂技术将限制润滑油中的SAPS含量，以避免排放后处理装置中毒。为获得较好的燃料经济性、发动机效率和与排放系统的兼容性，添加剂公司正不断改进原有配方，并致力于开发新的配方技术。

目前开发出了低SAPS含量的车用润滑油。欧洲汽车制造协会（ACEA）已经引入了C类规格。

虽然市场对低SAPS含量的润滑油有需求，但实际上，此类润滑油产品在市场上还不多见，而中等SAPS含量的润滑油产品的市场需求，特别是欧洲市场的需求已经比较稳定。

低SAPS含量的润滑油的配方技术非常复杂，开发成本相当高，其要在市场上占据更高的份额还需要相当长的时间。因此，目前市场上低SAPS含量的润滑油还比较少，仍以全SAPS和中等SAPS含量的润滑油为主。

2．ZDDP

ZDDP作为一种集抗氧化、抗磨和抗腐蚀等多功能于一身的添加剂，历经半个多世纪的应用，从最初用于汽车润滑剂，逐渐推广到传动液和液压油中。90%以上的ZDDP最终应用于汽车和轻型卡车的发动机油。由于ZDDP与催化转换器不相容，可能导致排放效能降低，因此降低润滑油中磷含量的努力从20世纪80年代的SF级汽油机油就开始了。

ZDDP在发动机油中的应用具有悠久的历史。没有任何一种单独使用的添加剂能像ZDDP那样既便宜又能实现磨损防护、腐蚀防护和抗氧化功能。如果从配方中抽出ZDDP，就必须加入新的抗磨剂和抗氧剂，而新加入的添加剂的成本可能比ZDDP更高。

在发动机运行过程中，发动机油中不可避免地引入磷和硫。磷和硫的存在将削弱汽车尾气处理系统中催化剂的作用，导致可能大大缩短催化剂的使用寿命。另外，金属化合物的存在促使硫酸盐灰分的燃烧产物微粒的产生，可能导致过滤器阻塞、发动机压力提高，并降低燃料经济性。ZDDP作为通用的发动机油添加剂，会导致含硫酸盐灰分、磷、硫这3种有害物质的燃烧产物的产生。

ZDDP的抗磨机理是在发动机运动表面生成一层玻璃摩擦膜，从而起到保护作用。这层磷酸锌玻璃摩擦膜的表面富含锌，但在接近金属的一侧则铁含量较高，厚度大约为10nm。在发动机中，ZDDP挥发进入尾气处理系统，覆盖在转化器催化剂上形成一层膜，阻碍了尾气与催化剂充分接触，抑制了一氧化碳和碳氢化合物与催化剂接触反应，结果是缩短了催化剂的寿命。为此，汽车制造商要求润滑油生产者降低发动机油产品的ZDDP含量。

随着API Ⅱ类和Ⅲ类基础油被引入发动油中，无灰型抗氧剂正逐步取代ZDDP的抗氧化性能。近年来，添加剂工业已经利用抗氧能力好的胺和酚来替代ZDDP。此外还有很多可供利用的取代ZDDP的技术，如抗氧化和抗磨损性能好的含钼添加剂，但新技术将耗费大量的研制费用。

另外一种途径不是取代ZDDP，而是使ZDDP更有效，以最大限度地改进和提高ZDDP的性能。

3．燃料经济性

燃料经济性是汽车的一个重要性能，也是每个拥有汽车的人最关心的指标之一。目前世界上一般用耗油量或燃油的行程来评价汽车燃油经济性。我国和欧洲都用行驶百公里所消耗的燃油体积数（L）来表示，即L/100km；美国用每加仑燃油能行驶的里程数来表示，即mile/gal（英里/加仑）；日本用每升燃油能行驶的里程数来表示，即km/L。对于我国和欧洲的表示法，数值越小，燃料经济性越好；对于美国和日本的表示法，数值越大，燃料经济性越好。

通过发动机油的低黏度化，可降低摩擦阻力，改善汽车的燃料经济性。此外，加入摩擦改进剂（FM）也可以减少摩擦。现代发动机的热负荷相当大，摩擦改进剂的摩擦系数随温度而变化。在温度较高时，摩擦改进剂将可能失效，使摩擦系数增大。这就要求新的摩擦改进剂具有较好的热稳定性，以稳定节能效果。

过去，燃料经济性试验既受车用润滑油黏度的影响，又受摩擦改进剂的影响。当GF-5油将被应用时，一个新的众所周知的燃料经济性试验程序ⅥD试验被开发了（GF-1、GF-2和GF-3油分别使用程序Ⅵ、ⅥA和ⅥB试验）。程序ⅥD试验将研究黏度指数改进剂和摩擦改进剂对节能的影响。如果程序ⅥD试验取得成功，将得到联邦试验程序（FTP）的承认。

4．延长换油期

延长换油期是一种发展趋势。安索（Amsoil）公司是美国一家老牌润滑油供应商，其为埃克森美孚公司提供的汽油机油换油期高达24100km。在欧洲，对2000年及以后出厂的汽车，德国大众公司提出的发动机油规格要求汽车机油换油期达到30000km，轻负荷柴油发动机油的换油期达到50000km或2年。很多欧洲国家的重负荷柴油发动机的润滑油换油期为80000～120000km。

影响长换油期发动机油性能的一个主要因素是挥发度。发动机油的挥发量要少，使大多数润滑油仍留在发动机里，并能够在较长时间里仍保持最初的黏度。油品的热氧化稳定性也是非常重要的。所有欧洲和美国的发动机油规格都对润滑油挥发度作出了限制。发动机油长寿命化，延长换油期，可以减少废油量，对环境有利。

5．新润滑剂规格

为了解决2002年CI-4柴油机油满足不了真正带废气循环EGR的发动机的使用要求问题，出台了$CI-4^+$柴油机油规格。当新的API CJ-4柴油机油规格问世时，重负荷发动机油规格却处于润滑剂工业的混乱时期，即使可得到满足CJ-4柴油机油规格的油品，但一些润滑油市场仍将继续提供目前的$CI-4^+$柴油机油。一些OEM，如卡特皮勒公司在CJ-4柴油机油规格要求之外还附加了其他的试验要求。CJ-4与CI-4柴油机油一致的最大挑战包括延长润滑油换油期、对SAPS进行严格限制及提供优质的磨损和腐蚀防护。一些CJ-4柴油机油的TBN值可能比CI-4和$CI-4^+$柴油机油低，当使用高硫柴油（硫含量＞15mg/kg）时，将不能为老式发动机提供保护，消费者将因此感到CJ-4柴油机油的质量低于$CI-4^+$柴油机油。润滑油市场将继续期望提供$CI-4^+$柴油机油。

润滑油行业也已开始评价满足GF-5规格汽油机油所必需的试验要求。

GF-5规格的关键问题之一是对磷含量的限制。为了环境保护和减少排放，在GF-5规格中对磷含量进行了额外的基本限制。GF-5汽油机油必须在提高燃料经济性、降低排放和改善高温稳定性方面像GF-4汽油机油那样进行平衡。

为了满足2004年美国第二阶段排放法规，美国出台了GF-4/SM汽油机油规格。欧洲为了满足2005年欧洲Ⅳ排放要求，于2004年10月底出台了ACEA-2004内燃机油规格。与旧规格相比，新规格增加了测试项目，提高了指标的苛刻度，对润滑油组分也有所限制。如SJ级汽油机油的高温氧化和低温油泥指标用程序ⅢE和ⅤE试验评定，而SL级汽油机油则要用程序ⅢF、ⅤF和程序ⅤG试验来评定；又如GF-3规格的氧化试验用程序ⅢF，而GF-4规格则用苛刻度相当于程序ⅢF两倍的程序ⅢG来取代程序ⅢF。而GF-5规格对磷含量限制更加严格，将限值降到0.12%。这对添加剂提出了新的挑战。

二　添加剂未来发展趋势

环境保护、排放法规和节能的要求对添加剂的配方设计产生了影响，如汽油发动机油低磷化、柴油发动机油低灰分化、延长润滑油的使用寿命、生物降解性润滑油对添加剂需求的特点等。国外清净剂、分散剂、黏度指数改进剂、极压抗磨剂、抗氧剂、摩擦改进剂、降凝剂、复合剂等的品种齐全，其中清净分散剂及黏度指数改进剂是添加剂需求的最大品种，但增长缓慢，而较小品种添加剂，如抗氧剂、极压抗磨剂、摩擦改进剂等的发展势头强劲，目前的开发动向主要是提高单剂性能并开发某些新品种，发展多功能添加剂和复合剂，以及改进配方并提高使用经济性，满足环保和节能的要求。

1．降低发动机油中的SAPS

随着人们节能及环保意识的增强，对大气质量的控制及对汽车排放标准的要求更加严格。未来汽车均会采用电控燃油喷射技术，广泛安装催化转化器，柴油车还要安装颗粒捕集器。汽车技术的发展，要求发动机油在不断提高清净分散性和抗氧化性能的同时，还要满足低硫酸盐灰分、低磷、低硫（低SAPS）的需求。2003年末，克莱斯勒公司将ASPS限值引入MB 229.31高性能汽油机油规格中。2004年中期，ILSAC将SAPS限值引入GF-4汽油机油规格中。两个规格的SAPS限值都比早期的汽车发动机油规格更低。在三大功能添加剂，即清净剂、抗氧抗腐剂和分散剂中都含有SAPS。为了满足新环境法规的排放要求，添加剂公司正进一步开发配方技术，以降低SAPS含量，减少对后处理设备的潜在负面影响。

2．发展有效的模拟评定方法

为了降低研究和开发成本，目前有关公司正以采用计算机模拟、分子设计技术的模拟试验代替发动机试验。汽车业者认识到，好的模拟台架试验程序将有助于降低发动机试验成本。

目前，正考虑GF-5汽油机油的程序Ⅷ（评价轴承重量损失）试验与高温腐蚀台架模拟试验（HTCBT）、程序ⅢG试验（测定低温下废油黏度增长）与Romaszewski润滑油台架模拟氧化试验（ROBO）的替代可能性，并开发新的排放兼容性试验。

3．开发环境友好添加剂

添加剂公司在开发过程中强调早期毒性试验的重要性，毒性试验变得更加复杂。水生毒性和生物降解性是评价问题的两个方面。大多数地区鼓励废油再循环，以避免与废油处理有关的水生毒性和生物降解性问题。

4．倾向采用全球发动机规格

欧美OEM福特、沃尔沃、雷诺、克莱斯勒等公司已经开始倾向于采用全球发动机规格。添加剂公司正尝试减少在供应环节上的复杂性，推动全球规格标准的适当简化，避免重复的活动和花费，以节约成本，并建立OEM、润滑油公司、添加剂公司之间真正的合伙组织。

第四章　内燃机油

第一节　内燃机工作原理

内燃机是将燃料在发动机汽缸内燃烧所产生的热能转化为机械能的装置，其主要工作原理是使燃料燃烧所产生的高温、高压燃气在汽缸内膨胀，推动活塞做功，从而使热量转化为机械功。内燃机通常由汽缸、活塞、连杆、曲轴等主要机件和其他辅助设备组成，活塞的往复运动由连杆传给曲轴，使曲轴旋转而驱动机械。

内燃机是汽油机和柴油机等的统称，而汽油机和柴油机又是汽车的“心脏部分”，汽车工业作为国民经济的支柱产业正不断快速发展。内燃机油一般又称发动机油，是用于润滑内燃机各摩擦部件的润滑油，按常用的燃料类别，将内燃机油又分为汽油机油和柴油机油，以及汽油机和柴油机通用油，这是用量最多的内燃机油品种。此外，其他的专用品种还有二冲程发动机油、摩托车油、燃气发动机油、乙醇（甲醇）汽油发动机油、发动机磨合油等。内燃机的发展和内燃机油的更新换代密切相关，内燃机发展到什么程度，就要求有什么样质量级别的内燃机油来满足其使用要求。

内燃机的发展已有100余年的历史，通过不断改进，其技术发展已经相当完善，广泛用于工业、农业、交通运输业和国防业，具有经济性好、热效率高、功率和转速范围宽、结构紧凑、启动迅速、操作简单等优点。活塞式内燃机的工作循环是由进气、压缩、做功、排气4个工作过程组成的封闭过程。周而复始地进行这些过程，内燃机才能持续地做功。

活塞顶离曲轴回转中心最远处为上止点，活塞顶离曲轴回转中心最近处为下止点（图4–1）。在上、下止点处，活塞的运动速度为零。

上、下止点间的距离S称为活塞行程。曲轴的回转半径R称为曲柄半径。显然，曲轴每回转1周，活塞移动两个活塞行程。对于汽缸中心线通过曲轴回转中心的内燃机，其$S=2R$。

上、下止点间所包容的汽缸容积称为汽缸工作容积，记作V_S。

$$V_S = \pi D^2 \cdot S / (4 \times 10^6)$$

式中　V_S——汽缸工作容积，L；

D——汽缸直径，mm；

S——活塞行程，mm。

内燃机所有汽缸工作容积的总和称为内燃机排量，记作V_L。

$$V_L = i \cdot V_S$$

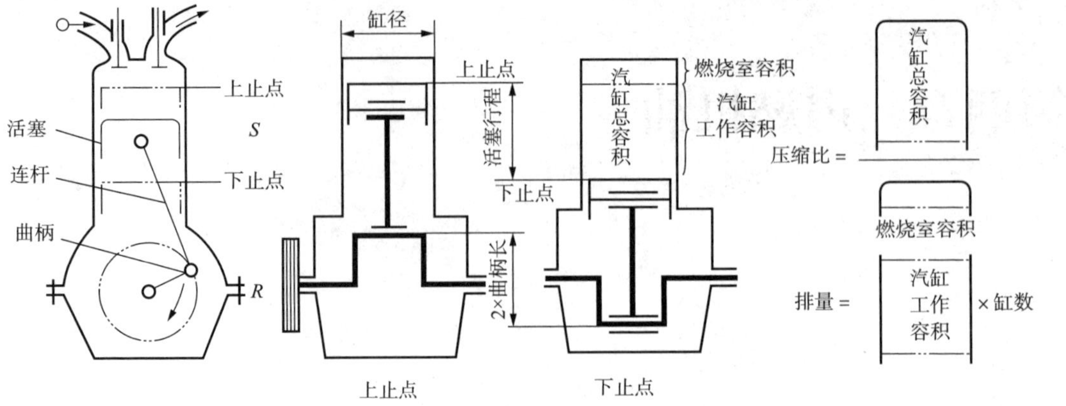

图4-1　往复活塞式内燃机示意图

式中　i——汽缸数；

V_S——汽缸工作容积，L。

活塞位于上止点时，活塞顶面以上汽缸盖底面以下所形成的空间称为燃烧室，其容积称为燃烧室容积，记作 V_C。

汽缸工作容积与燃烧室容积之和为汽缸总容积，记作 V_A。

$$V_A = V_S + V_C$$

汽缸总容积与燃烧室容积之比称为压缩比，记作 ε。

$$\varepsilon = V_A/V_C = 1 + V_S/V_C$$

压缩比的大小表示活塞由下止点运动到上止点时，汽缸内的气体被压缩的程度。压缩比越大，压缩终了时汽缸内的气体压力和温度就越高。现代汽车发动机的压缩比，汽油机一般为6～9（轿车有的可达9～11），柴油机一般为16～22。

内燃机在某一时刻的运行状况，以该时刻内燃机输出的有效功率和曲轴转速表示。曲轴转速即为内燃机转速。

内燃机在某一转速下发出的有效功率与相同转速下所能发出的最大有效功率的比值称为负荷率，以百分数表示。负荷率通常简称负荷。

汽车润滑油由基础油和添加剂两部分组成。基础油是润滑油的主要成分，决定了润滑油的基本性质。添加剂可弥补和改善基础油性能方面的不足，赋予某些特殊性能，是润滑油的重要组成部分。

内燃机油是润滑油的主要产品，其用量约占车用润滑油总量的一半，包括汽油机油、柴油机油、通用发动机油、摩托车油、燃气发动机油、拖拉机发动机油、铁路机车油、船用油和航空发动机油。内燃机油所用添加剂的种类有清净分散剂、抗氧抗腐剂、黏度指数改进剂、抗磨剂等，占添加剂生产总量的80%。

第二节　内燃机油的作用

内燃机工作时，各运动部件的接触表面之间必然产生摩擦。一方面摩擦会使工作表面磨损，消耗内燃机的功率；另一方面由于摩擦而产生大量的热可能使某些部件变形，严重时可导致内燃机无法正常工作。因此，必须对各摩擦副进行有效的润滑。内燃机润滑系统的作用就是将清洁、具有适宜压力和温度的润滑油送到摩擦表面。为保证汽车发动机的正常工作，内燃机油主要起以下几个作用：

1. 润滑与减摩

发动机曲轴的转速在2000～5000r/min，活塞的平均线速度达10～15m/s，在其摩擦表面形成油膜很困难。随着发动机功率不断提高，负荷也越来越大。发动机主要的摩擦副有曲轴与主轴瓦、连杆与连杆轴瓦、活塞环与缸套、凸轮与挺杆等，发动机因摩擦副摩擦而损失的能量比例如图4-2所示。

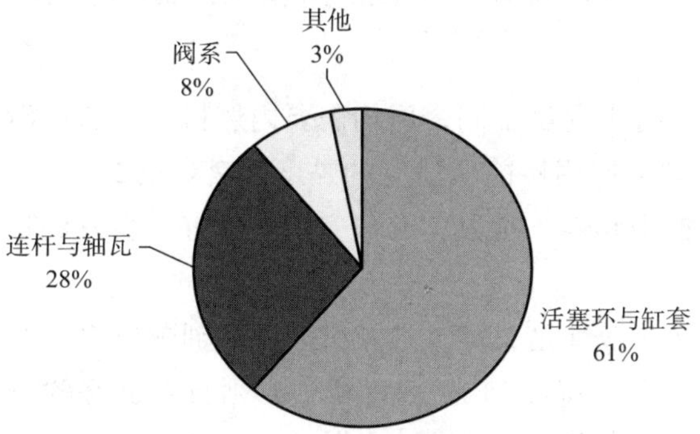

图4-2 发动机因摩擦而损失的能量比例

由于油膜覆盖使摩擦副之间的相对运动具有较低的阻力，并使其磨损减至最低程度，从而保证摩擦副的正常运动。活塞与缸套的工作条件恶劣，在其高温表面下，油黏度小，不易形成油膜，同时其往复运动的机械载荷不均匀，在做功冲程其承压表面侧应力很大，供油方式是飞溅润滑，可靠性差，易产生“拉缸”；轴瓦的润滑靠油楔作用保证，在油膜很薄或因油路堵塞供油不足时，易于磨损乃至“化瓦”。减小摩擦阻力，降低磨损，减少动力消耗应是内燃机油的首要作用。

2. 冷却

发动机直接受燃料燃烧和摩擦产生的热量影响，运行温度较高，如活塞顶环槽、汽缸盖和汽缸壁的温度大多在280～320℃。因此，要求机油能及时导出摩擦热和燃烧传导的热量，使机件保持适当的温度，保证发动机正常运转。一般内燃机的热效率为30%～40%，一部分热量被循环的机油带走，另一部分被冷却系统散掉。

3. 密封

活塞环与缸套、活塞环与环槽之间有一定间隙，活塞运动时，如果间隙得不到密封，燃气会通过间隙窜入曲轴箱，产生“窜气”，既降低了发动机功率，又加速了机油的氧化衰变。辅助活塞环密封，防止燃气窜入曲轴箱，以保持汽缸压力，减少功率损失并避免曲轴箱受燃气污染。

4. 清洁

发动机运转过程中会产生油泥和漆膜沉积物，油泥如沉积在油泵的滤网上，能破坏正常的供油量；活塞环聚集漆膜会产生粘环。机油中的清净分散剂能清洗掉部件表层的漆膜，使油泥和其他污染物分散成细小颗粒，悬浮在油中，保持机件清洁。

5．防腐防锈

燃料燃烧生成的水和酸以及润滑油自身的氧化产物，都会使发动机部件腐蚀和生锈，机油中加有高碱值磺酸盐、酚盐，具有中和燃料燃烧时的酸性产物及机油氧化产生的有机酸和对氧化产物增溶的作用。

6．缓冲

内燃机油能够吸收轴承和发动机其他零部件之间的振动，减少发动机噪声，延长发动机使用寿命。

第三节　内燃机油的使用性能

各种汽车发动机的运行工况虽不同，但均需要内燃机油具有润滑减摩、冷却、密封和清洁作用，因此必须具备如下使用性能：适宜的黏度和良好的黏温性能，充分的清净分散性，优良的抗磨性，有效的酸中和性，抗氧化及热安定性能好，良好的抗泡沫性和优良的剪切安定性。

在这些性能中，清净分散性是关键。内燃机油添加剂配方组成的80%添加剂属清净分散剂（不包括黏度指数改进剂和降凝剂）。内燃机油必须具有良好的清净分散作用，才能把吸附在汽缸壁及活塞上的氧化产物清洗下来，并使之均匀地分散在机油中。当机油的清净性差时，会使聚集在发动机高温部位的氧化产物继续氧化，从而生成大量的漆膜、积炭，导致活塞环粘结、磨损加剧，甚至发生拉缸等事故。当机油分散性差时，被清洗下来的高温沉积物和油泥无法均匀地分散在机油当中，造成油路及机油滤清器堵塞，导致机油压力异常，氧化加剧，甚至无法正常供油，造成烧瓦等事故。

1．沉积物

润滑油在内燃机工作过程中受到温度、各种介质以及金属的催化作用，逐渐变质产生各种有害物质，即积炭、漆膜和油泥。它们分别在发动机的不同温度部位生成，因而也有称高温、中温和低温沉积物，如表4–1所示。

表4–1　内燃机油中沉积物的类型

名称	所在部位温度/℃	生成的部位
积炭	200～300	燃烧室、活塞环区、排气阀
漆膜	150～200	活塞裙部、内腔和缸套上部
油泥	150以下	曲轴箱、机油滤网、摇臂罩

2．积炭

积炭是一种外观坚硬的物质，生成于发动机的高温部位。积炭的成因是燃烧室温度分布不均匀，燃料燃烧不完全的产物连同无机物沉积下来所致。润滑油中重组分、黏度指数改进剂不完全燃烧，也会成为炭状沉积物，见图4–3、图4–4。

积炭的主要危害：燃烧室的积炭会使燃烧室的容积减小，从而使实际压缩比提高，对汽油辛烷值的要求也随之提高，易发生爆震；积炭形成高温颗粒，堵塞火花塞电极，使汽油机

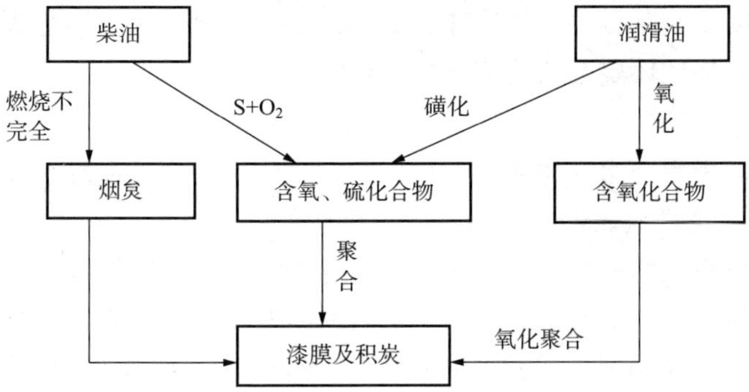

图4-3　柴油机中积炭、漆膜生成示意图

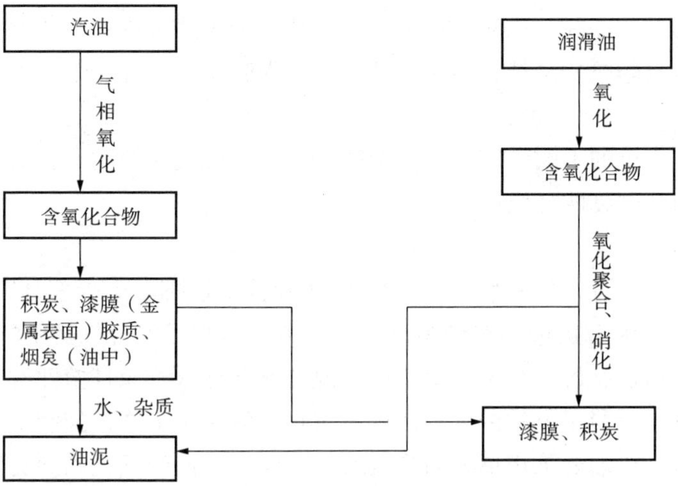

图4-4　汽油机中油泥、漆膜及积炭生成示意图

特别是二冲程汽油机提前点火，功率下降；积炭的导热性差，使金属局部过热，降低其机械强度，导致排气阀关闭不严，功率下降；在增压柴油机中，活塞顶岸的硬积炭使缸套表面起储油作用的网纹被磨掉，产生“抛光”，造成机油耗增加；活塞环槽的积炭把活塞环顶出，也使活塞环位置不正，增加缸套磨损；积炭沉积在活塞环槽，特别是顶环槽，使活塞环失去弹力，窜气量增加，燃油耗加大，窜气还能引起机油稀释和变质，会堵塞机油滤清器，使机油压力下降。

3．漆膜

漆膜外观为一种坚固的、有光泽的漆状薄膜，产生的主要部位是活塞环区、活塞裙部及内腔。其生成过程为：石油烃→高温氧化→金属催化成高分子聚合物、胶质及沥青质。见图4-3、图4-4。

漆膜的主要危害：漆膜在热状态下是一种黏稠性物质，能把大量的烟炱黏附在活塞上，使环槽间隙减少，降低了环的灵活性甚至粘环，造成密封不良；漆膜的导热性很差，使活塞的高温热量不能及时通过缸套传到冷却水套，导致活塞过热，造成膨胀以至“拉缸”；漆膜还会堵塞油环及活塞上的油孔，造成机油耗量上升。柴油机一般作为重卡动力，经常处于高速高负荷状态，发动机中主要沉积物是高温状态下生成的积炭和漆膜，因此配方组成更注重油品高温清净性。

润滑油选用深度精制基础油，生成漆膜的倾向小；馏分越重，则生成的漆膜也越多。石蜡基油生成漆膜的趋势比环烷基油及芳香基油要低。

4．油泥

油泥是润滑油、燃料、水和固体颗粒形成的混合物，在较低温度下形成，多沉积于油底壳底部以及滤清器、连杆盖、曲轴箱边盖等温度较低的部位。主要危害是促使润滑油老化、变质，并能堵塞润滑系统的油路和滤清器，使润滑部位得不到充分润滑。

汽油机多用于轿车和商务车，在城市中行驶时，开开停停，发动机常处于低温条件下运行，容易在曲轴箱中产生油泥，因此汽油机油配方组成重视抑制油泥生成及分散，使油泥以细小的颗粒悬浮在机油中。

润滑油的性能对发动机中形成积炭、漆膜的影响比燃料大。一般来说，润滑油的馏分愈重，在发动机中形成的漆膜、积炭也愈多；石蜡基油生成的沉积物比环烷基油要少。润滑油基础油精制深度也有影响，深精制油除去基础油中的胶质和非理想组分，积炭和漆膜的生成就少。

内燃机油在发动机的不同温度部位分别产生积炭、漆膜和油泥，它们之间没有明确的界限，各种沉积物间的过渡性沉积物同样也大量存在。

5．烟炱

NO_x是在高温、富氧条件下生成的，应用EGR技术让排气中少部分废气经EGR阀进入进气系统，与混合气混合后进入汽缸参与燃烧，由于增加了混合气其中的CO_2、H_2O及N_2，混合气总的热容量增加，燃烧产生的最高燃烧温度就会降低，而且惰性气体增加了新鲜混合气进入汽缸的总量，稀释了氧的浓度，使单位汽缸中氧含量下降，抑制了NO_x的生成，降低了排气中NO_x含量。机油要承担更大的热负荷，加剧了机油的氧化和烟炱生成。烟炱是在高温缺氧、燃烧温度大于1500K、过剩空气系数小于0.6的浓混合气中生成；而NO_x是在燃烧温度大于2300K的富氧条件下生成，优化燃烧过程就是要寻找一个能同时满足以上条件的燃烧环境。控制预混燃烧量，降低初始燃烧温度，实现NO_x下降，保持快速燃烧和较高的燃烧温度，使PM降低，缩短扩散燃烧，使整个燃烧持续期缩短，以改善燃烧油经济性和降低PM。柴油机油在使用中，由于高温、高压、金属的催化作用以及燃烧副产物、磨料等的污染，不可避免地会发生氧化变质，生成大分子的胶质和沥青质，致使黏度增大；而柴油机在工作时，燃油的不完全燃烧还容易产生烟炱，这是柴油机采用压缩燃烧方式的固有特点，特别是采用新技术的重负荷柴油机在运行中会产生大量烟炱，加速柴油机油的黏度增长。过高的黏度不但会直接影响柴油机油的润滑性能和低温性能，还会造成较大的阻力，导致散热慢，影响传动效率，甚至堵塞油路和滤清器，使供油不足而产生故障，影响发动机正常运行。黏度增长率是柴油机油的主要换油指标之一，为保证柴油机运动部件得到良好的润滑，国内外不同的石油公司对该指标的要求介于25%～35%之间，超过限值即需换油。

机油中存在大量烟炱是高档柴油机油的主要问题。由于排放法规日趋严格，柴油机在设计上发生了许多重要变化，例如，燃料喷射改为直喷，活塞环由矩形改为梯形，增加密封性，顶环槽位置提高，柴油延迟喷射，改善排放质量，采用废气再循环装置EGR等。设计上的这些变化在提高燃油经济性和降低排放的同时，也恶化了柴油机油的使用工况。CF–4油对应的柴油机在使用过程中，油中烟炱可达3%～4%；CG–4油在使用过程中，油中烟炱可达5%～6%；CH–4油可达8%～9%；CI–4油在使用EGR情况下甚至高达13%～14%。这些烟炱容易聚集成大颗粒，引起机油黏度增长，造成异常磨损。因此，现代重负荷柴油机油不断改善对烟炱的分散性能，把颗粒大小降低至1μm以下，可以不堵塞过滤器，延长换油期。

第四节　内燃机油黏度标准和质量规格

内燃机油严格按照黏度等级和质量等级进行分类，即描述一种内燃机油既要说明黏度牌号，又要说明质量等级。国际上内燃机油产品标准包含黏度标准和质量标准两部分。黏度标准在国际上已完全统一，均执行美国汽车工程师学会SAE分类，而质量标准则因内燃机使用工况的不同而有不同的分类和规格。内燃机油产品质量标准是随内燃机工业发展而变化的，而环境保护法规、节能要求和交通行驶条件的变化又直接影响和推动内燃机工业的发展。节能、环境保护、延长换油期，又推动了内燃机油质量标准的升级换代。美国石油学会API标准和欧洲汽车制造商协会ACEA标准已被世界上绝大多数国家认可并采用。

一　内燃机油黏度标准

目前，国际上内燃机油黏度等级均执行美国SAE J300标准。在SAE J300–1980标准中，边界泵送温度采用ASTM D3829方法测定，在实际测定中发现，5W和10W油在冷却过程中出现倾点回升现象。因此在SAE J300–1984标准中，对5W和10W油增加了稳定倾点指标，并规定倾点只作为过渡性方法。SAE J300–1987标准中，取消了稳定倾点指标而采用ASTM D4684方法测定5W、10W、15W油的边界泵送温度，但注明必要时可继续使用稳定倾点指标。SAE J300–1994标准中增加了HTHS高温高剪切黏度指标，更能反映发动机的高剪切部位如主轴承、连杆轴承处机油黏度变化的实际状况，同时废除了低温动力黏度ASTM D2602测定法，以ASTM D5293代替。SAE J300–2001标准比SAE J300–1997标准的最大不同在于低温黏度（CCS）的测量上，前者的测试温度比后者低5℃，其低温黏度值有所放宽。2015年1月20日，SAE修订并发布了最新的内燃机油黏度级别分类标准SAE J300，增加了更小的黏度级别SAE 8和SAE 12，具体要求见表4–2。

表4–2　　SAE J300–2015黏度分类

SAE黏度级别	低温动力黏度/（mPa·s）不大于	低温泵送黏度/（mPa·s）（无屈服应力时）不大于	100℃运动黏度 mm²/s 不小于	100℃运动黏度 mm²/s 不大于	高温高剪切黏度150℃/（mPa·s）不小于
0W	6200（–35℃）	60000（–40℃）	3.8	—	—
5W	6600（–30℃）	60000（–35℃）	3.8	—	—
10W	7000（–25℃）	60000（–30℃）	4.1	—	—
15W	7000（–20℃）	60000（–25℃）	5.6	—	—
20W	9500（–15℃）	60000（–20℃）	5.6	—	—
25W	13000（–10℃）	60000（–15℃）	9.3	—	—
8	—	—	4.0	<6.1	1.7

续表

SAE 黏度级别	低温动力黏度/（mPa·s）不大于	低温泵送黏度/（mPa·s）（无屈服应力时）不大于	100℃运动黏度 mm²/s 不小于	100℃运动黏度 mm²/s 不大于	高温高剪切黏度150℃/（mPa·s）不小于
12	—	—	5.0	＜7.1	2.0
16	—	—	6.1	＜8.2	2.3
20	—	—	6.9	＜9.3	2.6
30	—	—	9.3	＜12.5	2.9
40	—	—	12.5	＜16.3	3.5（0W-40，5W-40和10W-40）
40	—	—	12.5	＜16.3	3.7（15W-40，20W-40，25W-40和40等级）
50	—	—	16.3	＜21.9	3.7
60	—	—	21.9	＜26.1	3.7

我国内燃机油黏度标准执行GB/T 14906—2018《内燃机油黏度分类》，参照SAE J300-2015制定，对标准中的测定方法做了修改，以适应SAE J300的新变化，见表4-3。

表4-3　　中国内燃机油黏度等级分类（GB/T 14906—2018）

黏度等级	低温启动黏度/（mPa·s）不大于	低温泵送黏度（无屈服应力时）/（mPa·s）不大于	运动黏度（100℃）/（mm²/s）不小于	运动黏度（100℃）/（mm²/s）小于	高温高剪切黏度（150℃）/（mPa·s）不小于
试验方法	GB/T 6538	NB/SH/T 0562	GB/T 265	GB/T 265	SH/T 0751
0W	6200 在-35℃	60000在-40℃	3.8		
5W	6600 在-30℃	60000在-35℃	3.8		
10W	7000 在-25℃	60000在-30℃	4.1		
15W	7000 在-20℃	60000在-25℃	4.1		
20W	9500 在-15℃	60000在-20℃	5.6		
25W	13000 在-10℃	60000在-15℃	9.3		
8			4.0	6.1	1.7
12			5.0	7.1	2.0
16			6.1	8.2	2.3
20			6.9	9.3	2.6
30			9.3	12.5	2.9
40			12.5	16.3	3.5（0W-40,5W-40和10W-40）
40			12.5	16.3	3.7（15W-40,20W-40和25W-40和40等级）
50			16.3	21.9	3.7
60			21.9	26.1	3.7

车用润滑油的性质由添加剂、黏度等级和质量等级所决定。尽管车用润滑油的台架评

定是润滑油行业和OEM已经接受的规则，但是新的车用润滑油规格推出越来越快，发动机台架评定的项目越来越多，费用越来越贵，例如CH–I油台架一次全部通过的费用近45万美元，更不用说多次通过一个台架了。并且，调和所用的基础油的类别可能因黏度级别的不同而改变，因此不可能每改变一种基础油都进行一次全部的台架试验。从20世纪90年代开始，API、ILSAC和ATIEL对新的车用润滑油分别就各自的台架程序规范了黏度延伸准则和基础油互换准则，虽然在这些准则之前的油品如SE、SF、CC、CD等不受这些准则的限制，但是高档油黏度延伸和基础油互换要根据准则来执行。

黏度延伸是指在配方中的基础油类别不变的条件下，某一质量等级的车用润滑油，在一特定黏度级别通过某一或全部台架试验，那么在同样质量等级下，该配方是否可以从已进行试验的黏度级别延伸到其他黏度级别，即是否可以由已进行试验的黏度级别配方，经过适当调整黏度，调和其他黏度级别的油而保证质量不变。具体地说，某一复合剂，使用I类基础油和非分散型OCP通过SJ 5W–30，其配方延伸准则，具体可参照API 1509附录F《SAE黏度等级发动机试验的API导则》。首先要列出SJ要求的全部台架，包括MS程序ⅡD、ⅢE、ⅤE和L–38，然后分别在这些台架的API黏度延伸表格中查出是否可以延伸。从系列表中查得SJ 5W–30 可延伸到10W–30、10W–40、15W–40、15W–50、20W–40、20W–50、30、40，但是不能延伸到5W–20、50，5W–20要补充做ⅢE，50要补充做ⅡD。API和ILSAC 的黏度延伸准则，界定了在同一种基础油中，不同黏度级别的延伸准则。这是在生产中常遇到的，添加剂生产商都会提供在常用基础油做出台架试验的完整数据，通常在调油过程中都不需要额外的台架予以支持，而基础油类别发生变化的情况是相当复杂的事情，必须参照API 1509附录E《轿车发动机油和柴油机油基础油互换准则》做相关的台架试验，一般情况下是不允许随意互换的。例如，在石蜡基基础油中通过的某质量等级的配方，是不可能直接引入到中间基或环烷基基础油中去，反之亦然。

二　内燃机油质量规格

汽车工业发展至今，内燃机油规格标准几经演变更替，形成了3个被普遍认同的内燃机油规格标准体系，即API、ACEA及ILSAC规格。ILSAC规格在API规格的基础上增加了节能试验要求。汽车排放及不断强化的发动机技术是推动内燃机油质量升级换代的动力，见图4–5、图4–6。

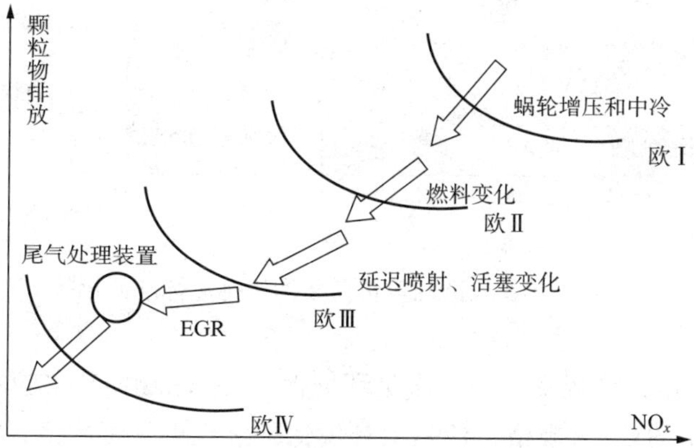

图4–5　排放对发动机技术的影响

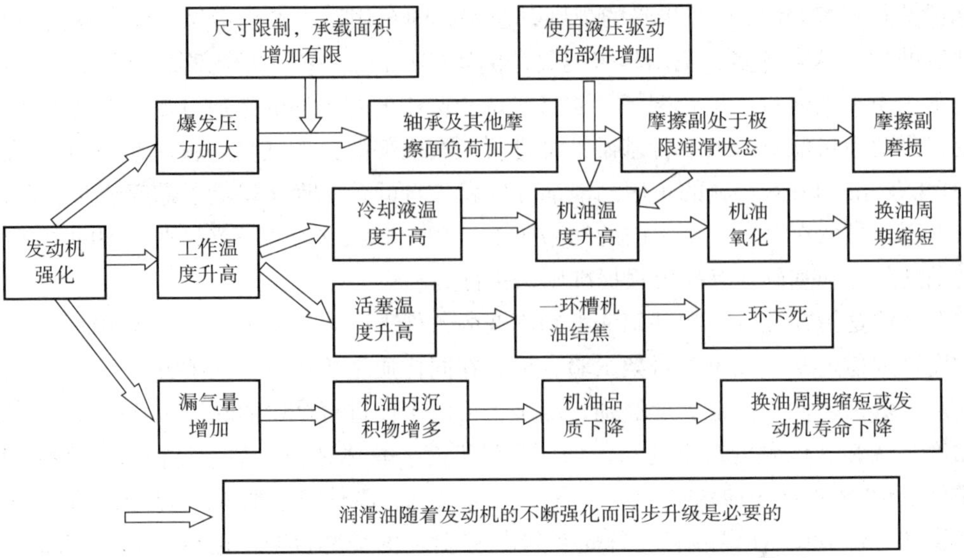

图4-6　润滑油对不断强化的发动机的可靠性和耐久性的影响

国外汽车用的汽、柴油机油的质量标准体系比较完善，油品性能要求以美国API和欧洲ACEA标准为主，被世界上绝大多数国家认同、采用。总体来说，欧洲规格比美国严格，这与欧洲汽车行驶速度快、机油箱小、比功率大、热负荷高、工作条件比美国苛刻有关。节能、环境保护、延长换油期是推动内燃机油升级换代的驱动力。各国汽车排放法规的颁布，加速了汽车内燃机技术的进步，也促进了内燃机油质量标准的发展。美国、欧洲汽车排放法规是当今世界两大主要体系，世界各国多采用美国或欧洲排放法规。美国及欧洲重负荷柴油机排放标准的比较见图4-7。

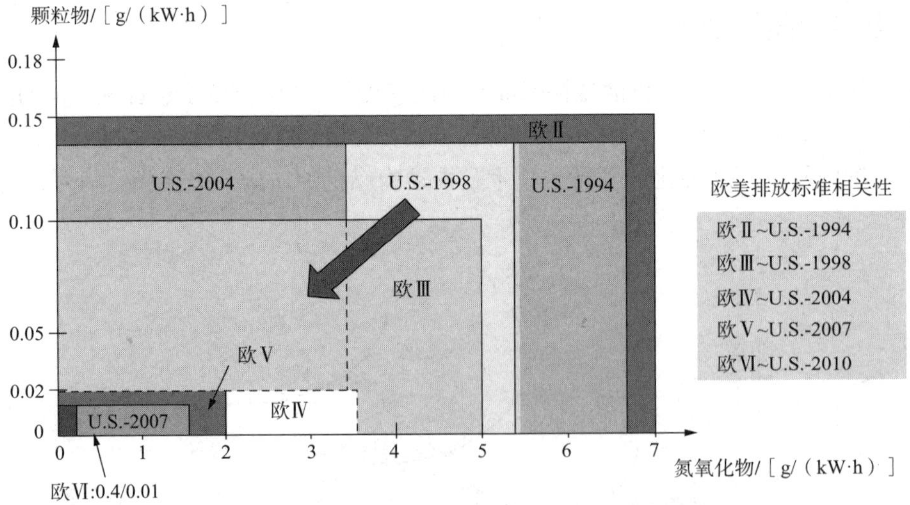

图4-7　美国及欧洲重负荷柴油机排放标准的比较

1991年美国汽车排放法规变严，为满足环境保护要求推出1K实验发动机，用来评定清洁分散性好于CE规格的CF-4规格；1994年环境保护法规再度变严格，限制了NO_x排放，同时要求使用硫含量为0.05%的柴油，以降低微粒，于是出现了CG-4规格；为了满足1998年排放要求，进一步降低NO_x，发动机采用两段活塞技术，API出台了CH-4规格；2002年排放法规中，NO_x排放量降为2.7g/kW·h，单靠改变发动机设计已不能满足要求，于是采用废气再循环技术，出现了CI-4规格；2007年排放法规出台后，发动机采用后处理的催化转化器及微粒过滤捕集器等新技术，于是API推出CJ-4规格。2016年底，API推出新的CK-4和FA-4柴油机油规格，以满足先进发动机技术的要求，帮助柴油发动机制造商满足更加严格的排放要求，并首次为API柴油机油规格增添了“F”节能系列柴油机油规格。FA-4在燃油经济性上强于CJ-4和CK-4。CK-4发动机油被称为“高HTHS”发动机油，FA-4发动机油被称为“低HTHS”油。CK-4发动机油的高温高剪切黏度大于3.5mPa·s，而FA-4发动机油的高温高剪切黏度为2.9～3.2mPa·s。低HTHS的FA-4发动机油通过降低黏度来使其燃油经济性超过CJ-4、CK-4发动机油。CK-4发动机油可以直接替代现在使用的发动机油，CK-4可以“向下兼容”CJ-4、$CI-4^+$、CI-4和CH-4，新的FA-4发动机油将提供较低的黏度等级，不能向下兼容，主要用于下一代新型发动机，以帮助最大限度地提高燃油经济性，而不牺牲对发动机的保护功能，不推荐将FA-4发动机油与硫含量大于15mg/kg的燃料一起使用，在许多情况下，发动机制造商只推荐将FA-4发动机油用于较新型的发动机。

欧洲汽车排放法规的制定较美国滞后约2年，随着1992年欧Ⅰ、1996年欧Ⅱ、2000年欧Ⅲ、2005年欧Ⅳ、2008年欧Ⅴ和2012年欧Ⅵ排放法规的实行，柴油机结构也为适应之而采用新措施，如延长点火、提高顶环位置、选择性催化还原技术（SCR）、废气再循环（EGR）、加装颗粒捕集器（DPF）等。在机油评定中ACEA E1、E2、E3增加了美国Mack T-8台架评定，同步于CG-4评定因降低NO_x排放而引起的烟炱增多问题。1998年，ACEA增加了E-4规格油，除满足欧洲台架外，还采用与CH-4同步的Mack T-8E测定其烟炱量为4.8%的处理能力。1999年ACEA推出推出了E5了规格，引入API CH-4柴油机油规格中测定烟炱影响的一系列发动机试验，如Mack T-8E烟炱分散试验、Mack T-9和Cummins M11评价烟炱存在下油品的抗磨性能试验。从ACEA E2、E3发展到ACEA E4规格，柴油机油的清净性和分散性均有大幅度的提高。2004年，为达到欧Ⅳ排放标准，考虑到EGR技术的使用带来油品中烟炱含量的急剧增加，由烟炱引起的磨损加剧，ACEA推出了ACEA E7代替ACEA E5，用带有EGR系统的Mack T-10试验代替ACEA E5规格中的Mack T-9试验评价烟炱引起的磨损；同时增加了ACEA E6规格，在系列发动机试验要求的基础上，还对硫酸盐灰分、硫和磷限量进行了限制，在OM441LA活塞清净优点评分的极限值方面要求较高，可满足超长换油周期的使用要求。ACEA E6规格是ACEA 2004重负荷柴油发动机油规范中的最高性能级别，代表了当时OEM对发动机油的最新性能要求，可推荐用于装配EGR、SCR及DPF的满足欧Ⅰ、欧Ⅱ、欧Ⅲ及欧Ⅳ排放法规以及极苛刻、超长换油期的运行工况。2007年，ACEA推出ACEA 2007年重负荷柴油机油规范，但仍保留ACEA E2/E4/E6/E7这4个产品规格，只是使用要求更高的新发动机台架试验，如Mack T-12代替原Mack T-10；用Cummins ISM替代原Cummins M11，对油品抗烟炱的磨损性能要求更高。2008年，随着生物柴油的兴起及发动机技术的进步，ACEA 发布了新的柴油机油机油规范ACEA 2008，分别用OM646L及OM501LA替代OM602L及OM411LA，以考察生物柴油对柴油发动机油性能的影响。在ACEA 2008规格中，废除了ACEA E2规格，增加ACEA E9。ACEA E9规格被定义为“超高功能柴油机油”，具有优异的活塞清净性、烟炱分散性能及抗磨损抗抛光性能，在化学品限值和性能方面类似2006年北美的API CJ-4柴油机油标准。2010年推出ACEA

2010，重负荷柴油发动机油E类完全没有改动。2012年12月14日，ACEA颁布了其ACEA 2012规格，重负荷柴油发动机油仍然为E4、E6、E7和E9，与ACEA 2010相比，主要修订了生物柴油试验、橡胶相容性试验。其中E4具有最高水平的发动机耐久性和适用于最苛刻的操作条件，但不适用于DPF。E6具有最高水平的发动机耐久性和适用于最苛刻的操作条件，低SAPS，适用于先进后处理系统发动机，特别是DPF。E7性能与E2相同，不适用DPF。E9包括许多CJ-4要求，具有中SAPS，用于DPF和EGR/SCR联用或共用的发动机上。2016年12月1日ACEA正式发布ACEA 2016规格，以适用OEM采用更先进的发动机技术和后处理装置来满足越来越苛刻的节能环保法规对润滑油性能的要求。

1. 汽油机油质量标准

（1）评定的关键指标

美国汽油机油质量等级是按SAE J183分类，评定的关键的指标是MS程序台架评定试验。

MS程序是ASTM于1958年发展的，其中：

①MS程序Ⅱ是模拟汽车冬天短程行驶后即停放的使用工况，在这种情况下，汽车启动行驶不久后就停驶，发动机燃烧的气体中的水蒸气很容易在机内冷凝，使挺杆锈蚀。

②MS程序Ⅲ是模拟汽车在高速公路上高速行驶的工况，此时，燃烧室温度高，机油温度也高，油品容易氧化使黏度增长，黏度达到一定程度就会造成泵送困难，失去润滑作用。同时高速行驶也容易造成三对摩擦副即活塞与缸套、凸轮与挺杆、轴与轴瓦的磨损，这不可能在活塞表面上产生积炭和漆膜，影响活塞清净性。

③MS程序Ⅴ是模拟汽车在城市里停停开开的行驶工况，在这种情况下，润滑油的温度不高，频繁的启动容易造成燃料燃烧不完全，烯烃、HC和CO增多，且其容易与NO_x缩合反应，在曲轴箱中与冷凝水分、杂质、烟炱等生成黑色油泥，堵塞油滤器，造成机油中断。

MS程序首先应用在SC汽油机油上，以后随着汽油机油发动机操作条件逐步苛刻，使用的发动机试验台架和操作条件也不断改进，由A→B→C→D→E→F→G逐步苛刻。例如，SD、SE油分别采用MS程序ⅢB和ⅢC评定高温清净性，试验油温度由ⅢB的132℃提高到ⅢC的149℃，条件更加苛刻。SE、SF、SG油分别用MS程序ⅢC、ⅢD、ⅢE来评定，如果把这三种油都在ⅢD台架上评定，其中40℃黏度增长达到375%的时间，SE油规定不低于40h，SF规定不低于64h，而SG油试验结果可以达到72～80h。因此SG油添加剂用量要增加，SF油一般为5.5%～6.0%，而SG油为7.0%～7.5%。

SJ、SH汽油机油的台架评定与SG油相同，都是用MS程序ⅡD、ⅢE、ⅤE，通过的评分标准也相同，所以不同的是SH油评定时要遵守美国CMA规则，多次评定结果要按照MTAC的计算方法，而不能按过去的方法，即评定1～5次中，只要有一次通过就算通过。按MTAC规定，油样只评定1次则必须达到规定值；如评定2次，其平均值要达到规定值；如评定3～5次，可以去掉一个最低分，其余的平均值要达到规定值才认为通过。这样，SH油添加剂加剂量要相应增加，性能要比SG油稳定。SJ油增加了TEOST沉积试验、挥发性试验、高温抗泡性试验、凝胶指数和CM过滤性试验，并按要求油品磷含量小于0.1%。SL油的发展采用了许多新的台架试验：MS程序ⅢF代替ⅢE，使油品的抗氧性能大大提高；Nissan KA24E和VG代替VL-E。新的模拟试验BRT代替MS程序ⅡD，使用无铅汽油进行L-38评定即VL-38。为了达到2004年排放标准的要求，使用了贵金属催化剂及一系列排放控制技术，API要求SM油与此同步，较SL油、SJ油分散性要求未变，氧化性能将以苛刻度更高而且重复性更好的MS程序ⅢG评定，且要求油品磷含量不大于0.08%及灰分含量在0.5%~0.7%范围内，此举使得润滑油规格与环境保护要求的关联性更加紧密。

（2）北美汽油机油的发展历程

SC级油用于中等条件下工作的货车、客车及其他汽油机，具有较好的清净性、分散性、抗氧抗腐性和防锈性。

SD级油用于较苛刻条件下工作的货车、客车及某些轿车的汽油机，并能满足装有曲轴箱强制换气装置的汽油机要求，比SC级油具有更好的性能。

SE级油用于较苛刻条件下工作的轿车和某些货车的汽油机，并能满足装有尾气转化装置的汽油机要求，比SD级油具有更好的性能。

SF级机油用于苛刻条件下工作的轿车和某些货车的汽油机，也可用于要求使用API SE级油的汽油机，具有良好的抗氧性、低温分散性和抗磨性。

SG级机油1990年开始认证，用于苛刻条件下工作的轿车的汽油机，也可用于要求使用API SF、SE、SF/CC、SE/CC级油的发动机，解决了黑色油泥堵塞油路问题，提高了高温抗氧化性和抗磨损性能，比SF级油具有更好的性能。

SH级油1992年开始认证，用于苛刻条件下工作的轿车的汽油机，以及国外要求使用API SG、SF、SE级油的汽油机，与SG级油相比其性能全面提高，规定磷含量小于0.12%，防止三元催化转化器的催化剂中毒。

SJ级油1996年开始认证，用于苛刻条件下工作的轿车的汽油机，也可用于国外要求使用API SH、SG级油的汽油机，与SH级油的使用性能相同，增加了凝胶指数、高温沉积、高温抗泡等试验，规定磷含量小于0.10%，适用于排放要求更严格的汽车。

SL级油2001年开始认证，用于苛刻条件下工作的轿车的汽油机，也可用于国外要求使用API SH、SG级油的汽油机，与SH级油的使用性能相同，增加了凝胶指数、高温沉积、高温抗泡等试验，规定磷含量小于0.10%，适用于排放要求更严格的汽车。

SM级油2004年开始认证，用于2005年新款车。

SN级油2010年开始认证。

SN PLUS级油2018年5月1日开始认证。

SP级油2020年5月1日开始认证。

API汽油机油性能等级见表4–4，API不同规范性能要求对比见图4–8。

表4–4　　API汽油机油性能等级

	分类	定义
有效	SP	2020年发布，在SN PLUS的基础上具有更好的高温抗氧化性、清净分散性和抗磨损保护性，且增加了正时链条保护试验
	SN PLUS	2018年发布，在SN基础上增加了低速早燃试验要求
	SN	2010年发布，氧化稳定性、沉积、磨损和锈蚀控制，橡胶相容性
	SM	2005年发布，氧化稳定性、沉积、磨损和锈蚀控制
	SL	2001年发布，氧化稳定性、沉积、磨损和锈蚀控制
已淘汰	SJ	1997年发布，氧化稳定性、沉积、磨损和锈蚀控制

续表

	分类	定义
已淘汰	SH	1993年发布，更好的氧化稳定性、沉积、磨损和锈蚀控制。按照ACC试验准则开发的第一个性能级别
	SG	1988～1992年发布，氧化稳定性、沉积、磨损和锈蚀控制
	SF	1980～1988年发布，氧化稳定性、沉积、磨损和锈蚀控制
	SE	1971～1979年发布，氧化、高温沉积、锈蚀、腐蚀控制
	SD	1968～1970年发布，高温/低温沉积、磨损、锈蚀、腐蚀控制
	SC	1964～1967年发布，高温/低温沉积、磨损、锈蚀、腐蚀控制
	SB	1930年发布，抗磨、氧化和腐蚀控制
	SA	无添加剂，无性能要求

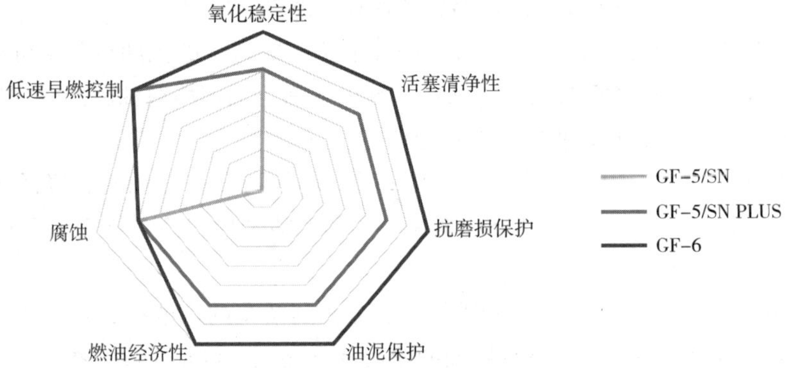

图4-8　API不同规范性能要求对比

（3）欧洲ACEA标准

ACEA是欧洲汽车制造协会（Association des Constructeurs Europeans）的缩写，总部设在比利时的布鲁塞尔，是欧洲汽车制造业对于汽车用润滑油的检验认证标准。ACEA标准是在检验认证标准CCMC的基础上发展而来，20世纪90年代由于欧洲大量的汽车制造业厂商的重组，因此从1996年1月以后，原本老的欧洲润滑油检验认证标准CCMC的规范标准由ACEA标准所取代。以前只要原则上在欧洲有设厂的公司，即可加入CCMC的会员并参加认证。现在则要求一定要在欧洲生产制造的汽车才有资格参加ACEA 的会员和认证，代表了润滑油的世界先进技术标准。

ACEA标准中以“A”表示汽油机油，“B”表示轻负荷柴油机油，“C”表示轻负荷发动机机油，“E”表示重负荷柴油机油。从2004年开始，ACEA 取消了单独的“A”和“B”系列，将其合并形成“AX/BY”系列，该系列适用于轻负荷汽/柴油发动机。与此同时，ACEA还引入“C”系列机油，该系列机油对配方中硫、磷及硫酸盐灰分进行降低（即要求低SAPS），使润滑油与尾气处理装置具有良好的兼容性。颁布C系列规范的主要原因是从2005年开始欧洲执行新的欧Ⅳ排放标准，各OEM厂商采用了各种排放控制技术，其中小轿车的尾气处理装置主要是由三元催化转化器（TWC）+颗粒捕集器（DPF）组成，而润滑油中的硫、磷可能使三元催化转化器中的催化剂中毒，灰分可能会沉积在颗粒捕集器上面，缩短DPF的使用寿命。表4-5是ACEA轻负荷发动机油质量等级规范发展历程及主要区别。

表4-5　　ACEA轻负荷发动机油质量等级规范发展历程及主要区别

<table>
<tr><th>发布时间</th><th>提出的质量等级</th><th>备注</th></tr>
<tr><td>1996</td><td>A1-96、A2-96、A3-96、B1-96、B2-96、B3-96</td><td rowspan="9">A1/B1：低黏度、低摩擦力、良好的燃油经济性、长换油期。
A3/B3：高性能、长换油期。
A3/B4：高性能、长换油期、直喷发动机。覆盖A3/B3。
A5/B5：高性能、低黏度、低摩擦力、长换油期、良好的燃油经济性。
C1：高性能、低SAPS、低黏度、低摩擦力、良好的燃油经济性、延长DPF和TWC寿命。
C2：高性能、中SAPS、低黏度、低摩擦力、良好的燃油经济性、延长DPF和TWC寿命。
C3：高性能、中SAPS、延长DPF和TWC寿命。
C4：高性能、低SAPS、延长DPF和TWC寿命。
C5：高性能、低黏度、低摩擦力，低SAPS、延长DPF和TWC寿命，允许使用SAE0W-及5W-20黏度等级的润滑油，这是为了满足不断增长的燃油经济性要求</td></tr>
<tr><td>1998</td><td>A1-98、A2-96（2）、A3-98、B1-98、B2-98、B3-98、B4-98</td></tr>
<tr><td>2002</td><td>A1-02、A2-96（3）、A3-02、A5-02、B1-96、B2-98（2）、B3-98（2）、B4-02、B5-02</td></tr>
<tr><td>2004</td><td>A1/B1-04、A3/B3-04、A3/B4-04、A5/B5-04、C1-04、C2-04、C3-04、C4-04</td></tr>
<tr><td>2007</td><td>A1/B1-04、A3/B3-04、A3/B4-04、A5/B5-04、C1-04、C2-04、C3-07、C4-07</td></tr>
<tr><td>2008</td><td>A1/B1-04、A3/B3-04、A3/B4-04、A5/B5-04、C1-04、C2-04、C3-07、C4-07</td></tr>
<tr><td>2010</td><td>A1/B1-10、A3/B3-10、A3/B4-10、A5/B5-10、C1-10、C2-10、C3-10、C4-10</td></tr>
<tr><td>2012</td><td>A1/B1-12、A3/B3-12、A3/B4-12、A5/B5-12、C1-12、C2-12、C3-12、C4-12</td></tr>
<tr><td>2016</td><td>A3/B3-16、A3/B4-16、A5/B5-16、C1-16、C2-16、C3-16、C4-16、C5-16</td></tr>
</table>

由于欧洲与美国在汽车发动机设计上有差异，欧洲车更注重节能，机油箱小，比功率高，车速更快，对机油要求更加苛刻，表现在汽油机油质量标准差别较大，见表4-6。

表4-6　　欧美汽油机油台架和模拟试验项目比较

项目	美国API/ILSAC						欧洲ACEA
	SJ/GF-2	SL/GF-3	SM/GF-4	SN/GF-5	SN PLUS/GF-5	SP/GF-6	ACEA 2016 A3/B4
轴瓦腐蚀	L-38	程序Ⅷ	程序Ⅷ	程序Ⅷ	程序Ⅷ	程序Ⅷ	—
锈蚀试验	程序ⅡD	BRT	BRT	BRT	BRT	BRT	—
高温氧化	程序ⅢE	程序ⅢF	程序ⅢG	程序ⅢG	程序ⅢG	程序ⅢH	TU5JP
低温油泥	程序ⅤE	程序ⅤG	程序ⅤG	程序ⅤG	程序ⅤG	程序ⅤH	程序ⅤG
黑色油泥	—	—	—				M271
节能	-/程序ⅥA	-/程序ⅥB	-/程序ⅥB	-/程序ⅥD	-/程序ⅥD	-/程序ⅥE	M111 FE
阀系磨损	程序ⅣA	程序ⅣA	程序ⅣA	程序ⅣA	程序ⅣA	程序ⅣB	TU3M
剪切安定性	程序Ⅲ	程序Ⅲ	程序Ⅲ	程序Ⅲ	程序Ⅲ	程序Ⅲ	D6278
低速早燃控制	—	—	—	—	—	程序Ⅸ	—
正时链条磨损	—	—	—	—	—	程序Ⅹ	—
弹性体橡胶相容性	—	—	—	ASTM D7216	ASTM D7216	ASTM D7216	CEC L-112
磷含量/%	≤0.10	≤0.10	0.06~0.08	0.06~0.08	0.06~0.08	0.06~0.08	—

续表

项目	美国API/ILSAC						欧洲ACEA
	SJ/GF-2	SL/GF-3	SM/GF-4	SN/GF-5	SN PLUS/GF-5	SP/GF-6	ACEA 2016 A3/B4
直喷柴油机活塞清净性	—	—	—	—	—	—	V W TDI
直喷柴油机中温分散性	—	—	—	—	—	—	DV4TD/DV6C
磨损	—	—	—	—			OM646LA
蒸发损失/%	≤22	≤15	≤15	≤15	≤15	≤15	≤13

从表4-6可知，欧洲ACEA规格对于高温清净性、抗氧化性、分散性、旧油性能保持、耐久性等有更高要求，而API规格的相关性能要求较缓和，侧重节能和环保。ACEA规格较API规格额外增加了多项评定项目：

①高温沉积：ACEA除了用ⅢG测定汽油机油黏度变化、评定活塞清净性外，还使用TU5JP评定活塞高温沉积。欧洲汽车特点是发动机排量小，输出功率大，其机械负荷和热负荷很高，活塞顶环槽温度可达260℃，油底壳机油温度可达150℃，这种情况容易使活塞环粘环、环岸和环槽容易结焦、活塞裙部生成漆膜。而美国汽车比功率较小，活塞清净性问题不严重，主要评定曲轴箱中机油高温下变稠问题。

③黑色油泥：ACEA除了要做VG来评定油泥外，专门建立了M271台架评定黑色油泥。

④高温高剪切黏度：在150℃和10^6S^{-1}剪切速率下测定油品黏度，这是模拟连杆轴瓦上瓦的油膜厚度和活塞环—缸套之间油膜厚度,用来描述活塞环与汽缸内壁摩擦处机油的状态。其数值越大，表示高温油膜强度越高。一般情况下，如5W-30的油品，欧系一般要求HTHS大于3.5mPa·s，而美国API对HTHS要求为大于2.9mPa·s。

⑤剪切安定性：ACEA使用Bosch喷嘴方法测定100℃下循环30次，100℃运动粘度的下降，要求保留在原黏度范围内，这比API使程序Ⅲ台架运转10h苛刻。

⑥磷含量：API标准规定了油的磷含量，以降低对催化转换器中催化剂失活的影响。ACEA规定了硫酸盐灰分，硫酸盐灰分太高容易引起尾气后处理系统如GPF的堵塞。

（4）国际润滑剂标准化及审查委员会ILSAC标准

在SG规格出现前夕，美国汽车制作商协会（AAMA）认为汽油机油发展太慢，由SF规格升至SG规格用了8年时间，难以适应汽车工业的发展。于是同日本汽车制造商协会（JAMA）共同组织了国际润滑剂标准化及审查委员会（ILSAC），制定了新的汽油机油规格GF-X系列，除了要达到API相应油品级别的要求外，追加节能台架试验（即MS程序Ⅵ）和限制润滑油磷含量等性能要求。API也采纳了ILSAC标准，双方达成共识，二者既有区别也保持了一致。ILSAC汽油机油规格分类与台架试验见表4-7。

表4-7 ILSAC汽油机油规格分类与台架试验要求

ILSAC规格	GF-1	GF-2	GF-3	GF-4	GF-5	GF-6A	GF-6B
提出年份	1993	1996	2000	2003	2010	2020	2020
台架试验要求							

续表

MS 程序Ⅱ 程序Ⅲ 程序Ⅴ 程序Ⅵ	ⅡD ⅢE ⅤE Ⅵ	ⅡD ⅢE ⅤE ⅥA	BRT ⅢF ⅤG+KA24E ⅥB	BRT ⅢG ⅤG+KA24E ⅥB	BRT ⅢG ⅤG ⅥD	BRT ⅢH ⅤH ⅥE	BRT ⅢH ⅤH ⅥF
轴瓦腐蚀	Ⅲ	Ⅲ	Ⅲ	Ⅲ	Ⅲ	Ⅲ	Ⅲ
磷含量/%	不大于0.12	不大于0.10	不大于0.10	0.06 ~ 0.08	0.06 ~ 0.08	0.06 ~ 0.08	0.06 ~ 0.08
硫含量/%	—	—	—	0.5 ~ 0.7	不大于0.5	不大于0.5	不大于0.5
相当于API规格	SH+Ⅵ	SJ+ⅥA	SL+ⅥB	SM+ⅥB	SN+ⅥD	SN+ⅥE	SN+ⅥF

1983年，API提出了“节能油”，即节省燃料的汽油机油。于是，1987年由ASTM开发了MS程序Ⅵ发动机台架试验方法，主要用于测定轿车、轻型卡车所用的汽油机油对燃料经济性的影响，以此方法代替费用昂贵的原ASTM实车试验方法，节能效果以同一试验条件下试验油燃油耗与参比油燃油耗之差表示。ILSAC GF-1规格采用程序Ⅵ评定。1993年开发的全尺寸台架试验程序ⅥA采用4.6L福特V-8发动机，并于1996年引入ILSAC GF-2性能分类标准中，但程序ⅥA对摩擦改进剂没有程序Ⅵ敏感；1998年采用同样发动机但建立了更苛刻的发动机试验程序ⅥB工况和指标，2000年其作为ILSAC GF-3规格中节能评价台架试验；2004年通过修改燃油经济性通过指标，提高了通过苛刻度，继续作为ILSAC GF-4规格中节能评价台架试验。ILSAC GF-3和GF-4规格要求程序ⅥB中80h的老化过程后测试油品的燃油经济性，相当于评价发动机油使用6437~9674km后的节能性能。因此，从GF-3规格发动机油开始，要求具有全寿命的减摩性能。ILSAC GF-5规格要求程序ⅥD中100h的老化过程后测试油品的燃油经济性，ILSAC GF-6A规格要求程序ⅥE中125h的老化过程后测试油品的燃油经济性。由此可见，随着新型发动机的生产及高性能摩擦改进剂的开发，MS程序ⅥB、ⅥD、ⅥE的苛刻度依次增强。

（5）GF-6规格要求

ILSAC GF-6规格分为GF-6A和GF-6B两个规格，其中GF-6A包含目前ILSAC中的所有黏度级别并与以往的级别完全兼容；GF-6B将只涉及SE J300中150℃高温高剪切黏度小于2.6 cP的新的黏度级别0W-16，并且不与以往的机油规格兼容。

相比GF-5，GF-6解决了新发动机技术（如涡轮增压直喷）带来的新问题以及满足日益严格的排放和燃油经济性法规要求。其优势主要体现在

①提升润滑油的抗氧化能力和清净分散性来改善油泥、漆膜和积炭的形成；

②配方优化通过降低润滑油中的金属盐含量来改善增压直喷发动机的低速早燃问题；

③提升润滑油的磨损保护功能改善发动机正时链条的磨损。

表4-8列出了GF-6规格理化指标要求，表4-9列出了GF-6规格橡胶相容性试验要求，表4-10列出了GF-6与GF-5的台架试验对比。

表4-8　　GF-6规格理化性能指标要求

项目	GF-6	试验方法
凝胶指数	不大于12	ASTM D5133

续表

项目	GF-6	试验方法
磷含量/%	0.06～0.08	ASTM D4951
硫含量/%	0W和5W多级油不大于0.5， 10W多级油不大于0.6	ASTM D4951 ASTM D2622
蒸发损失（质量分数）/% 诺亚克法（250℃，1h）	不大于15	ASTM D5800
高温沉积物TEOST（33C）/mg	不大于30(0W-16和0W-20不做要求）	ASTM D6335
过滤性试验（EOFT）流量降低/%	不大于50	ASTM D6794
过滤性试验（EOWTT)流量降低/%		ASTM D6795
加0.6%水	不大于50	
加1.0%水	不大于50	
加2.0%水	不大于50	
加3.0%水	不大于50	
抗泡性试验（泡沫倾向/泡沫稳定性）/（mL/mL）		ASTM D892A
程序Ⅰ	不大于10/0	
程序Ⅱ	不大于50/0	
程序Ⅲ	不大于10/0	
高温抗泡性/（mL/mL）	不大于100/0	ASTM D6082A
乳化保持性 0℃（24h） 25℃（24h）	 无水分分离出来 无水分分离出来	ASTM D7563
均匀性和混合性	与ASTM参比油混合均匀	ASTM D6922
球锈蚀试验（平均灰度值）/分	不小于100	ASTM D6557

表4-9　　GF-6规格橡胶相容性试验要求

项目	橡胶类型SAE J2643					试验方法
	聚丙烯酸酯橡胶Ⅵ（ACM-1）	氢化丁腈橡胶（HNBR-1）	硅橡胶（VMQ-1）	氟碳橡胶（FKM-1）	乙丙橡胶（AEM-1）	
体积变化率/%	-5～9	-5～10	-5～40	-2～3	-5～30	ASTM D471
硬度变化/pts	-10～10	-10～5	-30～10	-6～6	-20～10	ASTM D2240
拉伸强度变化率/%	-40～40	-20～15	-50～5	-65～10	-30～30	ASTM D412

表4-10　　GF-6和GF-5规格台架试验

发动机试验	测试项目	GF-6	GF-5
高温氧化试验 程序ⅢG/程序ⅢH	40℃运动黏度增长/%	不大于100（ⅢH）	不大于150（ⅢG）
	平均活塞沉积物评分	不小于4.2（ⅢH）	不小于4.0（ⅢG）

续表

发动机试验	测试项目	GF-6	GF-5
低温油泥试验 程序ⅤG/ⅤH	平均发动机油泥评分	不小于7.6（ⅤH）	不小于8.0（ⅤG）
	摇臂盖油泥评分	不小于7.7（ⅤH）	不小于8.3（ⅤG）
	平均活塞裙部漆膜评分	不小于8.6（ⅤH）	不小于8.9（ⅤG）
	平均发动机漆膜评分	不小于7.6（ⅤH）	不小于7.5（ⅤG）
	热粘环	无（ⅤH）	无（ⅤG）
阀系磨损试验 程序ⅣA/ⅣB	平均凸轮磨损/μm	—	不大于90（ⅣA）
	平均进气挺杆磨损体系/mm^3	不大于2.7（ⅣB）	—
	测试后油中铁含量/（μg/g）	不大于400（ⅣB）	—
程序Ⅷ	轴瓦失重/mg	不大于26	不大于26
	运转10h的运动黏度	在本黏度等级范围内	在本黏度等级范围内
燃料经济性 程序ⅥD/ⅥE	XW-20和5W-20/%	不小于3.8/1.8（ⅥE）	不小于2.6/1.2（ⅥD）
	0W-30和5W-30/%	不小于3.1/1.5（ⅥE）	不小于1.9/0.9（ⅥD）
	10W-30和其他黏度级别/%	不小于2.8/1.3（ⅥE）	不小于1.5/0.6（ⅥD）
低速早燃控制 程序Ⅸ	每4个周期内平均次数	不大于5	—
	每个周期内次数	不大于8	—
正时链条磨损 程序Ⅹ	增长率/%	不大于0.085	—

2．柴油机油质量标准

相对汽油机油而言，柴油机油规格更为复杂，其原因在于柴油机油的使用范围更为广泛，所用燃料之间也存在较大的差异。针对美国以及欧洲定期发布日益严格的排放法规，柴油机设计不断采用新技术，柴油喷入形式由进入预燃室改为直喷，采用涡轮增压技术；柴油机活塞环由矩形改为梯形，每缸四气阀设计，增加了废气再循环系统（EGR）。柴油发动机技术的进步，同时也促进了柴油机油规格及相关标准发动机评定方法的更新换代。

柴油机油的发展经历了从最初适应发动机要求逐步转化到适应环境保护和节能要求的过程。目前，适应日趋严格的排放标准，提高燃料经济性和延长换油周期是柴油机油规格的发展趋势。

（1）美国API标准

根据使用要求，API将柴油机油分为3种类别：第一种是用于大功率重负荷柴油机，主要作为高速公路远距离集装箱运输的牵引动力的CF-4、CH-4、CI-4、CJ-4规格；第二种是用于大功率二冲程柴油机油的CD、CF规格，主要作为坦克、大型矿山运输车及公共汽车的动力；第三种是中等功率的柴油机以及施工机械等使用的固定式柴油机油CC、CD、CF规格。这些柴油机油的台架评定方法复杂，二冲程柴油机油除需要评定L-38轴瓦腐蚀和单缸柴油机清净性外，还要用多缸二冲程柴油机评定其活塞清净性。重负荷柴油机油发展最快，除评定L-38和单缸柴油机清净性外，还要加上一些多缸大功率柴油机评定活塞清净性、磨损，润滑油黏度增长及机油耗等。油品的规格分类及台架试验项目见表4-11、表4-12、图4-9。

表4-11　北美柴油机油质量进展-API柴油机油分类

质量等级	年份	台架评定	其他性能要求
CA	1949	L-4或L-38、L-1（0.35%含硫燃料）	
CB	1954	L-4或L-38、L-1（0.95%含硫燃料）	
CC	1961	L-38、LTD、ⅡC、或ⅡD、1H2	
CD	1955	$1G_2$、L-38	
CD-Ⅱ	1985	$1G_2$、L-38、6V53T	
CE	1983	$1G_2$、L-38、T-6、T-7、NTC-400	
CF-4	1991	1K、L-38、T-6或T-9、T-7或T-8A、NTC-400	
CF-2	1994	1M-PC、L-38、6V-92TA	
CF	1994	1M-PC、L-38	CBT
CG-4	1994	1N、L-38、T-8、T-9、ⅢE、6.2L	CBT
CH-4	1998	1P、1K、L-38、T-8E、T-9、M11、ⅢE、6.5L、HEUI	HTCBT
CI-4	2002	1R、1K、L-38、T-8E、T-9、M10、ⅢF、6.5L、HEUI	HTCBT
CJ-4	2007	1N、Cat、C-13、T11、T11A、T12、ISM、ISH、6.5L、EOAT、ⅢG	
CK-4/FA-4	2016	1N、Cat、C-13、T11、T12、ISM、Volvo T-13、ISH、EOAT、ⅢG	

表4-12　API柴油机油性能等级

	质量级别	定义
有效	FA-4	2015超低排放法规，尾气处理装置兼容性，要求使用XW-30黏度级别
	CK-4	2015超低排放法规，尾气处理装置兼容性
	CJ-4	2007超低排放法规，尾气处理装置兼容性
	CI-4	2002低排放、四冲程发动机、高硫和低硫燃料
	CH-4	1998低排放、四冲程发动机、高硫和低硫燃料
已淘汰	CG-4	1994低排放、四冲程发动机、硫含量0.05%
	CF-4	1991低排放发动机
	CF-2	苛刻负荷的二冲程发动机
	CF	涡轮增压发动机或高硫燃料
	CE	1983及以后的涡轮增压发动机
	CD-Ⅱ	二冲程发动机
	CD	涡轮增压发动机或高硫燃料
	CC	中等负荷-柴油和汽油
	CB	中负荷或高硫燃料
	CA	轻负荷、低硫燃料

美国在20世纪50年代（1955年）就推出了CD柴油机油，其主要是针对高含硫燃料而广泛使用；70年代美国建成了全国的高速公路网，柴油机不断向着大功率、重负荷增压柴油机方向发展，同时开始对颗粒物有所限制；1983年以后的柴油机用油相对于CD油增加了机油耗、活塞沉积物的评价。此后，由于柴油机采用了直喷技术和功率的不断增加，CE柴

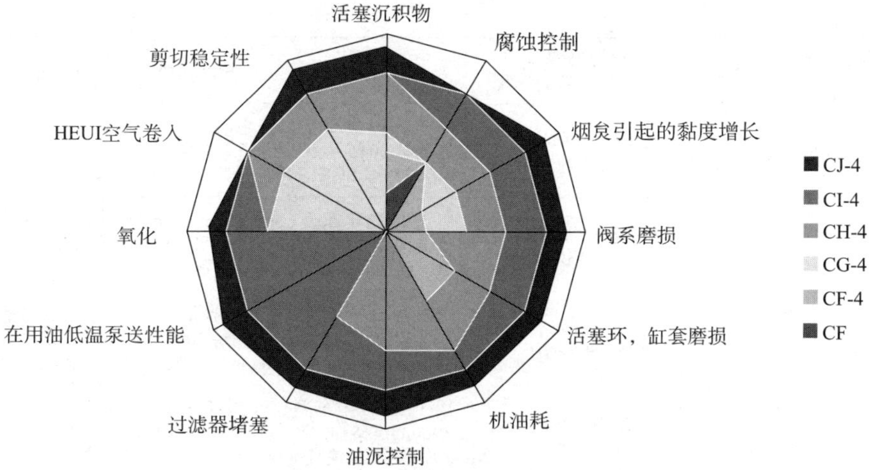

图4-9 不同质量等级柴油机油的性能对比

油机油用在该新型柴油机上出现了活塞油环弹簧断裂、活塞环黏滞、活塞销卡死等问题，因此，1991年推出了CF-4柴油机油规格。1993年美国环境保护法规要求柴油的硫含量不高于0.05%。CF-4柴油机油的排放法规变严，要求NO_x和颗粒物排放量进一步降低，发动机做了很多改变以降低NO_x排放量。首先将第一环槽提高，同时将活塞变得短而轻，活塞头上面变平，延迟点火时间，这样不仅使氧化氮减少而且发动机变得更苛刻。同时，由于硫含量被认为是影响颗粒物排放的主要因素之一，柴油硫含量从0.4%降到0.05%，从而出现了CG-4规格。

1998年，美国柴油机的NO_x排放量在1994年的基础上又降低了20%，为满足排放规格，发动机采用两段活塞，进一步延迟点火以降低NO_x排放量。与以前的发动机相比，此时发动机的喷油定时提前角都比较小，有利于降低NO_x排放，但直接导致机油黏度升高、过滤器堵塞等问题，因此CH-4规格便应运而生，既适用于低硫燃料也适用于高硫燃料。

此后，由于排放法规更加严格，柴油机普遍采用了EGR和延迟点火等技术，而且发动机的热量扩散率增加，直接导致发动机油温升高，因此2002年推出了CI-4规格的柴油机油以满足排放法规的要求。2007年，由于更加严格的排放法规，原有的EGR技术和延迟点火都不能满足NO_x排放量的降低，柴油机生产商采用了新的技术，如高效燃烧排放技术（ACERT）及废气处理催化剂、粒子捕捉器等技术来降低排放。若采用粒子捕捉器，燃料油必须为超低硫柴油（硫含量为0.0015%），与此同时，CJ-4不能覆盖CI-4以及CH-4等柴油机油规格。美国 API柴油机油标准的具体发展见表4-13。从表4-13中可以看出，推动柴油机油标准发展的原动力是环境保护问题，即降低发动机尾气（碳氢化合物、氮氧化合物以及颗粒物等）的排放。

表4-13 API柴油机油标准发展

API柴油机油标准	推出年份	台架数	油品升级原因或目的	特点和用途
FA-4	2016	13	发动机尾气排放、燃油经济性	用于2017年车型、使用硫含量＜15μg/g柴油的发动机润滑，满足温室气体排放和提高燃油经济性法规要求的需要使用XW-30黏度等级的高速四冲程柴机油的新型发动机

续表

API柴油机油标准	推出年份	台架数	油品升级原因或目的	特点和用途
CK-4	2016	13	发动机尾气排放、后处理技术	用于2017年车型、使用硫含量＜15μg/g柴油的发动机润滑，满足美国2015年及非道路第四阶段排放要求，特别适用于采用EGR、DPF、SCR等技术的柴油发动机
CJ-4	2007	11	发动机尾气排放、后处理技术	用于2007年车型、使用硫含量＜15μg/g柴油的发动机润滑，满足美国2007年及非道路第四阶段排放要求，特别适用于采用EGR、DPF、SCR等技术的柴油发动机
CI-4	2002	10	EGR技术、涡轮中冷增压	用于2002年车型、使用硫含量＜500μg/g柴油的重负荷、高速四冲程柴油发动机润滑，满足2002年汽车尾气排放法规要求，也可用于原使用CH-4、CG-4柴油机油的柴油发动机润滑
CH-4	1998	9	降低NO_x排放、高烟炱含量以及延长换油周期	用于1998年车型、使用硫含量＜500μg/g同时满足硫含量＜4000μg/g柴油的重负荷、高速四冲程柴油发动机润滑，满足美国1998年汽车尾气排放法规要求，也可用于原使用CG-4、CF-4柴油机油的柴油发动机润滑
CG-4	1994	8	硫含量降低以及PM颗粒物降低	用于1994年车型、使用硫含量＜500μg/g柴油的重负荷、高速四冲程柴油发动机和使用硫含量＜5000μg/g柴油的非车用重负荷、高速四冲程柴油发动机润滑，满足1994年汽车尾气排放法规要求，也可用于原使用CF-4、CE和CD油的柴油发动机润滑
CF-4	1991	5	燃油经济性/PM颗粒物	用于1990年车型重负荷、高速涡轮增压和高增压、四冲程柴油发动机润滑，也可用于原使用CE和CD油的柴油发动机的润滑
CE	1983	5	油耗	用于1983年车型涡轮增压和高增压重负荷、四冲程、低速和高速柴油机润滑，也可用于原使用CD油的柴油发动机的润滑
CD	1955	2	沉积物/腐蚀	用于1955年车型重负荷、涡轮增压和高增压、四冲程柴油发动机润滑

从以上表可以看出，从1955年到1983年30多年的时间里，美国的柴油机油才由CD级发展到CE级。这是由于尽管从70年代到90年代初期，对柴油机排放标准逐步加严，但期间为了满足EPA的排放要求，汽车制造厂商并不需要运用新的技术来满足法规要求。因此，柴油机油从 CD级经历了一段长时间的稳定，到1988年美国开始对柴油机颗粒物排放进行限制后，柴油机油规格变化才较迅速，并且呈现较规律的升级换代趋势—基本上每3～4年上升一个档次。美国联邦法规规定，EPA颁布加严的机动车排放法规必须要给生产商提供一个4年的准备时间，每次法规变化后，3年内不能变化，并且每一个法规必须提前于生效期4年前颁布。因此，柴油机油规格规律性的变化是和美国联邦法规相关的。

80年代，美国柴油机不断向着大功率、重负荷增压柴油机方向发展，行驶条件更为苛刻，同时，1988年开始对颗粒物进行限制，因此，要求所用的柴油机油具有比CD油更好的活塞清净性、氧化安定性以及更小的磨损，这时发展了CE油。CE油用于1983年以后生产的柴油机，既可在低速、高负荷又可以在高速、高负荷条件下使用。CE油相对于CD油增加了机油耗以及对活塞沉积物的评价增加了Cummins NTC-400、Mack T-6和Mack T-7三个台架试验，都是直喷柴油机，见表4-14。

表4-14　　API CD柴油机油与CE柴油机油的对比

性能标准	燃料硫含量/%	台架试验	CD	CE	CF-4
轴瓦腐蚀		L-38（汽油发动机、含铅燃料）	√	√	√
活塞沉积物	0.40	$1G_2$（间喷、铝质活塞）	√	√	

续表

性能标准	燃料硫含量/%	台架试验	CD	CE	CF-4
油耗、活塞沉积物	0.40	Caterpillar 1K（直喷、铝质活塞）			√
油耗、活塞沉积物、凸轮随动销磨损	0.40	Cummins NTC-400（直喷）		√	√
油耗、活塞沉积物、环磨损、黏度增长	0.1 ~ 0.4	Mack T-6		√	√
由于烟炱引起的黏度增长	0.1 ~ 0.4	Mack T-7		√	√

90年代，NO_x和颗粒物排放量进一步降低，柴油喷入形式由进入预燃室改为直喷，喷嘴压力加大，发现CE油不适用于直喷式柴油机，经常出现弹簧损坏、油环粘结等现象，因此发展了CF-4油。CF-4油主要用于高速、高负荷重型柴油车。在CF-4油品规格中，用Caterpillar的1Y540直喷机替代了Caterpillar $1G_2$中使用的1Y73预燃式单缸机，发展了Caterpillar 1K方法用于评价活塞沉积物。至1994年，颗粒物排放量在1988年的基础上降低了83%。

颗粒物由4部分组成；炭黑、硫酸盐、水以及可溶的有机组分（机油以及未燃的燃料）。而柴油的硫含量被认为是柴油性质中影响颗粒物排放的主要因素之一，降低柴油的硫含量可以直接降低颗粒物中的硫酸盐含量。所以，当时柴油硫含量的水平从5000μg/g降到了500μg/g。于是，1995年发展了API CG-4油品规格。在API CG-4油品规格中，所有的台架试验都使用的是硫含量为500μg/g的燃料。CG-4油主要用于使用低硫燃料的重负荷柴油机。由于CG-4柴油机油是针对低硫柴油（硫含量小于0.05%）的直喷柴油机设计的，总碱值只有7 ~ 8mgKOH/g，所以并不适用于高硫柴油。目前已经在用的CF-4重负荷柴油机油，其分散性能不够完善，有待提高。为保证较长的换油期而设计的欧洲大功率柴油车，CF-4的清净性也显不足。而API CH-4油是兼顾高、低硫燃料，适用于许多OEM要求，柴油机的设计制造中采用燃料直喷、涡轮中冷增压等新技术，可以使柴油机功率增加，但带来以下问题：

①燃烧室温度提高，活塞温度也提高，润滑油加速氧化，活塞环槽的积炭、漆膜增多，柴油机油需要提高抗氧化性能和清净性能。

②柴油喷入量增加，将会发生燃烧不完全现象，产生烟灰。CF-4油适应的直喷柴油机在使用过程中，油中烟灰含量可以达到3% ~ 4%，CG-4油烟灰含量可以达到5% ~ 6%，CH-4油可达到8% ~ 9%。这些烟灰容易聚集成大颗粒，造成危害，因此要求柴油机油改进分散性能，把颗粒保持在1μm以下，不堵塞过滤器，降低油变稠程度，减少磨损，延长换油期。

美国的排放持续苛刻，自1991年以来，已经两次降低NO_x和颗粒物的排放标准，汽车生产厂家采用了延迟点火来达到目标。发动机汽缸内的燃烧峰温直接影响到NO_x的排放，燃烧峰温越高，NO_x排放量越大。因此，与以前的发动机相比，现在发动机的喷油定时提前角都比较小，增大了燃烧气体与汽缸壁间的接触面积，低温燃烧区增加，NO_x排放量降低，但这样做的同时带来机油中烟炱量增加的问题。在做功和排气冲程中，烟炱会被汽缸衬套上的润滑油膜吸附下来，这些吸附在润滑油膜中的炭黑会在吸气冲程中由活塞环（刮油环）随润滑油一同被刮入曲轴箱，从而引起严重的实际行车问题，包括机油黏度升高、过滤器堵塞等。为均衡解决上述问题，柴油机油规格从API CF-4、CG-4升级到CH-4。此外，由于CG-4油只适用于低硫燃料，它的使用受到限制，而CH-4油品既适用于低硫燃料，也适用于高硫燃料。API CF-4、CG-4、CH-4规格比较见表4-15。

表4-15　　API CF-4、CG-4、CH-4规格比较

性能标准	CF-4	CG-4	CH-4
腐蚀性	L-38	L-38	Cummins模拟腐蚀性试验
环和缸套磨损	Mack T-6	无	Mack T-9
由于烟炱引起的黏度增加	Mack T-7（2.6%烟炱）	Mack T-8（3.8%烟炱）	Mack T-8E（4.8%烟炱）
油耗、活塞沉积物	Cat.1K	Cat.1N（铝质活塞）	Cat.1K
油耗、活塞沉积物、凸轮随动销磨损	Cummins NTC-400（直喷）		
滚动随动件磨损		GM 6.5L	GM 6.5L
滑动随动件磨损、过滤性、油泥控制			Cummins M11
油的氧化控制		程序ⅢE	程序ⅢE
活塞沉积物、油耗			Cat.1P（铁活塞）
空气混入性			Navistar 7.3L
抗泡性		程序Ⅰ、Ⅱ、Ⅲ	程序Ⅰ、Ⅱ、Ⅲ
剪切安定性			Bosch喷嘴
蒸发损失			Noack法

从表4-14可以看出，API CH-4在技术性能上比以前所有级别更加优越，包括：

①在保持油品正常黏度的前提下，Mack T-7、Mack T-8到Mack T-8E允许烟炱量从2.6%、3.8%到4.8%。油品烟炱控制能力显著提高；

②CF-4、CG-4没有缸头磨损、油泥、滤清器油压下降的评价，而CH-4使用Cummins M11对该性能进行评价；

③在活塞沉积、油耗保护方面，CF-4使用Cat.1K，但两次通过一次即可，CG-4使用Cat.1N，而CH-4则要求一次通过Cat.1K；

④在评价活塞环、缸壁磨损方面，CF-4采用Mack T-6，CG-4对此没有要求，而CH-4采用Mack T-9，增加缸壁磨损保护。

为了更进一步减少NO_x的排放，2002年除了Caterpillar生产商外，大多数重质柴油发动机都安装了低水平（10%～15%）的废气再循环后处理系统，这种柴油发动机对润滑油提出了更加严格的要求。采用废气再循环的处理系统后，导致的后果之一是尾气中的一部分硫以及硫酸盐进入了缸内，增加了缸内酸的浓度；之二是，据初步测算，废气换热器使需要通过发动机冷却系统带走的热负荷增加了25%。而这无疑又会使润滑油的温度升高，油底壳的温度可达到120～127℃，从而加速润滑油的氧化。此外，那些进入发动机进行再循环的废气还会将大量的炭黑、氮氧化物、硫氧化物、水蒸气以及非完全燃烧所产生的酸类物质带入发动机内部。炭黑含量的增加会使润滑油更容易变稠，造成磨蚀性磨损；而氮氧化物会加速润滑油变质，造成轴承腐蚀。此外，氮氧化物、硫氧化物、酸性燃烧产物和水还会增加活塞环的腐蚀和汽缸套的磨损。因此，用于装有后处理系统的发动机的润滑油必须具有能够承受热和烟炱以及控制酸腐蚀的能力，减少缸套等的磨损。API CI-4重负荷柴油机油于2002年12月为适应这一要求而产生，其规格要求见表4-16。

表4-16 API CH-4、CI-4规格比较

性能标准	CH-4	CI-4
腐蚀性	Cummins模拟腐蚀性试验	高温腐蚀性试验（HTCBT）
油耗、活塞沉积物、环磨损、黏度增加	Mack T-9	
活塞环、缸套和轴瓦磨损	Mack T-9试验轴承腐蚀性	Mack T-10 EGR
烟炱引起的黏度增加	Mack T-8E	Mack T-8E
油耗、活塞沉积物（铝活塞）	Cat.1K	Cat.1K或Cat.1N
滚动随动件磨损	GM 6.5L	GM 6.5L
油的氧化	程序ⅢE	程序ⅢF
缸头磨损、油泥、滤清器油压下降	Cummins M11	Cummins M11 EGR
油耗、活塞沉积物（铝活塞）	Cat.1P	Cat.1R EGR
空气混入性	Navistar 7.3L	Navistar 7.3L
抗泡性	程序Ⅰ、Ⅱ、Ⅲ	程序Ⅰ、Ⅱ、Ⅲ
剪切安定性	Bosch喷嘴	Bosch喷嘴
蒸发损失	Noack法（18%）	Noack法（15%）
橡胶相容性		√
高温高剪切		√

满足API CI-4的润滑油与满足 API CH-4的润滑油相比，增加了3个带有EGR的台架试验（Cat 1R、Mack T-10以及Cummins M11），并且由于装有后处理系统的发动机油必须具有能够承受热、烟炱以及控制酸腐蚀的能力，因此，CI-4油在抗氧化能力、分散炭黑能力以及酸中和能力等方面都有明显提高，用程序ⅢF代替了程序ⅢE评价油品的抗氧化能力；提高了Mack T-8E的苛刻度。此外，API CI-4类润滑油在阀门机构磨损保护、抗油垢、防止过滤器堵塞、润滑油损耗控制和低温泵送性能等方面也得到了明显加强和改进。

2002年，EPA不仅要求降低NO_x的排放，而且要求降低颗粒物的排放。一般颗粒物由烟炱、可溶性有机物和硫酸盐组成，其中可溶性有机物占颗粒物组成的29%，因此在CI-4组别中对蒸发性的要求更加严格，允许不大于15%，而以前的标准CH-4蒸发性允许不大于18%。

2005～2010年排放进一步减少。传统技术在降低NO_x的同时，倾向于增加颗粒物的排放，反之亦然。因此，选择EGR和延迟点火时间已经不能满足更为苛刻的排放标准。汽车生产厂商需要采用新的技术来降低排放，采用了废气处理催化剂、粒子捕捉器等技术。使用了粒子捕捉器后，由于粒子的快速沉积，过滤装置很快会被堵塞，从而导致排气背压增加，功率下降并使油耗增加。所以，使用粒子捕捉器的一个先决条件，就是要求采用超低硫柴油（硫含量15μg/g），因此，需要发展一个新的油品规格CJ-4。

为了满足2005～2010年的排放标准，一些汽车生产厂商采用了更高水平（25%～35%）的废气再循环系统，不过由于使用了超低硫燃料，并没有因此额外增加缸套内更高的酸腐蚀。

2005年后，EPA要求不仅新车要满足排放要求，而且对一定里程的在用车也要满足排放要求。对于重型车来说，要求行驶了700000km的车还必须满足排放要求。因此，粒子捕捉器必须具有连续再生功能。为了降低颗粒物排放和防止催化剂中毒，汽车制造厂商希望限制

磷、硫的含量以及硫酸盐灰分，磷主要由二烷基二硫代磷酸锌（ZDDP）引入，ZDDP因其高效经济的抗磨损作用而广泛用于润滑油中。但汽车制造厂商指出，ZDDP会损伤催化剂，未来柴油发动机油的磷含量应控制在0.05%的水平，此要求会急剧缩减ZDDP的使用。硫以硫酸盐灰分形式存在，主要来自不同种类的金属清净剂，在ZDDP中含量较低，这些硫酸盐灰分沉积在粒子捕捉器上，可能导致排气背压增加，并且当催化剂再生之后，清净剂以及ZDDP中的金属成分仍然保留在催化剂上。因此，CJ–4规格油品将是一个不同于以往的低灰分甚至无灰的油。但是，根据用户要求，为了避免混用，CJ–4油品规格不仅要求满足新的发动机要求，而且也要满足在用车的需要，即要求CJ–4油品规格具备向后的延伸性。CJ–4油品规格发动机台架试验包括了8个多缸和1个单缸试验，不仅包括了硫含量为15μg/g的试验，而且还包括了硫含量为500μg/g的试验，见表4–17。

表4–17　CJ–4规格

测试项目	燃料硫含量/%	测试台架方法
轴瓦腐蚀		HTCBT
缸套磨损、油耗、氧化	0.015	Mack T–12
烟炱引起的黏度增加	0.05	Mack T–11 EGR（6.0%）
油耗、活塞沉积物（铝活塞）	0.05	Cat1N
滚动从动件磨损	0.05	GM 6.5L
油的氧化	0.10	程序ⅢG
缸头磨损、油泥、滤清器油压下降	0.05	Cummins ISM–EGR
阀系磨损	0.15	Cummins ISB
油耗、活塞沉积物（铁活塞）	0.15	Cat.C13（CCV）
空气混入性	0.05	Navistar 7.3L
抗泡性		程序Ⅰ、Ⅱ、Ⅲ
剪切安定性		Bosch喷嘴
蒸发损失		Noack法（13%）
活塞环、缸套和轴瓦磨损		Mack T–9试验轴承腐蚀性
橡胶相容性		ASTM D7216
高温高剪切		ASTM D4683

CJ–4规格油品与CI–4油相比，有以下变化：

①增加了带有高水平EGR的Mack T–12台架，主要用于评价缸套磨损和油耗；

②用Cummins ISM–EGR台架试验替代了Cummins M11 EGR试验，这主要是由于Cummins M11 EGR试验配件缺少；

③用带有EGR的Mack T–11替代了没有EGR的Mack $T–8E^{+}$，评价由于烟炱增加引起的黏度增长；

④烟炱含量提高到6.0%时用程序ⅢG替代了程序ⅢF，评价油品的抗氧化能力；

⑤CJ–4规格中Noack蒸发损失要求不大于13%，而CI–4规格中要求不大于15%；

⑥此外在CJ–4油品规格中，有两个评价油耗的试验，这是因为油耗对于减少颗粒排

放以及降低氧化催化剂的负荷是非常重要的。这两个台架试验一个是CI-4油品规格中有的Cat.1N，它用的燃料硫含量是500μg/g；另一个是新增的Cat.C13台架试验，它用的燃料硫含量是15μg/g。

节能、环保和延长换油周期是推动柴油机油机油规格不断向高质量等级发展的驱动力。

为进一步应对美国最新的汽车尾气排放标准、燃油经济性法规以及客户更长换油周期的需求，2016年底，API推出新的CK-4和FA-4柴油机油规格，首次为API柴油机油规格增添了“F”节能系列柴油机油规格。CK-4定义为XW-30和XW-40黏度等级的油品，适用于高速四冲程柴油发动机，可满足2017年公路用车排放标准和非公路用柴油车第四阶段尾气排放标准，所用柴油硫含量要求不大于500μg/g，但硫含量高于15μg/g就会影响尾气后处理系统的耐久性和发动机的换油周期。FA-4仅定义为XW-30黏度等级油品，满足2017年机型和按高燃油效率、低黏度油品标准设计的新型发动机的润滑要求，所用柴油硫含量要求不大于15μg/g。与CJ-4相比，CK-4和FA-4规格对油品氧化，发动机磨损、高速剪切、活塞积炭等性能进行了改进，其理化指标对比如表4-18所示。

表4-18　　CK-4和FA-4与CJ-4理化指标对比

项目	CJ-4	CK-4	FA-4
蒸发损失/%			
SAE XW-30	≤13	≤13	≤13
SAE 10W-30	≤15	≤15	≤13
SAE XW-40	≤13	≤13	≤13
硫含量/%	≤0.4	≤0.4	≤0.4
磷含量/%	≤0.12	≤0.12	≤0.12
硫酸盐灰分/%	≤1.0	≤1.0	≤1.0
高温高剪切（150℃，10^6s^{-1}）/（mPa·s）			
10W-30	≥3.5	≥3.5	≥2.9
10W-30	N/A	N/A	≤3.2
XW-40	≥3.5	≥3.5	N/A
剪切稳定性（90次循环100℃运动黏度）/（mm^2/s）			
SAE XW-30	≥9.3	≥9.3	≥9.3
SAE XW-40	≥12.5	≥12.5	N/A
SAE 0W-40	≥12.5	≥12.8	≥12.8
SAE XW-30剪切后的HTHS黏度/（mPa·s）	N/A	≥3.4	≥2.8

从上表中的部分理化性能指标对比可以看出，CK-4和FA-4相比CJ-4在蒸发损失、高温高剪切和剪切稳定性方面指标更加严格了。在台架试验方面，CK-4和FA-4规格延用CJ-4规格中的大部分台架试验，但具体指标规定方面也更加严格。此外，CK-4和FA-4规格还采用了两个新的台架试验，即Volvo/Mack T-13和发动机油充气试验来评定油品的热稳定性和充气性。

从上述资料可以看出，美国柴油机油规格的变化是随着排放法规的不断严格、发动机技术的改进以及燃料的变化而不断变化的一个过程。此外，由于更少的燃料燃烧就意味着更少的排放，因此润滑油一个显著的发展趋势是向更低的黏度、更苛刻的挥发性、更好的燃料经济性和节能型发展。

（2）欧洲柴油机油规格

①欧洲柴油机油质量进展

1996年，ACEA首次发布重负荷柴油机油规格——E1、E2、E3。

1998年，ACEA首次发布当时质量级别最高的E4重负荷柴油机油规格。E4满足欧Ⅰ、欧Ⅱ、欧Ⅲ、欧Ⅳ排放标准要求的重负荷柴油机的顶级润滑油产品，极长换油期。

2002年ACEA发布了E5重负荷柴油机油规格，并取消了E1规格。E5满足欧Ⅰ、欧Ⅱ、欧Ⅲ排放标准要求的重负荷柴油机油产品，其性能接近北美规格。

2004年ACEA发布了E6、E7重负荷柴油机油规格，并取消了E3规格。E6满足欧Ⅰ、欧Ⅱ、欧Ⅲ、欧Ⅳ排放标准要求的重负荷柴油机的顶级环境保护型润滑油产品，极长换油期。E7替代E5规格，满足欧Ⅰ、欧Ⅱ、欧Ⅲ、欧Ⅳ排放标准。

2007年ACEA发布了ACEA 2007规范，保留ACEA E2/E4/E6/E7这4个产品规格，只是使用要求更高的新发动机台架试验，如Mack T-12代替原Mack T-10；用Cummins ISM替代原Cummins M11，对油品抗烟炱的磨损性能要求更高。

2008年ACEA 废除了ACEA E2规格，增加ACEA E9。ACEA E9规格被定义为“超高功能柴油机油”，具有优异的活塞清净性、烟炱分散性能及抗磨损抗抛光性能，在化学品限值和性能方面类似2006年北美的API CJ-4柴油机油标准。

2010年推出ACEA 2010，重负荷柴油发动机油E类完全没有改动。

2012年推出ACEA 2012规格，重负荷柴油发动机油仍然为E4、E6、E7和E9，与ACEA 2010相比，主要修订了生物柴油试验、橡胶相容性试验。

2016年12月1日ACEA正式发布ACEA 2016规格，以适用OEM采用更先进的发动机技术和后处理装置来满足越来越苛刻的节能环保法规对润滑油性能的要求。

②欧洲柴油机油规格的发展

欧洲于1996年正式推出了ACEA规格，但2002年以前的柴油机油的规格将适用于轿车柴油机，单独分类为B类。2004年10月，推出了ACEA-2004，首先是将适用于轿车的油品合并为A/B类，新设立了C类油，增加了硫含量、磷含量及硫酸盐灰分的限制，用于保护对催化剂要求更高的车辆，但发动机性能要求与原A5/B5相同。

欧洲柴油机油规格保留了ACEA E2-96，目的是为满足过去生产的在用发动机的用油需求。ACEA E4实际是MBP228.5，在ACEA E4规格要求基础上增加了硫含量、磷含量、硫酸盐灰分的限制，MBP228.51就变成了ACEA E6-04。ACEA E3规格发展到ACEA E5，然后升级为ACEA E7-04，因而ACEA E3、ACEA E5规格取消。ACEA E6、ACEA E7、ACEA E9将柴油喷嘴剪切安定性的循环次数增加为90次；ACEA E6对硫含量、磷含量、硫酸盐灰分要求分别为不大于0.3%、0.08%、1.0%。在ACEA 2008规格中，废除了ACEA E2规格，增加ACEA E9。自2008年以后，ACEA的重负荷柴油发动机油规范包括E4、E6、E7和E9，最新的版本号为ACEA 2016，其主要理化指标和台架试验要求见表4-19、表4-20。

表4-19　欧洲重负荷柴油机油理化项目

项目	ACEA E4-16	ACEA E6-16	ACEA E7-16	ACEA E9-16	试验方法
运动黏度/（mm^2/s）	SAE J300	SAE J300	SAE J300	SAE J300	ASTM D445

续表

项目	ACEA E4-16	ACEA E6-16	ACEA E7-16	ACEA E9-16	试验方法
柴油喷嘴30次循环剪切后黏度（100℃）/（mm^2/s）	在本黏度级别内				ASTM D6278 CEC-L-14-A-93
柴油喷嘴90次循环剪切后黏度（100℃）/（mm^2/s）		在本黏度级别内			ASTM D7109
高温高剪切黏度（150℃/10^6s^{-1}）/（mPa·s）	≥3.5				CEC-L-36-A-90
高温高剪切黏度（100℃/10^6s^{-1}）/（mPa·s）	报告				CEC-L-36-A-90
蒸发损失（250℃/1h）/%	≤13				CEC-L-40-A-93
硫酸盐灰分/%	≤2.0	≤1.0	≤2.0	≤1.0	ASTM D874
磷含量/%		≤0.08		≤0.12	ASTM D5185
硫含量/%		≤0.3		≤0.4	ASTM D5185
橡胶相容性					CEC-L-112-16
RE6氟橡胶 拉伸强度变化率 扯断伸长率变化 体积变化率	报告 -70～+20 -5.5～+2.1				
RE7丙烯酸酯 拉伸强度变化率 扯断伸长率变化 体积变化率	报告 -65～+15 -1.8～+8.9				
RE8硅橡胶 拉伸强度变化率 扯断伸长率变化 体积变化率	报告 -51～+9 -0.0～+12				
RE9腈橡胶 拉伸强度变化率 扯断伸长率变化 体积变化率	报告 -65～+19 -2.5～+16				
泡沫稳定性/（mL/mL） 前24℃ 93.5℃ 后24℃	10/0 50/0 10/0			10/0 20/0 10/0	ASTM D892
高温泡沫（150℃）/（mL/mL）	200/50				ASTM D6082
氧化安定性/min	≥65				CEC-L-085-99 （PDSC）
碱值/（mgKOH/g）	≥12	≥7	≥9	≥7	ASTM D2896

表4-20　欧洲重负荷柴油机油发动机试验项目

项目	ACEA E4-16	ACEA E6-16	ACEA E7-16	ACEA E9-16	试验方法
磨损（凸轮排气口磨损）/μm	≤140	≤140	≤155	≤155	CEC-L-099-08
烟炱（300h耐久测试） 4.8%烟炱含量和50%剪切损失时相对黏度	≤2.1/2.2/2.3	≤2.1/2.2/2.3	≤2.1/2.2/2.3	≤2.1/2.2/2.3	ASTM D5967 （Mack T-8E）
抛光和活塞清净性 活塞清净性评分/分 平均缸套抛光/% 油耗/kg 油泥评分/分	 ≥26 ≤1.0 ≤9.0 报告	 ≥26 ≤1.0 ≤9.0 报告	 ≥17 ≤2.0 ≤9.0 报告	 ≥17 ≤2.0 ≤9.0 报告	CEC-L-101-08 （OM501LA）

续表

项目	ACEA E4-16	ACEA E6-16	ACEA E7-16	ACEA E9-16	试验方法
烟炱引起磨损 评分 3.9%烟炱时平均丁字压板失重/mg 1、2、3试验过滤器压差（150h）/kPa 1、2、3试验平均发动机油泥评分 1、2、3试验阀调节螺丝平均失重/mg			 ≤7.5/7.8/7.8 ≤55/67/74 ≥8.1/8.0/8.0	 ≥1000 ≤7.1 ≤19 ≥8.7 ≤49	ASTM D7468（Cummins ISM）
磨损 评分 平均衬里磨损/μm 平均顶环失重/mg 试验后油中铅含量/（μg/g） 油中铅含量差（250～300h）/（μg/g） 油耗（阶段Ⅱ）/（g/h）		 ≥1000 ≤26 ≤117 ≤42 ≤18 ≤95	 ≥1000 ≤26 ≤117 ≤42 ≤18 ≤95	 ≥1000 ≤24 ≤105 ≤35 ≤15 ≤85	ASTM D7422（Mack T12）
生物燃料引起的活塞清净性和发动机油泥 平均活塞清净性评分/分 活塞环粘结 平均发动机油泥评分/分		 ≥RL255+4 报告 报告		 ≥RL255+2 报告 报告	CEC L-104-16（OM646LA Bio）

按欧美排放法规与柴油机油规格的大体对应关系进行了归纳，详见表4-21。由此表可看出，欧洲规格中保留了CF-4、CI-4规格，中间过渡质量等级的产品CG-4、CH-4规格已全部取消。

表4-21　欧美排放法规与柴油机油规格的对应关系

欧洲排放法规	美国排放法规	ACEA规格	API规格
欧洲Ⅰ/Ⅱ		E2	CF-4
欧洲Ⅱ	零阶段	E3	CG-4
欧洲Ⅲ	第一阶段	E5-02	CH-4
欧洲Ⅳ	第二阶段	E7-04	CI-4
欧洲Ⅴ	第三阶段	E4/E7	CI-4/CJ-4
欧洲Ⅵ	第四阶段	E6/E9	CJ-4

（3）欧、美车用内燃机油规格标准的差别

欧洲车用润滑油对质量的要求比较严格，这是因为：

①欧洲车小，汽缸排量小，但输出功率大，比功率比美国大30%，同时汽车油底壳加入的润滑油量也少。

②欧洲车在高速公路上行驶的速度允许极限值比美国高。美国为110km/h，意大利为130km/h，法国为140km/h，而德国则不限速度，可以在200km/h以上行驶。由于欧洲共同体各国车辆可以相互自由通行，所以设计的车速都比较高，转速可达5000～6000r/min，而美国车辆则在3000～4000r/min左右。

③欧洲车要求润滑油换油期长，一般要求小轿车达到15000km，大卡车与大轿车在无苛刻行驶条件和使用优质润滑油及低硫柴油情况下要求达到45000km。

以上原因都导致燃烧室温度增加，油底壳的油温升高，美国汽油小轿车第一环槽温度一般在220℃左右，而欧洲TU·3M（法国雪铁龙轿车用）发动机的第一环槽温度可以达到

260℃，相当于美国单缸柴油机Cat.1G_2活塞第一环槽温度。因而导致汽油机的活塞也产生高温沉积问题，也加剧了磨损，特别是凸轮挺杆的磨损。这些情况加重了对润滑油高温性能的要求，对比情况见图4-10。

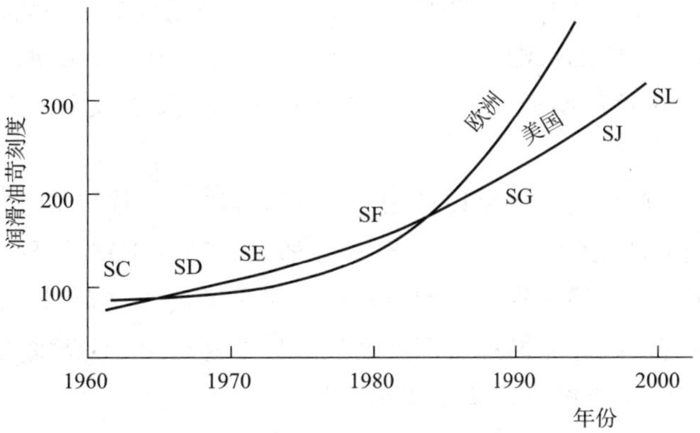

图4-10 欧美汽油机油苛刻度增加情况

为了节能，欧洲汽车压缩比一般都提高到9.5～10以上，使用RON 95以上的无铅汽油；而美国汽车压缩比一般在9.1～9.5，使用RON 91以上的无铅汽油。

为了节能，欧洲小轿车中柴油车的比例很大，而美国不发展柴油小轿车。美国和欧洲重负荷柴油机的最大差别在于缸套抛光问题，美国生产的柴油机更注重环境保护，为的是减少排放污染物。因此在设计中尽量提高第一环槽的位置，缩小缝隙体积，但这样做容易使第一环槽温度升高，生成积炭。欧洲柴油机活塞的第一环槽的位置比较低，顶环岸比较长，见图4-11。

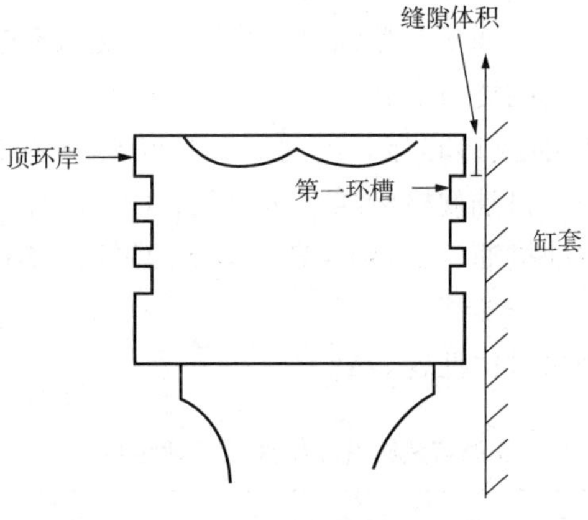

图4-11 柴油机活塞

第一环槽温度比较低，不容易生成积炭，同时顶环岸和缸套之间的间隙比美国的小，顶环岸斜倾角也小，使用高清净性的柴油机油，活塞环槽容易保持干净，窜气量也小，有利于延长换油期，功率损失也小；缺点是如果在顶环岸与缸套之间的缝隙中落入一些沉积物和积炭，在活塞运转时承压面很容易把积炭和沉积物压实，经过上下反复运转，会把缸套面的细纹磨掉，使缸套表面出现镜面状的抛光，影响润滑油的停留，加快缸套磨损。德国奔驰公司把抛光面积大小作为柴油机油质量的重要指标之一，使用OM364A进行评定。奔驰公司规定，美国产的大功率柴油机油如果要用到该公司的大功率重负荷柴油机上，必须补充做OM364A和OM602A磨损试验。美国产的重负荷柴油机油分为欧洲配方和美国配方，前者使用碱值高、灰分低的镁盐清净剂，而后者只使用钙盐清净剂，原因是清净剂在使用过程中容易分解生成氧化镁、氧化钙颗粒，这些颗粒硬度大，容易造成缸套抛光，故不用在欧洲配方中。为了解决缸套抛光，柴油机油的配方中需要增加清净剂用量，欧洲ACEA–E96规格规定灰分不大于2%，日本重负荷柴油机油的灰分规定也很高，接近欧洲配方，而美国则比较低，往往小于1%。

日本汽油机的设计接近美国，可以使用美国API标准的汽油机油，但在大功率柴油机方面，则接近欧洲，全部使用钙盐配方，一般灰分都在1.5% ~ 1.8%。日本要求柴油机油具有高热稳定性、高清净性、长换油期，而对分散性要求不太高，这是因为日本柴油机设计中烟炱不是那么多，并且有侧线过滤网过滤烟炱之故。日本喜欢用CD柴油机油，其清净剂/分散剂比例一般为3：2，而美国重负荷柴油机油CF–4这一比例小于1，即分散剂加入量比清净剂多，因此，美国重负荷柴油机油不一定适用于日本。

美国重负荷柴油机油的分散剂用量之所以用的比日本和欧洲配方多，其原因是美国重负荷柴油机油容易生成烟炱，这也和发动机设计有关。柴油机采用燃料直喷和进气涡轮增压可以大大提高比功率，但也带来燃烧不完全的烟炱问题，尽管在设计上采用了加大喷嘴压力，使喷雾效率提高等措施，但效果仍不够理想，为此又致力于改进燃料室形状。欧洲和日本多采用深碗式燃烧腔，便于油/气混合均匀，美国较多采用浅盆式燃烧腔，容易产生烟炱。由于烟炱容易使润滑油变稠，缩短了换油期，为此要求改进润滑油配方，增强分散性能，使烟炱颗粒变细。试验证明，烟炱颗粒变细后可以不堵塞过滤器，减小油黏度增长程度，延长换油期，也可以减少凸轮的磨损。因此，在CF–4和CG–4油中，分散剂的用量都大于清净剂的用量，这与CC、CD级油的情况正相反。由此可见，美国和欧洲的大功率重负荷柴油机油不能通用；美国柴油机油用在欧洲重负荷柴油机上，抗抛光能力不够；而欧洲柴油机油用在美国重负荷柴油机上，分散烟炱的能力不够。

欧洲CCMC内燃机油标准从1983年开始制订，发布了G1 ~ G5汽油机油、D1 ~ D5柴油机油和PD1 ~ PD2小轿车柴油机油规格标准。1992年，CCMC组织被ACEA取代，1996年1月发布了A1–96 ~ A3–96汽油机油、E1–91 ~ E3–96柴油机油、B1–96 ~ B3–96小轿车柴油机油新规格标准。

欧洲与美国汽油机油规格对比见表4–22。

表4–22　　欧洲与美国汽油机油规格评定对比

项目	美国	欧洲	
	API–GF–1	CCMC	ACEA
	SH	（G4/G5）	A–96
车轴腐蚀	L–38	L–38/W–1	—
锈蚀	ⅡD	ⅡD	—
高温氧化	ⅢE	ⅢE	ⅢE

续表

项目	美国	欧洲	
	API-GF-1	CCMC	ACEA
	SH	（G4/G5）	A-96
高温清净	—	Ford Cortina	TU·3M
低温油泥	VE	VE	VE
黑色油泥	—	M102E	M111
节能	—/Ⅵ	—	M111
早燃	—	Fiatl32	—
磨损	—	TU·3	TU·3M

由表4-22可见，ACEA规格中，汽油机油不仅要按美国API SH规格要求使用Ⅲ E台架评定高温下油品变稠情况，还要使用TU-3M（雪铁龙汽车用的四缸1.3L直喷汽油机）评定高温运转下活塞的高温沉积物生成情况和磨损情况。同时在评定油品的低温油泥性能时，不仅按API SH规格用VE台架评定，还要使用欧洲的M102（现改用M111）台架进行评定，这也是由于欧洲的高速行驶的速度大，导致高速/低速交叉行驶，生成的黑色油泥比美国的脆。

由此可见，欧洲汽油小轿车设计的使用条件比美国苛刻，汽油机油的规格要求也比美国严格。但汽车选用油料不仅要考虑汽车的设计条件，还要考虑汽车实际的使用条件，如果实际使用达不到设计的苛刻条件，那么汽油机油的实际使用苛刻度就会降低。中国和美国的汽车在高速公路上行驶的限速都是110km/h，达不到欧洲那么高的速度。因此，在中国、美国行驶的欧洲汽车并非都一定要完全按照欧洲标准选油，特别是我国大部分小轿车都采用欧洲技术，汽车出厂时使用的汽车装车油各厂都规定要取得欧洲汽车母公司的认可，要符合欧洲的规格标准，但汽车出厂后，一般在1500km后都要换上符合美国API规格的机油。

从实际使用情况来看，我国社会上使用欧洲汽车已有很长历史，所使用的汽油机油基本上都是按美国标准生产的SF、SG、SJ级汽油机油，并未反映出在高温沉积物、磨损和低温油泥方面有多大问题，这与我国行驶限速不高、换油期较短有关。

（4）欧美柴油机油质量标准比较分析

欧美柴油机油质量标准差别比较大，原因如下：

①欧洲柴油车构成与美国不同。欧洲有大、中、小功率柴油车，美国只有大、中功率柴油车，还有二冲程柴油车，但不发展小功率柴油小轿车。大功率、重负荷，排量在10L以上，载重量在25t以上的柴油车，用于集装箱运输，二冲程柴油车用于坦克和大客车，欧洲不发展。

②欧美柴油机油需通过的台架评定试验不同。欧洲ACEA除采用一部分美国API评定项目外，同时还增加了欧洲自己的评定项目，包括：缸套抛光，使用OM441A、OM364A台架进行评定；阀系磨损，使用OM616、OM602台架评定；无论是汽油机油还是柴油机油，ACEA新标准都取消了Ⅱ D和L-38项目，理由是目前这两个项目没有发生过不合格的情况；重负荷柴油机油，ACEA列入了由于烟炱引起机油黏度变稠、过滤器堵塞和沉积物增多的试

验，除了使用MACK T8、T8E外，还使用XUD Ⅱ BTE台架进行评定。由此可见，欧洲的柴油机油质量标准要比美国复杂、评定项目也多。

③欧美柴油机油性能侧重点不同。美国柴油机油比较注重活塞清净性，欧洲则注重缸套的抛光；欧美都注重烟炱引起机油黏度增长的问题及磨损性能；欧洲要求机油硫酸盐灰分不大于2%，美国则无要求。

④在一些理化性能指标上，如抗剪切性能、高温高剪切黏度、蒸发损失等，欧洲ACEA规格都比API规格要苛刻。

对抗剪切性能，欧洲规格ACEA E2质量等级的产品要求柴油喷嘴试验30次循环剪切试验后100℃运动黏度保持在本黏度级别的整数位，ACEA E4质量等级的产品经此类试验后100℃运动黏度保持在本黏度级别；ACEA E6、ACEA E7质量等级的产品要求柴油喷嘴试验90次循环剪切试验后100℃运动黏度保持在本黏度级别。美国API规格的产品要求柴油喷嘴试验30次循环剪切试验后100℃ 运动黏度保持在本黏度级别。总体而言，在黏度保持能力上，欧洲规格最苛刻。

对高温高剪切黏度，API对CF-4、CH-4级柴油机油没有要求，CI-4级柴油机油要求全部黏度等级均大于3.5mPa·s。欧洲规格从ACEA E02到ACEA E06全部黏度等级均大于3.5 mPa·s。日本规格的重负荷柴油机油在此项目上与欧洲规格要求相同，而轻负荷柴油机油与黏度等级有关。

对蒸发损失，API对CF-4级柴油机油无要求，CH-4级柴油机油SAE 10W-30诺亚克法测定要求不大于20%，SAE 15W-40诺亚克法测定要求不大于18%。欧洲规格要求全部黏度等级诺亚克法测定均不大于13%。

对磷、硫含量和硫酸盐灰分，API柴油机油对此无要求。欧洲油对磷含量、硫含量的要求分别为不大于0.12%、0.5%；对硫酸盐灰分的要求为1.0% ± 0.1%。

对橡胶相容性，API仅对CI-4柴油机油有此项要求，也采用4种橡胶，且指标上要求采用ASTM委员会试验监测中心的T106参比油，试验结果好于参比油的结果。欧洲规格从E02到E06都要求有此项检验项目，并增加了戴姆勒-克莱斯勒对硅橡胶的要求。

欧美重负荷柴油机油的清净分散性能比较见图4-12。从图可见，欧洲E4级柴油机油的分散性与CH-4级柴油机油相当，而清净性要比CH-4级柴油机油高得多。因此，采用欧洲技术生产的柴油机所用的CH-4级柴油机油，在选用美国添加剂公司生产的复合剂调配时，应补加1%高碱值磺酸钙或高碱值硫化烷基酚钙，以提高油品的高温清净性。

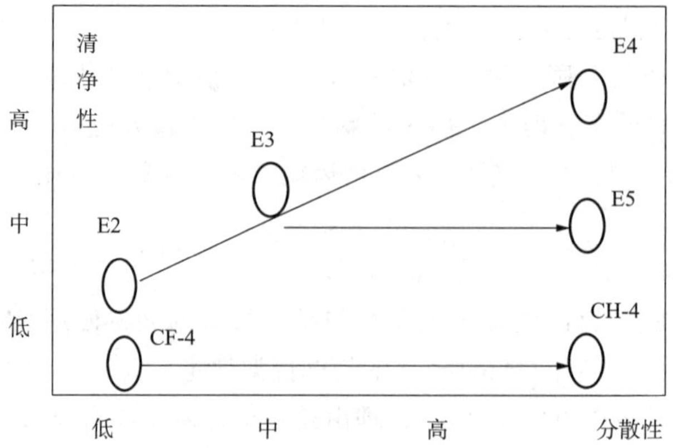

图4-12　API与ACEA柴油机油性能比较

（5）柴油机技术进步

柴油机的油耗明显低于汽油机，但排放污染难以控制，因而近年来其主要技术进步集中在排放控制方面。相对于目前的排放法规，一氧化碳和碳氢氢化合物较易控制，最难控制的是PM和NO_x，因为两者存在Trade-off关系。为满足国Ⅰ～国Ⅲ（或欧Ⅰ～欧Ⅲ）的排放法规，柴油机主要采用以改善燃烧为核心的机内净化技术，从国Ⅳ和欧Ⅳ阶段开始，柴油机将开始安装排气后处理装置，即机外净化技术。

①柴油车的机内净化技术

为满足排放法规要求，柴油车需要采用燃烧室优化设计、废气涡轮增压、电控并高压喷油，并根据需要推迟喷油时间或采用EGR。因此传统的直列机械高压油泵开始被淘汰，取而代之以高压共轨、单体泵或泵喷嘴等能使喷油压力达100MPa以上的喷油系统。另外，也有少量柴油车采用氧化催化剂（DOC）。

在进一步优化燃烧系统的基础上，同时采用中冷及可变喷嘴的废气涡轮增压系统，提高喷油压力至160MPa左右，并提高电控系统的匹配和控制精度后，根据需要进一步加大EGR率。EGR可以显著降低NO_x排放量，但与上述汽油机的情况相同，柴油机大量采用EGR时也会产生污染润滑油的问题。但对重型车而言，排放控制仅靠这些措施是不够的，必须同时采用NO_x选择还原催化剂（SCR）或微粒捕集器（DPF）。

固体颗粒物（PM）一般由烟炱（Soot）、可溶性有机物（SOF）和硫酸盐（Sulfat）组成，分别占60%、30%和10%左右。其中SOF来源于未燃烧柴油和润滑油，用色谱或色质联用可以进一步将SOF分解成数十种碳氢化合物，一般认为低于C_{19}的碳氢化合物来自燃油，高于C_{28}的来自润滑油。随着发动机燃烧的改善，烟炱排放会显著减少，这使得PM中来源于未燃润滑油的SOF的比例提高，因此现代柴油机对润滑油的消耗也有限值要求。

PM中硫酸盐的多少主要与燃料的硫含量有关，另外也包括其他金属盐和重金属成分。因此，从国Ⅰ到国Ⅲ阶段，柴油的硫含量由1000μg/g降低到350μg/g，考虑到催化剂的应用国Ⅳ阶段有可能降到50μg/g以下。随着燃料硫含量的大幅度降低，来自润滑油中的硫和其他成分对PM中硫酸盐的贡献将会增大，因此有必要限制润滑油中硫及各种金属成分的含量。

②柴油车的后处理技术

实用化的柴油机后处理技术只要有氧化催化剂（DOC）、NO_x还原催化剂、微粒捕集器（DPF）。DOC可以通过氧化反应降低排气中的一氧化碳和碳氢氢化合物以及PM中的SOF含量，同时对乙醛等尚未限制的有害成分（非常规排放）也有效果。但DOC也会将排气中的SO_2氧化成SO_3，遇水生成硫酸盐。一般认为，柴油的硫含量大于100μg/g时，采用DOC后会使PM排放量升高，因此必须使用低硫柴油。

目前商品化的DPF一般采用陶瓷材料作过滤体，对PM的净化效率高达90%以上。但随着PM在DPF中的积存，排气背压增大，导致柴油机动力性和油耗恶化，必须及时将积存的PM除去，即必须进行再生。目前应用最多的再生方法是在陶瓷过滤体表面涂敷白金等贵金属，对PM进行催化氧化，但排气中的硫会使贵金属中毒，很快失活，润滑油中的硫酸盐灰分会堵塞过滤器，造成过滤器不能再生。

目前商品化的柴油机NO_x净化技术有：选择催化还原法（SCR）、吸附还原催化法（LNT）。欧洲已于2005年底实施了柴油车的欧Ⅳ排放法规，重型柴油车广泛采用了以尿素为还原剂的SCR系统，这种催化剂有较好的耐硫性能，可以用欧Ⅲ标准的柴油（硫含量不大于

350μg/g）工作。但未来实施欧Ⅴ和欧Ⅵ法规时，为进一步降低NO_x，需要在SCR前设置氧化剂以增加NO_2比重，而DOC是要求低硫柴油的。LNT法除了在柴油车上应用，在前述的缸内直喷汽油机上也采用，但LNT的催化剂十分容易硫中毒。

鉴于上述柴油机后处理装置对低硫燃料的苛刻要求，欧、日、美各国已将其柴油硫含量限制在50μg/g以下，实际甚至低到10μg/g左右。随着柴油硫含量的大幅度降低，润滑油硫含量的影响可能会凸显出来，因此，2004年ACEA发布E系列柴油机油规格中对润滑油的硫含量、磷含量和硫酸盐灰分都有严格限制。用于欧Ⅳ、欧Ⅴ和欧Ⅵ的技术选择及相关系统结构见图4–13、图4–14、图4–15、图4–16。

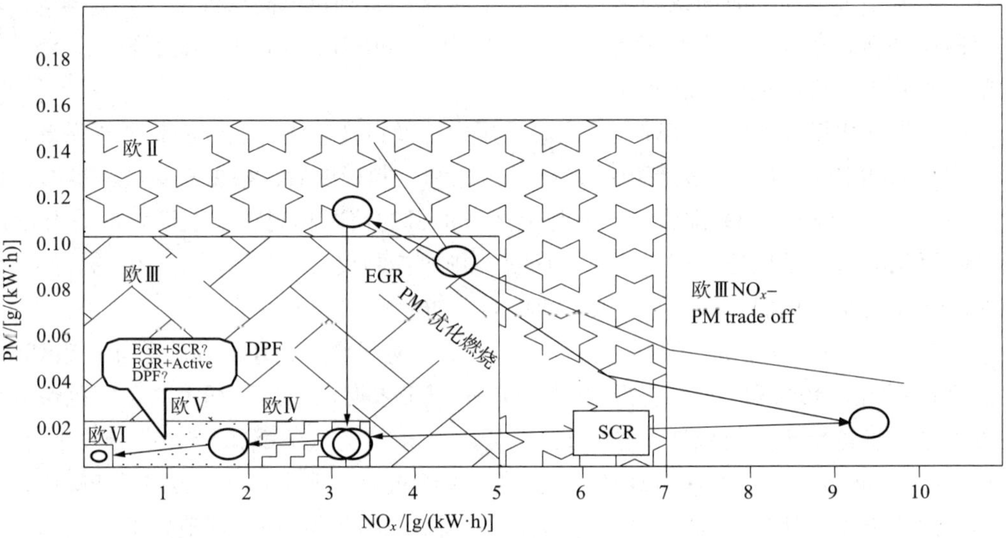

图4–13　用于欧Ⅳ、欧Ⅴ和欧Ⅵ的技术选择

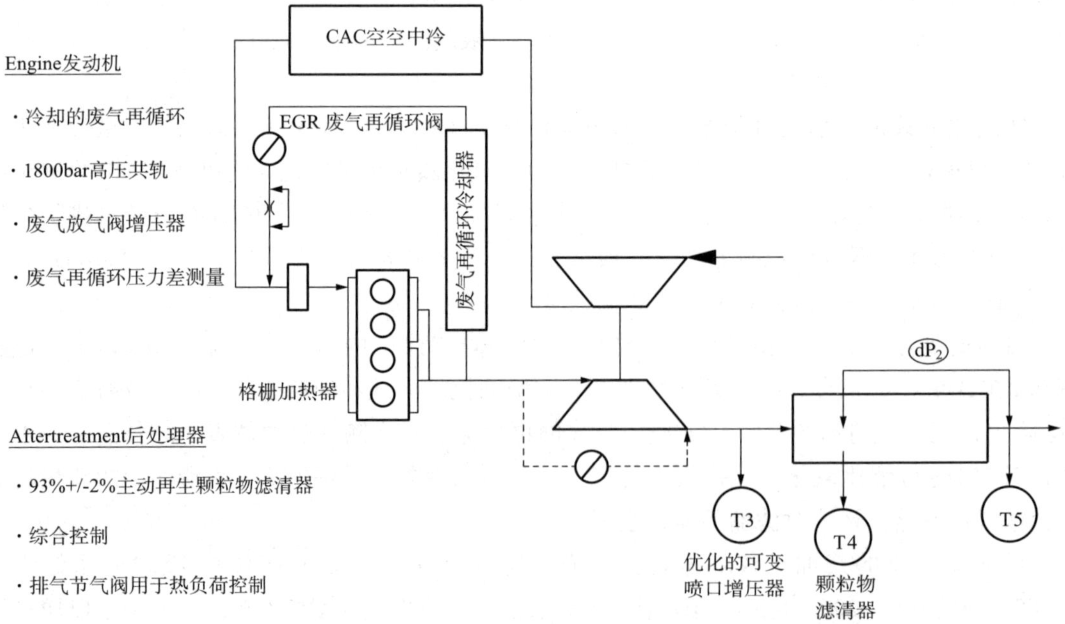

图4–14　废气再循环系统的结构

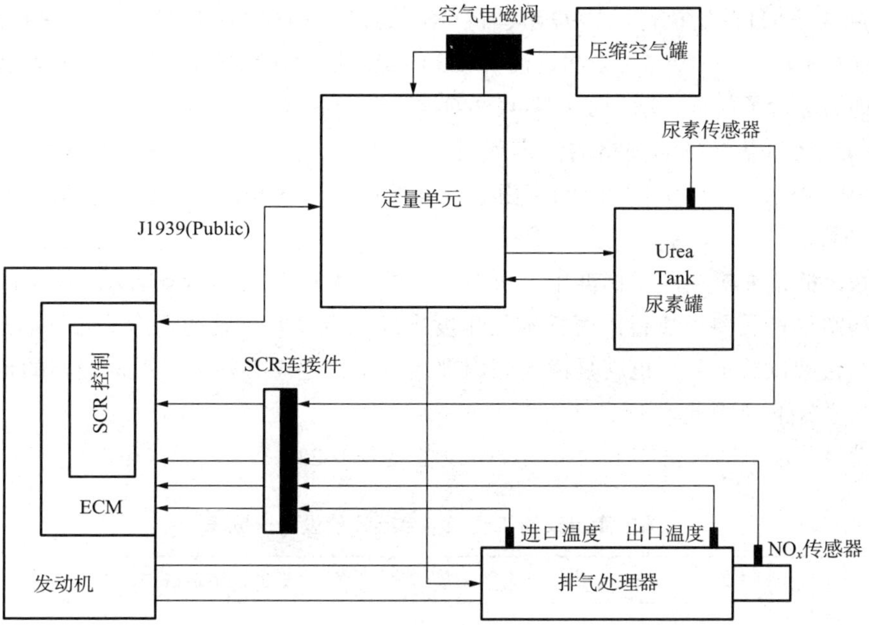

图4-15　SCR系统结构

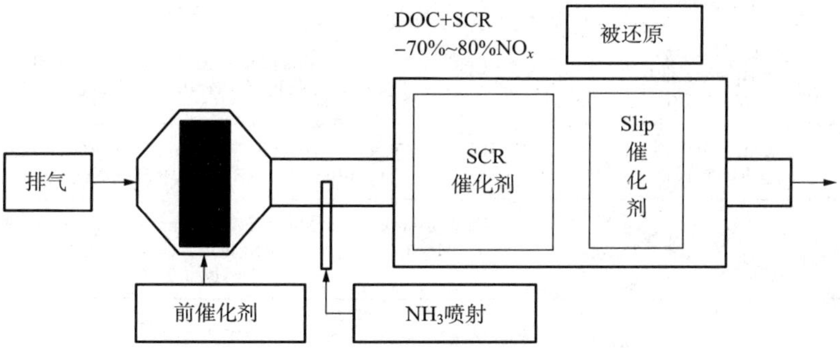

图4-16　DOC/SCR合并使用的排气后处理技术方案

特别需要强调的是，对于柴油机排放后处理技术而言，还有一个共性问题就是硫酸盐的排放。在使用氧化能力较强的氧化催化的后处理中，燃料中的硫大部分转化为硫酸盐呈颗粒状向外排放，而且二氧化硫还是使催化剂老化的首因，因此，要满足更严格的排放法规，柴油燃料的低硫化是一个前提条件。

排气后处理是解决当今柴油机排放问题的最有前途的策略之一。柴油机排放物主要是NO_x和PM，从技术角度来说，NO_x的还原催化和微粒捕捉技术是能满足未来超低排放法规的。其中尤以NO_x的尿素选择性催化还原和遥控微波加热连续再生DPF具有最为光明的前景。它们虽然都或多或少地存在着一些问题，但随着研究的深入以及燃烧技术的发展和新配方柴油的应用、燃油的进一步低硫化，人们有理由相信，零排放的柴油机是可以实现的。

（6）我国柴油机油规格的发展

1985年，我国参照API内燃机油分类和使用性能，制定了第一个柴油机油国家标准GB 5253—1986《CA柴油机油》，并于1986年4月1日开始执行。1989年，我国又颁布了国家标准GB 11122—1989《L-ECC柴油机油》和GB 11123—1989《L-ECD柴油机油》，这两个标准从1990年4月1日开始执行。1997年，将GB 11122—1989和GB 11123—1989合并，制定了国家标准GB 11122—1997《柴油机油》。2006年，根据API柴油机油规格的发展，我国对柴油机油规格进行了修订，增加了CF-4、CG-4、CH-4、CI-4规格。

我国CC、CD柴油机油规格的制定落后国外30年，主要原因是我国缺乏相应的评定设备。从1989～2005年近20年的时间，由于同样的原因，使我国柴油机油规格的制定远远落后于市场需求。

在新修订的柴油机油国家标准中，所有新增的台架试验项目与美国API体系的要求基本一致。从润滑油产品要求执行国家标准的角度出发，意味着今后的润滑油必须通过美国API体系要求的台架试验项目。也就是说，国内评定设备的建立必须依靠引进美国的台架才能满足润滑油国家标准的要求。

我国满足柴油机油规格要求的台架评价设备见表4-23。

表4-23　　国内满足柴油机油规格台架评价设备一览表

项目	拥有的台架设备	缺失的台架设备
CC，CD	CRC L-38，Caterpillar 1G_2/1H_2	
CF-4	CRC L-38，Caterpillar 1K	
CH-4	CRC L-38，Sequence ⅢE Mack T8E	Cummins模拟腐蚀性试验，GM 6.5L Cummins M11，Caterpillar 1P，Navistar 7.3L
CI-4	Caterpillar 1K，Mack T8E	HTCBT，Mack T-10ERG，Cummins M11EGR，Sequence ⅢF，Caterpillar 1R EGR，GM 6.5L，Navistar 7.3L
CJ-4		Caterpillar C-13，Mack T-12，Cummins ISM，Cummins ISB，Mack T-11，Sequence ⅢG，Caterpillar 1N，GM 6.5L，Navistar 7.3L

由表4-23可以看出，从CH-4柴油机油规格开始，我国所拥有的评价手段就不全，并且随着柴油机油质量级别的升高，所缺乏的台架评价设备数目逐渐曾多。到最新的API CJ-4柴油机油规格，我国甚至连一个台架评定设备都没有。因此，我国润滑油规格如何发展，已经成为业界所关注和讨论的焦点，尤其是国家已经将创建创新型国家作为科技发展的一个战略目标。因此，国内润滑油评价手段的建立与发展、润滑油规格的发展已经成为我们不得不思考和重视的问题。

纵观国外柴油机油规格的发展，我国未来柴油机油规格的发展大致有两条路：一是引进国外的台架，跟着国外标准走；二是与国内发动机和汽车生产厂家联合建立台架，逐步制定自己的规格。

如果全面采用国外润滑油标准，成套引进发动机台架，这样虽可以加快高档润滑油研发的速度，提高研发水平，但是成套引进发动机台架需要巨额投资。同时，因为油品规格的快速发展，使得引进的台架存在落后的风险。送油样去国外检测，虽然不再承担一次性固定资产投资和设备折旧费用，然而高额的评定费用以及较长的评价周期，不仅提高了产品研发成本，也不利于研发工作的深层次发展，同时也不便于产品质量的检验和仲裁。因此，无论从润滑油的研发和市场销售来看，最终都将处于被动的局面。

近些年，国内润滑油界的一些有识之士把目光投向了与汽车行业联合开发OEM试验方法，根据OEM的需求，建立自主知识产权的台架评定方法。比如，某石油公司与一汽合作建立的6DL台架，现用于评价柴油机油的高温清净性、抗磨损性能以及烟炱分散性。但这些台架方法要得到OEM行业的普遍认可，最终建立具有中国特色的润滑油产品标准，还需要较长时间的努力。

国内润滑油标准的制定是一个长期的发展过程，一方面需要汽车厂家的重视参与，共同制定相应的标准；另一方面，也需要国家的大力引导和支持。从欧洲规格及日本规格的发展来看，基本上都是在借鉴API规格台架的基础上，再加上一些国内OEM台架建立标准的。因此，我国润滑油标准的制定同样也可以这样做。与OEM合作建立台架，共同制定我国润滑油标准，将对中国润滑油事业的发展起到重大的推动作用。2016年9月13日，中国内燃机学会发起，联合中国汽车工程学会、石化标委会，以及行业内添加剂、润滑油和发动机OEM等各方面专家，多个行业聚首上海，以创新联盟形式，推进汽车发动机、润滑油、添加剂及其他相关行业与学会的协作，共同开拓建立中国自主润滑油标准的新篇章。

第五节　提高内燃机油质量的途径

油品质量的优劣是通过一系列测试评定方法来确定的，每一个试验结果反映了油品的某一性能，综合各项试验数据，即可以全面衡量一个油品的质量。具体地讲，可以通过理化性能和使用性能来衡量，理化性能指油品的静态特性，如黏度、密度、酸值、机械杂质、组成分析、元素分析等；使用性能指油品的动态特性，即油品在实际使用中表现出来的特性，如润滑性、清净分散性、防腐防锈性。由于理化性能指标的测定比较简单，所需仪器设备也简单，消耗的人力物力较少，因而主要用作油品生产过程的质量控制手段。对于储存和使用过程中的油品，可以通过理化性能指标的测定来了解油品质量变化情况，因为使用性能发生了变化必然引起理化性能指标的变化。油品从研制到定型生产一般需要以下四类试验。

1．理化试验

这是检查油品质量的基本手段，油品的接收、储存、发运都必须有相关的理化性能数据。一旦油品定型生产，其理化性能指标也相应确定，如调配成品油的基础油不同，则成品油的各项理化性能指标也有一定差异。

2．仪器分析试验

油品的化学组成不同，其性质也不同。不同的原油即使在相同条件下生产出来的成品，由于其化学组成不同，在理化性能和使用性能上也会出现差异，用仪器分析的方法就可以对油品内在的性能进行分析评定。使用精密仪器分析方法，如色谱法、原子光谱法、质谱法等，可对油品的化学组成、元素组成、分子结构及官能团进行准确的分析。

3．性能试验（台架试验）

油品在实验室专用试验机上，以固定或可变的负荷、转速及接近实际运行条件进行的试验称为性能试验。模拟试验具有设备结构简单、试验条件容易控制、试验时间短、费用低等优点，是新油品研制和质量改进的必不可少的手段。通过模拟试验筛选，淘汰性能差的油品配方，性能较好的配方再用台架评定和使用试验进一步验证。

台架试验机往往是实际的全尺寸机械，并配以试验仪表及设备，试验按工况进行，以消除油品在实际使用时的某些可变因素，便于及时发现问题、分析问题。试验结束后，要对油品进行分析，并测量与试油有关的主要零部件的磨损情况。台架试验对油品的研制有重要的使用价值。

4．使用试验

在试验条件下通过实际使用来考察油品对发动机、车辆的适应性，找出油品质量衰变规律，这种试验消耗的人力、物力多，试验周期长，只有新油品在通过台架试验后，定型批量生产前才按要求进行。

使用试验影响因素很多，为获得可靠的符合实际的结果，应尽可能做到试验车辆的技术状态、工作条件、操作水平基本相同。此外，使用试验还应包括不同季节、不同地区、不同使用条件的试验。

第六节　内燃机油的组成

柴油机与汽油机的点燃方式不同，前者是压燃式，后者是点燃式，使得二者在其机油配方组成上有较大差异。二者燃烧的特点有3个方面：一是柴油机运转时产生的烟炱比汽油机多，烟炱易在顶环槽内沉淀，引起机油黏度增长、磨损加剧；二是柴油中硫含量比汽油高，燃烧后生成的酸性物质多，易导致活塞环和缸套的腐蚀磨损；三是柴油机的热负荷比汽油机大，燃烧室温度高，易使机油氧化变质。从以上三个特点可看出，汽油机与柴油机所使用的功能添加剂虽然都是清净剂、分散剂和抗氧剂，但由于解决问题的侧重点不同，因此在配方中各种功能剂的种类和比例有较大差异。汽油机油低温油泥比较突出，故加入的分散剂比例比柴油机油大；相反，柴油机油重点要解决高温清净性，加入的清净剂比例较高。特别是因柴油直喷，热负荷很高的CF-4及CF-4以上高档柴油机油，配方中还要加入热稳定性好的高碱值硫化烷基酚钙和低碱值磺酸钙来解决高温清净和高温抗氧的问题；而抗氧抗腐剂也要用热稳定性更好的长链ZDDP（T203）。为了改善油品的抗高温氧化性，还要加入胺类、酯类辅助抗氧剂。汽、柴油机油的典型配方见表4-24。

表4-24　　典型的内燃机油复合剂配方

添加剂组分	SJ汽油机油/%	CF-4柴油机油/%
无灰分散剂	52.2	42.0
高碱值磺酸镁	9.8	—
高碱值硫化烷基酚钙	8.7	25
磺酸钙	8.7	17
ZDDP	13.0	12
复合抗氧剂	7.6	4

汽车工业的发展，对润滑油质量的要求越来越高，为了提高油品质量，除了选择质量优秀的基础油外，通常还采用添加剂来提高润滑油的某些品质。添加剂可显著提高油品的某些

性能而不降低产品收率，或使产品的使用寿命延长，这既提高了产品质量又不减少消耗作用。例如，为降低基础油的倾点需要进行脱蜡，溶剂脱蜡的深度越大，产品收率越低，而现在广泛采用加降凝剂的方法来降低润滑油的倾点，改善其低温性能。尽管如此，但添加剂的效果不是万能的，其用量也有一定限度，不同类型基础油对添加剂的感受不同，像降凝剂之类，加剂量在1%以下时，降凝作用明显，加量过多反而会引起油品倾点回升。又如，在润滑油中添加防锈剂可以提高油品的防锈性，然而防锈剂吸附在金属表面，影响了极压抗磨剂的作用，又会降低油品的极压抗磨性。因此，在选择添加剂时，要充分考虑各种添加剂的相互作用，改善添加剂的配合性，使配方更加完美。

一　汽油机油配方研究

使用各类基础油和各种功能添加剂，根据发动机的性能及其对润滑油的技术要求，可以调配出多种多样的内燃机油产品。一种内燃机油的生产，首先得有油品配方，按配方进行调制。

1．基础油的考察

油品的质量是由基础油的组成和添加剂的配方所决定的，基础油作为内燃机油的基本组成部分，其组成及性能对成品油的质量有直接的影响。以SJ 10W-30为例来说明研究过程：10W-30多级油的工作范围很宽，冬季汽车启动时，曲轴箱及摩擦表面的油温可能低到环境温度；而发动机高速运行后，活塞顶部活塞环槽区域油温高达300℃以上，这都需要基础油有良好的黏温性能。SJ 10W-30油不仅对倾点、低温黏度、边界泵送性等低温性能有严格的要求，同时对蒸发损失、高温高剪切黏度等高温性能要求也很苛刻，只有具备了良好的高温性能，才能有利于在高温下保持油膜，减少机件的磨损，通过对基础油的选择，确保油品有好的黏温性能，所选基础油馏分不宜太重，然而较轻的馏分油会导致产品蒸发损失变大，清净性和抗磨性也会变差。基础油的考察结果见表4-25。

表4-25　　基础油的考察结果

基础油/%		运动黏度（100℃）/（mm^2/s）	低温黏度（-25℃）/（mPa·s）	成焦板试验焦重（310℃·3h）/mg	四球机试验	
HVIH150/HVIW150	HVIH500				P_B/N	d（磨斑）/mm
100	0	5.2	3050	170.5	735	0.51
80	20	6.0	3300	151.8	833	0.49
60	40	6.7	4500	139.4	882	0.47

从表4-25看出，重馏分基础油润滑性好，对负荷承载起重要作用，在不影响流变性前提下，轻馏分油掺调适量重馏分油，可使清净性和抗磨性得到改善。但是必须充分考虑到黏度指数改进剂和功能添加剂对油品低温性能的影响，留足空间，以免无法满足低温性能要求。基础油中适当加入深度脱蜡的Ⅰ类基础油，除可降低成本，还可提高对功能添加剂的相溶性。

2．功能添加剂复配原理

内燃机油复合添加剂由关键三部分，即金属清净剂、无灰分散剂和ZDDP抗氧剂为主组成。

（1）抗氧剂的筛选

润滑油在使用中不可避免地发生氧化，氧化生成酸，造成腐蚀；氧化生成油泥、胶质和漆状物容易引起活塞环的连接和油路堵塞，氧化是油品变坏的主要原因，大大缩短了使用寿命。汽油机油的一个重要性能是抗氧化性，抗氧化性越好，换油周期越长，对发动机可能造成的损害越小。SJ油要通过MS程序ⅢE，所以对油品的抗氧化性有更高的要求，复合抗氧剂可以提高抗氧化效果。通过对多种抗氧剂及其复合后的实验室模拟氧化试验，确定以ZDDP为主抗氧剂，复合另外两种抗氧剂组成三元体系抗氧剂，用量2.0%时，在薄层氧化（TFOUT）实验中，氧化诱导期达到230min，达到了ⅢE标准水平。一般认为，具有不同作用机理的抗氧剂复合能相互补充，在不同的氧化阶段，发挥各自的抗氧化作用，从而具有协同作用。SJ级油规定磷含量不大于0.1%，这需要控制ZDDP的含量，必须辅加其他抗氧剂来弥补油品的抗氧化性能。

（2）清净分散剂复合

内燃机油中加入清净分散剂能中和酸性化合物，并能对高低温沉积物起增溶、分散作用，从而减少和防止沉积物在发动机运转部件的表面沉积，提高油品的使用性能。SJ油的另一个技术难点是解决黑色油泥。新款轿车车速高，曲轴箱体积小，油温高，从而产生黑色油泥问题，为解决这个问题，除选用了高分子无灰分散剂外，还使用了分散型OCP，提高了油品的高低温分散性能，降低了无灰分散剂加剂量。所谓分散型OCP（乙丙共聚物），即在催化剂作用下，在OCP分子上接上马来酸酐和四乙烯五胺（多乙烯多胺），使其具有无灰分散剂的性能。

高档汽油机油常用的金属清净剂是高碱值磺酸钙、硫化烷基酚钙、高碱值磺酸镁等，钙盐与镁盐复合，对高温生成漆状沉积物无大影响，使用磺酸镁可降低油品灰分，提高防锈性。上述3种添加剂合理搭配，用量在2.5%时，达到了SJ油的高温清净性能要求。

（3）分散剂

现代汽车高速和低速反复交叉行驶的情况日益增多，汽油机油的高、低温沉淀物同时存在，这要求汽油机油中的分散剂能同时分散高温、低温沉淀物。由于评定SJ级油品分散性的程序ⅤE台架试验条件比程序ⅤD更苛刻，低温更低、高温更高、试验时间更长，并增加了摇臂罩油泥评分。特别是其低温阶段，温度低于水的露点，水汽更容易凝结，更利于水的形成。为解决高低温油泥同时存在的问题，主要采取了增加无灰分散剂加剂量和改进配方组成等措施。

（4）特殊的理化性能

SJ级油的发动机台架评定要求与SG、SH级油一样，但由于SG、SH油在使用中高温清净性、低温流变性、高温泡沫性等方面出现了问题，因此在SJ级油规格中增加了TEOST高温沉积性、凝胶指数、高温抗泡等新的实验室评定指标。上述问题的出现主要是由配方中使用的清净剂自身性能造成的。

综上所述，根据一系列实验室评定结果，确定了10W–30 SJ油配方：

基础油：HVIH150/HVIW150，70%；HVIH500，13.5%

分散型：OCP，7%

降凝剂：0.5%

功能剂：高碱值磺酸钙+高碱值硫化烷基酚钙，1.8%

高碱值磺酸镁，0.7%

高分子无灰分散剂，4.5%

T202/T203，1.1%

辅助抗氧剂：T323、L-57、L-135各0.3%，总剂量9%

有了SJ油配方后，按比例适当降低剂量就可以推广到SH和SG油，因为这三种油的台架评定方法相同。SG油除解决油泥问题外，还要求提高汽油机油的高温抗氧化性能和磨损性能。在MS程序ⅡD、L-38方面与SF级油无差别，但用ⅢE、ⅤE代替原来的ⅢD、ⅤD，试验条件更苛刻。SH油与SG油一样，也是为解决汽车在高温高速和低温低速反复交叉行驶的情况下生成黑色油泥的问题，所做的台架评定及评分标准也相同，不同之处是SH油评定要遵守美国CMA规则：一次通过台架即可接受；二次试验平均值必须通过；三次以上试验可以去掉一个，其余平均数也必须通过。而SG油在评定1～5次中，只要1次通过即可。这样，SH油质量要比SG油稳定，加剂量也相应增加。1994年，美国颁布了SH级油规格，取消了SG级油规格。为了减少汽车排放尾气对环境的污染，以及对废气转换催化剂的毒害，SH级油规格规定油的磷含量小于0.12%。

1997年，美国颁布了SJ级油规格，其性能与SH级油规格相近，所用台架也相同，也要遵守CMA和MTAC规定。区别是SJ级油要做凝胶指数、高温高剪切、高温抗泡试验等。SJ级油更注重排放，要求油的磷含量小于0.1%，以延长催化剂的使用寿命，能满足欧Ⅱ排放标准。

3．SL/GF-3汽油机油

我国引进了国外先进的技术和生产线生产高档轿车，对润滑油质量提出了很高要求，促使汽油机油迅速发展与并国际先进水平接轨，尤其是与欧美国家企业合资的汽车厂，其装车油须符合原始厂商（OEM）要求，如上海通用与GM公司、上海大众公司与德国大众公司的装车油须保持一致，并且紧随原始厂商装车油的升级换代，2001年升级为SL/GF-3油，目前又提升到SM/GF-4油。我国缺乏SL油相关的评定台架，均使用美国公司生产的复合剂并选择合适的基础油来调制，因此选择基础油是关键。下面介绍生产SL/GF-3 5W-30是如何选择基础油的全过程。

首先选定美国某著名添加剂公司生产的SL/GF-3汽油机油复合剂，其核心配方体系在北美Motiva Ⅱ类基础油中通过全套发动机台架试验，为使该剂适用于亚洲地区，应用ACC规范及API基础油互换规则（见表4-26），对北美Motiva及韩国双龙Ⅱ类基础油进行了互换试验。

表4-26　　API基础油互换规则（适用于SL/GF-3节能汽油机油）

原API认可配方使用的基础油	换用基础油			
	Ⅰ	Ⅱ	Ⅲ	Ⅳ
Ⅰ	ⅢF、ⅣA[⑤]、ⅤG[②]、ⅣB	ⅢF、ⅣA[⑤]、ⅣB	≤30%[①]，ⅥB >30%≤50%，除ⅣA、ⅤG、Ⅷ外的所有台架试验 >50%，除Ⅷ外的所有台架试验	≤30%，ⅥB >30%≤50%，除ⅣA、ⅤG、Ⅷ外的所有台架试验 >50%，除Ⅷ外的所有台架试验
Ⅱ	ⅢF、ⅣA[⑤]、ⅤG、ⅣB	ⅢF、ⅣA[⑤]、ⅤG[④]、ⅣB[③]	≤30%，ⅥB ≤50%，除ⅣA、ⅤG、Ⅷ外的所有台架试验 >50%，除Ⅷ外的所有台架试验	≤30%，ⅥB ≤50%，除ⅣA、ⅤG、Ⅷ外的所有台架试验 >50%，除Ⅷ外的所有台架试验

续表

原API认可配方使用的基础油	换用基础油			
	Ⅰ	Ⅱ	Ⅲ	Ⅳ
Ⅲ	所有台架试验	所有台架试验	所有台架试验	≤30%，ⅣA、ⅤG、ⅥB >30%[①]，所有试验
Ⅳ	所有台架试验	所有台架试验	≤30%，ⅣA、ⅤG、ⅥB >30%，所有试验	不用做

①表中涉及的百分比均为质量分数。
②换用基础油的饱和烃含量不小于、硫含量不大于原基础油时，可不做ⅤG发动机台架试验。
③换用基础油后油品的CCS和HTHS黏度不大于原台架油时，可不做ⅥB发动机台架试验。
④换用基础油的饱和烃含量不小于原基础油时，可不做ⅤG发动机台架试验。
⑤新基础油组分调和黏度（100℃）大于原基础油组分时，可不做ⅣA发动机台架试验。

由表4-26可以看出，针对SL/GF-3档次的油品，Ⅱ类油互换需重新进行ⅢF、ⅣA、ⅤG、ⅥB发动机台架试验，这些试验除了ⅢF必做外，ⅤG在新基础油的饱和烃含量大于原基础油时，可不做；ⅥB试验在互换后试验油的CCS和HTHS黏度小于原台架油时，可不做；在新基础油组分调和黏度（100℃）大于原基础油组分时，ⅣA试验可不做。在遵循以上API规则的基础上，对不要求做的台架试验，API允许沿用原来的一套数据。

表4-27列出了北美Motiva基础油、韩国双龙基础油的典型数据，表4-28为调和后油品的理化性能数据，结合表4-26用于指导台架试验的进行。

表4-27 Motiva基础油和双龙基础油性能对比

测试项目	Motiva基础油		双龙基础油	
	Star7	Tex5w	100N	150N
黏度指数	102	110	109	111
硫含量/%	0.003	0.001	0.0002	0.0001
饱和烃/%	94	99	98	99

表4-28 调和后油品的理化性能数据

测试项目	Motiva基础油	双龙基础油
运动黏度（100℃）/（mm^2·s）	10.56	10.30
低温动力黏度（CCS，-30℃）/（mPa·s）	5795	5570
高温高剪切黏度（HTHS）/（mPa·s）	3.02	3.0

由表4-27可见，相对Motiva基础油，双龙基础油具有黏度指数高、硫含量低和饱和烃含量高的优点，根据API基础油互换规格，以双龙基础油取代北美Motiva基础油，无需重做ⅤG发动机台架试验。

表4-28结果显示，双龙基础油调和的油品，运动黏度（100℃）、CCS和HTHS黏度均小于原来的Motiva基础油，按表4-24要求，以双龙基础油取代北美Motiva基础油，可不做ⅥB发动机台架试验，但必须进行ⅣA发动机台架试验。

该复合剂顺利通过了双龙基础油中的ⅢF、ⅣA发动机台架试验，完成了基础油互换所要求的全部台架试验。

二 通用内燃机油配方研究

我国汽车工业取得了举世瞩目的快速发展，必然对内燃机油的发展提出更多更高的要求。我国内燃机由主要向高档化、通用化、多级化方向发展。以早期市场使用较多的SF/CD 15W–40油为例，该油要同时满足SF油低温锈蚀、低温油泥分散性能和CD级油高温高负荷下高温清净性能的要求，其研制难度很大，必须认真选择添加剂的类型，平衡各种添加剂的用量，其研制思路是研究关键所在，要合理安排试验方案。

1. 研制CD油的难点

增压柴油机油压缩比在16以上，功率大，热负荷高，环区温度可达280～320℃，机油除具有良好的抗磨性能、抗氧抗腐性能、防锈性能外，还必须具有优良的高温清净性能，如果高温清净性能不佳，就会在活塞表面形成积炭、沉积物，导致发动机功率下降，甚至粘环无法正常运转。CD油要通过Cat.1G_2和L–38台架试验，L–38台架试验通过合理地选择抗氧抗腐及抗磨剂的类型、用量及其他添加剂的配比即可比较容易通过，而评定柴油机油高温清净性的Cat.1G_2台架试验则成关键所在。为解决这一难点，先后开发了成焦板试验、圆盘试验、热管氧化实验等模拟实验，但至今仍未找出一种方法能够很好地预测油品的高温清净性。美国在1993年MTAC规则制定以前，Cat.1G_2台架评定采取“五过一”的办法，即同一油样进行5次1G_2试验，有1次通过就认为该油达标。而我国，由于研究经费有限，CD级油配方都是一次通过，一旦失败，也只好改进配方后再进行试验，这也是国产配方加剂量较大的原因之一。

2. 研制汽油机油SF的难点

汽油机油的热负荷没有柴油机的高，经常处于开开停停状态，行驶速度较高，对机油的高温氧化磨损性能、低温分散性能和锈蚀要求比较高。SF油又必须通过MS程序ⅡD、ⅢD、ⅤD3个发动机台架试验。因此，在确保满足CD油高温清净性的前提下，能否使研制油品的高温氧化磨损性得到解决成为一大难点。

3. 选准难点，合理安排试验顺序

通过内燃机油集柴油机油和汽油机油的性能为一体，合理巧妙地平衡与解决高温清净性、高温氧化磨损性能、低温分散性能是开发的技术核心，其中尤以高温清净性难度最大，表4–29将通用油必须通过的5个标准台架试验按难易程度进行排序。因此，在其他性能不受损的前提下，优先解决好高温清净性问题，就必须从油品研制的“三要素”入手，即选择适宜的基础油，选择高温性能好的添加剂，正确应用多种模拟手段优化和筛选配方。

表4–29　SF/CD通用内燃机油主要使用性能与台架难易程度对照表

台架难易程度	性能	评定台架	评定方法	
			国内	国际
1	高温清净性	1G_2	GB/T 9933	ASTM 509A
2	高温氧化性	MS ⅢD	SH/T 0513	ASTM 315HPART Ⅱ
3	低温分散性	MS ⅤD	SH/T 0514	ASTM 315HPART Ⅲ
4	锈蚀	MS ⅡD	SH/T 0512	ASTM 315HPART Ⅰ
5	轴瓦腐蚀	L–38	SH/T 0265	CEC–L–14A–78

4．选择适宜的基础油

试验表明，蒸发损失小的基础油有利于解决活塞二槽和二台以下的漆膜，而馏程范围宽、蒸发损失大的基础油不仅影响排放性能，而且轻馏分的挥发，导致油品组成发生变化而影响使用性能，通常要选择蒸发损失在20%以下的基础油。

5．选择高温性能好的添加剂

添加剂类型的选择及其配方的确定是通用内燃机油的关键。只有选择使用高温性能好的添加剂，才能确保油品具有良好的高温清净性，为此在抗氧剂的选择上使用了有利于满足柴油机油性能、热稳定性好的长侧链伯烷基ZDDP（T203），而未使用有利于满足汽油机油性能、抗磨性好的短侧链仲烷基ZDDP（T202）；在分散剂的选择上也不使用高温性能较差的单烯基丁二酰亚胺（T151），而使用兼顾高温清净性和低温分散性的双烯基丁二酰亚胺（T154）；选择清净剂时，在兼顾汽油机油性能的前提下尽可能多地使用高碱值清净剂。同时还要考虑到无灰分散剂与金属清净剂之间具有相辅相成的增效作用，因此在油品配方研究时，平衡各种添加剂之间的关系十分重要。

6．正确应用各种模拟手段优化和筛选配方

发动机工作时的工况十分复杂，台架试验费用也很昂贵，因此各研发单位在实验室建立了简便快捷的筛选配方的模拟试验方法，如成焦板试验、成漆板试验、热管热氧化试验、多金属氧化试验等。但目前还未有一种模拟试验能准确地预测Cat.1G_2台架试验结果。只有综合各种模拟试验结果，合理分析研制油与通过台架试验的标准油的差异，不断优化和筛选配方，最终选择各项模拟试验结果接近或达到标准油的配方来做台架试验。

就成焦板和热管两种试验方法而言，成焦板试验在筛选单级油时效果较好，但用其筛选多级油时常常与台架试验结果不一致，原因之一是受黏度指数改进剂的影响很大。热管试验则受黏度指数改进剂的影响较小，无论单级油或多级油都可在同一条件下筛选，但区分性较差。在确定适宜的配方类型时，不仅利用热管和成焦板试验对通用油的高温清净性进行了重点考察，而且兼顾了抗磨性、分散性、氧化安定性的考察，确保油品的各项性能达到最佳平衡，充分利用磺酸盐与酚盐之间的协同作用、高低碱值磺酸盐间的协同作用、磺酸盐的防锈作用，最后确定了高碱值磺酸盐－低碱值磺酸盐－酚盐－双烯基丁二酰亚胺－仲烷基ZDDP配方体系：

清净剂：T106，2%；P_X52，1%；T101，1%

分散剂：T152，3%

抗氧抗腐剂：T203，1%

三　柴油机油配方研究

10多年前，CD、CF-4油是市场上用量最大的品种之一，通过添加剂间的相互作用的研究，推导出经济实用的CD油配方，再从CD油与CF-4油之间的性能比较，推出CF-4油配方。经使用试验表明，能够满足直喷柴油机润滑要求。但推导出来的CF-4油配方，未经相关台架验证，仅供参考。

研发内燃机油配方，需要多方面的信息，掌握尽量多的文献资料，研究各种添加剂间的相互作用和配伍性，确定的配方还要经过实验室模拟试验和发动机台架试验以及行车试验后才能成为可使用的配方。

柴油机油添加剂是油品质量的关键，它们之间的相互作用对一油品的质量与性能来说有至关重要的影响，添加剂之间既有静态的分子间相互作用，也有在使用过程中的性能上的相互作用，了解添加剂间的相互作用将对配方研究起着积极的指导作用。

目前对于两种添加剂之间的相互作用规律已有了较为全面的认识，一般认为ZDDP与丁二酰亚胺无灰分散剂之间有较强的分子间相互作用，但对于它们的作用方式在看法上尚有分歧；磺酸盐与丁二酰亚胺之间也存在强的分子间相互作用；磺酸盐与ZDDP之间一般不存在分子间相互作用。从性能上看，磺酸盐有较好的清净分散性、酸中和性和碱保持性，但磺酸盐的存在会降低ZDDP的抗氧能力；而丁二酰亚胺对ZDDP的抗氧和抗磨性能均有影响；酚盐在与其他添加剂复合时在中和酸性物质和抗氧抗磨方面表现出良好的性能。

活塞清净性是考察柴油机油性能的重要指标，以CD油为例，必须通过单缸高温活塞清净性台架Cat.1G_2，其活塞清净性评分包括对顶环槽积炭和活塞表面漆膜的评分，对活塞沉积物进行分析无疑会给配方研制带来帮助。用于配方筛选的模拟评定手段主要包括内燃机油氧化安定性试验、成焦板试验、成漆板试验和高温分散性试验，可以利用这些评定方法对柴油机油常用添加剂间的相互作用规律进行全面考察，分析各配方的台架试验废油及活塞沉积物，探讨影响活塞清净性的主要因素和改善途径，找出调整配方的依据。

1．添加剂的作用及相关影响

ZDDP（T203）的单剂作用：试验表明，该剂具它有良好的抗氧化性能和抗腐蚀性能，但对成漆板结果不利，加剂量应在0.7%～1.2%为宜，太低或太高都对清净性造成不良影响。

清净分散剂单剂作用：在添加剂浓度1.0%～3.0%范围内对硫化烷基酚盐P_X52、磺酸盐T106和丁二酰亚胺T154进行了考察。结果表明，T106有良好的高温清净性；T154高温分散性较好，但热氧化安定性较差；P_X52有较好的热氧化安定性和高温分散性，能有效控制高温区的积炭，改善一环充炭率并保证油品高温清净性，但有成漆倾向。

这些添加剂之间均存在分子间相互作用，这种相互作用或表现为胶束增溶现象或形成配位络合物，或形成混合胶束。这些相互作用均可能改善添加剂的使用性能，因而表现出成焦板焦量的减少，表明双剂复配使体系的热氧化安定性提高；对于成漆板来说，T203与T106复配后导致大量漆膜的生成，体系的高温清净性大大下降。而其他双剂的复配均改善了成漆板面漆膜的生成，有利于油品高温清净性的提高；对于高温分散试验来说，T154和T203之间的相互作用可提高体系高温分散性，但此双剂复配使体系的高温分散性下降。

2．CD油的配方组成

在考察添加剂间的相互作用时，结合CD级油经济配方（单级油5.8%、多级油6.5%）的要求，采用固定T203浓度，考察T106和T154不同配比对性能的影响。随着T106浓度的增加，成漆板和高温分散性有所下降，再结合成焦板试验，T106、T154之比在0.7～1.0之间有一最佳点。再加入P_X52后，在这四元体系中，T154对三种模拟试验结果均有好的效果；T106对体系的作用有一较佳范围；P_X52的作用则取决于其他剂的相互作用，虽然在一定总剂量下，提高清净剂与分散剂的比例可有效抑制沉淀物生成，但由于Cat.1G_2台架对中低温区，如二环槽、二环台以下评分标准的加权系数较高，故无灰分散剂的加量不能太低。总之，金属清净剂与无灰分散剂的比例应控制在1.0～1.3的范围内。根据上述研究结果，从降低油中金属灰分含量和改善油品的热氧化安定性角度出发，确定CD油配方，即：

T106，1.8%

P_X52，1.4%

T154，2.5%

T203，0.8%

上述4种添加剂配方通过了CD油的相关台架评定，从而证明结论的适用性。

了解了添加剂间的相互作用，说明配方的设计是很复杂的。科研人员在配方已充分考虑了添加剂的种类和数量，某一添加剂的过量加入，肯定会影响油品的使用性能，因此用户在使用过程中没有必要再补添什么“机油精”“补强剂”之类的东西。在实际应用中，由于多级油基础油组分轻，黏度指数改进剂加量大，易在活塞高、中温区氧化、降解、缩合，最终形成大量积炭和漆膜，可通过提高加剂量的办法来解决，通常多级油加剂量比单级油高15%。

3．重载柴油卡车CD^+发动机油的特性与组成

我国汽车工业已决定中吨位卡车全部改成柴油发动机，其主导车型用油水平为CD级油。随着高等级公路的快速建设，为公路长途运输提供了新的市场空间，特别是燃油税的实施，节能高效的柴油载重车需求将会有显著的增长。

然而我国载重卡车普遍存在超载的严峻现实，而且超载幅度达到80%～150%。车辆长期超载，发动机一直处于低速高扭矩状态，各部件磨损严重，缸套与活塞间隙增大，窜气严重，机油压力下降，机油表亮“红灯”。研究表明，对于重负荷柴油发动机活塞环和缸套之间的磨损，润滑油流变学作用的影响是显著的，高黏度20W–50油的磨损比15W–40油要小，主要原因在于润滑油高温高剪切黏度的增加，减缓了活塞环/缸套从流体润滑到边界润滑的变化，大大缩短了活塞环/缸套发生接触的时间。因此，提高润滑油的黏度是至关重要的。另外，适当改变配方组成，增加添加剂量对减少磨损的效果也是非常显著的。

由于重载柴油发动机工作负荷大，转速高，因而导致系统内部温度升高，活塞顶部温度可达280℃。还可能由于燃烧室窜气、金属磨粒催化等复杂因素引起润滑油加速氧化衰败，在活塞表面形成严重的积炭和漆膜，影响柴油机正常工作。因此要求柴油机油必须具有优良的高温清净性和抗氧抗腐性能，而达到这一性能要求主要依靠调整添加剂配方体系。对于这类非柴油直喷的重载卡车应使用性能比CD级油更高的CE级油，但我国没有评定CE级油的Cummins NTC–400、Mack T–6及T–7台架，只能研制生产CD^+级油来满足载重卡车的要求。

高碱值磺酸盐油溶性好，稳定分散作用也较好，具有很好的清净作用，有足够的碱值，提供酸中和能力，能有效地除去高温区的积炭；硫化烷基酚盐的分子结构中存在含硫–碳结构，具有一些极压性，同时酚盐可改善高温区形成的活塞一、二槽积炭，而且还具有一定的抗氧抗腐蚀性能。近年来，由于内燃机油更新换代的加快，因此不断地推出高分子无灰、酯类无灰、硼类无灰等一系列性能优良的分散剂，考虑配方的经济性，双烯基丁二酰亚胺可满足重载柴油机的需要，并且无灰剂与金属清净剂的比例控制在3:4时，性能最佳。

ZDDP是柴油机油主要抗氧剂，我国生产的主要品种有T202、T203、T205，其差异在于烷基结构不同。T202、T205抗磨性较好，但热稳定性不如T203。两种不同烷基结构的ZDDP复合使用，能表现出较高的热稳定性和抗氧性。

重载柴油机油中的黏度指数改进剂的剪切安定性问题也必须引起足够重视，发动机在高温和高剪切力工况下运转，容易产生油品的暂时黏度损失，甚至永久的黏度损失，以致油品在使用期间黏度过小，不能形成有效的油膜，加剧机械磨损，而且密封作用不好，油压上不

去，机油压力表亮红灯。

针对上述问题开发的重载卡车发动机润滑油20W-50 CD^+配方组成如下：

基础油：HVI500:HVI150BS＝80:20

剪切安定性好的OCP：T614，10%

T803B降凝剂：0.5%

功能添加剂：

T106高碱值磺酸盐，1.5%

P_X52硫化烷基酚盐，2.1%

T154/T161A双烯基丁二酰亚胺，2.7%

T202/T203 ZDDP，1.1%

T901，25μg/g；

总剂量7.4%

CD^+重载卡车发动机润滑油质量指标中，除了满足CD级油技术指标外，还包括四球机P_B值不小于800N，FZG齿轮机失效级不小于10级，以达到提高各摩擦副在超载情况下的抗磨性能。

4．CF-4重负荷柴油机油

柴油机油的发展与汽车工业的发展紧密相连的，柴油机设计制造采用了许多新技术，对油品的各项性能提出了更高的要求，带动了油品规格的升级。CF-4油主要性能指标要通过苛刻的台架试验，包括CRC L-38、Cat.1K、Cummins NTC400、Mack T-6、Mack T-7。其中关键的Cat.1K与CD级油的Cat.$1G_2$相比，发动机设计上的主要改进点是：采用柴油直喷技术，由电脑精确控制空燃比，保证燃烧完全，降低油耗，改善排气质量；通过减小喷油提前角，延迟柴油喷入来降低NO_x的排放；活塞环由矩形改为梯形，改善密封性，并将顶环槽位置提高，减小顶岸与缸套上缘的缝隙体积，尽可能消除燃烧死区，使燃烧完全，降低排气中的颗粒物含量。以上设计的改进使柴油机热负荷显著提高。

就试验条件而言，Cat.1K采用的是1Y540单缸直喷柴油机，功率为52.15kW，较Cat.$1G_2$ 1Y3预燃式柴油机提高67%，燃烧速度提高45%，而且在整个252h的试验周期内不换油，这样大大提高了试验的苛刻度。

（1）CF-4油与CD油

与CD油品比较，CF-4油品可以更好地提供以下益处：

①更好地控制阀系磨损；

②更好地分散烟炱；

③更好地控制活塞沉积物；

④更好地控制氧化和腐蚀；

⑤较低的油耗；

⑥更长的换油期（CD油：7500km；CF-4油：15000km）；

⑦其他多级油的优点（如较容易在低温下启动及较低的启动磨损，更省燃油）。

（2）CF-4油与CD油用途的区别

CD油：该标准启用于1955年，用于燃用高硫燃料的自然吸气式、涡轮增压式或超级增压式柴油发动机的润滑，具有防止发动机轴承腐蚀、控制高温积炭的能力。

CF-4油：用于1990年以来的高速、涡轮增压式及超级增压式四冲程柴油发动机的润滑。API CF-4油超越API CE油和CD油的性能要求，在减少机油损耗和发动机积炭方面有明显的改进。

（3）CF-4油与CD油性能的区别

CF-4油与CD油性能的区别见表4-30。

表4-30　　CF-4油与CD油性能的区别

主要性能要求	CD油	CF-4油
轴承腐蚀	有	有
活塞沉积物	有（非直喷）	有（直喷）
磨损（随动件/杆、环）	无	有（直喷）
机油消耗	无	有（直喷）
烟炱引起的机油黏度增长	无	有（直喷）
发动机测试	L-38/Cat.$1G_2$	L-38/Cat.1K，Mack T-8A\T-9 Cummins腐蚀性试验

（4）CF-4油的配方组成

CF-4重负荷柴油机油是CD油的升级产品，目前我国市场上的重负荷柴油机，包括玉柴、潍柴、上柴、杭柴、大柴、锡柴等知名品牌机，都要求使用CF-4油及其以上油品，分析CF-4油与CD油的台架评定的变化，掌握二者之间的性能差异，对CF-4油配方设计很有益处。

评定CF-4油的发动机台架试验Cat.1K，采用了提高顶环岸位置的设计。此种设计减少了活塞顶部的死体积，从而减少了不完全燃烧产物，改善了排放，成为低排放柴油机。同时带来的问题是：活塞顶部温度升高，机油更容易产生高温积炭。因此，对油品的高温清净性和抗氧化性提出了更高的要求。除将$1G_2$改为1K外，CF-4油还增加了3个发动机测试，增加了烟炱分散性、机油黏度增长、阀系磨损、氧化腐蚀等多个测试项目。评定费用由CD油的约4万美元上升到约30万美元。

CF-4油与CD油的性能比较见图4-17。

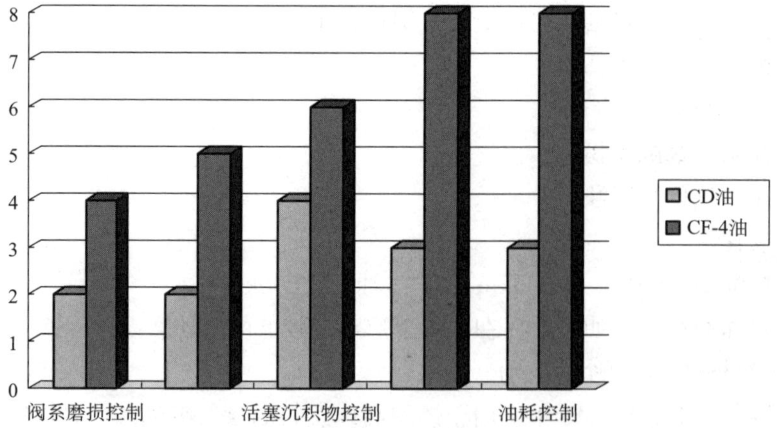

图4-17　CF-4油与CD油的性能比较

评定CF-4油清净性的Cat.1K评定方法，与评定CD油的Cat.1G_2评定方法对比如表4-31所示。

表4-31　Cat.1K与Cat.1G_2的对比

项目	Cat.1K（CF-4油）	Cat.1G_2（CD油）
发动机（缸径）/in	1Y540（5.4）直喷	1Y73（5.125）
试验周期/h	252	480
活塞		
顶环	梯形	矩形
第二环	矩形	矩形
环槽嵌入	二道铁箍	一道铁箍
间隙体积	3%	高
操作条件		
燃料燃烧速率/（Btu/min）	8000	5490
功率/Bhp	70	42
转速/（r/min）	2100	1800
换油期/h	不换油	每120h换油
评分		
活塞总沉积物评分（WDK）	<332	<300
顶槽充满（TGF）/%	<24	<80
顶岸重质炭（TLHC）/%	<4	-
最大油耗（BSOC）/[g/（kW·h）]	<0.5	-

由表4-31可以看到，Cat.1K采用直喷柴油机，其燃料燃烧速率比Cat.1G_2要大得多，热负荷也大，评定252h不换油，比Cat.1G_2的120h换油期也长很多，评定条件比1G_2苛刻许多，因此要求油的高温性能要很好，评定以后，要测定活塞沉积物和顶槽充填物，特别是顶岸的沉积物以及活塞裙部漆膜，同时还要求测定油耗。这样，在1990年发展了CF-4规格，用以取代CE规格。CF-4规格要进行1K、Mack T-6、T-7和NTC400的台架评定试验。1992年发展的MIL-L-2104F军用油规格，也要做1K评定试验。1K的重复性比1G_2好，仍使用含硫柴油（硫含量0.4%），1K的活塞第一环槽位置比1G_2提高，活塞顶岸的缝隙体积减少，燃烧比较完全，排气中的颗粒物减少，符合1991年排放要求，但由于燃料喷入量大，汽缸壁未燃烧的柴油容易生成烟炱，窜入油箱，很快使油变黑，黏度增大，堵塞滤清器，造成凸轮滑轮销磨损，缩短换油期。同时NO_x生成量也增多，需要通过尾气后处理催化转换器降下来。1K和1G_2都要测定活塞沉淀物和顶环槽充填物，但1K更强调顶岸的沉积物、油耗和活塞裙部漆膜，条件比1G2苛刻。Cat.1G2与1K发动机的比较见表4-32。

表4-32　Cat.1G_2与Cat.1K发动机比较

	Cat.1G_2（CD油）	Cat.1K（CF-4油）
排量/L	2.2	2.4
燃油喷射方式	非直喷	直喷
阀数/个	2	4
环数/个	3	2
环形状	矩形	一个矩形一个楔形
压力/psi	141	180
油温/℃	96	107
测试时间/h	480	252

了解了CF–4油与CD油的性能差异，CF–4油主要性能要控制烟炱引起的黏度增长，提高对烟炱的分散性，因此配方中必须大幅提高分散剂量；硫化烷基酚盐不但有较好的热氧化安定性和高温分散性，因组分中含有硫，还有好的抗磨损性能，是CF–4油的主要清净添加剂，CF–4油配方的加剂量至少要比CD油高3%，二者的配方组成差异如表4–33所示。

表4–33　CF–4油与CD油配方组成

添加剂		CD油/%	CF–4油/%
抗氧抗腐剂	ZDDP T203	0.8	1.2
清净剂	磺酸钙 高碱值硫化烷基酚钙	1.8 1.4	1.8 2.6
无灰分散剂	双烯基丁二酰亚胺	2.5	4.2

在满足CF–4油碱值达到9以上时，调和油配方尽可能使用含中性磺酸钙比例高的、分散性好的低碱值磺酸钙。

5．CH–4重负荷柴油机油

由于柴油车具有动力性好、燃料经济性好的特点，近几年得到了很大发展，国外的载货卡车从轻型到重型几乎都是装配柴油机，汽车柴油化的趋势日益明显。柴油机与汽油机相比，排放物中一氧化碳（CO）和碳氢化合物（HC）含量大大减少，主要排放污染物是氮氧化物NO_x和颗粒物。近几年来，很多降低NO_x和颗粒物排放的有效措施得到广泛应用，如延迟喷射、废气再循环等技术，但同时也伴随着更多烟炱滞留在发动机内。在高烟炱水平的条件下，要保持发动机高效工作和延长寿命，需要相应的高性能发动机油来提供良好的保护。最新的柴油发动机设计技术以及可能对发动机造成的负面影响见表4–34。

表4–34　最新设计技术对发动机的影响

最新发动机设计技术	对发动机造成的潜在影响
顶环槽位置提高、采用两段式活塞	提高了活塞和汽缸的热负荷
增加动力性和空气动力学性能	更高的氧化安定性要求
更高的燃料油喷射压力	更大的曲轴箱中机油的剪切应力
延迟燃料喷射时间	增加了机油中烟炱的负荷水平
更低的机油消耗	新油补充量的减少
封闭曲轴箱通风	汽缸衬里、内冷却器、阀杆、轴承和密封件的腐蚀和磨损
EGR废气再循环	结焦和沉积物

在延迟燃油喷射条件下，柴油燃烧晚，造成燃烧不充分，而在汽缸壁上也会残留因火焰熄灭而未燃烧的柴油，润滑油也会从以下主要渠道进入燃烧室：窜漏气体，通过阀杆密封和活塞环的擦蹭，以及从汽缸内壁和燃烧室的油蒸气等。柴油在苛刻的燃烧条件下会产生很多燃烧副产物，其中的固体物主要是柴油不完全燃烧或热裂解而产生的无定形炭，表现为烟炱，会恶化颗粒物的排放。烟炱由润滑油吸附清洗，从汽缸壁、润滑油道等退回发动机底壳中，增加了发动机油的负荷水平。

除了新发动机设计变更使烟炱增加外，旧的发动机在使用过程中也会因为空气滤清器、燃烧控制系统、发动机件磨损等故障产生大量的烟炱。发动机油中的烟炱增加到一定水平，如果不能很好地被分散，可能会使发动机更容易形成油泥、活塞阀系的高温沉积物，导致过滤器阻塞、供油不足、油膜破坏而造成磨损，影响发动机的正常工作和寿命。综上所述，都对润滑油提出了更高的质量要求，特别要求润滑油在高温清净性、控制因氧化和烟炱污染加剧引起的黏度增长以及部件磨损等方面提高对发动机的保护能力。API于1998年12月颁布了可同时满足使用低硫柴油和含硫柴油的重负荷柴油机润滑要求的CH-4柴油机油规格。

我国大功率柴油车制造技术突飞猛进，目前已要求使用CF-4规格，可以满足欧Ⅰ和欧Ⅱ排放要求。伴随着我国汽车排放要求的进一步提高，对润滑油提出了更高的要求，CG-4柴油机油只适用于硫含量在0.05%以下的低硫柴油车，不适合我国国情，满足欧Ⅱ和欧Ⅲ排放要求、适用于高低硫柴油的CH-4柴油机油具有广阔的市场前景，将是未来10年市场需求最大的油品之一。

为满足日益苛刻的法规要求，重负荷柴油机普遍采用中冷和延迟喷射技术，再加上换油周期的延长，使机油受烟炱污染的影响越来越大。近20年来国外在烟炱污染对发动机油性能所造成的影响方面开展了大量的研究，主要表现在以下4个方面：磨损增加；黏度增加；形成更多的油泥；机油滤清器压差增加甚至堵塞。减少烟炱污染对机油性能造成负面影响的主要途径之一是提高润滑油对烟炱的分散能力。API重负荷柴油机油规格从CF-4到CH-4，其中最关键的是大大提高了对分散性能的要求。评定烟炱所造成的负面影响的Mack T-8台架试验苛刻度增加，由150h增加到300h，烟炱含量从3.8%增加到4.8%，并要求过滤器压降不超过100kPa。另外，还增加了与烟炱分散好坏有直接关系的Cummins M11台架试验。油品分散剂的选择和加量要充分考虑各种性能之间的平衡，如分散剂对烟炱的分散能力、热氧化稳定性、对油品高温清净性的影响以及对发动机油泥的控制。据文献报道，分散剂的碱值（氮含量）越高，分散能力越强，在Mack T-8台架试验中黏度增长越小；而分散剂的碱值越高，一般热稳定性也就越差，表现在Cat.1K台架试验中，WDK评分增加，高温清净性差。分散剂的碱值与其分子结构有关，单烯基灰分散剂较双烯基或多烯基无灰分散剂碱值高，多烯多胺的类型和聚异丁烯的分子量都影响无灰分散剂的碱值。CH-4油配方中经常选用两种不同碱值的无灰分散剂，以满足油品的分散性和高温清净性的要求。这也是CH-4油配方中分散剂添加量高的原因。

CH-4柴油机油在高温清净性方面增加了Cat.1P双金属活塞的台架试验，但较CF-4油在高温清净性方面提高不是太大。但是由于其对烟炱分散、抗磨损性和抗氧化性能要求的提高，无灰分散剂和ZDDP加量增加，给油品高温区的清净性带来不利影响，因此清净剂的选择及加剂量是至关重要的。清净剂按极性基团的类型分为磺酸盐、酚盐和水杨酸盐，不同类型清净剂根据其钙化程度的不同，又有超高碱值、高碱值、中碱值和低碱值之分。不同类型清净剂受其分子结构和化学性质的限制，在清净性、热稳定性和酸中和性能方面表现各有所长，而且在与抗氧抗磨剂ZDDP复合使用时，对油品的抗氧化和抗磨性能都产生较大的影响。高碱值清净剂对ZDDP的抗氧化特性和抗磨性能影响较大，主要原因是ZDDP分解反应是酸性环境下的自催化反应，高碱值清净剂通过中和作用降低了ZDDP的分解速率，也相应降低了起抗氧化、抗磨作用的ZDDP分解产物的浓度，不同程度地影响了油品的抗氧化和抗磨性能。硫化烷基酚盐对ZDDP的抗氧化特性影响较小而对抗磨性能影响较大，磺酸盐的影响与硫化烷基酚盐刚好相反。研究人员对发动机试验的顶岸和顶环槽沉积物进行了研究分析，其中含有15%～40%的无机残留物。油品的硫酸盐灰分越高，沉积物中无机残留物的相对含量增加，但顶岸重炭率与润滑油灰分关系不大，说明高碱值清净剂对油品高温清净性的影响是一个非常复杂的过程。一方面高碱值清净剂的热氧化分解所生成的残留物直接影响发动机的顶岸、顶环槽沉积物，另一方面高碱值清净剂所含的皂盐起着清净作用。由于柴油燃料中含有硫，在燃烧过程中生成SO_x，会造成缸套、活塞等部件的化学腐蚀。另外，燃料的不完全燃烧产物及润滑油氧化产物所产生的酸性物质也会造成轴瓦的化学腐蚀，必须添加高碱值清净剂以中和这些酸性物质，以减轻发动机部件的腐蚀。国外多使用低硫柴油，重负荷柴油机油配方向低灰分方向发展。

高碱值硫化烷基酚钙具有优良的酸中和性能和碱值保持性能，并能很好控制酸性化合物对轴瓦所造成的化学腐蚀，而且其单位灰分所提供的碱值也较磺酸钙高。低碱值磺酸钙热稳定性好，具有优良的高温清净性，而且对ZDDP的抗磨作用的影响较酚盐小，在配方中增加其加剂量较容易通过Cummins M11台架试验。在CH-4油配方中，清净剂采用高碱值硫化烷基酚钙与低碱值磺酸钙复合使用，发挥各自的优势，抑制各自不足，以满足油品的高温清净性要求。

CH-4油与CF-4油最重要的区别之一是提高了其对抗氧化性能的要求，MS程序ⅢE台架试验黏度增长不大于200%，较SJ汽油机油黏度增长不大于375%的要求还要苛刻，因此在配方组成上要提高抗氧剂的比例。由于CH-4油在烟炱分散、抗氧化和抗磨损性能方面要求更高，因此在实际使用中CH-4油的换油期较CF-4油长。ZDDP是一种性能优良的抗氧化、抗磨、抗腐多效剂，为提高油品的抗磨性能，可提高ZDDP的加剂量。然而ZDDP的提高又会影响油品的高温清净性，相应还要提高配方中清净剂的加剂量。因此采用了适当提高ZDDP的加剂量，以保证其抗磨损性能，同时复合其他高温抗氧剂，例如L-57胺类抗氧剂和T323磷酸酯类抗氧剂，以达到提高油品的抗氧化性能。

CH-4油抗磨性要求通过 Cummins M11和Mack T-9台架，主要评价油品在高烟炱条件下对凸轮和阀系的保护能力。油中烟炱以一定的形式积聚，可能会造成活塞环、汽缸壁和阀系的磨损，会造成发动机缸压降低，动力输出减少；气阀的磨损会改变发动机的点火时间、进气量，影响排气，这些磨损直接影响发动机的使用寿命。文献表明，活塞顶环槽内的机油中含有较多的烟炱，可表现为有研磨作用，造成活塞环和汽缸壁间的磨损，因此必须提高ZDDP的加量。

综上所述，CH-4油具相当好的清净分散性和抗氧化性能，适用于高速、重负荷四冲程柴油发动机，特别适用于高速公路或矿山与工地上重载、高速长周期运行的进口大功率、直喷、增压内冷式柴油机，解决了由于烟炱造成的缸套抛光、活塞环磨损、机油变稠等问题。正常情况下，CH-4油的换油期为25000～30000km。其配方组成可在CF-4油基础上做适当调整，提高碱值，增加无灰分散剂加剂量以提高油品对烟炱的分散性，增加高温抗氧剂的加剂量，有利于通过MS程序ⅢE试验，总加剂量至少要比CF-4油高出30%。如用进口复合剂调制CH-4油之类的高档内燃机油，必须满足API基础油互换准则，应根据API（14版，1996年）中基础油互换需要做补充台架试验。原API认证的CH-4基础油按ASTM D2007测试的饱和烃含量在测试精度范围之内大于或等于80%，那么Mack T-8E台架试验可以不做。通常情况下，使用互换基础油饱和烃含量较大、硫含量较低时，除了MS程序ⅢE试验外，可以不做其他台架试验来调制CH-4油。

6. 柴油轿车发动机油

以欧洲为代表的轿车柴油化趋势令世人瞩目。轻负荷柴油发动机油规格主要由欧洲制定，1983年CCMC发布了第一个柴油轿车发动机油PD1规格，1989年发布了PD2规格。ACEA取代CCMC后，1996年发布了B系列柴油轿车发动机油规格，分别为B1、B2和B3，适用于非直喷轻负荷柴油发动机，其中B1有燃料经济性要求。以后每2年左右会重新制定或者修改规范，1998年增加了B4规格，它适用于柴油直喷发动机，包含B3性能要求；2002年增加了B5规格，它适用于柴油直喷发动机，有燃料经济性要求。2004年，ACEA将汽油轿车发动机油规格（A系列）和柴油轿车发动机油规格（B系列）合为一个规格即A/B系列，形成A1/B1、A3/B3、A3/B4和A5/B5四个规格，并颁布了适用于含有尾气催化转化装置的C系列润滑油规格C1、C2和C3，规定了S、P含量要求更低的硫酸盐灰分，其中C3规定了碱值。与ACEA 2002规范比较，A/B系列将B系列中的B2规格取消，将A、B规范结合，A、B发动机台架试验要求都做，2004规范修改稿中的中温分散性台架增加了DV4TD台架试验，与XUD11BTE台架试验两者可以选择其中一个，A/B规格与C规格的区别在于理化性能指标的要求有所不同，而台架试验要求相同。2007年，ACEA颁布了新的规范，在A/B规格评价润滑油中温分散性的台架试验中去掉了XUD11BTE试验，只采用DV4TD台架试验，通过指标与2004规范相同，同时增加了C4规格，不但规定了碱值，而且要求更低的蒸发损失。2008年，ACEA对发动机油规范做了大幅度修改。最新ACEA 2016中的C系列保留了C1、C2、C3、C4，增加了C5规格要求。C1为“低SAPS”要求的低黏度发动机油，高温高剪切黏度不小于2.9mPa·s，具有优异的燃油经济性，由于其超低的硫、磷及硫酸盐灰分限值，目前还没有OEM要求使用C1发动机油；C2属于“中等SAPS”要求的低黏度发动机油，高温高剪切黏度不小于2.9mPa·s，具有较高的燃油经济性要求，已被多家OEM（如标致雪铁龙）作为装机和服务油使用；C3是典型的“中等SAPS”的高黏度发动机油，高温高剪切黏度不小于3.5mPa·s，具有一定燃油经济性要求，符合大多数OEM的性能要求，目前该系列发动机油应用非常广泛；C4“低SAPS”要求的高黏度发动机油，高温高剪切黏度不小于3.5mPa·s，具有一定的燃油经济性要求，较少被OEM使用；C5是增加的新规格，取代A1/B1，其原因在于常规灰分润滑油已不适用于使用低黏度机油（HTHS黏度低于2.9mPa·s）的现代发动机技术及先进的后处理装置需求。在此之前，C系列规格中没有能满足HTHS低于2.9mPa·s的低黏度发动机油产品。C5性能要求基于C3标准要求，在燃油经济性上提出了更高的限值要求，燃油经济性比C3提高2%，使得C5成为唯一满足用于使用低黏度机油而设计的汽油和轻负荷柴油发动机的润滑。表4–35是ACEA 2016 C规范的部分理化性能要求。

表4–35　ACEA 2016 C规范的部分理化性能要求

项目	C1	C2	C3	C4	C5
硫含量/%	≤0.2	≤0.3	≤0.3	≤0.2	≤0.3
磷含量/%	≤0.05	≥0.070 ≤0.090	≥0.070 ≤0.090	≤0.090	≥0.070 ≤0.090
氯含量/%	报告	报告	报告	报告	报告
硫酸盐灰分/%	≤0.5	≤0.8	≤0.8	≤0.5	≤0.8
碱值/（mgKOH/g）	—	—	≥6	≥6	≥6

续表

项目	C1	C2	C3	C4	C5
蒸发损失/%	≤13	≤13	≤13	≤11	≤13
高温高剪切黏度/（mPa·s）	≥2.9	≥2.9	≥3.5	≥3.5	2.6～2.9
燃油经济性/%	≥3.0	≥2.5	≥1.0（XW-30）	≥1.0（XW-30）	≥3.0

随着汽车工业的发展和汽车保有量的激增，能源短缺和环境保护问题日益突出。为了解决这一问题不少国家除制定严格的环境保护外，还在税收政策调节、鼓励厂家开发节能环境保护产品等方面采取了一系列激励措施，也正是在这一大背景下全球轿车的柴油化已渐成趋势。

自20世纪90年代以来，由于排放控制技术的长足进步，柴油机在车用动力中占据着越来越重要的地位。目前，欧美国家100%的重型车，90%的轻型车都采用柴油机。欧洲柴油轿车已占轿车年产量的32%，法国、西班牙等国更高达50%以上。2000年欧洲柴油轿车的销量达到240万辆。在柴油机技术发展过程中，人们逐步认识到柴油机是当今保持汽车大批量、低成本生产中解决环境保护与节能双重压力最有效、最经济的手段之一。因此，无论是欧洲排放更清洁的经济型轿车的开发，还是美国的“新一代汽车合作计划（PNGV）”都无一例外地将柴油机作为最佳的选择方案。尤其是大众汽车集团3L路波轿车（百公里油耗3L）的开发成功标志着柴油机技术的又一次飞跃，而其柴油概念轿车的百公里油耗实现了创纪录的0.99L，这是目前为止世界上最省油的轿车。

欧洲是一个石油资源贫乏的大陆，每年石油进口量高达600Mt。从节约石油资源考虑，欧洲各国政府都在采取措施，鼓励使用节能的柴油轿车。一些欧洲国家实施了促进柴油轿车销售的税收激励政策，如奥地利政府决定将根据汽车的燃油经济性征收车辆销售税，使柴油轿车费用大大降低。由于许多欧洲国家征收较高的燃油税，使得人们更倾向于使用节能的柴油轿车。欧洲各国对燃油和车辆的税收激励政策得到了欧洲环境共同体的大力支持。

近车来，欧洲轿车柴油化呈现出急剧发展的态势。据AID 2002年调查数据显示，欧洲柴油轿车市场销量从1995年的270万辆猛增至2002年的580万辆，市场份额由原来的25%增长到43%；2008年，欧洲柴油轿车销量突破830万辆，市场份额达到57%。从国别来看，2005年统计数据显示，比利时和法国等国家的柴油轿车市场份额超过60%，其中奥地利已经超过70%，名列前茅。支持欧洲柴油轿车增长的因素除了柴油发动机固有的性能优势（燃油经济性）和各种税收优惠政策外，还包括欧洲汽车排放法规、柴油标准（硫含量）、新型柴油发动机采用的清洁及低声音技术等。

20世纪末，由于欧洲的柴油轿车采用了一些先进技术，其中包括废气涡轮增压及中冷技术、电子控制废气再循环系统、氧化型催化转换及微粒捕捉器技术、预燃式燃料室结构、选用优质的喷油器、喷油泵及调速器，其排放已达到欧Ⅱ排放标准。进入21世纪，欧洲柴油轿车又踏上了一个新台阶，达到了欧Ⅲ排放标准。创下当今世界百公里油耗仅3L纪录的路波柴油轿车，其尾气排放已达到欧Ⅳ排放标准。在路波轿车所使用的柴油发动机中，除继续采用涡轮增压、中冷、电子控制喷射系统、EGR系统、氧化催化转换和微粒捕捉器等技术外，还开始采用燃油高压共轨技术，以保证供油压力及各缸喷油量的均衡，同时该车安装了车载诊断装置（OBD），以确保车辆在5年内或800000km内排放都能达到欧Ⅲ排放标准。

（1）柴油轿车发动机油的性能及质量标准

柴油轿车的压缩比和升功率高，以宝来柴油轿车为例，其压缩比达到19.1:1，升功率为42.6kW/L，而普通重负荷柴油机的升功率在25kW/L左右，如此高的压缩比和升功率，导致机油的热负荷和机械负荷非常高，要求柴油轿车发动机油的高温清净性要优于汽油机油和重负荷柴油机油。普通柴油车的转速为1600～2200r/min，而柴油轿车的转速达到4000r/min以上，它的燃烧速度很快，而且柴油轿车应用了废气再循环装置，使大量的烟炱、未完全燃烧的燃料及氮氧化物混入到润滑油中，要求机油的中温分散性更高。柴油轿车涡轮增压器中废气温度高达550～650℃，机油要润滑涡轮增压器的轴承，但是其油底壳较小，每升机油要负载20kW的功率，因此柴油轿车机油不但热负荷大，循环量也大，所以要求机油的蒸发损失低、高温抗泡性好和氧化后黏度变化小。柴油轿车发动机是在高温下工作的，高温也可能造成磨损，这就要求机油的抗磨损性好。

总之，柴油轿车用油要综合汽车轿车发动机油和重负荷柴油机油的优点，在平衡高温清净性、高温抗氧化性、高温抗磨性和中温分散性的同时，保证高温高剪切黏度、高温抗泡和蒸发损失的要求。

2007年ACEA新规范，在A/B规范评价润滑油中温分散性的台架试验中去掉了XUD11BTE台架试验，只采用DV4TD台架试验，该试验是评价机油的中温分散性能，DV4TD台架是一个带有EGR系统、高压共轨涡轮增压发动机，试验包括240次循环，每次循环30min，4000r/min，条件苛刻。2008年ACEA对发动机油规范做了大幅度的修改。最新的ACEA 2016废除了A1/B1，保留了A3/B3、A3/B4、A5/B5。A3/B3要求高温高剪切黏度大于3.5mPa·s，常见机油黏度有5W-40、10W-40、15W-40，适用于不带先进后处理装置的各类汽油发动机和轻负荷柴油发动机；A3/B4要求高温高剪切黏度大于3.5mPa·s，油品碱值要求不小于10mgKOH/g，适用于不带先进后处理装置的高性能汽油发动机和轻负荷柴油发动机，可以满足众多OEM的性能要求，油品黏度范围广泛，常见包括XW-30、XW-40，产品性能涵盖A3/B3；A5/B5主要用于使用低黏度润滑油而设计的发动机润滑，要求高温高剪切黏度要求在2.9～3.5 mPa·s。欧洲柴油轿车发动机油ACEA A/B系列产品的质量指标见表4-36。

表4-36　　ACEA 2016欧洲轻负荷柴油机、柴油轿车发动机油质量标准

项目	质量指标			试验方法
	A3/B3	A3/B4	A5/B5	
高温高剪切黏度（150℃，10^6s^{-1}）/（mPa·s）	≥3.5	≥3.5	≥2.9 and ≤3.5	SH/T 0618，SH/T 0703
蒸发损失（质量分数）/% 诺亚克法（250℃，1h）	≤13			SH/T 0059
碱值/（mgKOH/g）	≥8	≥10	≥8	SH/T 0251
硫含量（质量分数）/%	报告			GB/T 17476
磷含量（质量分数）/%	报告			GB/T 17476
硫酸盐灰分/%	≥0.9 and ≤1.5	≥1.0 and ≤1.6	≤1.6	GB/T 2433
泡沫性（泡沫倾向/泡沫稳定性）/（mL/mL） 24℃ 93.5℃ 后24℃ 高温泡沫150℃	 ≤10/0 ≤50/0 ≤10/0 ≤100/0			GB/T 12579 SH/T 0722

续表

<table>
<tr><th rowspan="2">项目</th><th colspan="4">质量指标</th><th rowspan="2">试验方法</th></tr>
<tr><th>A3/B3</th><th colspan="2">A3/B4</th><th>A5/B5</th></tr>
<tr><td>氯含量（质量分数）/（μg/g）</td><td colspan="4">报告</td><td>SH/T 0161</td></tr>
<tr><td>剪切安定性（柴油喷嘴剪切试验30次循环）
剪切后100℃运动黏度/（mm²/s）</td><td colspan="4">在本等级油黏度范围内</td><td>SH/T 0103</td></tr>
<tr><td>橡胶相容性试验
拉断力变化/%
拉断时伸长率变化/%
体积变化/%</td><td>RE6
报告
−70/+20
−5.5/+2.1</td><td>RE7
报告
−65/+15
−1.8/+8.9</td><td>RE8
报告
−51/+9
0/+12</td><td>RE9
报告
−65/+19
−2.5/+16.0</td><td>CEC L-112-16</td></tr>
<tr><td>直喷汽油发动机清净性
活塞清净性评分
涡轮增压器沉积物评分</td><td colspan="4">≥ RL259
≥ 6.0</td><td>CEC L-111-16</td></tr>
<tr><td>低温油泥试验（VG）
发动机油泥平均评分
摇臂罩油泥评分
活塞裙部漆膜平均评分
发动机漆膜平均评分
机油滤网堵塞/%
压缩环粘结</td><td colspan="4">≥ 7.8
≥ 8.0
≥ 7.5
≥ 8.9
≤ 20
无</td><td>ASTM D 6593</td></tr>
<tr><td>黑色油泥
发动机油油泥平均评分</td><td colspan="4">≥ RL 140+4σ</td><td>Daimler M271</td></tr>
<tr><td>燃油经济性/%</td><td>—</td><td colspan="2">—</td><td>≥ 2.5</td><td>CEC L-054-96</td></tr>
<tr><td>中温分散性试验（DV6C）
含5.5%烟炱KV100黏度增长/%
活塞清净性评分</td><td colspan="4">≤ 0.9 × RL248
≥ 2.5</td><td>CEC L-106-16</td></tr>
<tr><td>磨损试验（OM646LA）
排气凸轮磨损/μm
进气凸轮磨损/μm
气缸磨损/μm
缸套抛光/%
进气挺杆磨损/μm
出气挺杆磨损/μm
活塞清净性评分
平均发动机油泥</td><td>≤ 140
≤ 110
≤ 5.0
≤ 3.5
报告
报告
报告
报告</td><td colspan="3">≤ 120
≤ 100
≤ 5.0
≤ 3.0
报告
报告
≥ 12
≥ 8.8</td><td>CEC L-099-08</td></tr>
<tr><td>直喷柴油活塞清静性及环粘结试验（VW TDI）
活塞清净评分
环粘结平均值/ASF
环1评分/ASF
环2评分/ASF
EOT TBN/（mgKOH/g）
EOT TAN/（mgKOH/g）</td><td>≥ RL206
≤ 1.2
≤ 2.5
0.0
≥ 4.0
报告</td><td colspan="2">≥ RL206
≤ 1.0
≤ 1.0
0.0
≥ 6.0
报告</td><td>≥ RL206
≤ 1.0
≤ 1.0
0.0
≥ 4.0
报告</td><td>CEC L-078-99</td></tr>
</table>

（2）柴油轿车发动机油的组成

国内市场上满足ACEA规格的柴油轿车A/B系列油供应不多，润滑油研发部门正着手开发生产此类产品，但由于缺少评定台架，研究进度缓慢。通常柴油轿车用户多使用SJ油作替代油，曾使用SJ 10W-30油在捷达柴油轿车上做过使用试验，行驶8000km发动机运转正常，旧油分析结果表明，除碱值降幅较大外，黏度、酸值、铁含量均在换油指标范围内。如果再延长换油期，就必须增加添加剂加剂量，提高油品氧化安定性和清净分散性。按照这一思路，将SJ油配方组成按比例增大30%～40%，保持配方体系综合性能的平衡，同时根据柴油轿车的特点，对配方组成的添加剂种类作了相应调整，具体措施如下：

①将SJ油配方中的抗氧抗腐剂ZDDP T202全部换成热分解温度高的T203。

②将SJ油配方中的镁盐清净剂换成高温清净性好，且具有抗磨性的高碱值硫化烷基酚盐，含有烷基酚的硫化烷基酚盐具有抗氧抗腐性，酚盐极性较强且具有突出的高温清净性，对抑制顶环槽的积炭特别有效，与磺酸盐复合后协同效应更好。欧洲柴油机油配方通常不加镁盐，认为镁盐分解后产生氧化镁粒子会引起缸套磨粒磨损，造成缸套抛光。

③将SJ油配方的无灰分散剂单烯基丁二酰亚胺换成高温性能更好的双烯基丁二酰亚胺。

一种实用的柴油轿车发动机油配方组成见表4–37（未做台架评定），用该配方调和的油品在TDI宝来柴油轿车上做了12000km使用试验，取得了良好的使用效果，与使用进口柴油轿车专用油的效果相当。

表4–37　　柴油轿车发动机油的配方组成

SJ机油组成/%				柴油轿车机油组成/%			
抗氧剂	2	ZDDP L–57、L–135、T323	1.1 0.9	抗氧剂	2.6	ZDDP L–57、L–135、T323	1.1 1.5
金属清净剂	2.5	高碱值磺酸镁 高碱值磺酸钙+高碱值硫化烷基酚钙	0.7 1.8	金属清净剂	3.6	高碱值硫化烷基酚钙 高碱值磺酸钙	2.2 1.4
无灰分散剂	4.5	单烯基无灰分散剂	4.5	无灰分散剂	6.0	双烯基无灰分散剂	6.0

按上述组成调制油时，黏度指数改进剂须使用分散型OCP，例如HITEC 5777之类，如使用普通OCP，则要补加无灰分散剂1%，以弥补油品分散性的不足。

（3）我国柴油轿车的发展情况

2003年，我国轻、中、重型货车已基本柴油化，大型客车和中型客车的柴油化率在85%以上，而微型客车和轿车则几乎全部以汽油为动力燃料。这表明，在2003年我国逾40Mt汽油消费量中，扣除部分大中型客车和摩托车所使用的汽油，约有70%的汽油用于微型客车和轿车。按柴油轿车比汽油轿车节约燃料30%计算，每辆柴油轿车每年能节省250L燃料。

①影响柴油轿车发展的因素

一直以来，人们普遍对柴油机没有好感，要消除人们对柴油车冒黑烟的印象，还需要一定的时间。2001年3L路波柴油轿车的成功，已使世人对柴油轿车有了新的认识，开始关注柴油轿车。

②相当于欧Ⅲ排放法规的燃油标准滞后

车用柴油的质量对推动柴油轿车的发展具有重要意义。车用柴油的质量不仅对柴油轿车的运行、功率、油耗、噪声、使用寿命有重要影响，而且对汽车尾气排放亦有立竿见影的效果。欧洲柴油轿车对其使用的柴油有一系列严格要求。

我国于1999年制定了轻柴油标准，包括各种用途（农机、固定设备等）的柴油，但质量指标要求很低，无法满足中高档车辆的使用要求。2002年，国家标准化委员会批准通过了GB/T 19147—2003《车用柴油》标准。该标准于2003年10月正式实施，使柴油品质向前迈进了一步。

GB/T 19147—2003《车用柴油》十六烷值要求低，硫含量限值比较高，对多环芳烃的含量没有限定值，缺少对柴油喷嘴清洁度的要求，质量标准相当于欧盟1998年欧Ⅱ标准的车用柴油，与欧洲现用的车用柴油质量水平以及世界汽车燃油规范中对Ⅱ、Ⅲ、Ⅳ类柴油的要求相比，还有相当的差距。同时，我国生产的柴油杂质含量高，高硫含量的柴油将损害废气净化装置，大大增加排气中的炭烟含量，在大负荷工况下，很容易冒黑烟。国外高性能的环境保护柴油轿车在中国使用，也无法达到环境保护要求。

③时间和地域上的局限

从现实情况来看，我国柴油质量要达到柴油轿车正常运行所要求的世界汽车燃油规范Ⅱ类柴油标准绝非易事。近几年来，尽管有许多人士不断呼吁尽快提高我国柴油品质，但这需要投入大量资金对炼油设备进行技术改造，或引进新的技术装备，至少需要3～5年的时间。即使进口一些高品质的柴油供应北京、上海、深圳等城市，也仍无法覆盖轿车的行驶区域，无法保证车辆正常使用。

④柴油机技术和生产规模的局限

由于我国柴油机技术发展缓慢，整体技术水平落后于国际先进水平10～15年，许多国外已经普遍采用的现代柴油机技术，在我国仍处于研究阶段，很多零配件需要从欧洲进口，因此，国产柴油机平均成本要比汽油机高1万多元；如果达不到一定的生产规模，成本就更高了。没有高性能的柴油机作为后盾和支持，柴油轿车将无法获得推广。因此，柴油机技术和生产规模的瓶颈也是造成柴油轿车在我国曲高和寡的主要原因之一。

⑤中国柴油轿车生产现状

我国早期生产的柴油轿车技术参数见表4–38。

表4–38　　我国生产的柴油轿车技术参数

项目	捷达SDI	宝来TDI	奥迪A6 2.5TDI	高尔夫TDI	帕萨特TDI	波罗1.4LTDI
生产企业	一汽大众	一汽大众	一汽大众	一汽大众	上海大众	上海大众
生产日期	2002年7月	2004年2月	2004年7月	2005年	2005年	2005年
满载质量/kg	1500	1820	2110	1740	1940	1640
发动机	直列4缸2V SDI	直列4缸2V TDI	直列4缸2V TDI	直列4缸2V TDI	直列4缸2V TDI	直列3缸2V TDI
排量/L	1.896	1.896（1.781）	2.496	1.896	1.896	1.422
压缩比		19	18.5	19	19	19.5
最大功率/kW	47	74（92）	120	74	74	55
最大功率转速/（r/min）	4000	4000（6000）	4000	4000	4000	4000
最大扭矩/（N·m）	125	240（170）	310	240	240	195
最大扭矩转速/（r/min）	2200	1900（3800）	1400	1900	1900	2200
增压系统		可变截面喷嘴涡轮增压器	可变截面喷嘴涡轮增压器	可变截面喷嘴涡轮增压器	可变截面喷嘴涡轮增压器	可变截面喷嘴涡轮增压器
废气再循环	EGR	EGR	EGR	EGR	EGR	EGR
废气后处理	氧化催化转化器	氧化催化转化器	氧化催化转化器	氧化催化转化器	氧化催化转化器	氧化催化转化器
平均油耗/（L/100km）	5.4	6.0（8.1）	8.1	5.2	5.4	4.5
排放标准	欧Ⅱ	欧Ⅲ（欧Ⅲ）	欧Ⅲ	欧Ⅲ	欧Ⅲ	欧Ⅲ

许多业内专家认为，柴油轿车是目前最能节约能源的现实车型，希望未来10年在我国市场上的销售比例上升到15%左右。一汽大众作为柴油轿车的先驱，借助德国大众公司的柴

油轿车技术，率先推出了捷达SDI柴油轿车。上海大众也正在酝酿柴油版波罗和帕萨特；奔驰、宝马、奥迪等品牌都有各自成熟的柴油机产品；菲亚特、福特和标致等也不甘示弱，准备推出柴油车。目前国内品牌汽车生产厂家所研发的柴油车品种较少，价格偏高，更主要的是我国要对汽车尾气排放实行欧Ⅲ标准，但目前多数国产柴油车型还达不到这一要求。

（4）柴油机排放合理的治理技术对策

柴油机排放的主要污染物是NO_x与PM。从内燃机燃烧工程学理论来看，当后者降低时，前者却增加，这种二律背反的关系一直困扰着柴油机排放治理的有效性。根据治理NO_x与PM两者排放的路线，采取不同的技术对策。

①改进燃烧系统

柴油机的性能在很大程度上取决于汽缸内的燃烧过程。改进燃烧过程的各个环节，如燃油喷射系统、进气系统、进气道形状和燃烧室形状等，都可以改善燃烧过程。

小排量柴油机的燃烧系统分为分隔式和直接喷射式两大类。

分隔式燃烧系统具有较低的NO_x排放和燃烧噪声，但散热面积和通道节流损失大，热效率相对较低。

直接喷射式则将燃油直接喷射进燃烧室，燃烧效率高（比分隔式高15%～20%），可节油5%～10%，但要求发动机吸入较多的空气。

直喷式柴油机在提高燃油经济性、降低油耗方面具有较大优势，代表未来的发展方向。

②采用涡轮增压和中冷技术

采用涡轮增压技术，通过降低进气温度来增加进气量，提高空气过剩系数，与非增压发动机相比功率可提高20%～50%，高增压发动机的功率最大可提高1倍；而且可以使柴油机在中、低转速下的扭矩高于汽油机，体积功率与汽油机相近。欧洲、美国、日本的重型柴油机已全部装用增压器，中小排量柴油机装备增压器的比例也在逐年上升，目前已达到80%，提高了车辆的动力性和经济性。从效率、成本、质量和外形尺寸等诸多因素考虑，在提高发动机功率的多种手段中，采用涡轮增压措施要优于增大发动机排量的方法。可变几何形状技术是涡轮增压器发展的方向。

再加上中冷技术，不仅能够充分利用废气能量，而且还可减少尾气中NO_x和PM等有害成分的排放，是提高柴油机燃料经济性和动力性的最佳途径。

③发展共轨式燃油喷射系统

共轨式燃油喷射系统已经从第三代向第四代发展。

第一代共轨式燃油喷射系统最高压力为135MPa，第二代提高到160MPa。这两代系统的喷嘴由电磁阀开闭芯阀控制，即通过线圈中电磁体（芯阀）施加电压而使喷嘴开启。

第三代共轨式燃油喷射系统最高压力达到160MPa，喷嘴芯阀采用压电元件控制，活动部的惯性质量小，响应性优异，可以对更精细微妙的芯阀开关进行程序控制，以使喷油特性更接近理想状态。在满足欧Ⅳ排放标准的柴油机中开始搭载第三代共轨喷油系统。

第四代共轨式燃油喷射系统是适用于预混合燃烧方式的新一代系统，目前还在开发中。第四代系统在喷嘴体内安装增压机构，喷油最大压力提高到220MPa；喷嘴采用可变方式，共轨内的燃油压力达到160～180MPa；喷嘴体的外径减小到15mm，喷嘴尖端部的直径只有5mm左右。即使在小缸径发动机中，进排气系统也采用3～4个气门。喷嘴喷孔直径只有0.6mm左右，一般有5～6个孔。

④改进排气后处理技术

为了满足越来越严厉的排放法规，在全面采用电子控制技术的基础上不断改进柴油机排气后处理状术。

颗粒捕集器（DPF）是OEM为了达到颗粒物排放标准而开发的核心技术，可以有效减少微粒物质的排放。柴油轿车装备DPF可以满足欧Ⅳ排放法规，要达到欧Ⅴ排放法规的要求，只有安装DPF。德国、奥地利、荷兰以及意大利等国家已经宣布对于提前安装DPF的车辆给予税收优惠。

废气再循环则是有效控制NO_x的最有效途径，氧化催化转换器同样起着举足轻重的作用。研究结果显示，采用先进涂覆技术的氧化催化转换器，可将废气中的CO、HC、NO_x和PM排放分别减少50%～80%、40%～70%、10%～20%和30%～40%。

⑤采用综合电子控制系统

在上述有关发动机多项目控制的基础上，柴油轿车还采用了与制动系、驱动系控制相匹配的综合电子控制系统。

（5）柴油轿车排放对润滑油的要求

为了满足2005年欧Ⅳ汽车排放法规，欧洲OEM在汽车及发动机上进行了许多改进：

①在汽油机方面，使用了更高效的三元催化剂、稀薄燃烧及增压等技术；

②在柴油机方面使用废气再循环、微粒过滤器或选择性催化等措施。

戴姆勒－克莱斯勒汽车公司和福特汽车公司要求从2002年起，柴油轿车使用低排放柴油机油。作为OEM，戴姆勒－克莱斯勒汽车公司第一个规定了轿车柴油机油的硫含量限值（≤0.5%）。柴油机油SAPS含量对柴油轿车的影响主要有：

①磷含量：降低三元催化剂使用寿命；

②硫酸盐灰分：干扰颗粒捕集器再生过程，降低其使用寿命；

③硫含量：增加颗粒物排放，降低NO_x催化剂使用寿命。

为了满足柴油轿车低排放的要求，ACEA于2004年10月底发布了发动机油ACEA 2004规格，将原来的轿车用汽油机油A类及柴油机油B类合并为A1/B1-04、A3/B3-04、A3/B4-04及A5/B5-04；取消了与A1/B1相同且无节能要求的A2/B2；由于直喷汽油机一直未能出台，取消了直喷汽油机油A4；设立A3/B3用于直喷柴油机轿车，由于B4比B3苛刻，所以也满足A3/B3。

同时，ACEA另外添加了一类要求更好地保护催化剂的油品C-04类（低SAPS）轿车发动机油规格，其性能水平相当于A5/B5-04，但附加硫含量、磷含量及灰分限制。

硫酸盐灰分主要来源于柴油机油中的金属清净剂，它能有效地控制柴油机的活塞沉积物。降低金属清净剂的用量会对ACEA 2004内燃机油规格中用于评价发动机清净性的台架试验带来影响，如CEC-L-78-T-99（VW DI）和CEC-L-56-T-98（XUD11BTE）试验。

对柴油机油磷含量的限制实际上是使柴油机油中主要的抗磨组分二烷基二硫代磷酸锌（ZDDP）用量减少一半，这也严重降低了柴油机油的氧化安定性。添加剂企业正在努力通过开发新型无磷抗磨剂和更好的抗氧剂，以补偿柴油机油中ZDDP减少所带来的抗氧化性能的损失。

低排放柴油轿车柴油机油对基础油的一个最大的影响因素在于硫含量的限制，以中东原油为主要油源生产的传统API Ⅰ类基础油本身的硫含量就接近这一指标，无法满足生产高质量低排放柴油轿车柴油机油的要求。API Ⅱ、Ⅲ类基础油具有饱和烃含量高、硫含量低、黏度指数高以及挥发性、低温流动性、氧化安定性和热安定性好等特点，可以在低排放柴油轿车柴油机油中使用。同时，限制金属清净剂和ZDDP的使用，也可以降低柴油机油的硫含量。

不过我国汽车市场的巨大潜力，尤其是柴油轿车市场的广阔发展前景，早已引起了世界汽车巨头们的关注。德国大众汽车集团早在1999年就在中国举办了“开创柴油机新时代”活动。凭借手中掌握的最先进技术，德国大众开始在中国推广其“柴油车战略”，其合资公司一汽大众在2002年推出捷达（SDI）柴油轿车后，前不久又推出中国第一辆涡轮增压（TUI）宝来柴油车。此外，在柴油发动机技术方面也颇有建树的标致雪铁龙（集团）也在为中国的柴油车积极谋划。戴姆勒-克莱斯勒等十几家汽车和发动机企业则联合成立了绿色柴油机推广小组，共同为柴油汽车在中国发展而摇旗呐喊。

尽管柴油轿车在我国目前还处于导入阶段，也还存在柴油油品质量不稳定、柴油和汽油价差不够大以及消费者对柴油轿车尚未完全认识等问题，但柴油轿车必将逐步改变过去“不受宠”的局面，并在未来成为乘用车领域动力发展的主要方向，在全球轿车柴油化渐成趋势的大背景下，我国的柴油轿车也将有一个灿烂的发展前景。

7. 柴油机油配方技术的最新发展

发动机的尾气后处理技术应用要求使用超低硫或“无硫”燃料，同样地，来自润滑油中的硫的作用也不能忽视。另外，来自润滑油的灰分和磷也同样对尾气后处理装置产生不利影响。灰分能堵塞微粒捕集器的孔道，增加发动机系统的反压，使燃油经济性下降，更进一步地，在微粒捕集器中与灰分发生反应和高温可造成捕集器基体的破坏。磷可使催化剂失活，这是由于这些催化剂中含有贵金属如铂、铑或钯等，磷能够沉积在贵金属上而堵塞其活性点，积累一定时间后可造成不可逆的损害，使催化剂效率下降，排放污染物增加。为此，欧美最新的柴油机油规格都对硫酸盐灰分和硫、磷含量提出了限制，目前市场上典型的API CI-4油的灰分为12%～15%，磷含量0.14%左右，挥发度为15%，API CJ-4油与之相比明显降低。

对硫酸盐灰分、SAPS及挥发度的限制，向目前的发动机油配方技术提出了挑战。发动机油中SAPS的来源主要为：磷来自ZDDP，灰分来自金属清净剂和ZDDP，硫来自磺酸盐和硫化烷基酚盐金属清净剂、ZDDP、基础油和含添加剂的稀释油。另外，辅助抗氧剂、摩擦改进剂和腐蚀抑制剂也可能含有硫。硫含量的限制和挥发度指标的降低需要使用Ⅱ类以上的基础油调配APICJ-4油，Ⅰ类油几乎不可能使用。添加剂方面，使用代替或部分代替ZDDP作用的添加剂如无灰无硫无磷的抗氧剂和无硫无磷的抗磨剂、摩擦改进剂等，金属清净剂方面会更多地使用无硫的水杨酸盐。另外，更高的EGR率会引起更严重的烟炱污染和磨损腐蚀问题。延长换油期对油品的清净分散性提出了更高的要求。提高燃油经济性要求油品有更好的抗磨减摩性能以及在重负荷柴油机中使用低黏度油，如5W-30油。为此，润滑油配方研发人员将通过选用高质量的基础油、更多地使用ZDDP替代品、增加抗氧剂和分散剂来满足要求。

最近的柴油机油配方专利，也体现了上述发展趋势。例如专利1表明，一定水平的硼可以使润滑油具备满意的抗磨性能，同时使配方中的磷和硫处于低水平。配方的硼含量在200mg/kg以上，而磷含量小于60mg/kg，硫含量小于4000mg/kg，灰分含量小于1.5%，含有水杨酸盐和钼盐。

专利2描述了一种低灰分的润滑油配方，其总灰分含量少于1.0%，适用于低硫燃料（硫含量＜50mg/kg）的、装配有废气再循环系统和微粒捕集器的柴油机。配合低硫燃料，润滑油配方中减少金属清净剂的用量以降低灰分；为减少磷、硫含量，降低了ZDDP用量并使用了不含硫的水杨酸盐清净剂，优选配方由一种总碱值低于80mgKOH/g的水杨酸钙和另一种总碱值大于150mgKOH/g的水杨酸钙组成。这种减磷、硫和减灰分的润滑油配方在CI-4的Mack T-10试验（燃料硫含量从400mg/kg降低到15 mg/kg，其他条件不变）中，防腐蚀性能表现良好。

专利3涉及一种低磷（≤0.06%）的润滑油配方，可满足CI-4要求。其减少的ZDDP的作用由酚型辅助抗氧剂和硼来提供，使润滑油与尾气催化后处理装置的匹配性更好。该配方含有至少1.2%的酚型抗氧剂，以及能提供至少200mg/kg硼含量的硼或者含硼化合物或多种含硼化合物。

专利4涉及一种低磷低硫的润滑油配方，其中磷含量小于0.09%，硫含量不大于0.5%，可满足CI-4的要来。这种ZDDP减量的润滑油配方的抗磨、抗氧化性能是通过选择适当的清净剂组合来实现的。50%以上或更多的清净剂采用水杨酸盐清净剂，能降低磨损；抗氧化性能方面：50%以上的清净剂采用水杨酸盐或硫化烷基酚盐或两者的混合物。更多地使用酚盐能提供更好的抗氧化性能。

专利5涉及一种低灰分的润滑油配方，灰分含量小于15%，主要通过减少金属清净剂的用量降低灰分，而高温清净性和氧化安定性的保持则通过加入含硼化合物来实现。硼主要来自硼化无灰分散剂。配方中含有金属清净剂，并选择性地含有水杨酸酯或硼化水杨酸酯。硼和来自金属清净剂的金属含量比不小于0.15。

四　燃气发动机油

燃气发动机的润滑原理与汽油、柴油发动机相似，但由于燃料及发动机设计方面的特点，燃气发动机油的配方组成及性能要求与普通发动机油有一定差异。燃气发动机的燃料具有较高的热值，有更高的燃烧温度，因而生成的NO_x量较多，会引起润滑油品严重氧化硝化变质。柴油等液态燃料在燃烧过程中产生的少量不完全燃烧产物对气阀/阀座提供非常重要的润滑作用，而燃气发动机燃料燃烧很充分，对阀系的润滑完全依靠机油的灰分。灰分过低起不到有效的润滑作用，灰分过高易引起阀系堵塞及熔损，并导致燃烧室及活塞顶部沉积物增加，汽缸套及活塞环磨损，所以合理控制机油的灰分是燃气发动机油的关键。燃气发动机所用气源成分复杂，并含有腐蚀性气体，且发动机冲击负荷较大，会造成轴瓦、凸轮的过度磨损和腐蚀磨损，因此对机油的抗腐蚀抗磨损性能提出了较高的要求；为了保证发动机清洁，防止活塞沉积物的大量生成，还需要机油具有良好的清净分散性。

1．燃气及燃气发动机

天然气是一种高效、清洁、价廉的工业和民用燃料。其主要成分是甲烷，作为发动机燃料时，发动机尾气中的非甲烷碳氢化合物排放量比汽油机的低，甲烷的排放量相对要高；其一氧化碳的排放水平约为汽油车的20%～80%；NO_x排放水平则视不同类型有很大不同，大多数情况下二者相同，而最低时天然气汽车仅为汽油车的40%。用天然气作为发动机代用燃料，对改善和优化我国的能源结构和减少发动机的排放污染具有重要的作用。

天然气作为发动机代用燃料的应用形式包括压缩天然气（CNG）、液化天然气（LNG）和天然气合成油（GTL）。CNG作为发动机代用燃料的基本技术较为成熟。近年来，由于加气网点的完善以及对发动机排放的限制标准提高，特别是电子控制技术在发动机上的应用，CNG的应用受到重视，研究主要集中在以下几个方面：发动机燃烧特性；燃料控制系统的设计；为使天然气发动机和双燃料发动机达到较高排放要求而采用的气体燃料电控喷射技术的研究；天然气发动机专用催化转化器的研究。通过这些研究，对常见的机型，尤其是城市出租车和公交车的改装提供了技术支持。

LNG是天然气经过加工后的产品，在常压下于-162℃以下才能呈现为液态。LNG具有成分单一、甲烷含量较CNG高、燃烧性能好、排污低、安全性和使用性好等特点。但对于商业使用来说，LNG低温制取、存储及加气设施需要较大的投资；车用的电控燃料供给系统比较复杂；排放成分中，碳氢化合物和一氧化碳含量较低，但NO_x含量较高。国内对LNG技术的研究处于起步阶段。

GTL的制取始于20世纪90年代初，由于它在标准状况下是液态，这就使原来的石油装置可以不做任何改变就可以使用。GTL的优点是不含硫、氮和芳烃等非理想组分，属于清洁燃料。但目前 GTL工业化产能进展不大，迄今为止全世界投用的GTL项目产能仅约为2400kt/a，确实存在一些制约GTL项目发展的困难，主要是GTL装置投资大，成本高，工艺不成熟。

用天然气作代用燃料的发动机其动力性能与改装的方式有很大关系，如果采用单一燃料的天然气发动机，其动力性能一般达不到原机的功率。从发动机工作的角度讲，在改装发动机时，选择不同的天然气发动机工作方式，对发动机性能的影响很大，要从发动机的改装成本、动力性、经济性、排放等方面综合考虑。如从经济性、动力性和可靠性考虑，可选择稀释燃料的工作方式；如从控制排放的潜力考虑，理论空燃是首选。

燃气发动机的分类见表4-39。

表4-39 燃气发动机分类

点燃式燃气发动机			双燃料压燃式燃气发动机	
开式燃烧室发动机	预燃式发动机	低压喷气发动机	高压喷气发动机	预燃式双燃料发动机
火花塞直接伸入燃烧室，点燃被压缩的空气-燃料混合物。适用于化学计量或中等贫燃气体混合物。压缩比（9∶1）~（12∶1）	火花塞位于汽缸头部小的预燃室内，点燃富燃气体，引燃主燃烧室气体。适用于大缸径发动机和贫燃气体混合物。压缩比（9∶1）~（12∶1）	以5%~10%的柴油为引燃剂，压燃高压燃气混合物。NO_x排放通常在5~8mg/（kW·h）	燃气以3600~5100psig压力直接喷于燃烧室内，通常需5%~8%的柴油为引燃剂。NO_x排放通常在5~8mg/（kW·h）	引燃柴油喷入预燃室内，产生高能火焰引燃主燃烧室贫燃气体，仅需1%的引燃柴油，压缩比及平均制动压力接近或达到柴油发动机水平，发动机效率也达到柴油发动机水平，NO_x排放通常在0.7~2.5mg/（kW·h）

点燃式燃气发动机常由柴油发动机改装而成，其缸体、曲轴、主轴承、凸轮挺杆及连杆等与柴油发动机一致。为防止敲缸，燃气发动机通常在较低压力下工作，点燃式燃气发动机输出功率只有柴油发动机的60%~80%，发动机制造商只得靠增大缸径5%~10%来弥补功率的损失。点燃式燃气发动机单位功率的制造成本高于柴油发动机。由于燃气发动机汽缸操作压力较低，轴承负荷较小，气体燃烧完全，燃烧室干净，发动机及配件寿命增加，补偿了发动机成本的增加。目前大缸径、高贫燃燃气发动机的效率与同尺寸的柴油发动机相近。

双燃料压燃式燃气发动机以天然气为主要燃料，使用很少量的柴油作为引燃剂。柴油压缩自燃引燃燃烧室内的燃气混合物，引燃柴油的比例占总燃料的1%～15%。由于柴油用量小，氮氧化物及颗粒物排放量大大减少。双燃料压燃式燃气发动机通常可在双燃料及全柴油燃料间切换。

2．燃气发动机的润滑

根据润滑油品灰分的高低，燃气发动机油常分为无灰、低灰、中灰及高灰等几类，如表4–40所示。不同公司在其分类标准上有一定差异，大多数燃气发动机油灰分在0.3%～0.6%。

表4–40　　发动机油按灰分分类标准

分类	灰分/%	
	分类1	分类2
无灰	＜0.15	＜0.1
低灰	0.15＜灰分＜0.6	0.1＜灰分＜0.5
中灰	0.6＜灰分＜1.5	0.5＜灰分＜1.0
高灰	＞1.5	＞1.0

由于天然气的硫含量一般很低，燃烧产生的酸性物质较少，其对灰分（碱值）的需求主要是为了阀系等部位的润滑。对酸性气（硫化氢含量较高）及生物气（沼气等生物腐变而产生的以甲烷为主的可燃性气体），则需要较高的碱值以中和燃烧产生的酸性物质，减少发动机部件的腐蚀。

燃气发动机油的使用与发动机类型、燃料气的组成、工况等因素相关。燃料的改变以及发动机结构、工况、材料的变化，使对以CNG或LPG为燃料的汽车不宜使用汽油机油或柴油机油，这是由如下原因所致：

①气体燃料的燃烧温度高，会增加NO_x的生成，普通机油很容易氧化和硝化，继而形成油泥、积炭等物质。

②纯净的天然气燃料不含硫、水分等，灰分的产生主要来自润滑油及其组成中的添加剂，为此要求专用的润滑油灰分低或采用无灰型润滑油，灰分过高会引起发动机提前点火及火花塞堵塞，一般要求灰分不高于0.5%。

③使用气体燃料对发动机的冷却性能比使用汽油和柴油的冷却性能差，会增加发动机的热负荷，因此要求使用比常规发动机油有更好的抗氧化性能和高温清净性的润滑油。

④压缩气体自身无润滑作用，易导致进气阀、排气阀及阀座磨损，要求润滑油抗磨损性能更好。

3．燃气发动机及润滑油的开发

目前世界上许多发达国家均在开发燃气汽车，所使用的发动机无统一标准。因此，也没有统一的燃气发动机润滑油标准和发动机台架试验评定方法，发动机制造商一般根据一定时间的行车试验提出对专用机油的要求，比较常见的燃气机油规范有康明斯CES 20074/CES 20085/CES 20092、曼MAN 3271–1等。表4–41列出了发动机制造商对燃气发动机润滑油的技术要求。

表4-41　发动机制造商对燃气发动机润滑油的技术要求

发动机厂家	API质量级	SAE黏度级	硫酸盐灰分/%	其他要求
Superior	CC	40	0.5～1.0	使用深度精制基础油，TBN＞2.0
Ceneral Motors	SC/CC	30	＜0.5	-
Cummins	CD	15W-40	＜0.5	Ca:1200μg/g，Zn:250～350μg/g P:250～350μg/g，TBN：5.0～5.5
Caterpillar	CD	30、40、15W-40	0.4～0.6	700h现场试验，灰分合格
Waukesha	CC	30、40	＜0.1	-

燃气汽车发动机的研究和应用在我国起步较晚，目前的研究工作主要集中在如何实现发动机最佳燃烧，提高发动机动力性、经济性、排放性及可靠性，研究的主要内容包括：

①动力恢复研究。经改装的燃气发动机，其最大功率下降8%～24%，因此如何提高燃气发动机充气系数是研究工作的重点。

②燃气特性的研究。揭示燃气不同组分和环境温度对发动机启动性能、燃烧特性及排放有害物生成的规律。

③关键部件的研究。包括电控燃气混合、电控气体喷射等部件的研究。

我国目前燃气汽车发动机润滑油的研究主要集中在以下四个方面：

①燃气汽车发动机润滑油试验评定方法的研究。按现行发动机润滑油评定方法，选择合适的发动机作为评定设备，规范试验方法并使之程序化、标准化。

②标准化研究。制定统一的燃气汽车发动机润滑油质量标准，规范燃气汽车发动机润滑油质量档次，现已出台Q/SYRH 2023—2001《燃气发动机油》，该标准所属产品按灰分可分为低灰、中灰、高灰3种类型，黏度分类有10W-30、15W-40、30、40等4个牌号。低灰、中灰型适用于燃气型或双燃料型的城市公交车，高灰型适用于重负荷燃气型或双燃料型发动机的润滑。

③开展燃气汽车发动机润滑油复合配方的研究。

④研究能满足装有催化转换装置的燃气汽车使用要求的发动机润滑油。

液化石油气和天然气具有燃烧安全、价格低廉和资源丰富等优点，作为汽车燃料可降低尾气中污染物的排放，应用越来越广。我国大城市及天然气产区的燃气发动机润滑油一直使用SF/CD油，虽未出现大问题，但机油容易氧化和硝化，继而形成油泥，使换油期缩短。

燃气发动机润滑油主要性能如下：

①清净分散性好。能有较保持活塞顶部与裙部清洁，防止活塞、活塞环的异常磨损或拉缸，延长发动机寿命。

②灰分低。低灰分能在燃气发动机高热负荷环境下最大限度地减少沉淀物的生成，有利于降低发动机进气阀、排气阀的磨损，防止发动机早期点火。

③抗氧化性能良好。良好的氧化稳定性，能有效地减少润滑油沉积物的形成，抑制润滑油黏度和酸值快速增长，延长换油期。

④黏度等级齐全。用户可根据季节的变化选用不同黏度等级的油品；其中10W-30油可满足我国北方绝大部分地区燃气发动机冬夏通用的要求。

节能与环境保护推动了发动机技术的进步，同时对发动机油提出了相应的要求。随着燃气等清洁能源的广泛使用，适用于燃气发动机的专用润滑油将得到更多的应用。

4．燃气发动机油的配方组成及应用

气体燃料本身无润滑性，易造成发动机进排气阀及阀座磨损，所以要求控制燃气发动机油的灰分。灰分过低，有可能因润滑不良而造成阀、阀座磨损及气门嵌入阀座；灰分过高，则在发动机运转时，高灰分发动机油窜入燃烧室后，可能在燃烧室形成很多坚硬的沉积物，造成火花塞、阀系、燃烧室积炭严重，进而出现气门喷火烧蚀、阀系磨损、活塞擦伤、火花塞堵塞等一系列问题。

由于对灰分的限制，金属清净剂的加量有限，很多燃气发动机油产品通过加大无灰分散剂的量来提高油品的高温清净分散性，但无灰分散剂的高温热稳定性较差，对防锈性能影响较大。研究表明，低碱值烷基酚盐、低碱值水杨酸盐复合清净剂具有更好的抗硝化氧化及抗黏度增长性能，油品使用寿命长。具体配方组成如下：

低碱值酚盐/低碱值水杨酸盐	4.5%
无灰分散剂	3%
ZDDP/T323	1.5%
复合抗氧剂L–57/L–135	0.8%

配方的碱值控制在5mgKOH/g左右。

由于燃气发动机油尚无统一的国际标准，发动机制造商和油品生产商各自开发模拟评定方法对油品进行检测。有代表性的Caterpillar 3500系列天然气发动机，是使用最为广泛、工况也最为苛刻的发动机，其机油报废的控制指标主要有：氧化值小于$25cm^{-1}$；硝化值小于$25cm^{-1}$（均为红外分析）；黏度增长$3mm^2/s$；总碱值下降5%；总酸值增加2个单位或达到3mgKOH/g。

应用点燃式燃气发动机的用户，在一时买不到燃气发动机专用油时，可选用CD 40油代用，但使用效果及使用寿命不如专用油。

五 摩托车专用机油

近几十年来，我国摩托车工业发展迅速。1986年摩托车产量仅63.5万辆，到1997年已达到1003.7万辆，约占当年世界摩托车总产量的一半。虽然1998年我国摩托车产量有所下降，但1999年产量增加较多，达到1070万辆，约占当年世界摩托车总产量（2300万辆）的47%。2019年，我国摩托车产量1736万辆，产销稳中有升，电动摩托成为行业增长的主引擎。

摩托车汽油机油产品质量标准是随着摩托车技术的发展而变化的，而环境保护法规的日益严格，节能要求的提高，极大地推动了摩托车的发展，也促进了摩托车润滑油质量标准的统一和更新。与汽车用发动机油质量标准不同，摩托车发动机油是内燃机油中唯一具备全球统一标准的油品。

摩托车发动机按工作原理有二冲程机、四冲程机，不同类型的发动机所用润滑油性能不同，其质量标准因而有异。摩托车发动机使用二冲程风冷汽油机油或四冲程摩托车油。二冲程发动机具有设计简单、质量轻、体积小、不怕颠簸等优点，但同时存在噪声大、排烟多、燃油消耗高等不足而受到限制，二冲程摩托车污染物排放量是四冲程摩托车的4倍，是机动车排放污染物的重要来源，从节能和环境保护的角度考虑，二冲程摩托车将减少产量，或进一步采用先进技术。

四冲程摩托车与二冲程摩托车相比，虽然单位质量输出功率及升功率较低，体积相对较大，但在环境保护方面具有排污低、噪声低等优点，故已成为现今摩托车行业的主导产品。

2007年，国内摩托车保有量已超过1亿辆，与之相适应，摩托车发动机油市场需求量非常可观。在市场方面，目前国内市场上的四冲程摩托车发动机油基本上都是中高档车用汽油机油产品，专用4T油较少。由于高档车用汽油机油已开始添加摩擦改进剂，以改善产品的节能效果，这对摩托车发动机润滑是不利的。四冲程摩托车发动机结构上最大特点是整体化设计，即车辆的发动机系统、动力传递离合器部分、启动系统、变速系统等部件均位于曲轴箱内，由同一种润滑油进行润滑，因此四冲程摩托车发动机油在满足发动机润滑性能要求的同时，还要满足离合器、齿轮等部件的特殊的润滑性能要求，其中离合器部件要求润滑油能保持一定的摩擦系数，防止出现离合器打滑现象。

1．二冲程摩托车汽油机油

我国二冲程汽油机油的研制生产经过“七五”“八五”攻关，建立了等同JASO M345的分类标准及相关台架评定装备及评定方法，二冲程汽油机油在质量水平和环境保护方面有较大的提高，目前已有质量符合要求的EGB、EGC质量等级的产品投放市场，取得了较好的经济效益和社会效益。

1992年日本汽车标准化组织（JASO）正式颁布FB、FC级别H冲程油质量分类标准，并于1996年被国际标准化组织（ISO）采用，标准中规定了与FB、FC级别基本等效的ECB、EGC级别二冲程油质量指标和评定方法。20世纪90年代中期，欧洲的二冲程发动机制造商认为即使是ISO分类中最高质量等级的EGC级油，在清净性方面，特别是高温情况下的清净性仍然满足不了要求，因而在1994年提出了EGD质量指标以及与之相关的清净性评定方法CEC L-58-X-94，后发展为CEC L-079-T-97，以取代原来的清净性评定方法（JASO M341）。该级别二冲程油在其他质量指标不变的前提下，极大地提高了清净性指标，不仅评定方法的苛刻度大为提高，合格指标也有了较大增长。2000年，ISO正式颁布了ISO EGD级风冷二冲程机油规范，其中规定CEC L-079-T-97为清净性评定方法。

我国“八五”期间也采用此标准，通过引进M345方法的发动机设备，建立了得到日本润滑油协会中央研究所认可的台架评定设备。随后不久，ISO也在JASO M345质量等级分类的基础上建立了ISO L-EGB、EGC质量等级分类的全球分类标准。90年代，欧洲的二冲程发动机制造商提出了EGD质量指标以及与之相关的清净性评定方法（CEC L-58-X）。这一质量等级指标提出不久，就被ISO列为ISO L-EGD标准。标准规格见表4-42。

表4-42　　EGD风冷二冲程汽油机油的性能评定及规格标准

项目		FA	EGB	EGC	EGD	试验方法
润滑性指数	不小于	90	95	95	95	JASO M340
初期扭矩指数	不小于	98	98	98	98	JASO M340
清净性指数	不小于	80	85	95	125	CEC L-58-X
裙部漆膜指数	不小于	—	85	90	95	CEC L-58-X
清净性指数	不小于	80	85	95	—	JASO M345
裙部漆膜指数	不小于	—	—	90	—	JASO M345
排烟性能指数	不小于	40	45	85	85	JASO M342
排气系统堵塞指数	不小于	30	45	90	90	JASO M343

（1）二冲程摩托车汽油机油的润滑原理

二冲程汽油机采用油雾润滑，燃料与润滑油按一定比例混合进入发动机内部，燃料首先汽化，与润滑油分离，而润滑油油雾则对发动机的运动部件起润滑作用，最后与燃料一起燃烧并通过排气管排出。根据此原理，二冲程汽油机油应具有良好润滑性、高温清净性和低排烟性能。在保证发动机良好润滑性的前提下二冲程汽油机油规格变化主要从两方面得到提高：一方面对排烟和排气管堵塞指数要求不断提高，以改善二冲程发动机的排放性能；另一方面提高清净性指数，防止活塞粘结，减少发动机内部漆膜和积炭。

二冲程汽油发动机无油底壳，扫气口又处在汽缸壁上，加之活塞环数量少，使高温摩擦部位及高温汽缸散热困难，工作条件恶劣。同时，由于二冲程汽油机油要在发动机中燃烧，重质组分的燃烧必将增加漆膜、积炭的生成量，从而使发动机运行可靠性下降。故对二冲程汽油机油的燃烧清净性要求较高，清净性是标志二冲程汽油机油质量优劣的重要指标之一。

二冲程汽油发动机的工作频率比四冲程汽油发动机高1倍，单位质量功率比四冲程高很多，具有质量轻、马力大、结构简单、运行可靠等优点，所以在小型通用汽油机、摩托车、操舟机、剪草机、链锯、助力车中广泛应用。二冲程汽油发动机与四冲程汽油发动机不同，它没有单独的润滑油系统，而是把润滑油与汽油预混合后，通过汽化器进入发动机燃烧室，汽油汽化而润滑油在发动机部件上沉积一层薄膜提供润滑，这种润滑是一次性的。因此，二冲程汽油发动机对燃烧室的沉积非常敏感，特别是沉积的灰分会污染火花塞而引起点火系统短路，提前点火。

因此，二冲程汽油机油应具有以下特点：

①润滑性要好，防止擦伤或拉缸。

②清净性和抗氧化性要好，保持发动机清洁。

③燃烧后灰分和沉积物要少，防止预点火和排出的废气要干净，烟要少。

④防锈性要好，防止发动机部件锈蚀和腐蚀。

⑤混合性和流动性要好，使润滑油与燃烧充分混合。

不论是采用分离润滑还是混合润滑，二冲程汽油发动机一定要用专用机油，而不能使用SF之类普通四冲程汽油机油。这是因为：SF之类汽油机油中含有ZDDP，它会导致火花塞生垢及沉积；SF之类油中含有金属清净剂，灰分高，燃烧后有沉积导致过早点火；单级油中重馏分基础油导致冒黑烟，多级油中的黏度指数改进剂会导致燃烧不完全和严重的沉积物；四冲程汽油机油中不含溶剂，与燃料的混合性差。

（2）二冲程摩托车汽油机油的配方组成

二冲程摩托车汽油机油不循环使用，配方中无须添加ZDDP等容易引起火花塞积垢的金属盐添加剂，其润滑性主要依靠基础油来提供。为了全面了解二冲程摩托车汽油机油的配方组成，可从TC-W3水冷二冲程汽油机油研制过程得到一些启示。

随着技术进步和需求的改变，水冷二冲程汽油机油舷外机输出功率越来越大，大功率发动机对润滑油的要求更加苛刻，随着世界各国环境保护法规的日益严格，对发动机的排放控制也更加严格。为减少二冲程汽油机油舷外机尾气排放，需要提高燃料油与润滑油之比，这也大大提高了发动机对润滑油要求的苛刻度，因此提高二冲程汽油机油润滑油的质量就显得很重要。

1988年美国船舶制造商协会（NMMA）公布的NMMA TC-W2档水冷二冲程汽油机油

规格，是当时世界上最高质量级别的水冷二冲程汽油机油，很快得到全世界的广泛认可。但随着二冲程汽油舷外机的不断发展，发现已评定合格的TC-W2档水冷二冲程汽油机油在一些发动机的使用中仍然发生粘环故障。1994年，NMMA发布了TC-W3档水冷二冲程汽油机油标准。与NMMA TC-W2档水冷二冲程汽油机油相比，TC-W3档水冷二冲程汽油机油在TC-W2档基础上增加了考察油品清净性能和环粘结性能的Mercury 11.2kW（15hp）发动机试验，因此TC-W3档水冷二冲程汽油机油具有更好的清净性能和润滑性能，更适合于大功率水冷二冲程发动机的使用。

①基础油的选择

基础油的性能对TC-W3档水冷二冲程汽油机油的清净性、润滑性和低温性能均有较大影响。

研制TC-W3档水冷二冲程汽油机油，选取API分类的Ⅰ类和Ⅱ类加氢基础油进行对比考察，结果表明：Ⅱ类加氢基础油的饱和烃含量高，芳烃和胶质含量少，黏度指数高，油品对抗氧剂的感受性好，成焦板焦重少，清净性好，各种性能较Ⅰ类基础油优越。由于TC-W3档水冷二冲程汽油机油对油品高温清净性的要求较高，故选取Ⅱ类加氢基础油作研制机油的基础油。

二冲程发动机润滑油要求在汽缸中参与燃烧，对润滑性能和燃烧性能要求尤其严格，而不同类别、不同黏度的基础油燃烧性能和抗磨性能不同。轻组分基础油排烟指数高，排烟性能好，但由于其油膜保持性差而导致油品的润滑性能较差；重组分基础油能保证润滑性能，但其清净性能和排烟性能差。因此需根据不同组分的性质，采用轻、重组分调和的方法来满足油品的性质。光亮油150BS的加入会引起油品清净性能的下降。选用Ⅱ类加氢基础油150N、500N和排烟性能良好的聚异丁烯作为TC-W3档水冷二冲程汽油机油基础油的组分。

②无灰分散剂的选择

TC-W3油和风冷二冲程发动机油、TC-W2油相比清净性要求更高，并且要求添加剂是无灰的。金属清净剂的使用会增加油品的灰分，火花塞易堵塞，出现连桥故障。因此，无灰分散剂作为主要的功能剂在TC-W3油中同时起到清净、分散、中和的作用。对无灰分散剂的选择主要从其热分解温度和清净性两方面进行考虑，考察了不同类型分散剂，单烯基、双烯基灰剂的起始分解温度、高温清净性。

不同类型无灰分散剂的起始分解温度和碱值有所不同，其高温生焦和清净性能也不相同，综合考虑分散剂的热稳定性和清净性，选择热分解温度较高、成焦板焦重较少、碱值大的单烯基丁二酰亚胺作为研制油品的无灰分散剂。

③防锈剂的选择

舷外机油使用的环境湿度较大，而且与海水接触，进气阀等部位易发生锈蚀，所以对TC-W3档油的防锈蚀性能要求较高。这也是TC-W3档油不同于风冷二冲程发动机油的性能，风冷机油可以不加防锈剂，因此选择防锈体系是油品研制的关键。由于不同的防锈剂的吸附机理不同，在油品配方中防锈作用也有所不同。

④抗磨剂的选择

与风冷二冲程油相比，对水冷二冲程TC-W3档油的润滑性能要求更加严格，润滑性试验的试验条件更加苛刻，试验温度从300℃升到350℃，燃油比从50:1增加到150:1。同时，由于灰分的限制，二冲程发动机油中不能使用内燃机油通用的二烷基二硫代磷酸锌抗磨剂，在TC-W3档油的配方中加入一定量的无灰抗磨剂，增加其抗磨性能，改善润滑性能。

⑤聚异丁烯的选择

二冲程汽油机油要求低排烟性能，需要在配方中加入聚异丁烯（PIB）。PIB为高分子聚合物，在高温（450℃左右）下分解成低分子烯烃，易燃烧干净，有利于降低烟度。作为基础油的组成部分，其分子大小和结构以及添加量都会对油品的润滑性、清净性、排烟及排气管堵塞等产生重大的影响。从不同角度对国内锦州、兰炼生产的聚异丁烯及日本生产的聚异丁烯进行了性能评定。结果表明：加入聚异丁烯的油品在清净性、润滑性、排烟和排气管堵塞等方面都优于未加入聚异丁烯的纯矿物油；加氢聚异丁烯的性能优于未加氢的聚异丁烯。选用双加氢的聚异丁烯，分子量为950的，效果最佳。

⑥溶剂的选择

为提高油品与汽油的互溶能力，同时降低油品的黏度，以保持适当的流动性，必须加入溶剂，但溶剂中的芳烃含量影响油品的排烟性能。选择加氢精制并经深度脱臭处理后的低芳烃无异味煤油作溶剂，可满足TC-W3档油的要求。满足NMMA公布的TC-W3档水冷二冲程汽油机油的组成如下：

HVI150N	25%
HVI500N	15%
PIB（M950）	25%
T803	0.5%
T151A	10%
T323	2.5%
T746	0.5%
煤油	余量

因其调和工艺特殊，简介如下：

基础油按比例加入调和罐，加热至50～60℃，搅拌混合均匀。降凝剂按规定量加入另一小调和罐，泵入适量基础油稀释搅拌，加热升温至75℃±5℃，完全混溶后，加入聚异丁烯，恒温搅拌至全溶。将其泵入大调和罐，温度控制在65℃±5℃，不断搅拌至混合均匀。再将各种功能添加剂按量加入添加剂母液罐中，用上述调和好的基础油稀释，搅拌混溶，温度为60℃±5℃。溶好的母液泵入大调和罐与基础油混合，油温不高于70℃，搅拌至均匀，待温度降至50℃时加入稀释剂煤油，停止加热，连续搅拌30min。

（3）二冲程风冷摩托车汽油机油的配方组成

二冲程风冷摩托车的润滑是以分离润滑和混合润滑两种方式进行，均是汽油与润滑油按一定比例混合，形成油雾进行润滑，其排气口在缸壁上，风冷效果不及水冷，其高温的汽缸及其他摩擦部位散热困难，工作条件苛刻。

二冲程风冷摩托车汽油机油组成大致与水冷二冲程汽油机油相同，只是将后者配方中的抗氧抗磨剂T323换成低碱值磺酸钙T101，用耐高温性能好、价格低廉的T152取代T151A，又因不接触水，可不加防锈剂。低碱值磺酸钙T101具有较好的清净性，可以控制活塞裙部漆膜的形成，同时使漆膜上的积炭比较松软，无灰分散剂对二冲程的燃烧产生的漆膜、积炭和排气管内沉积物有很好的胶融和分散作用。如果在配方中加入少量高碱值硫化烷基酚与低碱值磺酸钙复合使用，高温清净效果更好。另外，考虑到油品的经济性和基础油来源，风冷二冲程摩托车汽油机油可使用Ⅰ类基础油。

（4）二冲程摩托车发动机正面临重大的技术变革

二冲程发动机由于结构简单、升功率高而作为各种小型工作机的原动力机被广泛使用。随着科学技术的不断进步，四冲程车的故障率不断降低，并具有燃油消耗低和排气污染小等优点，目前其比例增加较快，大有取代二冲程车的可能。

但是，二冲程车的结构简单、升功率高这一优点实在具有很大的诱惑力。现以日本四大摩托车生产公司1998年推出的50款50mL摩托车为例，二冲程车与四冲程相比，其平均最大功率、最大扭矩和最大体积排量功率均高出50%～70%。所以，目前日本生产的摩托车中，二冲程车仍占有相当的比例。

①采用电控喷油技术

多年来，世界各国对二冲程发动机的研究一直没有间断，并且已经取得了实用性的进展。在中小型二冲程发动机上最早使用电控燃油喷射技术的是澳大利亚奥必托公司。它的工作原理是发动机在排气口关闭时，由计算机控制喷油始点，从而避免了可燃混合气扫气时所造成的短路损失，因此降低了发动机的燃油耗量，同时也降低了排气中的碳氢化合物含量。

目前我国的摩托车生产行业已有电喷车推出，如湖南南方动力公司开发的电喷NF125型摩托车，其燃油耗降低30%，功率提高5%～10%，排污减少60%，排污指标已达到美国加州2004年标准限值。二冲程电喷车的推出，现已引起社会的普遍关注。

随着科学技术的不断发展，汽油机的负荷、强化程度、转数均在不断提高。当发动机接近满负荷工作时，活塞头部的工作温度在300℃以上，裙部的作温度在150～180℃，因活塞裙部要在高速摩擦作用下起到导向作用，所以需要使用耐高温性能良好、油膜强度大、清净性能好的润滑油，才能正常工作。

②二冲程车安装催化转化器

为了减少发动机尾气中污染物的排放，在世界上经济发达国家或地区，二冲程车安装催化转化器已很普通。我国近年来也开始使用这一技术，例如装有催化转化器的金城JC 90–8二冲程摩托车，发动机排气中污染物含量明显降低。为了防止催化剂中毒或催化转化器发生堵塞，这类车需要使用磷含量和硫酸盐灰分都比较低的二冲程汽油机油，如果错加了四冲程发动机油，则会出现严重问题。这是因为四冲程发动机油必须具有良好的抗氧防蚀性能，一般都加有磷含量较高的锌盐抗氧剂，由于二冲程汽油机油在发动机中直接参与燃烧，燃烧尾气中的磷化物会使转化器中的催化剂很快中毒失活。所以，装有催化转化器的二冲程摩托车，必须使用优质低烟的二冲程汽油机油。

③采用更高档的EGE二冲程汽油机油，进一步改善排放性能

随着发动机技术的不断提高，特别是液体冷却技术的应用日益增多，欧洲的二冲程发动机制造商认为EGD油的清净性试验尽管把试验时间延长到3h，但仍难以表达出油品具有优良的耐高温清净性能，进而提出了更高质量等级的EGE油，见表4–43。

表4–43　二冲程汽油机油质量分类汇总

质量等级		FA	FB	EGB	FC	EGC	EGD	EGE
清净性指数	不小于	80	85	85	95	95	—	—
裙部漆膜指数（JASO M341），1h	不小于	—	—	85	—	90	—	—

续表

质量等级		FA	FB	EGB	FC	EGC	EGD	EGE
清净性指数	不小于	—	—	—	—	—	125	125
裙部漆膜指数（CEC L-58-X），3h	不小于	—	—	—	—	—	95	95
清净性优点评价（CEC L-77-X）		—	—	—	—	—	—	好于参考油
润滑性指数	不小于	90	95	95	95	95	95	100
初期扭矩指数（JASO M340）	不小于	98	98	98	98	98	98	100
排烟指数（JASO M342）	不小于	40	45	45	85	85	85	85
堵塞指数（JASO M343）	不小于	30	45	45	90	90	90	150

EGE这一等级油的质量要求比EGD油又有很大程度提高，要求油品具有优良的耐高温性能和抗漆膜性能。另外，在润滑性能方面，EGE油的要求亦有所提高（从EGC、EGE油的润滑性指数95和初期扭矩指数98都提高到EGE油的100），目的是减少活塞环在高温、高速状态下的擦伤，以及减少输出功率损失。对排气系统堵塞指数的要求则有相当大的提高（从EGC、EGD油的95提高到EGE油的150），要达到这项指标的要求难度是相当大的。发动机由于排气管堵塞严重，不仅因燃油燃烧尾气排气不顺畅而导致发动机输出功率下降，而且还会因尾气转化催化剂表面沉积物过多而引起活性下降，造成排气中的有害组分含量增加。所以，这项指标的大幅度提高对延长尾气转化催化剂的寿命十分有利。EGE规格中唯有排烟指数没变，与EGC、EGD规格一样，仍是85，有些美中不足。EGE等级油不仅对添加剂的选用及配伍，而且对基础油的选用都提出了较高的要求，国外最近出现的EGE质量规格值得我们注意。

另外，目前国内市面上出售的二冲程汽油机油，一般采用矿物油或合成油作为基础油，然后加入添加剂调制而成。虽然可以满足发动机的使用要求，价格亦不贵，但发动机排气中残余的机油和有毒的添加剂不易生物分解，造成环境污染。许多发达国家明文规定销售的二冲程汽油机油必须是生物降解性的油，否则禁用。生物可降解油一般使用改性或可降解的合成酯和添加剂调制而成，目前国内已在进行研制，但推向市场尚有一段差距。

2．四冲程摩托车发动机专用油

（1）四冲程摩托车发动机的结构特点

国外四冲程摩托车发动机的技术水平较高，压缩比9～12，平均有效压力0.9～13MPa，活塞平均速度15～22m/s，最低油耗为270～340g/（kW·h），50km/h时开始加速噪声A声级为65～73dB。

与四冲程汽车汽油发动机相比，四冲程摩托车汽油发动机有以下特点：

①摩托车有较宽的功率范围，输出功率高（约150kW/L），约是汽车的1.6倍。

②摩托车发动机转速高，达12000r/min，甚至更高，约为汽车的1.5倍。

③摩托车发动机油处于温度较高的工作环境（高达160℃）。

④传动装置齿轮表面滑动速度高。

⑤摩托车发动机油箱容积小。

⑥汽车发动机部分与传动机构（由离合器、变速器、启动装置和末级传动装置组成）是分开的。而四冲程摩托车由于受空间限制，大多数摩托车曲轴箱内装有离合器、启动系统、

变速器等传动装置，以及发动机其他部件。

四冲程摩托车这种“一体化”的装配，对其发动机专用油提出了更高的、特殊的性能要求，即不但要满足汽油发动机油的诸项基本性能要求（如高温清净性、低温分散性、抗氧抗腐性、抗磨性等），而且还要满足离合器、变速器、齿轮传动装置等的特殊性能要求。

（2）四冲程摩托车发动机专用油的规格

四冲程摩托车发动机专用油规格的形成和发展与汽油机油的变化息息相关。80年代以来，由于汽车工业对环境保护、节能等方面的要求，加快了汽油机油规格的更新换代。美国汽车制造商协会（AAMA，即原来的MVMA）联合了日本汽车制造商协会（JAMA）共同成立了国际润滑油标准化和批准委员会（ILSAC），通过该机构，使美、日双方共同制定的小轿车汽油机油规格可较为顺利地执行。1992年，API和ASTM以ILSAC制定的GF-1油规格为蓝本，制定了SH油规格。在GF-1油规格中，除了API要求外，增加了燃油经济性和催化剂相容性等性能要求。在以后出台的SJ/GF-2（1997）、SL/GF-3（2000）油规格中，都对燃油经济性提出了更高的要求。

燃油经济性指标是新一代汽油发动机抽的重要指标。为了满足燃油经济性的要求，节能型发动机油选择了较轻的基础油。为了降低摩擦系数，加入了减摩剂，向着低黏度、低摩擦方向发展，这些配方完全是针对汽车用汽油发动机而设计的，只是满足了汽油发动机有关部件的润滑（主要是活塞与汽缸壁、轴承与轴瓦、凸轮与挺杆三大摩擦副），而未考虑四冲程摩托车发动机如前所述的种种特点，这些油品在汽车中使用效果好，但将SH/GF-1、SJ/GF-2等节能型汽油机油用于四冲程摩托车时，由于黏度低，致使油膜强度弱而产生故障：由于配方不适应，导致离合器打滑，磨损加剧，变速器齿轮传动持久性变差，换挡黏涩、迟钝、磨损大、有噪声，部分齿面发生点蚀、擦伤，使离合器、变速器、齿轮传动寿命降低，挥发度高，机油消耗大，排放恶化。

为此，1996年4月，日本摩托车分会（JASE）成立了四冲程摩托车发动机油研究小组，并提出了JASO规格，欧洲CEC也成立了四冲程摩托车发动机油研究小组。由于各研究机构密切协作，四冲程摩托车机油规格研究工作进展很快。1998年3月，JASO核准并公布了日本四冲程摩托车发动机专用油规格（JASO T903-98）。该规格从三个方面对四冲程摩托车发动机专用油提出了要求：

①理化性能

为了保证电控燃油喷射及催化转化器的正常使用和寿命，防止排气系统堵塞，规定了硫酸盐灰分不大于1.20%。为防止传动机构齿轮表面出现点蚀擦伤等，保证齿轮工作的持久性，要求高温高剪切黏度（150℃，$10s^{-1}$）大于2.9mPa·s。为了控制发动机油耗量，蒸发损失控制在20%以内。而剪切稳定性则根据不同的黏度牌号提出了各自的要求，见表4-44。

表4-44 不同黏度牌号的剪切稳定性要求

SAE黏度牌号		30	40	50
剪切稳定性，运动黏度（100℃）/（mm^2/s）	≥	9.0	12.0	15.0

②使用性能

四冲程摩托车发动机专用油质量等级与汽油机油相同，必须通过API、ILSAC和ACEA

各质量等级相应的台架试验评定。通常要求使质量等级较高的汽油机油，普通汽油机油（SD、SC及以下等级）根本不能满足四冲程摩托车的使用要求。老式汽油机油的工作温度一般在90℃以下，而摩托车发动机油的工作温度大大超过90℃。

③摩擦性能

由于摩托车所用的离合器结构不同，一般用SAE No.2试验机，按 JASO T904-98试验方法评定离合器的摩擦性能。从静摩擦特性指数（SFI）、动摩擦特性指数（DFI）及制动时间指数（STI）三个方面将其分为MA及MB 两类油。MA类油适用于高摩擦系数要求的摩托车型；而MB类油适用于低摩擦系数的摩托车型，可提供更大的输出功率。

专用的四冲程摩托车机油大大提高了发动机的清净性、操作性、阀系抗磨损性、高温持久性、离合器摩擦性以及密封橡胶相容性等，减少了故障率，节约了维修费用，为四冲程摩托车用户提供了极大的方便和安全保障。

（3）四冲程摩托车发动机油与普通汽油机油规格的差异

1998年，日本汽车标准化组织公布了四冲程摩托车发动机油规格JASO T903-98和摩擦试验方法JASO T904-98，这是世界上首次公布的四冲程摩托车发动机油标准，随后相继在2004年、2006年和2011年对JASO T903进行了更新。最新的JASO T903-2011对四冲程摩托车发动机油的理化性能、质量等级和摩擦特性等三个方面提出了要求，见表4-45。

表4-45　日本四冲程摩托车发动机油规格

项目		规格			试验方法
理化性能	硫酸盐灰分/%	≤1.2			ASTM D874
	蒸发损失/%	≤20			CEC L-40-T87
	泡沫生成倾向/（mL/mL）	程序Ⅰ≤10/0	程序Ⅱ≤50/0	程序Ⅲ≤10/0	ASTM D892
	高温高剪切黏度/（mPa·s）	≥2.9			ASTM D4683
	剪切稳定性/（mm^2/s）	SAE 30≥9.0	SAE 40≥12.0	SAE 50≥15.0	ASTM D6268
质量要求	API	SG、SH、SJ、SL、SM、SN			
	ILSAC	GF-1、GF-2、GF-3			
	ACEA	A1/B1、A3/B3、A3/B4、A5/B5、C2、C3、C4			
	CCMC	—			
摩擦特性		静摩擦特性指数	动摩擦特性指数	制动时间指数	JASO T904-2011
	MA	≥1.3 & <2.5	≥1.25 & <2.5	≥1.45 & <2.5	
	MA1	≥1.3 & <1.85	≥1.25 & <1.7	≥1.45 & <1.85	
	MA2	≥1.85 & <2.5	≥1.7 & <2.5	≥1.85 & <2.5	
	MB	≥0.5 & <1.3	≥0.5 & <1.25	≥0.5 & <1.45	

四冲程摩托车发动机油的理化性能与普通汽油机油最重要的差别是对油品的剪切稳定性要求很高；同时，四冲程摩托车发动机的工作温度较高，经常高达160℃左右，因而对油品的蒸发损失要求也高。以我国生产的15W-40 SF/MA四冲程摩托车发动机油为例，除了要满足日本JASO T903规格中的理化性能指标外，还要通过SF油的全部台架程序及符合MA摩擦性能要求，性能较15W-40 SF级油更全面，配方组成也相应更复杂一些。

我国目前尚未制定该档油的国家标准，较多的企业标准中一般将产品分10W-30、15W-

40、20W–50三个牌号，分别适应环境温度–20～30℃、–15～40℃和–10～40℃。质量级别只有SF级，主要技术指标除满足API SF全部评定项目外，还要通过四冲程摩托车摩擦性能试验（天津内燃机研究所方法）和柴油喷嘴的30次循环剪切试验。

2002年我国四冲程摩托车产量为1.1×10^7辆，约为二冲程摩托车的7倍，这主要是由于中国环境保护法规的限制日益严格，四冲程摩托车更符合城市环境保护的要求。据监测，二冲程摩托车的污染物排放量是四冲程摩托车的4倍，因此一些城市已禁止使用二冲程摩托车。自2001年7月1日起，我国已对摩托车排放执行欧Ⅰ排放法规；2003年7月1日开始执行更严格的欧Ⅱ排放法规，四冲程摩托车只有加装催化转化器后才可满足此法规要求。

（4）四冲程摩托车发动机润滑油与轿车发动机润滑油的差异

四冲程摩托车发动机润滑油也必须具有润滑、冷却、密封和清洁等几大功能。首先，润滑油必须有足够的黏度以形成稳定的油膜；含有的清净分散剂有效抑制高、低温油泥、漆膜和积炭的形成；抗氧添加剂延缓机油的变质，延长使用寿命。配气机构，如凸轮与气门处于边界润滑状态，不宜形成稳定的油膜，为了避免金属对金属的干摩擦，润滑油中必须辅加抗磨添加剂。多级油中都加有黏度指数改进剂OCP，但该聚合物用量必须严格控制，否则会增加沉积物的生成，并在高剪切作用下，高分子断链，使机油永久性的丧失由OCP增长的黏度。

绝大部分摩托车发动机，特别是日本生产的，变速箱设计成适用于使用多级黏度发动机润滑油润滑，这样发动机润滑油要求同时润滑发动机和变速箱。对于高温及延长换油期等苛刻工况，OCP会在齿轮副的机械剪切作用下断裂失效。油的黏度下降，无法提供足够油膜，就会增加发动机和齿轮箱的磨损。另外，与变速箱连接的离合器对润滑油也提出了更高要求。四冲程摩托车所用燃油为汽油，尽管发动机结构与普通车辆汽油机相近，但原则上四冲程摩托车需用4T专用油，尤其是高性能摩托车，因节能型高端汽油机油产品含减摩剂，不利于摩托车离合器的润滑。

四冲程摩托车发动机与轿车发动机主要差异见表4–46。由表4–46可知，四冲程摩托车发动机与一般四冲程汽油发动机在性能上有明显的差别，这种差别直接反映到对油品性能的要求不同。

表4–46　　摩托车与轿车用四冲程发动机主要差异

项目	四冲程摩托车发动机	轿车用四冲程发动机
转速/（r/min）	7000～12000	3000～6000
排量	几十～几百毫升，多为单缸	1升～几升，多缸
冷却方式	多为空冷，也有水冷	水冷
离合器	与曲轴箱相通润滑	与曲轴箱分开
装油量/L	1	大于3

然而，在特殊情况下可以用普通汽油机油代替，但由于摩托车的使用条件（输出功率、工作温度等）比普通汽油机苛刻，应选用高一级别的汽油机油，如15W–40 SF、SG油。

四冲程摩托车发动机工作条件苛刻，因此对润滑油提出了更高的特殊性能要求。转速高则要求油品有较好的抗磨损性；热负荷大而油底壳小，要求油品有良好的热氧化性能；摩托车发动机油直接润滑离合器片，而离合器片的剪切作用非常大，要求油品具有较好的抗剪切性能；为了不使离合器打滑，要求油品有适度的摩擦性能。

由于我国目前SF级或以下级别油品大多未加减摩剂，对四冲程摩托车油性能影响不大。但由于汽油机油质量级别的发展，出现了SJ、SL级别汽油机油，对机油节能效果提出了具体的要求，也就是说机油中需要加入减摩剂。这对四冲程摩托车油使用性能将有影响，这些油不适于作四冲程摩托车油，出现了四冲程摩托车专用油。由于4T摩托车结构比普通汽车发动机更加紧凑，其所有功能部件为“整体”曲轴箱设计，发动机油对曲轴箱内所有部件均发生作用，同时用于发动机、离合器、传动装置三部分的润滑，故其性能要求比汽油机油高。将节能型SJ、SL油用于四冲程摩托车时，由于摩擦系数小导致离合器打滑。由于油品低黏度化使传动齿轮润滑性能恶化，促使摩托车发生故障，影响使用寿命。JASO完成了二冲程机油规格后，对四冲程油进行了研究，证实了上述推断，得出了节能型汽油机油作为4T油代用油会使离合器打滑，高温高剪切黏度小于3.0mPa·s时会引起齿轮擦伤、剥落。

摩托车发展速度非常快，我国自1993年起产量超过日本，成为摩托车生产使用第一大国。大中型排量的摩托车和四冲程摩托车比例愈来愈大，1997年四冲程摩托车占摩托车总量的50%以上，但由于没有4T专用油，用户多用普通汽油机油取代，这对摩托车的使用寿命造成一些影响。JASO还成立专门机构研究4T油问题，提出了4T油规格，建立了4T油标准。不同等级的4T油除了满足相应级别的汽油机油的评定外，还要做一些特殊的相应评定。从配方组成来看，与相应级别汽油机油相比，要求进一步提高清净分散性能、抗摩擦性能。

（5）四冲程摩托车发动机油的特性与配方组成

摩托车有二冲程车和四冲程车两种，它们的润滑方式不同，二冲程摩托车润滑油与燃料混合后一起燃烧，而四冲程摩托车润滑油有独立的润滑系统，不参与燃烧，尾气排放比二冲程车有明显改善。

目前，国内外没有四冲程摩托车润滑油专门的规格，一直用SF级以上汽油机油代替。由于四冲程摩托车与汽车在润滑原理上差异较大，摩托车发动机所有功能部位和部件为“整体”曲轴箱设计，润滑油同时作用于发动机、离合器、传动装置三部分润滑，因此对机油的性能要求很高。另外，摩托车的比功率是汽车的1.5～1.8倍，转速是汽车1.3～2.0倍，大多数摩托车采用风冷，导致发动机工作温度经常在160℃左右。将汽油机油用于四冲程摩托车上，经常会发生离合器打滑，齿轮传动机构也常发生故障。日本汽车标准化组织已完成了四冲程摩托车发动机油规格JASO T902-98的制定，大多数国家均采用此规格研制和生产四冲程摩托车专用油。

四冲程油在使用中，由于受高温、金属侵蚀以及催化剂的作用，很容易发生氧化变质，使油品氧化黏度增大，产生大量积炭和漆膜。因此，配方中首先要考虑抗氧剂。几种抗氧剂的复合对提高油品的抗氧化性起了关键作用，特别是用ZDDP与德国拜尔公司的胺类抗氧剂RC7315、瑞士Ciba公司L-57、L-135抗氧剂复合后，抗氧化效果最佳。ZDDP还可提高油品的抗磨性。T323不但具有良好的抗氧化作用，还有很好的抗磨性。

由于摩托车在高速运行中停停开开，怠速的情况较多，极易产生油泥，要求油品具有良好的分散性能。无灰分散剂具有较强的分散、增溶作用，能够把油品在使用过程中产生的氧化聚合物、冷凝水以及其他杂质混合在一起而形成的油泥、漆状物分散到油中，从而保持发动机清洁。由于分散剂结构不同，其使用性能也不尽相同。试验表明，单烯基丁二酰亚胺

T151A、T151和无灰高分子分散剂T161的分散性能优于双烯基丁二酰亚胺T152、T154和硼化丁二酰亚胺。

金属清净剂之一的硫化烷基酚钙具有较好的高温清净性和较强的中和能力，兼有一定的抗氧抗磨作用，可降低配方中ZDDP的用量，还可减少机油的氧化变稠倾向。常用的是中碱值硫化烷基酚钙T115A和高碱值硫化烷基酚钙T115B，在四冲程摩托车油中，T115A的清净性能和抗氧化性能稍优于T115B。

复合抗氧剂、无灰分散剂和硫化烷基酚钙已从不同角度解决了油品的各种性能要求，磺酸盐的高温清净性能和酸中和能力较强，与无灰分散剂合理搭配，可产生协同作用；磺酸盐的抗氧化性能较差，而硫化烷基酚盐可以弥补，但二者之间也需要合理搭配，才能更有效地控制高温积炭和漆膜的生成。一系列的试验表明，在功能剂总量不变时，改变无灰分散剂和磺酸盐的剂量或改变硫化烷基酚盐和磺酸盐的剂量，清净性能均存在一个最佳的范围。通过筛选，确定油品配方组成（15W–40 SF四冲程摩托车专用油复合剂）如下：

基础油：	
HVIW150	55%
HVIW400	36.5%
OCP T613	8%
T803	0.5%
功能剂（复合剂）：	
ZDDP、T323、L–57	22%
T151A、T161	48%
T115A、T106、T101	30%
总剂量：	7%

（6）四冲程摩托车发动机专用油的应用

摩托车发动机油主要起润滑、冷却、清洗、密封、防锈蚀作用。正确合理选用发动机油不仅能保证车辆正常运行，减少发动机故障率和最大限度地发挥应有的功率，还能延长使用寿命。

发动机油黏度的选择，一方面要根据发动机工作温度及热负荷来确定，以保证低温时能顺利启动及高温下摩擦副表面保持适当的油膜；另一方面又要考虑节省燃料和延长换油期，同时保证有更好的抗氧化性和抗磨性，因此四冲程摩托车发动机油除了要满足相应级别内燃机油的全部性能外，还要具有抗磨性，配方中还要辅加适量摩擦改进剂。国内常用的机油牌号为SF、SG、SJ 15W–40，可用于–15～40℃环境，三北地区冬季可选用10W–30油，质量等级不能低于SF。在使用机油过程中只有注意如下几点才能保证摩托车“健康”与“长寿”：

①严格按照说明书规定的黏度牌号、质量等级选购机油并到正规的商店或厂家销售部门购买。对包装无厂址、无生产日期、无质量标准的机油不要贪图便宜而轻易购买。

②在更换机油后的行驶过程中，经常注意油品颜色、黏度的变化，注意发动机的启动性能、怠速稳定性、加速灵敏性、燃油消耗量、缸体温度及废气排放情况，注意在使用新机油后，以上情况是否得以改善，并以此来判断油品质量的优劣。

③适量加油与适时换油。加注机油量过多，会使机件运动的阻力增加，同时过量的机油容易窜入燃烧室参与燃烧，使燃烧缓慢与燃烧不完全，导致怠速工况不稳定并易熄火，加速

时反应缓慢；若机油量加注过少，曲轴箱的油面过低，摩托车在下坡、过坎或紧急制动时，有可能使机油集滤器露出机油面，使机油泵吸入空气而不能供油，造成“粘缸”事故。测量油位时，需将所测定车辆的中撑支在无坡度的平地上，从曲轴箱中取出油标尺，擦净后再插入，正确的油位应在油标尺的上、下限之间。

行驶2000km后，可蘸取少许机油与新机油滴到白色滤纸上进行比较。如果在用油油滴呈深褐色，且均匀无颗粒，油滴四周的边界很清晰，油的手感比新油稀很多，说明机油已老化失效，应予以更换，可趁热车时将机油放光，再加入新油。

④根据车况、路况来选用机油。常在市内低速短途行驶或频繁启动的车辆，因发动机转速低又常启动，如油膜层不够，会加剧机件磨损，应选用符合规格或稍高于说明书标准的机油；对于使用时间较久，磨损较重的车辆，应选用黏度较高的机油，以利于密封和润滑。

因汽车发动机与摩托车发动机在结构、性能、转速、温度和强化程度等方面的差异，两种机油的配方组成亦应有差异，四冲程摩托车油特别注重机油的耐高温性、热氧化稳定性和低温启动性，因此尽量选用专用油，不宜与其他内燃机油混用。

总之，为了使摩托车能够在合理润滑下顺利运转，必须做到前面所介绍的适油、适时、适量，即选用适当黏度等级、质量等级的摩托车专用油；按适当时间加油、检查及换油；加入适当数量的机油。只有做到“三适”，才可使车辆长期正常运转，减少不必要的维修，延长车辆使用寿命。

3．摩托车专用机油小结

我国已成为世界上摩托车生产的第一大国，但产品质量档次尚不高，在今后的一段时间里，我国的摩托车生产将进入一个产品质量档次全面提高阶段。

我国的二冲程汽油机油已建立了一整套从产品质量标准到油品质量评定的生产管理体系。产品质量达到国外先进水平，但目前市场占有率很低。

随着环境保护法规的不断严格，应立法推广使用低烟EGC级以上的二冲程汽油机油。

电控燃油喷射技术和催化转化器技术已进入摩托车生产的实用阶段，润滑油行业应积极参与配合。

四冲程摩托车用油必须具有良好的高温性能；使用电控燃油喷射和催化转化器的摩托车，应使用低磷、低灰分的高档汽油机油。

第七节　内燃机油的应用

一　柴油机油的使用试验

“小马拉大车”是当前我国汽车行业存在的不合理现象之一，往往是2.0L发动机才能带动起来的重车身，却选用了1.6L的发动机。前些年，合资企业在引进国外车型时，往往都要把车身做大一点，或拉长车身，把家庭轿车的尺寸拉成商务轿车的尺寸，这样既照顾了消费者贪大求全的“面子情结”，又降低了汽车的排量，有效地降低了油耗。在高油价时代，低油耗对消费者来说无疑是极具诱惑力的。家庭轿车多在城区行车，城市高速路上又有限速，对车辆的动力性能要求不高，而对油耗要求高，加之私家车车主对车辆多半呵护有加，既不超速又不超载，运行工况不苛刻，对机油也没有更高要求，在润滑方面一般不至于出现太大的问题。

我国目前公路货运超载严重，而且也存在大吨位车辆配置发动机功率偏小的问题，由“小马拉大车”现象导致的润滑问题，多发生在柴油车，特别是重负荷卡车上。长春一汽选用大连柴油机厂生产的CA6DE发动机分别安装在大、小两种吨位卡车上，其参数见表4-47。

表4-47　　解放系列大小两种吨位卡车技术参数

项目	CA3112型	CA3310型
驱动型式	4×2	8×4
载重量/kg	4900	16000
自重/kg	6400	14800
汽车满载/kg	11300	31000
发动机型号	CA6DE 2-16	CA6DE 2-24
额定功率/kW	177	177

在实际使用中，载重量16t的重卡，夏季使用15W-40 CF-4油时，经常感到油压不足，改用SAE 50或20W-50 CF-4油后，方能解决，但换油期较前者短一些。为什么会出现如此情况？这是因为功率为同177kW的发动机，用在5t车上其动力性能绰绰有余，而在16t以上的车属于典型的“小马拉大车”，即便是在空车时，其自重也比5t车满载时要高。“小马拉大车”会使机油的承受条件更加苛刻，对油品的抗磨性和耐高温性有了更高的要求，同时也会带来以下不良后果，包括：活塞环-缸套磨损严重，容易导致缸套抛光；活塞环-缸套间隙增大，燃烧室高温气体经过间隙窜到曲轴箱，与机油接触，加速机油老化，窜气量过大，导致机油黏度上升，油品流变性变差，而且会造成磨粒磨损。载荷和转速对发动机磨损强度的影响规律表明，单位时间内的磨损量随速度和载荷的提高而增大，这就对机油的质量和换油期提出了更严格的要求。

油品在研制过程中实验室模拟评定及发动机台架试验程序是必不可少的环节，但是却只能反映油品某些方面的性能，不能全面地体现油品在实际使用过程中的真实情况。而行车试验可以真实反映油品在使用过程中的综合性能。国外大的润滑油生产商和大的汽车制造商都有自己的专用试验车队。

实车使用试验是评定润滑油性能最直接可靠的方法，它可以全面地反映油品的使用性能。实车使用试验从两方面对油品的性能进行综合评定，一是油品的衰变情况，二是发动机润滑部位的磨损情况和沉积物情况。通过实车使用试验，不仅可以考察机油的变质情况，提出合理的换油期，还可以根据试验结果判断油品配方的合理性。

在我国公路上运行的卡车大多使用CF-4重负荷柴油机油，该油品市场占有率很高。为了考察我国目前存在的车辆超载现象对润滑油性能的影响，为今后制定合理的换油周期积累数据，科研人员对国产自主开发的15W-40 CF-4级柴油机油及国外某润滑油公司的同类产品，在三种型号的集装箱拖挂车上进行了实车使用试验。

1．试验用车

三种试验车中的解放车安装德国道依茨发动机，该发动机功率只有190kW，排量7.1L，机油容量18L，在欧洲仅用于6～9t中吨位卡车上。由于其引进之时我国缺少大排量柴油机，购进该机后将其安装在拖挂车上，载重量40t，属于典型的“小马拉大车”。试验车主要技术参数见表4–48。

表4–48 试验车主要技术参数

项目	瑞典沃尔沃车	德国奔驰车	解放车（德国道依茨）
试验车用油	QV14、QV10、QV13装 国产CF–4油	QQB16、QB18、QB31装 国产CF–4油	QD82、QD83装 国产CF–4油
	FV05、FV06装参比油	FB25、FB28装参比油	FD80、FDBI装参比油
发动机型号/排量	TD102F/9.6L，6缸4冲程	441/10.9L，6缸4冲程	BF6M1013/7.1L，6缸4冲程
缸径×行程/功率	120×140/235kW	128×142/230kW	108×130/198kW
最大扭矩/N·m	1330	1340	954
机油容量/L	30	21	18
排放标准	欧Ⅱ	欧Ⅱ	欧Ⅱ
推荐用油/换油期	CF–4/20000km	CF–4/20000km	CF–4/20000km
行车路线、路况	东北各大城市，高速公路为主，部分柏油马路		

2．试验油黏度变化

两种CF–4油在试验过程中的运动黏度变化见表4–49。

表4–49 试验油黏度增长率

<table>
<tr><th>项目</th><th colspan="6">沃尔沃车</th><th colspan="6">奔驰车</th><th colspan="2">解放车</th></tr>
<tr><td>国产CF–4油
总行驶里程/km
黏度（100℃）增长率/%</td><td colspan="2">QV–10
19000
–6</td><td colspan="2">QV–13
22500
–1</td><td colspan="2">QV–14
20500
–15</td><td colspan="2">QB–16
22500
–16</td><td colspan="2">QB–18
20500
–12</td><td colspan="2">QB–31
20000
–14</td><td>QD–82
20000
+236</td><td>QD–83
11500
+209</td></tr>
<tr><td>参比油（CF–4）
总行驶里程/km
黏度（100℃）增长率/%</td><td colspan="3">FV–05
19000
–4</td><td colspan="3">FV–06
19000
–3</td><td colspan="3">FB–25
20000
–15</td><td colspan="3">FB–28
20000
–14</td><td>FD–80
10500
+330</td><td>FD–81
11000
+38.7</td></tr>
</table>

从表4–46可看出，两种试验油在沃尔沃、奔驰车上的黏度变化率没有明显差别，而且黏度变化小，说明行车结果比较平行，能够反映机油的实际使用情况。仅从黏度变化率看，低于换油指标。试验开始阶段的黏度下降是油中黏度指数改进剂在发动机剪切条件下发生分子量变化所引起。随着里程逐步趋于稳定，试验后期黏度有所下降。经测试，油中混入少量柴油并引起闪点下降。有资料显示机油中柴油稀释率5%是可以接受的，并不影响使用。黏度分析结果表明：试验油在沃尔沃、奔驰两种车上表现出优良的高温抗氧化性能，但在装有德国道依茨机的解放车上则表现出黏度增长快，行驶里程较短，这是由于该车运行条件苛刻所致。

3．试验油的石油醚不溶物变化情况

发动机油的高温清净性对发动机产生沉积物、积炭、漆膜和油泥的影响，可用石油醚不溶物的变化情况来评定。CF–4油的石油醚不溶物变化情况见图4–18。

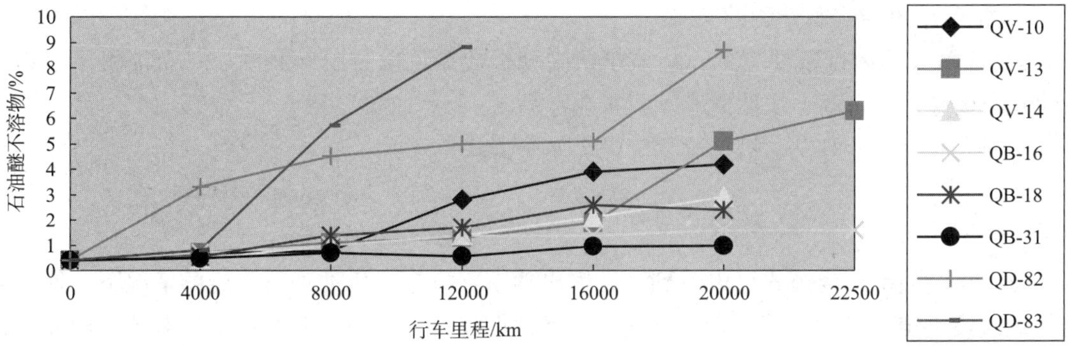

图4-18　CF-4 油石油醚不溶物变化情况

从图4-19可以看出，随行车里程的增加，不溶物的量几乎呈线性增长，尤其在工况条件苛刻的解放车上，增幅相当大。

4．试验油的烟炱分散性能

烟炱分散性能是柴油机油的一项重要指标，为了满足严格的尾气排放，不断改进柴油发动机设计和燃烧特性，显著降低了固体颗粒物和氮氧化物排放量，但却增加了机油烟炱水平，使更多的烟炱被输送到曲轴箱中。在Mack T-8A台架评定试验中，在试验油品正常的前提下，允许油中烟炱含量为2%。CF-4油烟炱含量随试验里程的变化见表4-50。从表4-50可见，工况苛刻的解放车生成的烟炱量远大于其他两种车型。

表4-50　　CF-4油烟炱含量随试验里程的变化

车型		4000km	8000km	12000km	16000km	20000km
烟炱含量/%	QV-14沃尔沃	0.1	0.3	0.3	0.5	0.8
	QB-31奔驰	0.2	0.3	0.5	0.7	0.9
	QD-83解放	0.5	1.2	5.1		

5．试验油的抗磨损性能

通过分析油中铁含量来评价油品的抗磨性能，铁含量达到一定数值时，表明油品的润滑性能下降。CF-4油铁含量的变化见图4-19。从该图看出，运行条件苛刻的解放车，油的铁含量偏高，远远大于其他两种车型，并超过换油指标。

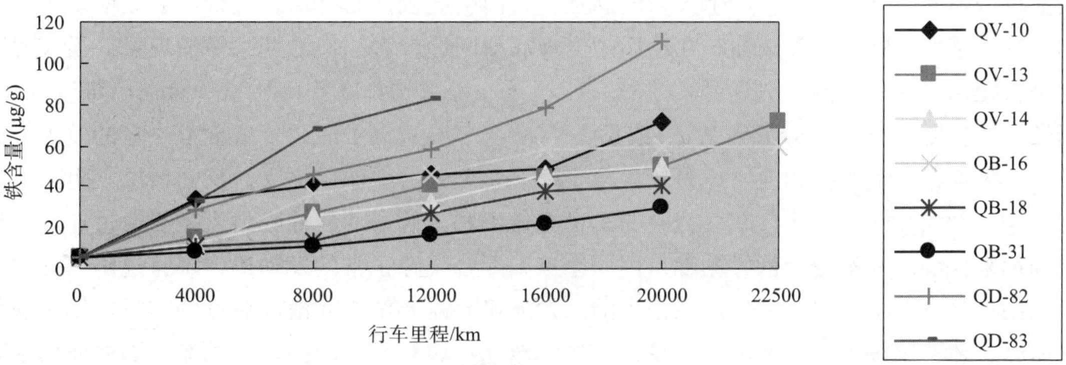

图4-19　CF-4油铁含量的变化

6. 试验结果与实车性能的关系

QD83解放车运行条件苛刻，从该车试验分析数据可以看出，其黏度、石油醚不溶物增长快，磨损金属含量高，说明此车车况很差。

德国大众公司针对发动机油苛刻度提出如下公式：

$$\text{发动机油苛刻度}=\frac{\text{输出功率（kW）}\times\text{换油期（km）}/1000}{\text{排量（L）}\times\text{机油加量（L）}}$$

由发动机油苛刻度公式可以看到，在输出功率、排量、机油加量一定的情况下，换油期的长短直接决定了机油使用的苛刻程度，而换油期又与机油质量及黏度等级有关。因此，在“小马拉大车”的情况下，为了满足发动机的用油需要，做到科学合理润滑，最大限度地减少润滑引起的故障，延长发动机的使用寿命，应选择高质量等级的润滑油，并根据路况，适当缩短换油期，最好控制在10000km以内。必要时，还要进一步缩短换油期，以确保车辆的运转。同时由于负荷过大，容易引起机油压力不足，在夏季应选用高黏度油品，如 SAE 50或20W-50黏度等级，以达到减少窜气量、提高功率目的。

7. 结论

通过对15W-40 CF-4级柴油机油的实车使用试验，考察了各类情况对柴油机油使用性能的影响，分析并提出合理的用油方案。解放车苛刻的运行条件属于典型的“小马拉大车”，其发动机在低速高扭矩工况下长时间运转，运行条件苛刻，机油温度高，氧化衰变严重。从该车的试验分析数据可以看出，其黏度、石油醚不溶物增长快，磨损金属含量高，说明该车车况很差。

在功率、排量、机油加量一定的情况下，发动机油使用的苛刻程度直接决定了润滑油换油期的长短，而换油期又与润滑油的质量及黏度等级有关。因此，在“小马拉大车”的情况下，为了满足发动机的用油需求，做到科学、合理的润滑，最大限度地减少因润滑引起的故障，延长发动机的使用寿命，应选择高质量等级的润滑油，并根据路况，适当缩短换油周期，最好能控制在10000km以内，超载严重时换油期甚至应当减半。润滑油的成本与维修费、燃油费等车辆保养成本相比，所占的比例是非常小的。盲目延长换油期，让发动机油在高酸值、低碱值的半衰败的状态下工作，容易造成发动机的异常故障，弊大于利。由于负荷过大，还容易引起机油压力不足，机油表亮红灯，不利于发动机正常工作。

上述研究表明，发动机运转部件的磨损量随负荷和转速的提高而增大。超速、超载行驶的车辆，不仅容易导致零部件异常磨损，而且由于发动机长时间处于大负荷工作状态，致使喷油量增加而燃烧不完全，产生大量的烟炱，进而引起机油黏度增长过快、油泥增多、磨损加速等一系列问题。国产柴油车在使用中出现润滑问题较多、换油期太短的现象，很大程度上是长距离超速、超载行驶所致。在这种工况下，继续选择在用的质量等级油已难以胜任，而较高的黏度等级（如SAE 20W/50或SAE 50）虽然在提高油膜强度方面有一定的效果，但流动性欠佳，启动磨损和内摩擦力较大，实际上对改善磨损作用不大，反而增加了阻力，使功率损失增大，这对超速、超载行驶的车辆尤显不利。润滑油的油膜强度主要通过加入各种添加剂来保证，并不完全依靠黏度，因而摩擦副配合间隙正常的发动机，不宜选用黏度太大的油品；只有严重磨损、配合间隙偏大的旧发动机，需要依靠润滑油黏度的密封作用来恢复油压时，才选用较大黏度的油。可见，对经常超速、超载行驶的国产柴油车，需要使用更高性能等级的、具有优异的烟炱分散能力以及能有效地降低发动机磨损且黏度适宜的柴油机油。使用更高性能等级的柴油机油，能为发动机提供更好的润滑保护，提高车辆运行的可靠性，减少车辆换油保养次数和机油实际使用总量。

二 润滑油的合理换油期

润滑油在设备中不断发生降解和生成沉积物，再加上环境的污染，其性能不断下降，使用到一定时间就需要换新油，如还继续使用，就会危害设备而发生故障。康明斯柴油机公司的试验表明，将CF-4油换油期从15000km延长至50000km，柴油机寿命减少50% ~80%。换油期从10000km延长至20000km时，凸轮尖磨损增加约1倍；而从20000km再延至30000km，磨损增加5倍以上。很多设备管理较好的企业的经验表明，选用高质量润滑油和掌握合理的换油期，就能大大降低设备的故障率和保持良好的运行状态。

换油期的长短受两个相反的因素影响：一方面由于环境保护和节能要求的推动，设备的性能不断升级，其热负荷和机械负荷持续上升，再加上工作状态的多元化，使润滑油的工作条件越来越苛刻，加剧了润滑油的降解，使换油期缩短；另一方面润滑油的性能和质量越来越好，其升级换代很快，使换油期增长，总的趋势是换油期延长。由于过度老化油对设备危害大，因而掌握合理的换油期显得十分重要。设备制造商在其用户手册上一般都会有润滑油换油期推荐值，但这只是指导性的，因为各用户设备使用条件及环境千差万别，润滑油的降解度相差甚远，换油期不可能有一个共同值。过早换油造成浪费和污染环境，过迟换油损害了设备，从管理上应按质换油，也就是对运行中的润滑油进行质量监测，定期检测有关质量指标变化，某一指标超标则表明已到界限，就应换油。

对高档柴油机油而言，合理用油是关键。除根据发动机结构特点和运行条件，正确选用油的质量等级和黏度等级外，确定合理的换油周期也是相当重要的。我国现有的柴油机油换油指标标准GB/T 7607—2010适用于CC、CD级柴油机油。GB/T 7607—2010的换油指标与加德士公司的推荐指标对比，见表4-51。

表4-51　　GB/T 7607-2010的换油指标与加德士公司的换油指标对比

项目		GB/T 7607—2010换油指标（CD）	加德士公司换油指标
运动黏度（100℃）变化率/%	超过	±25	+35 ~ −25（40℃）
碱值下降率/%	大于	50	
石油醚不溶物/%	大于	—	2.0
正戊烷不溶物/%	大于	2.0	1.5
铁含量/（mg/kg）	大于	150	100
酸值增值（以KOH计）/（mg/g）	大于	2.5	—
闪点（开口）/℃	低于	140	150
水分/%	大于	0.2	—

柴油机油在使用过程中，在高温、有害气体、固体颗粒物及金属催化等作用下，会发生复杂的物理和化学变化。物理变化包括燃油稀释、机械杂质的污染、水乳化及剪切等；化学变化与汽车工况、操作条件、机油和燃油的性质等有很大关系，主要是烃类的氧化，进一步缩合、聚合成漆膜和积炭，给发动机正常运转造成危害，无法保证发动机正常润滑，不得不更换机油。烃类氧化和降解使油品的黏度发生变化，并生成酸性物质，酸值的变化可以反映出基础油氧化衰变的程度和有关添加剂的消耗状况。有资料显示，酸值达到5mgKOH/g，磨

损速度会迅速增加，一些系列的实车使用试验也证明了这一点。由于不同等级机油的配方中加入ZDDP数量不同，新油酸值也有差异。ZDDP有较高的酸值，随着油品老化，ZDDP不断消耗，酸值下降到一定程度后，油品氧化占主导后，油的酸值再度上升，因此控制油品酸值增幅有着实际意义。大量行车试验的数据表明，在用油酸值上升曲线与碱值下降曲线交汇时，就应立即换油。

我国柴油的硫含量偏高，机油碱值要适当高一些，以中和柴油燃烧后生成的SO_x。碱性添加剂主要用于改善机油的高温清净性，总碱值是柴油机油中碱性添加剂的量度，机油碱值可反映机油配方中清净剂的大致加入量，随着油品氧化程度的增加，碱值下降。实车试验表明，使用初期机油碱值下降很快，然后保持在一定水平并缓慢下降，较长时间后再大幅度下降，达到换油期时碱值大多数保持在4mgKOH/g以上。

运动黏度是反映润滑油内在质量的重要指标，黏度增长趋势是衡量油品氧化变稠的重要分析指标。影响黏度的因素比较复杂，油品的氧化缩聚、烟炱增长、基础油轻组分的挥发等都会引起黏度增加；燃油稀释、黏度指数改进剂和降凝剂被剪切会使黏度下降。有时几个因素同时起作用会使油品黏度变化不大，此时更应注意观察变化灵敏的酸值、碱值和金属含量等指标，从而判断出油品质量的衰变程度。

机油发生质量衰变后，润滑性能也随之下降，磨损和腐蚀逐渐加重。如果磨损速率稳定且数值不大，属于正常磨损，反之则要考虑换油。

机油的高温清净性表示其对发动机运转时生成的沉积物、积炭、漆膜和油泥的影响，可用石油醚不溶物或者正戊烷不溶物来评定。试验表明，随着行驶里程的增加，不溶物几乎呈线性增长，尤其在工况苛刻的车辆上增长幅度更大，其变化趋势与酸值一致。

在具体使用中，对于工业齿轮油、液压油、汽轮机油等，储油箱较大，可定期采样、分析化验，按照相关的换油指标来确定换油期；而对于各种车辆，广大用户不可能定期采样分析，可具体根据车况、工况、燃油、行驶路面、机油补加量的差异来调整换油期。一般而言，SF、CD中档机油在正常条件下，换油里程为7000～8000km，SJ、CF-4以上高档机油，换油期可延长至15000km以上。对于城市公交车辆的换油期，不应只注意行驶里程，更要关注运行时间，CF-4级油品，换油期为800h；CH-4级油品，换油期为1000h；CI-4级油品，换油期为1200h。一些固定式柴油机或施工机械用柴油机按运行时间来确定换油期，通常为300h左右。对于加油量较少的车辆齿轮油，一般50000～60000km换油没有问题，如图方便，可利用大修、二保时顺便换上新油，因为润滑费用仅占运行费用的极少部分。

应说明的是，换油期的长短要结合润滑油耗量一起考虑，如果设备陈旧引起漏油而造成耗油量很大，在运行中补加新油数量较大，这种换油期的延长并无多大意义。

三 内燃机油配方的延伸

1．添加剂的互换

内燃机油配方复杂，仅清净剂就包括磺酸盐、酚盐、水杨酸盐，柴油机油中添加磺酸盐清净剂的称为磺酸盐配方，添加水杨酸盐的称为水杨酸盐配方。这两种添加剂相容性差，通常不一同使用。所以，磺酸盐配方不可以与水杨酸盐配方互换；单烯基、双烯基、多烯基无灰剂之间也不能互换，不同烷基的硫代磷酸锌盐之间也不能互换。这些通过了各项性能评定的复合配方，不论更换哪一种类型的添加剂，均应重新进行评定。如果每一个配方，欲更换其中某一两个种类完全相同、只是生产厂家不同的添加剂时，则必须是在确认它们的质量水平相当的情况下才可不经评定即予更换；若不能确定它们的质量水平，则应该将其引入到某一成熟配方中代替相应的添加剂，并进行关键性台架试验，如能通过，也可认为它们可以互换。

黏度改进剂在内燃机油中只能改善油品的低温性能，而对发动机使用性能，它不仅不能改善，反而会有不利影响。因此，在保证油品黏度等级及剪切安定性要求的前提下，应尽可能少地加入黏度改进剂。由于黏度改进剂对发动机性能的影响，随黏度改进剂的种类、结构、分子量、加入量多少不同而不同。所以，不同的黏度改进剂相互之间是不可以互换的。例如，某一油品使用的是乙丙共聚物添加剂，是不可以随意将其改为聚异丁烯添加剂的。若需要更换，必须重新进行发动机台架评定。

2．不同黏度等级之间配方推算的可能性

同一配方可否用于调配同一质量等级、不同黏度等级油品呢？此问题比较复杂，有的可以，有的则不可以。总的原则是，在单级油中，低黏度油品配方可以延伸到高黏度油品中；在多级油中，大跨度油品配方可以延伸到小跨度油品之中。这是因为高黏度油品较低黏度油品易于通过发动机台架评定；小跨度油品较大跨度油品也易于通过台架评定。黏度跨度大的油品与黏度跨度小的油品比较，所用黏度改进剂的剂量要大得多，对发动机性能试验的恶劣影响也要大一些，因此，它若能通过台架试验，则加入黏度改进剂少的小跨度油品必然能通过台架试验。所以，此类配方可以延伸。

一般而言，不同黏度等级之间可延伸配方的情况如下：单级油＞20W-40＞15W-40＞10W-30＞10W-40＞5W-30＞5W-50。在上列顺序中，从右向左，配方可以延伸；从左向右，配方不能延伸。

按照上述规则，不论任何质量等级，在同一质量等级中，任何多级油配方都可以延伸于单级油中，大跨度也可延伸到小跨度。现举例如下：

10W-40可以延伸到10W-30；

15W-40可以延伸到单级40；

10W-30可以延伸到单级30；

单级30可以延伸到单级40；

15W-40一般可以延伸到单级30，但有时要补做1～2个试验；

单级40不可以向单级20延伸；

15W-40不可以向10W-40延伸。

3．不同质量等级之间配方推算的可能性

低质量水平通过的配方是绝对不能往高一档质量水平的油进行延伸或推算的。但是，一个通过的高质量水平的配方，可否适当减少一些剂量不通过评定而直接用于低档或低几档的油品中呢？就我国目前配方研究水平而论，还没有足够的数据和经验做到这一点。但是，国外的一些大型添加剂公司或石油公司，往往根据他们多年的研究经验和积累的数据，对一种基础油不必对各种质量等级配方进行台架试验，而只选择其中一个高质量等级配方进行台架试验，通过后，其他较低质量等级的配方就可以根据通过的配方进行推算。对此，多数发动机公司可以接受，但个别发动机公司却不予认可。

内燃机油配方的延伸或推算，特别是不同质量等级油品之间的推算，需要以丰富的研究经验及大量的评定数据为基础。同时，各类添加剂品种要基本齐全，还要达到相当的质量水平。只有这样，推算出的配方可行度才比较高，也比较易于被各发动机制造商认可。

4．进口内燃机油复合剂的使用

我国市场上进口复合剂大多来自美国，推荐加剂量很低，如SF/CD油只有5%，SJ油也只有8%。美国内燃机油更新换代很快，20世纪90年代以来，大约每4年就更新一代。内燃机油主要由发动机台架试验来定义，新规格出现后不长时间，旧规格的评定设备和试验条件就难以得到了。目前美国已没有SF油和CD油的评定台架设备及复合剂。于是，在我国润滑油市场上使用的进口美国复合剂推荐的加剂量是“推论”配方，即使用现用台架，通过参比油试验，修正通过分数线来确定的，或者使用数学模型来确定的。如此简单开发出来的配方，有的品质合格，有的品质欠佳。例如，用这样的复合剂调制油品通过原定台架的概率只有30%。开发“推论”配方的目的是使用新复合剂和降低添加剂用量，提高产品市场竞争力。推论配方情况见表4-52。

表4-52　进口复合剂推荐加剂量情况

项目	通过台架	推论配方 Ⅰ	推论配方 Ⅱ
	配方加剂量/%	加剂量/%	加剂量/%
SF/CD	8.3	6.5	5.5
SF/CC	6.1	5.5	5.0
SE/CC	5.8	5.2	4.8
SD/CC	5.8	3.5	4.2
SC/CC	5.8	3.2	3.1

低剂量油品的应用是有一定风险的，特别是对路况差、超载长途行车。但我国车辆换油期较短，平均只有5000km左右，到换油时，油中尚存一定量的有效添加剂，质量问题还未能显现出来。

四　内燃机油的应用

1．多级内燃机油的合理应用

为了适应气候条件的需要及车辆南北跨温区的长途行驶，发展了多级内燃机油。目前适用温度范围最宽的多级油黏度级别是0W-50，可以在-40～50℃范围内使用。虽然多级油的适用范围越大越好，但成本费用也会随之增大，因此要根据环境温度和车况条件，合理选用适当的黏度级别，才能做到既能够很好地保护车辆，又能够降低成本费用。

为了降低成本，一般载重卡车都是在夏季使用单级油，其他三个季节使用多级油。但使用多级油，也可以根据季节的变化选用不同的黏度级别，如春、夏、秋季使用15W-40油，到了冬季改用10W-30油，效果更好。多级油适用温度范围的扩大，主要是向低温方向延伸，应针对不同地区冬季最低温度并结合发动机工况选择温度跨度。因此，适用温度跨度大、价格昂贵的多级油，如0W-30、5W-30和5W-40等油，主要在寒冷地区冬季使用，而其他三个季节和非严寒地区的四季，就没有必要使用这种大跨度的多级油，10W-30、10W-40油就能够满足我国一般寒冷地区的冬季使用。

我国南方地区的夏季长达半年，年平均气温在20℃以上，公交运输的开开停停、怠速较多的特点，会给发动机润滑带来一系列问题，继续选择汽车生产厂家推荐的质量等级、黏度等级油已难以满足苛刻的工况。选择高端产品，如CI-4级油，在用油质量等级上以高代低，既可以保护发动机正常运转，又可延长换油期，换油与维修达到同步，提高车辆运行可靠性，减少换油保养次数和机油实际使用总量，做到使用高端油品的效益最大化；如CF-4、CH-4 15W-40油品，具有良好的低温性能，倾点小于-25℃，但油中加入较多黏度指数改进剂，使用初期黏度下降较大，公交车开开停停、怠速较多，燃料燃烧不完全，特别是磨损较重、摩擦副间隙较大的车辆，如果选用SAE 40单级油或20W-50油，可以减少燃油稀释带来的后果，使油品的使用效能充分发挥。

除了地区温度，发动机的工作条件也是选择机油黏度的重要依据。汽油机油主要用于轿车，发动机转速较高，使用低黏度油有利于节能降油耗，因此汽油机油的SAE黏度级别很少有50的，一般多为XW-30、XW-40。柴油机有自然吸气和涡轮增压式两种，涡轮增压又有低增压和高增压之分，后者工作温度和压力很高，使用较高黏度机油效果更好，多使用20W-50、15W-40级别油；自然吸气和低增压的旧款柴油机，一般使用XW-30、XW-40级别油，另外，新车和刚大修的发动机，零件间隙小，需要磨合，不宜使用高黏度机油；车辆使用200000km以上时，因零部件间隙增大，再使用低黏度机油会出现机油压力偏低状况，也不利于润滑与密封。

发动机油的使用还有装车油和服务用油的区别，新车销往不同地区，售出季节也不固定，使用温度跨度较大的多级油可满足不同地区不同气候条件的需求；而服务用油可根据行驶区域的气候条件选择合适的黏度级别。使用多级油还应注意以下问题：车辆在行驶过程中机油压力应保持在0.2～0.4MPa，因多级油的流动性较好，在油压不是很高的情况下也能够很好循环使用，有时发动机在怠速运转时机油压力报警灯会偶尔闪亮，但在正常行驶时又熄灭，这种情况属正常，可以继续使用；使用多级油，发动机不宜长时间超负荷运行，以免因剪切应力过大，使机油中的黏度指数改进剂受剪切后黏度急剧下降，导致机油压力不足，造成一些润滑不良的后果。

另外值得注意的是，油品的基础油无论是Ⅰ类还是Ⅱ/Ⅲ类，使用过程中其对MRV的影响不是主要的，在相同复合剂体系下，黏度指数改进剂是主要影响因素。如所选用的OCP为半结晶型，其乙烯含量高达70%，对于使用条件苛刻的CF-4油而言，不论是热氧化还是烟炱的增加都会导致油品黏度增长；溶解在油中的高聚合物，易结晶的乙烯嵌段部分以次价交联而缔结，使油品流动性变差，出现胶冻，导致机油泵送困难、油管和滤清器堵塞、供油中断等现象，进而发生烧瓦、抱轴等恶性事故。在北方冬季使用时，内燃机油不宜用半结晶型OCP，只能采用较低比例掺入无定型OCP。

2．内燃机油早期失效原因分析

机油在发动机润滑系统内可以起到减摩、清洗、密封、冷却及防锈作用。在选择机油牌号、驾驶和维修发动机润滑系统方面，如果操作不当会造成发动机油的早期失效。

早期失效的机油颜色变黑，黏度下降，油中混入多种污染物，不再具有润滑作用。失效的机油将直接破坏发动机运动件之间的油膜，使相互运动的机件表面直接接触而发生边界摩擦，甚至出现干磨损，造成“烧瓦”“抱轴”“拉缸”等恶性事故。发动机油早期失效的原因归纳起来有如下几条：

（1）机油选用不当

汽油机油、柴油机油及二冲程机油因工作性能的差异而配方组成不同。柴油机工作条件苛刻，汽油机油根本无法满足柴油机的工作需要；而柴油机油虽然可以临时在汽油机上使用，但也不能满足分散低温油泥。不同特性的机油互相代用不但不能很好地满足发动机的工作要求，反而促使机油氧化而生成胶质、沥青质、积炭等，加速机油的早期失效。

机油黏度应根据当地环境温度而定，黏度过小，机油在高温高压下容易从摩擦表面流失，俗称“挂不住油”，不能形成足够厚的油膜；机油黏度过大，摩擦阻力增加，动力损失增大。特别是冷启动时，机油不能及时送至摩擦表面，造成发动机启动困难，磨损加剧，甚至可能出现拉缸现象。“拉缸”是活塞或活塞环与汽缸套之间因局部高温发生黏附磨损的过程，产生的原因多而复杂，有使用因素（如磨合期使用不当、发动机缺水过热、润滑油供给不足或使用劣质发动机油等），也有设计制造及修理装配方面的因素，有时又是几种因素交叉在一起导致活塞与汽缸壁之间的油膜中断而引起的。通常，因油品质量问题导致拉缸主要有两种情况：一是油品的清净性太差，造成粘环，或是活塞沉积物多而引起过热；二是油品的抗磨性差或黏度过小，致使油膜破坏。

（2）润滑系统中混入和生成污染物

在加注机油、使用和操作车辆过程中，混入和生成的杂质如固体颗粒、积炭、水、废气、燃油和漆膜等，造成机油早期失效并对润滑系统零件表面造成额外的磨损。混入机油中的固体颗粒还包括积炭，积炭常发生在活塞、活塞环、汽缸、轴颈及轴承处，堵塞油路；积炭脱落形成颗粒磨粒，渗入各运动部件的配合面，加剧磨损。

发动机冷却系统、燃油中以及外界的水分进入机油中，机油就会明显变色，氧化变质，失去机油的润滑作用。水分遇到SO_2、SO_3会生成酸性物质，使机油的润滑效果大大降低，且腐蚀金属表面。

机油中混入燃油会使机油变稀、黏度下降、泄漏增加、机油压力下降、运动副表面不易形成油膜，造成机件间出现边界摩擦。

发动机燃烧产生的废气总有一部分从燃烧室窜入曲轴箱，进入机油中。废气中含有水蒸气，部分未燃的碳氢化合物、CO、SO_2，都会影响机油泵正常供油。

漆膜是一种坚固的、有光泽的漆状薄膜，它主要是烃类在高温和金属的催化作用下经氧化、聚合生成的胶质、沥青质等高分子聚合物。在发动机工作的热状态下，漆膜是一种黏性物质，黏附在活塞环槽中，使环与槽之间粘结、结焦，甚至发生卡死现象，使活塞环失去密封作用，导致燃烧气体大量窜进曲轴箱，污染机油，造成机油的早期失效。

（3）添加和更换机油的方法不当

在添加或更换机油时，以下几种情况容易造成机油的早期失效：不同功能、不同牌号、不同黏度油品混用；不按规定的数量标准添加机油，造成添加数量过多或过少；不能根据车辆行驶里程和工作环境适时地更换机油，采用只加不换、以补代换的作法。

（4）发动机的技术状况不良

当发动机出现活塞环粘结、断裂，曲轴箱通风装置堵塞，机油滤清器堵塞，冷却系统漏水，活塞和汽缸间隙过大的故障时，不仅影响发动机的正常工作，也会造成机油的早期失效。

3. 内燃机油泥的成因及解决措施

润滑油在内燃机工作过程中受到温度、各种介质、金属的催化作用，逐渐变质而产生对内燃机工作有害的各种物质，即积炭、漆膜和油泥，它们分别在发动机的不同温度部位生成，因而也有称高温沉积物、中温沉积物和低温沉积物。

油泥包括油中的不溶物，沉积在曲轴箱边盖、挺杆盖、油箱底壳及滤清器等温度较低部位上的沉积物，是一种稀泥状物，在温度稍高处较为干燥，像烟炱状物，油泥的组成虽然各不相同，但都与漆膜和积炭有明显区别。其主要危害是使油品老化变质、润滑性能变坏、堵塞滤清器及油路和减少或中断供油。油泥的产生与发动机操作条件、燃料及润滑油等都有关系。发动机工作于开开停停、空转或低载荷时，工作温度偏低，缸套表面温度在水蒸气露点以下，而发动机在低速工况时燃烧不完全，其燃料产物如水蒸气、CO、CO_2及炭末、烟炱及燃料重馏分等会通过活塞而落到曲轴箱的油中，使油变质、污染、乳化和氧化，生成不溶于油的油泥，沉积在油道、油箱底部及发动机温度较低部位，堵塞滤网，造成很大危害。通过分析两个油泥导致发动机故障的典型案例，提出相应注意要点和解决措施。

某出租汽车公司20余台富康轿车装用SF 10W-40油，一周内相继出现冒黑烟、机油压力偏低情况。拆机检查发现，发动机燃烧室、活塞顶部及气门室盖普遍粘结大量的积炭及黑色胶状物，机油滤清器和油箱底壳等低温部位则存在异常的凝胶状油泥沉淀。经分析，在短时间内多台车出现油泥沉积物过多的现象，通常是燃料或润滑油质量低下造成的，从润滑油分析数据看，新油符合规格指标，可排除机油质量的影响，而在用油的黏度、闪点、碱值以及润滑油添加剂元素Zn、Ca、P、Mg、Na含量在短时间使用后下降很快，燃油添加剂Mn含量异常增加，磨损金属Fe、Al、Cu含量也偏高，说明在用油已被燃料油严重稀释，油膜强度降低，导致发动机部件磨损加速。又对出租车使用的90 # 汽油进行了分析，结果显示在用汽油的馏程过宽，50%馏出温度和90%馏出温度过高，导致燃烧不完全，产生过量烟炱，致使沉积物大量生成；同时部分烟炱又通过窜气进入曲轴箱，污染了润滑油，加速油泥的生成。而没有完全燃烧的重质汽油冲刷汽缸壁的润滑油膜，并经过活塞与汽缸壁之间的间隙流入曲轴箱稀释机油，进一步促使油品变质和生成油泥，加剧了发动机磨损。

为保证汽油在发动机燃料室平稳和可靠燃烧，对汽油的蒸发性、抗爆性、安定性等均有严格的规定。使用不合格的劣质汽油，不但容易使发动机冒黑烟、工作不平稳、功率降低、燃料消耗增加等异常现象，还会促进发动机高、低温沉积物的生成，恶化润滑条件，加速磨损。所以应对燃料的质量问题引起关注，应到正规的加油站购买合适标号的燃料。

一台东风重卡加入CF-4 15W-40油后，行驶7000km时出现机油压力偏低、供油不足问题。拆检机油滤清器时发现滤芯淤积大量的黑色油泥。车用增压直喷柴油机在换油期内出现油泥过多主要与车况异常、残油污染以及劣质燃油、机油有关。据了解，该车先后使用了某品牌CF-4油，也曾出现过换油期短的情况，但车况未见异常。此次换油之前，已使用柴油循环清洗系统，并更换了机油滤清器，但仍然出现机油变稠快且油泥增多现象。放出的废油呈黏稠状的沥青胶质，这种情况与系统残留油污染和机油质量不佳有关。分析在用油，发现添加剂元素Mg、Zn、Ca、P含量变化很大，碱值降幅很大，由新油时10.4mgKOH/g降至3.2mgKOH/g，酸值增长过快，磨损金属Fe高达231μg/g，说明在用油受严重污染，加剧了氧化变质，油品清净分散能力和润滑性能下降，使发动机部件磨损加剧、油泥增多。

通过上述分析，相应的解决方法如下：首先，在换机油时，要求尽量把旧油趁热放净，然后加进部分新油，循环5～10min后，再放净，最后更换机油滤清器并加入新油，最大限度地减少残留油的老化产物诱发新油氧化。其次，必须选用正规品牌的CF-4油。CF-4油适用于燃油直喷的新型柴油机，其配方组成中无灰分散剂比例较高，足以分散燃油不完全燃烧生成的烟炱和油泥，但由于我国目前市场上柴油硫含量偏高，为中和燃料燃烧后生成的SO_2，需要油品碱值在9mgKOH/g以上，据了解，一些小调和厂，为降低成本，往往减少了无灰分散剂的加量，这样的油品在化验理化性能指标、元素含量及碱值时，往往发现不了问题，但在实际使用中，常常因油泥和烟炱分散性差导致发动机故障。

4. 汽车发动机轴承失效与润滑

汽车发动机的连杆轴承、曲轴主轴承是主要摩擦副，其主要损坏形式是磨损失效，严重时将导致发动机停机即曲轴咬死。GB/T 18844.1《滑动轴承 液体动压金属轴承损坏类型、外观特征和原因》，详细规定了发动机滑动轴承失效名称、定义及原因分析。实践证明，轴瓦合金层的磨损失效只是发动机非正常运行的初期征兆。对于发动机轴承这一摩擦副而言，曲轴是主要的，轴承是“保护”轴颈的，从设计到制造均定位为“从属”件即易损件。发动机出现异常工况，如轴承油膜破裂时，首先“牺牲”的是轴瓦，只有轴瓦合金表面层被磨损掉后，轴瓦才会被伤害磨损。所谓“烧瓦”是指长时间缺油运行导致润滑状况恶化，轴与瓦之间的摩擦阻力和温度急剧升高，由局部黏着扩展为大面积熔融、胶合，以致凸轮轴在瓦中抱死。通常轴瓦出现的故障中，90%是其他相关零件的原因，少数是润滑系统异常的结果。

汽车发动机润滑系统包括油泵、滤清器、油路、油孔、油槽等，该系统能保证向活塞、活塞环与汽缸、曲轴主轴颈与轴瓦、连杆小头活塞销与连杆小头轴套、曲轴连杆轴颈与连杆大头轴瓦以及气阀推杆与凸轮、内传动齿轮组等所有摩擦副群连续地、充分地供应润滑油。

发动机轴承既要传递载荷扭矩，又要传递运动，这必然产生摩擦、磨损，而防止异常磨损的主要方法就是润滑。除了润滑系统正确设计之外，选用高质量的、满足发动机要求的规定牌号机油非常重要。错用牌号油、使用劣质假油导致发动机停车的事故也不少见。表征润滑油性能的参数主要有黏度、润滑性、闪点、倾点、碱值、酸值、水分等。发动机在启动、停车或异常工况下，轴承工作表面与轴颈表面之间会出现瞬时油膜破裂的边界润滑状态，表面可能出现局部黏着现象，含有极压抗磨添加剂的油品可以及时为摩擦表面提供保护及修补，防止因严重磨损而导致咬死。现代汽车发动机为了减少振动、降低噪声，要求发动机的摩擦副间隙更小，这也就相应要求润滑油性能更好，润滑油的性能依赖于基础油的质量及添加剂的成分比例和品质。

发动机轴承失效形式是多种多样的，导致损坏的原因也是错综复杂的，为了更有效地预测轴承失效，目前油样分析技术在故障诊断、预测预防以及状态监测中得到应用，并取得较大进展，获得显著的经济效益。油样分析技术主要包括：油品的理化分析技术、油样所含磨粒的铁谱分析技术以及光谱分析技术。它们之间既是独立的，各具特点，同时又是相辅相成，互为补充。专家认为，综合分析方法往往是最可取的，它可以弥补使用单一方法的不足和由此产生的误测、误判。因此，轴承系统的故障诊断、预测预防已逐渐采用油样分析技术作为监测手段之一。

5. 润滑与润滑故障

人们对润滑在机械中重要地位的认识逐渐加深，对润滑油的选用也越来越重视。然而，在车用润滑油的使用过程中，由于缺乏润滑知识而造成的发动机故障屡见不鲜。不少用户常常过于强调润滑油在机械问题上的作用，不加分析地就把发动机发生故障的原因归结为润滑油的质量问题。通过下面的发动机故障案例，从润滑技术角度分析发动机润滑故障的原因，并找出解决润滑问题的方法。

一辆普桑轿车加入SF/CC 20W-50油后，发现机油压力指示灯亮，再换用SG/GF-4 15W-40后，指示灯仍然亮，检查油路、油泵、限压阀及感应器等元件，未见异常，因而怀疑是发动机油质量问题，决定开往维修站处理，开出30km后，发动机严重故障，无法再启动。显然，这是由于润滑不良而引发的严重故障。对于该车曾换用的SF/CC、SG/GF-4油进行分析，各项指标均正常，排除了因机油质量问题而造成的烧瓦抱轴故障的可能。结合烧瓦进行分析，故障原因是长时间缺油运行导致润滑状况恶化，轴与瓦之间的干摩擦，致使温度升高，发生承载负荷的上轴瓦熔融、胶合。

桑塔纳轿车发动机采用传统的飞溅和压力供油混合润滑，所有负荷大的轴颈均采用压力供油，由于顶置的凸轮和轴颈负荷大，因此在汽缸上开一条纵向主油道，机油压力传感器也装在主油道上。当主油道压力低于30kPa时，油压指示灯亮，表示润滑系统异常，不能继续行驶。该车两次加油均出现“亮红灯”，说明机油压力不足，即供油系统出现问题，主油道不畅或堵塞。

找出故障原因后，用压缩空气反复冲刷，疏通油道，将积聚在油道内的污物清除，重新加入SG/GF-4 15W-40油，车辆运转正常。从故障分析及处理过程可见，良好的润滑效果要靠稳定的机油压力来保证，油压异常说明供油量发生变化，使机油无法发挥应有的润滑作用。一旦发现油压过高或过低，应立即将发动机熄火，查明原因，切不可盲目侥幸地继续行驶，短距离行驶也可能损坏发动机。对新近出厂的桑塔纳轿车，应按照出厂说明书使用SG 15W-40，不能随意降低质量等级或提高黏度等级，从而造成发动机润滑不良的结果。

6. 润滑油的燃料经济性能

内燃机工作中燃料燃烧所产生的有效能量60%损失在汽缸冷却和排气过程中，只有40%用作动力。其中提供动力的有效能量中，25%损失在摩擦中。由此可见，提高发动机油性能，减少摩擦损失是提高燃料经济性的有效途径。

图4-21举例说明了主要引起卡车摩擦损失的润滑部分。为了减少摩擦损失，要求选用合适的润滑油：

①使用燃料经济性内燃机油。

②使用燃料经济性变速箱油。

③使用燃料经济性后桥用润滑油。

④使用燃料经济性轮毂润滑油。

汽车发动机中大约12%的燃料用于克服滑动部件之间的摩擦。润滑油主要作用于主轴承的流体润滑；阀系、正时齿轮和滚动轴承件的边界和混合润滑；活塞环和缸套之间的边界润滑等。由图4-20的分析可以看出，发动机中与润滑油有关的功率损失主要是机械摩擦损失和流体动力输送损失，这些功率损失与润滑油的黏度和抗摩擦性能有直接关系。因此，降低润滑油的黏度和提高抗摩擦性能可减少发动机的机械摩擦损失，增加发动机的有效功率，提高燃料的经济性。

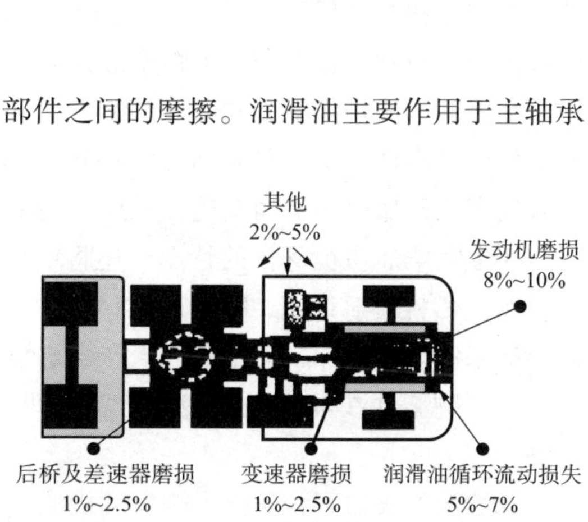

图4-20 卡车主要引起摩擦损失的润滑部分

从内燃机油配方分析，改善润滑，减少摩擦的主要途径有两种：流体润滑（常见于轴承）为决定因素时，可使用低运动黏度发动机油（如SAE 0W、5W–20、30规格油），通过降低黏度级别来减少流体动力学阻力。此时油品的基础油至关重要，其对油品的运动黏度、黏度指数、高温高剪切黏度和压力/黏度系数起主导作用。当边界润滑和混合润滑（常见于凸轮、挺柱和活塞环、汽缸壁等摩擦副）为决定因素时，可添加减摩剂，减少边界和混合润滑的摩擦。

为了能够实现好的燃料经济性，汽车生产厂家倾向于使用低黏度发动机润滑油。例如本田公司使用SAE 5W–20润滑油作为厂家的装车油，福特和丰田公司推荐使用SAE 5W–30润滑油作为装车油。另外一些厂家也推荐使用SAE 5W–30润滑油作为装车油。

除了使用低黏度级别发动机外，润滑油生产厂使用摩擦改进剂以减少在混合和边界润滑条件下的滑动表面之间的摩擦，有机摩擦改进剂如油酸盐，金属摩擦改进剂如二硫代氨基甲酸钼盐（MoDTC）。钼盐摩擦改进剂十分有效，在金属表面形成了一层低摩擦MoS_2膜。MoS_2是由MoDTC和ZDTP化学反应生成。所以，在润滑油新鲜时摩擦改进剂提高了减摩性能，润滑油老化后减摩性能将降低。

7．生物柴油对润滑油的影响和要求

生物柴油是指以油料作物、野生油料植物油脂以及动物油脂、餐饮垃圾油等为原料，通过酯交换工艺制成脂肪酸甲酯（FAME）再生性柴油燃料。近年来生物柴油生产能力急剧增大，2008年世界生物柴油产能达到32.6Mt，产量11.0Mt，我国产量约0.2Mt。

生物柴油具有无毒、可生物降解、低硫、无芳烃且可再生等优点，逐渐作为柴油的一种替代品。目前主要用动植物油脂生产的生物柴油与柴油混合使用，添加比例为B5（5%）或B20（20%）。不同地区使用的原料不同，添加比例也不同，欧洲主要使用菜籽油为原料，添加量为B5（5%）；美国使用大豆油为原料，添加量为B20（20%）；而东南亚使用棕榈油为原料。随着生物柴油的逐渐普及，由于生物柴油理化性能与传统柴油不太一样，对润滑油的负面影响也逐渐显现出来，主要表现在以下几个方面：

①稀释发动机油，导致发动机磨损。生物柴油挥发度较普通柴油低，未燃烧的生物柴油通过活塞环接触汽缸壁而被刮到油底壳中，从而稀释发动机油，使其黏度降低，导致磨损。对于老式直喷柴油机，其汽缸壁与活塞间的间隙比现代高压共轨式发动机的大，更容易使发动机油被生物柴油稀释；对于配备DPF的新型发动机，需要补充燃烧使其再生，可能使这种稀释加剧，同时未被燃烧的生物柴油还会降低微粒过滤器的效率。

②生物柴油均为不饱和脂肪酸酯，易被氧化，促使油底壳中油泥生成、烟炱量增加，使发动机油清净性变差，导致活塞沉积物增加和易于使活塞环粘结。由此，烟炱及窜气更容易进入油底壳而加速润滑油变质、变稠，黏度大幅度增加，从而缩短发动机油的使用寿命。

③生物柴油易被氧化的特点，还将增加喷嘴结垢和积炭。此外，生物柴油中游离脂肪酸容易腐蚀燃料喷射系统，残留的黏稠甘油和甘油酯也易于使喷嘴结焦，从而导致喷射效果变差，活塞沉积物增加，易于粘环，产生恶性循环。

④生物柴油在油底壳积聚易于腐蚀曲轴的有色金属轴承，再加上黏度变小使这种磨损加剧。

⑤油泥生成加剧，还会影响发动机油分散性能。

因此，使用生物柴油的发动机，其发动机油必须增加抗氧性、分散性、清净性和抗腐蚀性。目前OEM暂时接受B5生物柴油可以直接使用柴油机油规格，也有相当一部分OEM采用发动机换油期减半措施。但是随着生物柴油添加比例加大，其影响就会更大。另外，各地区所使用生物柴油的原料不同、发动机不同、行驶条件不同等因素使得问题更加复杂。生物柴油的普及和用量增加，将促使工业界必须尽快制定出相应对策。

8．柴油机润滑系统故障分析与预防

柴油机的润滑对其各主要摩擦副的摩擦学行为产生直接的影响，而柴油机润滑油的质量又是最重要的影响因素。润滑油除了起润滑、减磨作用外，还对各摩擦副起到冷却、清洗和防锈、防腐作用。柴油机油的黏度等级和质量等级主要根据柴油机的负荷、转速、工作苛刻度和使用环境温度等因素来选择，其主要评定指标有黏度、黏度指数、倾点、总碱值和添加剂含量等。由于柴油机的工作条件苛刻，使得机油极易劣化变质，一方面是油品自身的化学变化，主要有油品的氧化和添加剂的降解；另一方面则是外界污染物的污染，如粉尘、砂粒、磨损金属颗粒、水分、燃油污染等。因此，对在用柴油机油的理化性能指标及污染情况必须采取监控措施，这也是柴油机摩擦学系统故障监测的主要内容。

①黏度：机油中的积炭、油泥、污染杂质都会使机油黏度增高，黏度太高将使摩擦阻力增大，润滑不良，导致轴瓦、缸套等部件出现异常磨损；柴油机喷油器故障将使燃油污染机油，使机油黏度下降，导致润滑油膜强度下降，摩擦副磨损加剧。

②水分：柴油机冷却水系统密封垫渗漏、冷凝水污染、窜气严重等都会使机油的水含量增高，油中较多水分会使油膜难以形成，加剧磨损；另一方面还会使添加剂水洗、降解，使机油性能下降，加剧部件的腐蚀和锈蚀。

③闪点：柴油机燃油泄漏污染机油将导致机油闪点下降，同时也使机油黏度下降，同时还会加速油品的氧化变质。

④总碱值：这是柴油机油中碱性添加剂的量度。碱性添加剂主要用于改善机油的清净分散性能，一方面使油中的胶质、烟炱等不溶物充分悬浮在油中，而不易沉积在部件表面；另一方面将已沉积在部件表面上的漆膜、积炭等清洗下来。若机油清净分散性差，积炭和油泥覆盖在摩擦副表面，加剧磨损，严重时将导致拉缸、烧瓦和曲轴抱死等故障。

⑤光谱元素分析：机油中的Fe、Cr、Mo、Mn等元素主要来源于缸套、活塞环、凸轮和齿轮等零部件的异常磨损；Cu、Pb、Sn、Al主要来源于曲轴瓦、连杆轴瓦及有关衬套的异常磨损，对这些元素的定期检测分析能有效预防柴油机主要摩擦副的异常磨损。Ca、Mg、Zn、P等元素的明显下降则表明柴油机油中添加剂的损耗；Na、B等元素明显上升则表明燃油、冷却水污染机油。

在柴油机运行管理中，除了应重视润滑管理外，还要重视柴油机燃料、冷却水和空气的质量管理，以保证能及时消除直接或间接影响柴油机各摩擦副磨损的不利因素，使柴油机润滑系统故障的预防观念在实际工作中得以落实和推广。

一台正常运行的柴油机其技术状态有如下特征：性能指标正常，工作可靠，外观良好。任何一方面不正常都可以说柴油机发生了故障。这种故障，既有整机性故障，也有系统和零部件的故障。柴油机出现故障的主要表现有声音异常、动作异常、外观异常、温度异常等。通过测试手段对柴油机进行测试，对取得的信息进行分析，从而判断柴油机的技术状态和发生的故障。柴油机的状态监测是利用现代化仪器对正在运行中的柴油机进行测试，并对测试结果进行分析，以此来判断柴油机的技术状态。而故障诊断是根据柴油机的技术状态，运用柴油机专业知识和经验，判断柴油机是否发生了故障以及发生故障的原因和部位。所以，柴油机状态监测是柴油机故障诊断的前提和手段，而故障诊断是状态监测的结果和目的。

这里的状态监测，一般是指在柴油机使用现场，不对其进行解体的快速测试、快速判断，它不同于试验室内柴油机台架试验。状态监测和故障诊断（CMPD）自产生以来，受到人们的特别重视，创造出巨大的经济效益。采用状态监测进行修理和使用，可使柴油机寿命延长。根据柴油机状态监测结果，对柴油机进行状态修理，可以避免目前定期修理的弊病；变目前的定期保养为视情保养，可使柴油机发挥更大效能；如根据状态保养“三滤”、增压器、中冷器等，可使柴油机达到功率大、耗油少、排放低；根据状态监测更换机油，既可节省机油，又可避免因机油变质失效造成柴油机故障等。

第八节　API发动机油认证概述与我国发动机油认证展望

产品质量认证是认证机构证明产品符合相关技术规范或者标准的合格评定活动。即由一个公正的第三方认证机构，对生产厂的产品抽样，按规定的技术规范或者标准进行检验，并对生产商的质量管理保证体系进行评审，如检验评审通过，则发给合格证书，允许在被认证的产品及其包装上使用特定的认证标志。

对于发动机油的产品认证，API发动机油产品认证在全球最为通用。由于API制定的标准具有先进性、通用性和实用性，同时也由于美国石油产业在世界上的影响，API标准为世界各国广泛采用。API组织已由原来的美国石油行业学术组织，转变为今天世界范围内的石油行业权威学术组织。我国颁布的新修订发动机油国家标准，新增的发动机油级别定义基本上参考API标准。我国润滑油市场消费量多年来一直保持了持续上升的势头，已成为世界润滑油消费的热点地区。

一　API发动机油认证体系

为了满足汽车和发动机制造厂家以及发动机油和添加剂生产厂家的需要，API设计了API发动机油认证体系，用于定义、确认和监控发动机油产品性能。API标志被用于帮助用户确定满足授权和认证要求的产品，当生产厂家被确认满足API认证申请全部要求，API将给该生产厂家颁发一个授权认证，该发动机油产品将被允许使用API标志。

根据2019年6月颁布的API 1509，发动机油可被API授权使用API服务类别的包括：汽油机油包括SL，SM，SN，SN PLUS，GF-4，GF-5，GF-6A和GF-6B规格，柴油机油包括CH-4，CI-4，CJ-4，CK-4和FA-4规格。

二　API标志

API授权使用两类标志：API认证标志“爆星图标志”（见图4-21）和API服务标志“圆环图标志”（见图4-22）。每种API认证标志设计用于指出发动机油的通常应用领域（例如汽油，可替换燃料，轻负荷柴油等）。目前只有符合国际润滑油标准和批准委员会（ILSAC）GF规格要求的发动机油才能够使用API认证标志。

图4-21　API认证标志

图4-22　API服务标志

API服务标志，其图形上半部分是服务类别，SAE黏度级别位于标志的中央，可选的节能标记位于标志的下方。如果某一种发动机油符合CH–4授权要求的也被允许同时显示CF–4和/或CG–4级别。发动机油符合CI–4授权要求的也被允许显示CH–4，CG–4和/或CF–4级别。发动机油符合CJ–4授权要求的也被允许显示CI–4，$CI–4^{+}$，CH–4，CG–4和/或CF–4级别。

如果发动机油制造厂家选择的某发动机油的服务类别包括API的柴油机油类别（例如CJ–4，CI–4）和汽油机油类别（例如 SN，SM），则在标识时斜线（/）必须被放在汽油机油和柴油机油类别之间。例如可使用的标记有"API Service SM"，"API Service SL/CF"，"API Service CH–4/SL"，"API Service CJ–4/SM"，"API Service CK–4/SN"等。

对于一种通常用于柴油发动机的发动机油，如果其性能同时符合汽油发动机类别，一般都将柴油机油类别放在前面，以使用户能够意识到该发动机油是主要为柴油发动机设计而同时满足汽油机油类别要求。同样，一种通常用于汽油发动机的发动机油有这种情况的，一般都将汽油机油类别放在前面。

对于使用API认证标志和API服务标志，不同黏度级别的发动机油均可申请使用API服务标志，而只有0W–XX、5W–XX、10W–XX黏度级别可申请使用API认证标志，见表4–53。

表4–53　　SAE黏度级别发动机油可使用的两类API标志①

项目	高温黏度级别					
		20	30	40	50	60
		Y	Y	Y	Y	Y
0W	X，Y	X，Y	X，Y	X，Y	X，Y	X，Y
5W	X，Y	X，Y	X，Y	X，Y	X，Y	X，Y
10W	X，Y	X，Y	X，Y	X，Y	X，Y	X，Y
15W	Y	Y	Y	Y	Y	Y
20W	Y	Y	Y	Y	Y	Y
25W	Y	NA	Y	Y	Y	Y

①X为可应用API认证标志，Y为可应用API服务标志；NA为无效。

对于以汽油为动力的轿车、SUV多功能运动汽车、厢式货车和轻型卡车，节能标志说明该发动机油有节能性质，当使用时标注在API服务标志的下部。节能分类的性能要求参见SAE J1423和ASTMD4485。

三 API认证程序

对于某个发动机油产品，为了使用两类API标志，发动机油生产厂家必须从API得到一个授权许可。在API收到生产厂家申请后，API会提供给厂家如何申请的信息，包括对产品物理和化学性质的要求，发动机和台架测试的文件，监控和执行程序，授权费，检查代码，申请过程和授权要求。生产厂家必须遵照申请步骤，登录API官网，提交申请产品的配方、台架数据及产品信息，并将申请产品与配方关联，提交API审核，以确保使用API标志的权利。

在该产品所有的性能指标要求满足的条件下，产品授权的有效期为1年。被授权厂家每年都要交纳授权费，在更新程序完成后将颁发每年的更新授权认证。许可申请费用为4500美元，每年授权许可证更新费为4500美元。额外续费视数量而定，因此在每年的许可证更新时，被许可方必须报告经API许可的机油销量。超过100万加仑，API收取每加仑0.0070美元的费用。所有API授权的机油品牌，无论是包装销售还是批量销售，都必须按报告的数量计算。

授权申请中必须包括下列信息：

①必须通过任何一个被ACC Code包含和在API认证程序中的台架测试（依据最新版本ACCCode）。

②应用基础油互换和黏度级别测试延伸准则的情况。

③申请产品的信息（基于最终的发动机油组成）：台架测试数据；产品物理和化学性质；产品可追溯性检查代码信息。

生产厂家应当确保采用API标志的发动机油产品的性能特征符合API认证全部要求。如果应用于多个服务类别，生产厂家要确保这种发动机油符合每种服务类别的最低性能要求。在API收到完整的申请文件后一般需要大约30天的处理时间。对于不同黏度级别、等级或品牌的发动机油都被认为是独立的产品，需要独立地进行认证。例如，品牌A SJ10W-30和品牌A SL 10W-30被认为是各自独立的产品，必须单独申请API认证。

为了一致性审查的目的，API认证要求生产厂家确保产品可追溯性代码出现在每个产品包装上，而且这些代码要清晰和耐久。可追溯代码可以是商品编码的全部或以部门，且一个公司的产品可以有多种代码。另外API建议可追溯代码应包含年/月/日/、产地及配方号。每个产品包装上的条码可以追溯市场中产品的组成、包装时间和生产信息。

API销售市场审查程序是一个设计用于符合API认证的监控执行程序。监控和执行的效果可以确保授权发动机油符合工业技术特性和出现在产品包装上的API标志传递准确的产品信息给用户。

每年API将从销售市场上随机取样进行测试，被取样的发动机油将根据标准审查去检测与其申请授权时提交的技术特性（物理，化学和台架实验）是否具有一致性。物理和化学性质审查数据与在进行API授权认证过程中提交的信息进行比较。被选择进行台架测试检验的发动机油是由API从被授权生产厂家中抽取产生的名单，生产厂家的产量越大，被选中的概率越大。API将联系独立组织收集样品，进行物理和化学分析，以及台架测试。

对API认证侵权可以分成两个类别：

①不符合技术要求。

②不合适的使用API标志。

如果API授权的某发动机油不符合技术要求，API可能采取的措施包括：

①在改正措施被实施前，使用API标志的授权许可将被临时中止。

②中止某个单独的产品使用API标志的授权

③中止某个生产厂家的全部授权产品使用API标志的授权。

④要求生产商从市场撤出标注有API标志的不合格产品。

第五章　车辆齿轮油

第一节　概　述

一　车辆齿轮油

车辆齿轮油主要用于变速器和前、后减速机构，齿轮的主要类型有直齿圆柱齿轮、斜齿圆柱齿轮、人字齿圆柱齿轮、圆锥齿轮及双曲线齿轮。由不同类型的齿轮组成汽车的手动变速箱、驱动桥装置以及差速器等传动机构。

车辆齿轮油是重要的润滑产品，主要用于各种汽车手动变速器和驱动桥中。自1925年Gleason Works 开发了第一个双曲线齿轮驱动桥以来，在短短几年间，几乎美国所有的制造商都推广使用，接着在欧洲也逐步得到应用。为了满足双曲线齿轮驱动桥的润滑要求，开发了极压车辆齿轮油，这种早期的齿轮油为S–Pb型或S–Cl–Pb型。第二次世界大战以后，为了生产具有高速冲击性能和高扭矩性能的多效齿轮油，引入了S–P–Cl型配方体系；以后由于卡车载重和功率的提高，加上轴偏置增大，复合剂在原来的S–P–Cl型基础上又引入了二烷基二硫代磷酸锌极压剂，大大提高了极压性能。进入20世纪60年代，由于汽车工业不断追求高速度、大马力，需要热氧化安定性更高的润滑油，研制出了第一代S–P型双曲线齿轮油，这种齿轮油经过多年使用，得到市场好评，在高速抗擦伤性、防锈性、高速高温耐久性等方面均优于S–P–Cl–Zn四元素双曲线齿轮油，并逐渐在全世界普及。

硫磷型车辆齿轮油经过40年的使用经久不衰，带动着含磷添加剂和添加剂复合技术的发展。第二代、第三代硫磷型齿轮油具有良好的热稳定性和水解稳定性，解决了含磷剂消耗快的问题，并可作为车辆、工业齿轮通用油。

在过去30年中，齿轮润滑油的发展动力是在降低系统成本的同时提高油品性能。从最初的硫化鲸鱼脂，到如今的高性能全合成齿轮油，它的发展变化是一个非常有趣的课题。在此期间直接导致齿轮油配方变化的原因是各类载重车辆的发展，同时也受到环境保护要求和政策法规的压力。伴随着车辆齿轮油性能的提向，各种不同组织、不同地区制定的车辆齿轮油规格也在不断演化发展，用以描述和评价车辆齿轮油的使用性能。

二　国外车辆齿轮油情况

从世界范围看车辆齿轮油规格不断变化，技术含量不断提高，要求越来越苛刻，但是面对不同的需求，不同的市场环境，并不是最高水平的齿轮油就是最具需求的油，而是应对不同的要求呈现两种不同的发展趋势。一是对满足基本使用性能而成本相对较低油品的需求；二是需要具有耐久性、燃料经济性和可靠性的高性能长寿命车辆齿轮油，这种油品，基础油往往比添加剂起更大的作用，需要采用优质的合成油以达到所要求的技术水平。

在亚太和我国绝大部分区域，经济有效性是车用齿轮油的主要要求之一。受短期市场作用的驱动，基础油和添加剂体系的选择只是一个基本性能和价格问题。各大润滑油和添加剂经销商都为在竞争中扩大市场份额而尽一切努力降低成本。齿轮油只要达到API GL–4或API GL–5规格即可，更高的性能要求若需增加成本则是不被期望的。与亚太及国内情况相反，北美、欧洲和日本对于高性能齿轮油有着强烈的要求。这些地区的原始设备制造商越来越要求具有同寿命性能的油品，制定了他们自己的齿轮油性能规格和要求，要求这些油品具有三个关键的特性：延长换油期、耐久性和燃料经济性。目前，欧洲的换油期已延长到$30\times10^4\sim40\times10^4$km，且每隔几年就有所增加。美军的齿轮油规格MIL–L– 2105E曾是可接受的标准，现在除了这些标准外各大OEM还加入了他们自己的要求，以保证其可靠性和支撑延长换油周期。表5–1列出了欧洲和美国几家OEM重负荷后桥齿轮油的换油期及相关规格。这些规格包括通过延时的高温氧化试验、冲击和点蚀试验、延时的腐蚀试验、动态密封试验、行车试验和OEM自己的台架试验等。

表5–1　　主要OEM后桥齿轮油换油周期和规格

OEM	换油周期/10^4km	使用规格
戴姆勒–克莱斯勒	25	MB 235.8
沃尔沃	40	Volvo 97312
曼	32	Man 342SL
雷诺	35	RVI 03.08.4002
马克	80	MACK GO–J$^+$

为了满足OEM对齿轮油延长换油期和燃料经济性的要求，高性能齿轮油都使用全合成或半合成油来提高产品的热氧化安定性、油膜厚度和高低温性能。这些基础油都具有很高的黏度指数，甚至超高黏度指数，与合适的添加剂复配在一起为油品提供优良的性能。与此同事，随着汽车工业的发展，车辆设备性能结构的变化对齿轮油性能提出了新的要求，新一代车辆齿轮油规格的推出将加速齿轮油性能的提升，促进全球标准的统一，油品市场也将在新规格的基础之上发展符合OEM要求和地区特色的高性能车辆齿轮油。

三　我国车辆齿轮油的发展概况

20世纪50～70年代，我国车辆齿轮油尚未形成完整的体系，只分为齿轮油和双曲线齿轮油：两种残渣型的黑色齿轮油和一种馏分型的合成双曲线齿轮油。

1960年公布了我国第一个双曲线齿轮油规格，基础油主要是残渣油，常用的添加剂是硫化蓖麻油，也有用硫化松脂油。

1962年公布了第一个用于汽车、拖拉机变速箱及后桥的齿轮油规格，其油品由残渣油或加入部分馏分油构成，使用性能差，寿命短，耗能大，需用低黏度润滑油或低凝点柴油稀释后才能冷启动。

1967年开始生产渣油型S-P-Cl-Zn型双曲线齿轮油，主要添加剂是二烷基二硫代磷酸锌（T202）和氯化石蜡（T301）。油品的主要特性如极压抗磨性有较大提高，但热氧化安定性、防锈性、颜色等均较差。

1971开始试制和生产精制型双曲线齿轮油，按添加剂类型又分S-P-Cl-Zn型和S-P型两种，其主要性能相当于GL-4，用于“东风”汽车双曲线齿轮及大马力内燃机车牵引齿轮润滑。

80年代初，各炼油厂及有关科研院所组成的齿轮油攻关组，研制成功馏分型GL-3齿轮油。该油流变性、热氧化安定性、抗磨性、防锈性均优于渣油型，可以满足当时的“解放”“黄河”等非双曲面齿轮的汽车后桥润滑要求。

改革开放以来，我国引进了较多国外的先进汽车生产技术，其中包括一汽、上汽引进德国大众轿车，二汽引进法国雪铁龙，广州引进日本本田，济南引进奥地利技术生产“斯太尔”卡车，这些车辆的驱动桥都要求使用GL-5齿轮油。为了实现车辆齿轮油的国产化，齿轮油攻关组在“七五”期间完成了80W-90、85W-90、85W-140 GL-5车辆齿轮油的研制并通过国家技术鉴定。目前国内开发的齿轮油通用复合剂，达到了国际先进水平。

第二节　车辆齿轮油的特性和标准

一　车辆齿轮油的作用

齿轮机构是机构中最主要的一种传动机构。其传递功率范围大，传动效率较高，可传递任意两轴之间的运动和动力。

齿轮的种类很多，如直齿圆柱齿轮、斜齿圆柱齿轮、人字齿型圆柱齿轮，直齿圆锥齿轮、斜齿圆锥齿轮、螺旋齿圆锥齿轮，双曲线齿轮及蜗轮蜗杆等。

运动和动力的传递是在齿轮机构中每对啮合齿面的相互作用、相对运动中完成的，其间必然产生摩擦，为避免机件直接摩擦在齿轮工作面之间形成，需要润滑油将工作面隔开，以保持齿轮机构的工效和延长使用寿命。齿轮油就是最主要的润滑剂。

齿轮的曲率半径小，润滑中形成油楔的条件差，轮齿的每一次啮合均须重新建立油膜。另外，啮合表面不相吻合，有滚动也有滑动，恶化了油膜运转情况。

现代汽车的驱动桥采用的双曲线齿轮，其弯曲程度和接触强度较高，传动功率大，齿面滑移速度大、应力大，润滑条件苛刻，对润滑剂有严格要求；汽车差速器的主要作用是保证左右车轮在行驶不平路面和转弯时产生速度差，减少异常损坏，尤其是最新型的限滑式差速器LSD，对润滑的要求更为苛刻，需要使用特殊的LSD专用油。

汽车手动变速箱润滑要求相对缓和一些，最近车辆制造商提高了变速箱传动功率密度，使齿轮箱内润滑油的容量变小，从而引起齿轮温度和负荷大幅提高，特别是采用空气动力学的设计，可以使重载卡车的手动变速箱工作温度提高20℃以上。

齿轮的润滑状态总起来说有两种情况：一是流体动力润滑和弹性流体润滑，二是边界润滑。流体动力润滑时，一定厚度的润滑油膜可将摩擦面完全隔开而不发生直接接触。但当负荷增大时，啮合齿面间发生弹性变化，润滑油黏度在此压力下急剧增大，而且仍不被挤出而形成薄但具有弹性的流体动力膜，仍可将摩擦面隔开。不管怎样，润滑油的黏度是形成流体动力润滑膜和弹流膜的关键。边界润滑则发生在负荷继续增大时，此时承担润滑任务的是吸附在金属表面上的一层或几层分子构成的边界吸附膜。当处在高温高压时，边界吸附膜发生脱附，丧失润滑作用，此时要靠在齿面生成化学反应膜起润滑作用，此种润滑状态一般又称作极压润滑。总之，齿轮的接触压力非常高，一些载重机械的减速器齿轮的齿面应力可达400～1000MPa，而双曲线齿轮的齿面应力可达1000～4000MPa。在高应力条件下，边界润滑实质上处在极压状态。为防止油膜破坏，在齿轮油中要加入极压抗磨剂，以便在苛刻运行条件下，放出的活性元素与金属反应生成低熔、高塑性薄膜，保证齿面间的正常润滑。

用于车辆齿轮装置的各类齿轮副形状不同，轮齿啮合方式不同，润滑油膜的形成有显著差异，正齿轮、伞齿轮、斜齿轮、人字形齿轮和螺旋齿轮容易在齿面上形成润滑油膜，一般使用GL-4油润滑。双曲线齿轮体积较小，传递的动力大，齿轮的曲率半径小，润滑油中形成油楔的条件差，轮齿的每一次啮合均须重新建立油膜，另外，啮合表面不相吻合，有滚动也有滑动，恶化了油膜运转情况，需要使用GL-5油润滑。车辆齿轮油的主要作用在于减少齿轮副之间的摩擦与磨损。摩擦润滑过程一般包含流体润滑、弹性润滑、混合润滑和边界润滑。当润滑的齿面在负载下接触时，就会发生塑性变形，润滑油陷入金属表面之间。齿轮油的组成、性能和齿面的化学状态支配着摩擦润滑的全过程。

二　车辆齿轮油的性能要求

为了完成运动和动力的传递，车辆齿轮油有如下几方面作用：

①防止和减少齿面间的摩擦和磨损，均匀分布载荷；

②带走摩擦时产生的热量；

③将齿面与水、空气隔绝，避免生锈、腐蚀及尘袭；

④冲洗齿面上的磨粒杂质；

⑤减缓齿轮震动，使运动平缓。

齿轮油在齿轮传动中的重要性决定了它必须具备以下性能：

1．合适的黏度和良好的黏温性能

齿轮油的黏度和承载力有密切关系，黏度增加，容易形成流体动力滑膜膜和弹性流体润滑膜，有利于保护齿面。但是黏度过高，齿轮工作时动力损耗大，使油温升高。目前由于添加剂水平的提高，为了节能齿轮油有低黏度化的趋势；另外，齿轮油的低温黏度对齿轮工作有重要影响，汽车驱动桥齿轮是飞溅式润滑，低温时齿轮油必须有足够的流动性，这样齿轮转动时才能将足够量的油带到齿面及轴承上，防止出现损伤。车辆齿轮油在低温下的表观黏度和成沟点在一定程度上表明了齿轮油的低温流动性。

2．足够的承载性

齿轮油应在高速、低速重载或冲击负荷下迅速形成边界吸附膜或化学反应膜以防止齿面磨损、擦伤和咬合。齿轮油的承载性是其最重要的使用性能，需要CRC L-37和L-42全尺寸齿轮台架来评定油品的承载力和抗擦伤能力。

3．良好的热氧化安定性

齿轮油在工作中被剧烈搅动，在与空气、金属、杂质等接触中，特别是重型卡车驱动桥，齿轮装置工作温度相当高，齿轮油的氧化是一个突出的问题，直接影响到油品的使用寿命。氧化产生的腐蚀性物质加速了腐蚀和锈蚀；氧化产生的沉淀物会影响密封性，沉淀物覆盖在零件表面会影响散热，加速油品的氧化进程。GL-5油需要做L-60热安定性齿轮台架试验。

4. 良好的防锈防腐蚀性

齿轮油应具有适度的化学活性，对金属的腐蚀性要小。齿轮装置中的滑动轴承，变速箱的同步环都是由铜合金制成的，容易被腐蚀。在水和空气的参与作用下，齿面和油箱会产生锈蚀，腐蚀和锈蚀不仅破坏了齿轮的几何学特点，破坏了润滑状态，严重时还会影响正常的传动，而且腐蚀和锈蚀产物会进一步引起齿轮油变质。

5. 良好的抗泡沫性

齿轮转动时将空气带入油中，形成泡沫，泡沫如存在于齿面上会破坏油膜的完整性，造成润滑失效。泡沫的导热性差，容易引起齿面的过热，使油膜破坏，泡沫严重时，油会从齿轮箱的通气孔中溢出。

三 车辆齿轮油的规格

至今，国际上车辆齿轮油尚无统一的规格标准。这主要是由于欧洲与北美的汽车在设计上有所不同，汽车制造厂家对车辆用油的要求各有侧重，反映在油品规格上存在一些差异，难以统一。因此，ISO也一直未发布车辆齿轮油的分类标准和产品规格，但世界各国广泛采用美国石油学会的使用分类和美国军用齿轮油规格。API使用分类见表5-2，其中GL-1、GL-2、GL-3、GL-6分类已经过时，不再使用；只有GL-4、GL-5和MT-1为有效分类。

表5-2　API汽车手动变速器和驱动桥润滑剂使用分类

类别	使用说明
GL-1	低齿面压力、低滑动速度下运行的汽车螺旋伞齿轮的驱动桥以及各种手动传动箱规定用GL-1齿轮油，直馏矿油能满足这类情况的要求，可以加入抗氧剂、防锈剂和消泡剂改善其性能
GL-2	适用于汽车蜗轮后桥齿轮，由于其负荷温度和滑动变速的状况，使用GL-1齿轮油不能满足要求的蜗轮齿轮规定用GL-2的齿轮油，这种油通常都加有脂肪添加剂
GL-3	适用于速度和负荷化较苛刻的汽车手动传动箱和螺旋伞齿轮的驱动桥规定用GL-3类的油，这种油耐负荷能力比GL-1和GL-2要高，但比GL-4要低
GL-4	在低速高扭矩，高速低扭矩工况下的各种齿轮，特别是客车和其他车辆用准双曲面齿轮，规定用GL-4的油。要求油品抗擦伤性能等于或优于CRC参考油RGO-105，并要通过试验程序，其性能水平达到1972年4月起用的ASTM STP-512的要求
GL-5	在高速冲击负荷、高速低扭矩、低速高扭矩下操作的各种齿轮，特别是客车和其他车辆的准双曲面齿轮规定用GL-5油。要求其抗擦伤性能等于或优于CRC参考油RGO-110，并要通过试验程序，其性能达到1972年4月起用的ASTM STP-512规定的要求
GL-6	具有高偏置的轿车双曲线齿轮驱动桥。这个分类已经被废除，评价润滑油性能试验程序所用的设备已经不存在了
PG-2	PG-2用于重型卡车的后桥传动装置，是GL-5的升级换代油，该油应具有良好的热安定性、清净性、与密封材料的配伍性，良好的抗剥落性能，抗擦伤性能要等于或优于GL-5油，并能保护铜金属不腐蚀，正式规格可能是GL-7；和GL-5相比，增加了一个齿轮剥落试验（Mack Spalling）和密封件适应性试验D5662，同时改进了原先L-60氧化试验的重复性和试验中的漏油问题成为L-60-1，增加了漆膜评分和油泥评分。目前剥落试验尚未正式公布，剥落试验由于设备太复杂，重复性差，准备用L-37改变条件来做齿轮剥落试验
MT-1	手动传动系统所用高于GL-4的齿轮油，用在重型卡车及公共汽车的手动变速箱上，要求具有良好的热安定性、清净性、抗氧化性、抗磨性、抗泡性，并和密封材料及青铜件有良好的配伍性
PM-1	用于小轿车、轻型卡车的手动变速箱油，要求满足以下需要：良好的同步性能、-40℃下的低温流动性、热氧化安定性、密封适应性，也考虑抗泡性、防腐蚀和抗点蚀等性能要求

满足API GL-4使用要求的美军齿轮油规格MIL-L-2105制定于1950年，评定项目主要包括CRC L-13、L-19、L-20、L-21等4个齿轮台架。1962年经修订后代号为MIL-L-2105B，其产品性能评定使用新的齿轮台架CRC L-33、L-37、L-42与L-60取代了原先的4个台架，提高了质量水平，达到了API GL-5，以后又经多次修订，目前成为MIL-L-2105E，相当于GL-5加上MT-1，为多用途车辆齿轮油，规格参见表5-3。

表5-3 美国军用车辆齿轮油规格

规格	MIL-L-2105	MIL-L-2105B	MIL-L-2105C	MIL-L-2105D	MIL-PRF-2105E
（发布年份）	（1950）	（1962）	（1976）	（1987）	（1997）
黏度级别（SAE）	80、90、140	80、90、140	75W、80W/90、85W/140	75W、80W/90、85W/140	
表观黏度达到150Pa·s时的温度/℃			-40、-26、-12	-40、-26、-12	
成沟点/℃ ≤	-35、-18、-18	-35、-18、-18	-45、-35、-20	-45、-35、-20	
铜片腐蚀（121℃，3h） ≤	2c	2c	3	3	
抗泡性（24/94/24℃）/mL	300/50/300	300/50/300	20/50/20	20/50/20	
齿轮台架试验 CRC L-33	（L-21、L-13）通过	通过	通过	通过	通过
CRC L-37		通过	通过	通过	通过
CRC L-42	（L-20）通过	通过	通过	通过	通过
CRC L-60	（L-19）通过	通过	通过	通过	（L-60-1）通过
满足API分类	GL-4	GL-5	GL-5	GL-5	GL-5+MT-1

从美军车辆齿轮油规格中可以看出，为适应汽车的升级换代，车辆齿轮油规格在不断更新，2105C取消了2105B的单级油，换成相应的多级油，并对低温性能、抗泡性和防锈性的要求越来越苛刻。2105D则允许使用再生油为基础油，并对环境保护给予特别关注。2105E规格在2105D基础上补加了MT-1规格。满足2105E规格的API GL-5驱动桥和MT-1手动变速箱油是目前世界上水平最高的通用车辆齿轮油。

SAE燃料与润滑剂委员会传动与底盘系统润滑分技术委员会（TC3）归口车辆齿轮油规范，现行标准有SAE J306《车辆齿轮油黏度等级分类》、SAE J308《车辆驱动桥和手动变速器润滑油》和SAE J2360《多用途军用车辆齿轮油》。SAE J306于1991年发布，经历多次修订，将齿轮油按运动黏度划定分类限值范围，SAE J306—2019具体内容见表5-4。我国参考SJE J306—2005制定了GB/T 17477—2012《汽车齿轮润滑剂黏度等级分类》标准。黏度等级的统一分类给车辆制造商、齿轮油生产商以及用户选用带来极大便利。SAE J308可视为API 1560细化版，其引用API 1560各代号，并确认API GL-4、API GL-5及API MT-1为现行有效分类。SAE J308列出车辆齿轮油应具备的重要使用性能，包括负荷承载能力、黏度、热稳定性和抗氧化性、泡沫性、腐蚀性及密封相容性等。针对三类产品，每项性能试验方法各异，如负荷承载能力评价，GL-4采用CRC L-20试验，GL-5采用L-37试验，MT-1则用ASTM D5182方法。

1977年美国军方将车辆齿轮油认证工作移交给SAE，由SAE负责认证开展，并向军方推荐候选合格产品。SAE随后成立润滑剂评价研究所（LRI）专门从事油品认证评价活动，SAE J2360即在此背景下产生。SAE J2360《多用途军用齿轮润滑油》1998年11月发布，基本与MIL-PRF-2105E等效，已经为北美及越来越多的其他各地汽车制造商所接受。SAE J2360适用范围较广，包括轻负荷齿轮部件、重负荷齿轮部件、传动齿轮部件、七类及八类重负荷卡车非同步手动变速器及汽车万向节等。SAE J2360规定齿轮油产品，按黏度等级分为75W、80W-90、85W-140三大品种，推荐使用温度范围：75W型号为-50～10℃，80W-90型号为-26～52℃，85W-140型号为-15～52℃。SAE J2360规定产品认证试验需按照LRI相关程序进行，其中包括场地道路试验。由于LRI程序严格的要求以及评价的独立性，因此满足SAE J2360规格要求的产品性能要高于API GL-5和API MT-1。SAE J2360发布后，逐渐代替军方规范MIL-PRF-2105E，成为全球通用的最新标准。

欧洲没有统一的车辆齿轮油规范，各汽车公司有自己的规格，较有影响的有Mack的GO-G/GO-H/GO-HS，奔驰公司的MB 235/MB 235.6等。这些规范侧重变速器的同步器试验以及热氧化安定性试验（GFC T021X方法），一般都以美国军方规范MIL-PRF-2105E或SAE J2360为基本要求，再附加各汽车厂的内部要求，产品相当于或高于GL-5或MT-1质量等级。

表5-4　　SAE J306-2019车辆齿轮油黏度等级

SAE J306黏度级别	黏度150Pa·s时的最高温度/℃	最小黏度（100℃）/（mm^2/s）	最大黏度（100℃）/（mm^2/s）
70W	-55	3.8	—
75W	-40	3.8	—
80W	-26	8.5	—
85W	-12	11.0	—
65	—	3.8	＜5.0
70	—	5.0	＜6.5
75	—	6.5	＜8.5
80	—	8.5	＜11.0
85	—	11.0	＜13.5
90	—	13.5	＜18.5
110	—	18.5	＜24.0
140	—	24.0	＜32.5
190	—	32.5	＜41.0
250	—	41.0	—

我国车辆齿轮油标准基本从美国规范转换而来，包括各类分类标准、产品标准和试验标准等。齿轮油在石油产品的润滑剂和有关产品（L类）中列为C组，我国参照API车辆齿轮油的使用分类，于1989年发布了C组产品的分类GB/T 7631.7-89，该分类只包括车辆齿轮油的内容，采用L-CLC、L-CLD、L-CLE代替了GL-3、GL-4、GL-5。由于所涉及的品种代号是我国独创的，在实践中无法使用，所以后来很快又修订了该标准，延用API分类。

在20世纪60年代，我国车辆均沿用苏联50年代的设计与制造技术，因而润滑油也是沿用苏联品牌并制定了相应的标准SY 1103—59《齿轮油》和SY 1102—60《双曲线齿轮油》。80年代各润滑油生产大厂企业标准有："18#双曲线齿轮油"，其性能相当于GL–4水平；SH 0350—92普通车辆齿轮油，相当于GL–3水平；等效采用美国军用规格MIL–L–2105D制定的GB 13895—92 GL–5产品标准。鉴于GL–4油的台架评定设备国内没有，国外也不再生产，因此至今没有此类油的产品标准。GL–4与GL–5有一些内在联系，台架评定比较如表5–5所示。

表5–5　　GL–4、GL–5台架评定比较

API GL–4 MIL–L–2105（1950）	API GL–5 MIL–L–2105B（1962）
L–20承载能力试验	L–37承载能力试验
低速高扭矩（93～121℃，24h）	程序Ⅰ，高速低扭矩试验（147℃，100min） 程序Ⅱ，低速高扭矩试验（135℃，24h）
L–19抗擦伤性能试验	L–42抗擦伤性能试验：分磨合、高速和冲击3个程序
L–13、L–21湿气锈蚀试验	L–33锈蚀性能试验：程序Ⅰ（82℃，4h） 程序Ⅱ（52℃，162h） L–60热氧化安定性试验（163℃，50h）

L–20与L–37台架的差异是扭矩较低，而且没有高速程序；L–19与L–42台架相比，后者的扭矩比前者高2倍；GL–5油还增加了热氧化安定性试验L–60。API使用分类说明中允许用通过GL–5的4个齿轮台架评定的油其复合添加剂剂量减半来生产GL–4油。几十年来国外石油公司普遍采用这一要求来生产GL–4油，如EXXON、Lubrizol等大型石油公司均有GL–5复合添加剂剂量减半生产GL–4油的技术规定。国内企业曾制定出"硫磷型中负荷车辆齿轮油GL–4暂定技术条件"，由于落实不了GL–4齿轮台架，只好在台架评定项目中注明"待定"。交通部也发布了中负荷车辆齿轮油GL–4的行业标准，使用了东风汽车集团的仿L–20齿轮台架，虽然对油品的承载有些区分性，但难以形成标准评定方法。大连石化公司的企业标准——QJ/DSH 661–96《中负荷车辆油（GL–4）》，就是依托于GL–5制定的产品标准，采用国际上通用的GL–5配方延伸技术生产GL–4油，保证了GL–4油产品质量。

SAE J306—1998齿轮油黏度分类采用CEC L–45–A–99的试验方法，要求多级齿轮油在KRL齿轮机20h剪切试验后，黏度必须保持在级别内。这就要求调和车辆齿轮油时，必须提高油品100℃初始黏度，选用剪切安定性更好的稠化剂，更多的使用Ⅱ类、Ⅲ类基础油及聚α–烯烃。

我国车辆齿轮油按质量等级分为普通车辆齿轮油、中负荷车辆齿轮油和重负荷车辆齿轮油三类，其性能指标分别列于表5–6、表5–7、表5–8。其中重负荷车辆齿轮油标准GB 13895–92是参照美军车辆齿轮油MIL–L–2105D规格。

表5–6　　普通车辆齿轮油规格（SH/T 0350–92）

项目	质量指标			试验方法
	80W/90	85W/90	90	
运动黏度（100℃）/（mm^2/s）	15～19			GB/T 265
表观黏度（150Pa·s）/℃　不高于	–26	–12	—	GB/T 11145

续表

项目	质量指标			试验方法
	80W/90	85W/90	90	
黏度指数	—		90	GB/T 1995或GB/T 2541
倾点/℃ 不高于	-28	-18	-10	GB/T 3535
闪点（开口）/℃ 不低于	170	180	190	GB/T 267
水分/% 不大于	痕迹			GB/T 260
锈蚀试验（15号钢棒，A法）	无锈			GB/T 11143
起泡性/（mL/mL） 不大于 24℃ 93.5℃ 后24℃	100/10			GB/T 12579
铜片腐蚀试验（100℃，3h）/级 不大于	1			GB/T 5096
最大无卡咬负荷（P_B）/kg 不小于	80			GB/T 3142
糠醛或酚含量（未加剂）	无			SH/T 0076或SH/T 0120
机械杂质/% 不大于	0.05	0.02		GB/T 511
残炭（未加剂）/%	报告			GB/T 268
酸值（未加剂）/（mgKOH/g）	报告			GB/T 4945
氯含量/%	报告			SH/T 0161
锌含量/%	报告			SH/T 0226
硫酸盐灰分/%	报告			GB/T 2433

表5-7　　中负荷车辆齿轮油的技术要求和试验方法（JT/T 224-2008）

项目		技术要求			试验方法
		90	85W/90	80W/90	
运动黏度（100℃）/（mm^2/s）		13.5～24.0	13.5～24.0	13.5～24.0	GB/T 265
黏度指数		≥75	—	—	GB/T 2541
表观黏度达150Pa·s时的温度/℃		—	≤-12	≤-26	GB/T 11145
闪点（开口）/℃		≥180	≥180	≥165	GB/T 267
倾点/℃		≤-10	≤-15	≤-27	GB/T 3535
机械杂质/%		≤0.05	≤0.05	≤0.05	GB/T 511
水分		≤痕迹	≤痕迹	≤痕迹	GB/T 260
铜片腐蚀（121℃，3h）		≤3b	≤3b	≤3b	GB/T 5096
锈蚀试验（15号钢棒）		无锈	无锈	无锈	GB/T 11143　A法
泡沫倾向性/泡沫稳定性/（mL/mL）	24℃±0.5℃	≤100/0	≤100/0	≤100/0	GB/T 12579
	93℃±0.5℃	≤100/0	≤100/0	≤100/0	
	后24℃±0.5℃	≤100/0	≤100/0	≤100/0	
磷含量/%		报告	报告	报告	SH/T 0296
硫含量/%		报告	报告	报告	GB/T 387

表 5-8　　重负荷车辆齿轮油（GL-5）的技术要求和试验方法（GB 13895-2018）

分析项目		质量指标										试验方法
黏度等级		75W-90	80W-90	80W-110	80W-140	85W-90	85W-110	85W-140	90	110	140	
运动黏度（100℃）/（mm^2/s）		13.5～<18.5	13.5～<18.5	18.5～<24.0	24.0～<32.5	13.5～<18.5	18.5～<24.0	24.0～<32.5	13.5～<18.5	18.5～<24.0	24～<32.5	GB/T 265
黏度指数		报告							不小于90			GB/T 1995①
KRL剪切安定性（20h） 剪切后100℃运动黏度/（mm^2/s）		在黏度等级范围内										NB/SH/T 0845
倾点/℃		报告	报告	报告	报告	报告	报告	报告	不高于-12	不高于-9	不高于-6	GB/T 3535
表观黏度（-40℃）/（mPa·s）	不大于	150000	—	—	—	—	—	—	—	—	—	GB/T 11145
表观黏度（-26℃）/（mPa·s）	不大于	—	150000	150000	150000	—	—	—	—	—	—	
表观黏度（-12℃）/（mPa·s）	不大于	—	—	—	—	150000	150000	150000	—	—	—	
闪点（开口）/℃	不低于	170	180	180	180	180	180	180	180	180	200	GB/T 3536
泡沫性（泡沫倾向）/mL 24℃ 93.5℃ 后24℃	 不大于 不大于 不大于	 20 50 20										GB/T 12579
铜片腐蚀（121℃，3h）/级	不大于	3										GB/T 5096
机械杂质（质量分数）/%	不大于	0.05										GB/T 511
水分（质量分数）/%	不大于	痕迹										GB/T 260
戊烷不溶物（质量分数）/%		报告										GB/T 8926A法
硫酸盐灰分（质量分数）/%		报告										GB/T 2433
硫（质量分数）/%		报告										GB/T 17040②

续表

分析项目		质量指标										试验方法
黏度等级		75W-90	80W-90	80W-110	80W-140	85W-90	85W-110	85W-140	90	110	140	
磷（质量分数）/%		报告										GB/T 17476③
氮（质量分数）/%		报告										NB/SH/T 0704④
钙（质量分数）/%		报告										GB/T 17476⑤
贮存稳定性 液体沉淀物（体积分数）/% 固体沉淀物（质量分数）/%	 不大于 不大于	 0.5 0.25										SH/T 0037
锈蚀性试验 最终锈蚀性能评价	 不小于	 9.0										NB/SH/T 0517
承载能力试验⑥ 驱动小齿轮和环形齿轮 螺脊 波纹 磨损 点蚀/剥落 擦伤	 不小于 不小于 不小于 不小于 不小于	 8 8 5 9.3 10										NB/SH/T 0518
抗擦伤试验⑥		优于参比油或与参比油性能相当										SH/T 0519
热氧化稳定性 100℃运动黏度增长/% 戊烷不溶物（质量分数）/% 甲苯不溶物（质量分数）/%	 不大于 不大于 不大于	 100 3 2										SH/T 0520⑦ GB/T 265 GB/T 8926A法 GB/T 8926A法

①也可采用GB/T 2541方法进行，结果有争议时以GB/T 1995为仲裁方法。
②也可采用GB/T 11140、SH/T 0303方法进行，结果有争议时以GB/T 17040为仲裁方法。
③也可采用SH/T 0296、NB/SH/T 0822方法进行，结果有争议时以GB/T 17476为仲裁方法。
④也可采用GB/T 17674、SH/T 0224方法进行，结果有争议时以NB/SH/T 0704为仲裁方法。
⑤也可采用SH/T 0270、NB/SH/T 0822方法进行，结果有争议时以GB/T 17476为仲裁方法。
⑥75W-90黏度等级需要同时满足标准版和加拿大版的承载能力试验和抗擦伤试验。
⑦也可采用SH/T 0755方法进行，结果有争议时以SH/T 0520为仲裁方法。

四 车辆齿轮油台架评定

美国科学研究协作委员会（CRC）建立的GL-5车辆齿轮油4个全尺寸齿轮台架是评定车辆齿轮油的关键，它们分别代表了汽车在行驶时不同工况对齿轮油性能的不同要求。评定车辆齿轮油的全尺寸齿轮台架见表5-9。

评定GL-5车辆齿轮油的CRC L-37、L-42、L-33和L-60的4种台架是根据苛刻的行车试验测得的数据，经过数据处理后而确定的，因此与实际行车有很好的相关性。研究表明，凡是通过4个齿轮台架评定的车辆齿轮油，都能满足现代汽车润滑要求。美军于1952～1960年间开展“齿轮润滑剂质量试验方法开发”研究课题，着手开始建立L-37/L-42齿轮台架，采用M-37军车，分别在美国亚利桑那州沙漠地区高速公路上及加利福尼亚州山区进行高速行驶试验。在这两种情况下尽管载重量相同，但驱动桥齿轮承受负荷扭矩各不相同，根据这两种苛刻条件下实测的齿面承受负荷、滑动速度、油温等，建立起L-37台架的两个试验程序即高速低扭矩和低速高扭矩，特别是低速高扭矩程序要试验24h，这比实际行车苛刻得多，任何汽车不可能连续爬坡运行24h。

车辆在不同地区、不同道路上行驶时，承受着不同的齿面负荷和滑动速度，特别在山区，车辆上坡和下坡时换挡减速以及刹车，在驱动桥齿轮的非传动齿面上承受巨大的冲击负荷，严重时引起齿面的擦伤破坏。为了在试验室模拟车辆这一行驶工况，考察油品的抗擦伤性能，建立了L-42台架试验。由于L-37/L-42台架所采用的是M-37整车体，相当于把一辆满载的M-37军车安装在试验室内进行齿轮油的性能评定，所不同的是台架的扭矩由2台大功率测功机来施加并替代车辆的负荷。模拟汽车长期停放在海边等潮湿环境中，因白天热呼吸，晚上气温降低时吸入的水分冷凝在齿轮表面，从而诱发了锈蚀。为评价油品抗锈蚀性能而建立L-33锈蚀试验台架。试验分运转期和贮存期，贮存期油温52℃，接近潮湿空气的露点，历经7d。L-60热氧化安定性试验是用来评定车辆齿轮油在高温和通入空气情况下的抗氧化性能，在台架建立过程中，规定了在油温162℃下进行50h试验，此温度接近汽车在高速公路上车速相当于170km/h的油温。最新的L-60-1热氧化安定试验同L-60相同，只是在试验结束后，对氧化后的油增加了积炭和油泥评分。

上述4个台架试验相互影响，相互制约。要通过L-33锈蚀试验台架，就必须辅加防锈剂；而防锈剂会对极压抗磨剂的性能产生抑制，直接影响L-42、L-37台架的通过。此外，在L-42台架试验中最有效的含硫极压剂在L-37台架试验中几乎完全失效；而在L-37台架试验中效果最理想的含磷抗磨剂，则在L-42台架试验中效果最差。配方中某种添加剂加入过量，会影响其他添加剂效能的发挥，致使配方无法同时通过4个台架，因此，车辆齿轮油配方研究工作异常复杂。

为了研制开发GL-5油，“七五”末期，国内研究院所分别从美国西南研究院引进并建立了全套台架评定技术和装备，为我国齿轮油质量达到世界先进水平提供了保证。

上述4个齿轮台架试验的费用昂贵，从美国西南研究院引进的台架，做L-33台架试验需要1副DANA-30驱动后桥；做L-37台架试验需要1副DANA-60驱动后桥；做L-42台架试验需要1副DANA-44驱动后桥；做L-60台架试验则需要1套齿轮及轴承。这些标准配件除L-33台架外，都是一次性的。同时，评定4个齿轮台架是一项耗时较长的工作，前后需要连续工作半月有余，因此不可能每改变一个配方都从头到尾进行全部台架试验。所以，研究一

表5-9 车辆齿轮油的主要评定台架

台架名称	规格标准	试验目的	试验装置	试验参数	评定试件	评判标准
L-20 承载能力试验	GL-4规格，Federal试验方法5317	确定车辆齿轮油在低速高扭矩条件下的承载能力和抗磨性能	由1个专用汽车后桥和发动机、变速箱以及2台大型测功机组成	试验后桥在62r/min转速、600lb·in扭矩条件下磨合，使温度升高至140℉，然后在62r/min转速和32311lb·in扭矩条件下运行30h，油温控制在200～250℉之间	环齿和小齿	无“严重”损伤为通过
L-37 承载能力试验	GL-5、MIL-L-2105E，Federal试验方法6505、SH/T 0518	评定车辆齿轮油在高速低扭矩和低速高扭矩条件下的承载能力、磨损和极压性能	由1个专用汽车后桥和发动机、变速箱以及2台大型测功机组成	试验后桥在440 r/min转速、295℉的油温和9460lb·in扭矩条件下经100min磨合后，在80 r/min转速、275℉油温和41800lb·in扭矩条件下运行24h	环齿和小齿	测定齿轮油的波纹、磨损、擦伤、点蚀、剥落等，加权评分小于5分为通过
L-42 抗擦伤性能试验	MIL-L-2105E、GL-5，Federal试验方法6507、SH/T 0519	评价车辆齿轮油在高速冲击负荷下的抗擦伤性能	由1个专用汽车后桥和发动机、变速箱以及2台大型测功机组成	该试验一般经过4个程序试验，即磨合、高速无负荷冲击、检查（换油）、高速重负荷冲击	环齿和小齿	比RGO-110参比油的擦伤面积小为通过
L-60-1 热氧化安定性试验	MIL-PRF-2105E、MT-1、PG-2，取代了GL-5规格中要求的CRC L-60试验。Federal试验方法2504、ASTM D5704	评价车辆齿轮油的热氧化安定性	由1个齿轮箱装置（L-60改型）、2个直齿齿轮，2个铜片催化剂、1个轴承、1个温度控制系统、1个交流发电机，1台电动机和1套进气控制系统组成	一对直齿齿轮在电机驱动下以1750 r/min转速运行50h；试验油温度控制在325℉，每小时通过1.1L空气，试验结束后评价试验油的物理和化学性能以及沉积特性	大齿轮和小齿轮以及试验过的油	黏度增长≤100%，戊烷不溶物≤3.0%，甲苯不溶物≤2.0%，积炭/漆膜评分≥7.5，油泥评分≥9.4，符合以上指标时为通过
L-33 锈蚀性能试验	MIL-PRF-2105E、GL-5、PG-2，Federal试验方法5326、SH/T 0517	评价车辆齿轮油在温热条件下抑制锈蚀和腐蚀的能力	由1台电机、1个专用的后桥包、1个冷却风扇、2个加热灯、1个存储后桥包的具有温度控制系统的存储箱组成	1.2L试验油中加入30mL蒸馏水，后桥包在电机驱动下在2500 r/min转速、180℉的油温条件下运行4h，然后把后桥包放入存储箱中，在125℉条件下放置162h（约7d），试验结束后评价后桥包中各部位的锈蚀	后桥盖板、差速器总成和轴承等共计10个评分面	当后桥盖板的锈蚀面积小于1%，其余各部位均无锈时判为通过
马克循环	MIL-PRF-2105E、MT-1，ASTM D5579-94方法	以变速箱同步器产生两次非同步换挡时的循环次数来评价手动变速箱油的热稳定性和摩擦耐久性	由1个Mack同步器装置、加热器、Mack T2180变速箱和电机驱动系统组成	Mack T2180变速箱具有18种速度，高、低值同步器以12s为1个循环（高值6s，低值6s）直到同步器装置产生两次非同步换挡时试验结束，变速轴压力控制为90 psi，油温控制250℉，驱动轴速度为750 r/min，记数轴速度在459～1756 r/min之间变化	离合器盘、主轴拔叉和同步器	当试验油产生两次非同步换挡时的循环次数比失败参比油的大时，判为通过
马克剥落	PG-2规格要求的试验台架，该方法标准正在申报ASTM标准	评价车辆齿轮油的抗疲劳剥落性能	由1台Mack E9-450发动机，1个Mack T-2100变速箱，测功机和试验后桥组成	后桥转速为745r/min，油温控制在200℉，后桥扭矩为2363lb·ft，当齿面发生剥落时检查主动齿轮表面，直到出现3个以上轮齿剥落时为止，以每一个齿面失效时间计算B_{10}寿命	小齿轮	因为硬件的原因，尚未制定通过与失败的标准

些简单的实验室模拟齿轮台架的方法是我国齿轮油研制人员关注的问题。其中广为采用的方法包括：

① 仿L–33锈蚀试验，选用GB/T 11143方法使用的仪器，按照L–33台架规定的试验温度和时间，评定钢棒气相、油相和水相生锈情况；

② 四球机磨损试验模拟L–37台架，对试验油做高温氧化沉积物试验、四球表面成膜和长期磨损试验，可有效区分齿轮油的低速承载能力；

③ 高速梯姆肯机仿L–42台架，选用国产梯姆肯机及相应的试环和滑块，按L–42台架条件确定试验温度及转速，磨痕判断主要是观察滑块磨痕的状况；

④ 采用国产齿轮油热氧化试验机，参照L–60台架全部试验条件进行模拟。

通过考察表明，国内现有的实验室模拟方法预报L–33油品的锈蚀性能和L–60热氧化安定性与CRC全尺寸台架有较好的相关性，可以用这些简单、经济的方法作为筛选配方的有效手段。用四球机抗磨损试验预报L–37台架结果，用高速梯姆肯机*OK*值预报L–42台架结果，虽然取得某些成果，但由于摩擦副工作条件的不同，这些实验结果与全尺寸台架结果有时会有差异。不过可以肯定，只有在四球机和高速梯姆肯机表现好的油品，才有可能通过条件苛刻的L–37/L–42联合台架。在四球机上模拟L–37台架，以综合评分评价试油质量，缺点评分越小越好，超过15分，定为失败油；在高速梯姆肯机上模拟L–42台架，如*OK*值大于121b，则有可能通过L–42台架。

第三节　车辆齿轮油的配方和应用

一　车辆齿轮油的组成

车辆齿轮油系由基础油和添加剂组成。

基础油主要是矿物油，也有少部分合成油。低黏度车辆齿轮油的基础油是低黏度矿物油或合成油，有时加入剪切安定性好的低分子量聚合物构成，对低温黏度要求苛刻。配制高黏度车辆齿轮油时，需用较多的光亮油，例如150BS作基础油，光亮油在原油中的含量小于5%，加工过程复杂。

添加剂的作用是增强基础油原有的某些性能或赋予基础油原来不具备的新性能。车辆齿轮油的添加剂主要是硫磷元素的化合物。

含硫极压剂与金属反应生成硫化铁极压膜，摩擦系数小，耐热性高，在高速冲击负荷下，能有效地防止齿面擦伤。近代的车辆齿轮油使用最多的含硫极压剂是硫化烯烃，其在高冲击载荷条件下能有效地防止齿面损伤。

含磷化合物在金属表面上被吸附，与金属反应生成磷酸铁，起防止磨损的作用。含磷极压剂，如磷酸酯，在金属表面上吸附，由于加热分解反应变成酸性酯与金属反应生成磷酸盐，起防止磨损的作用。含磷化合物经常被称作抗磨剂，在高扭矩苛刻运转条件下能防止齿面磨损、点蚀和剥落。根据其结构大体可分为亚磷酸酯及其胺盐、磷酸酯及其胺盐、硫代磷酸酯及其胺盐、硫磷酸复酯胺盐等。

为使限滑差速器正常工作，减少汽车转向时限滑差速器摩擦片的震动和噪声，车辆齿轮油中须加入摩擦改进剂。在边界润滑条件下，摩擦改进剂的极性基团由于物理吸附或化学吸附作用被吸附在金属表面上，形成吸附膜，降低摩擦系数。

极压剂、抗磨剂是化学活性高的化合物，较易引起金属的腐蚀和渗蚀，因此，车辆齿轮油中应加入腐蚀抑制剂。杂环化合物如噻二唑及苯三唑衍生物是铜腐蚀抑制剂。

除此之外，还要添加适量的防锈剂、抗氧剂和抗泡剂。碱性和中性磺酸盐、烯基丁二酸、烯基十二酸半酯等是齿轮油常用的防锈剂。对于确定车辆齿轮油配方，必须仔细地平衡极压性和防锈性，因为防锈剂会降低极压剂的效果。

硅油是常用的抗泡剂，硅油用量少，10 ~ 100μg/g就有效，但贮存稳定性不好，易从油中析出。近年来车辆齿轮油用的非硅抗泡剂，是丙烯酸酯或甲基丙烯酸酯聚合物，贮存稳定性较好。

车辆齿轮油的氧化与其他润滑油一样，也是烃类的缩聚和热裂解，屏蔽酚型和芳香胺型抗氧剂在车辆齿轮油中有一定的效果。硫磷型齿轮油中的极压剂，如硫化烯烃、磷酸酯、亚磷酸酯、硫代磷酸酯及其衍生物，除具有极压性外还具有抗氧化性，故硫磷型车辆齿轮油常常不另加抗氧剂。

清净剂和分散剂不是车辆齿轮油添加剂配方的必要组分，但加入清净剂或分散剂有助于提高车辆齿轮油的清净性，防止油泥和沉淀的产生。近年来，随着对车辆齿轮油的热氧化安定性要求的提高，有些车辆齿轮油添加剂配方中加入分散剂或清净剂，如碱土金属盐型清净剂或无灰分散剂，以保持齿轮装置的清洁。

配制低黏度多级车辆齿轮油，如75W/90车辆齿轮油须添加黏度指数改进剂。车辆齿轮油在使用过程中受到强烈剪切，剪切速率可达10^8s^{-1}，高分子黏度指数改进剂剪切安定性差，不能用于齿轮油，必须使用低分子量聚合物。75W/90车辆齿轮油常用低分子量聚甲基丙烯酸酯作增黏剂，其低温黏度较小。聚烯烃类黏度指数改进剂低温黏度大，不能用于75W/90车辆齿轮油，但可用于其他车辆齿轮油。

润滑油的黏度是影响液体润滑、弹性润滑的主要参数。极压抗磨剂的性能是改善边界润滑的主导因素。此外，极压抗磨剂的活性基团有增加油膜强度的功能，齿轮油的有效润滑应从基础油和添加剂两方面综合平衡，努力使配方处于最佳状态，提高油品的各项性能。

二 车辆齿轮油的配方

1．GL–5 75W–90车辆齿轮油的开发

以开发GL–575W–90车辆齿轮油为例，介绍车辆齿轮油开发的步骤，揭示其的组成，说明车辆齿轮油开发的系统性和完整性。车辆齿轮油的有效润滑应从基础油和添加剂两方面综合平衡，努力使配方处于最佳状态，提高油品的各项性能。

第1步，为了符合75W–90黏度级别的要求，需选用低温黏度小、黏温性能好的基础油，并加入黏度指数改进剂和降凝剂，以期符合多级油的高低温使用标准，同时要考虑到油品的经济性和适用性，尽可能选用来源广、价格便宜的基础油。研究表明，常规Ⅰ类基础油是无法满足大跨度75W–90多级油的黏温性能要求，加氢Ⅱ/Ⅲ类基础油与合成油调配才能满足要求。如果选用合成油聚α–烯烃或加氢油，因其溶解添加剂能力低，需辅加少量极性强的酯类合成油和低分子量聚甲基丙烯酸酯稠化剂，并要考察其剪切安定性。

第2步，配方的筛选，重点考察硫、磷剂之间的极压性和抗磨性的平衡。为提高油品的

承载能力和抗擦伤能力，能通过GL-5车辆齿轮油关键的L-37/L-42联合台架评定，配方中要辅加相当数量的硫化异丁烯和不同结构的含磷剂。

第3步，做油品理化分析，确保达到该等级油的技术指标。应当强调的是，车辆齿轮油在使用过程中受到强烈的剪切，剪切速率高达$10^8 s^{-1}$。用FZG齿轮试验机进行剪切试验后，其黏度仍保持在黏度等级内。

第4步，按先难后易顺序做，做CRC 4个全尺寸齿轮台架评定：CRC L-37承载能力试验、CRC L-42高速冲击试验、CRC L-33锈蚀试验和CRC L-60热氧化安定性试验，4个齿轮台架是研制GL-5车辆齿轮油的关键。如果其中某一个台架没有通过，那么调整配方后，须重新从头做起。

最后还要做实际行车试验，验证车辆齿轮油组成的合理性和实际使用性能。

新一代车辆齿轮油通用复合剂一般由以下添加剂组成：硫化异丁烯60%～70%，含磷抗磨剂20%～25%，防锈剂及抗氧剂5%～10%，只有按此范围搭配各类功能添加剂，才不至于出现车辆齿轮油某种性能的单项冠军，才有可能得到通过4个齿轮台架的"四项全能"GL-5齿轮油。

GL-5 75W-90车辆齿轮油的配方组成（质量分数）：

基础油：

PAO-4（100℃黏度为$4mm^2/s$）	20%
HVIWH 150	50%
酯类合成油	10%
低分子量聚甲基丙烯酸酯	20%

功能复合剂总剂量为4.5%，其具体组成为：

硫化异丁烯	65%
硫化磷酸复酯胺盐	18%
磷酸酯胺盐	10%
苯三唑十八胺	2.5%
酰胺类防锈剂	4.5%

复合抗泡剂（硅油T901或酯类抗泡剂）在调油中补加。

另外，推荐一个GL-5车辆齿轮油经济实用配方，供参考：

T321	3.4%
T304	0.35%
T307	0.7%
T406	0.1%
T105	0.25%
T901	50μg/g。

使用该配方调制油品时，应注意加剂顺序，活性很强且酸值高的T304与碱性添加剂T105放在一起易起反应，产生泡沫。

2．GL-5车辆齿轮油的调制

重负荷车辆齿轮油要充分满足API GL-5规格，必须选择高性能功能添加剂，并通过适当提高加剂量的方法，进一步提高油品的承载能力和抗擦伤能力。路博润公司的LZ1038是世界各国使用较多的齿轮油复合剂，性价比较好，台架评定报告见表5-10。该复合剂为齿轮油通用复合剂，即在较高剂量时能够满足车辆齿轮油要求（3.8%时可调制GL-5油，减半1.9%可调制GL-4油）。

表5-10　　LZ1038添加剂中国基础油的台架评定结果（GL-5 80W-90）

配方组成物	添加剂量（质量分数）/%	
150BS	20	
500N	50.4	
Yubase 6	25	
LZ1038	3.8	
PPD VX-385	0.8	
评定项目	**实测数据**	**指标要求**
运动黏度（100℃）/（mm^2/s）	14.8	13.5～<18.5
表观黏度（-26℃）/（mPa·s）	122000	≤150000
L-33锈蚀试验	通过	通过
L-37承载能力试验	通过（无明显损伤）	通过（无明显损伤）
L-42抗擦伤性能试验	通过	优于参比油
从动轮非驱动面擦伤面积/%	13	21
主动轮非驱动面擦伤面积/%	16	25
L-60热氧化安定性试验	通过	通过
运动黏度（100℃）增长/%	27.4	≤100
戊烷不溶物/%	0.04	≤3
甲苯不溶物/%	0.04	≤2

有了80W-90齿轮油台架报告数据，根据齿轮油配方的延伸原则，由80W-90推向高黏度等级，其承载能力（L-37台架）和抗擦伤能力（L-42台架）会更好；对于热氧化安定性（L-60台架），由于80W-90数据很好，通过空间很大，不存在问题。对于向下推向75W-90，采用了增大剂量的办法，来弥补其承载能力和抗擦伤能力的不足。为了能充分满足超重负荷的苛刻润滑要求，"3E"车辆齿轮油80W以上的多级油不加任何黏度指数改进剂，其中新品种85W-110黏度适中，性价比高，特别适合于载重卡车、拖挂车和长途客车的驱动桥。

三　车辆齿轮油的选用

1. 车辆齿轮油的选择

GL-4、GL-5中高档车辆齿轮油系由适宜精制深度的基础油和高质量的添加剂所组成，各种添加剂的用量经过仔细的平衡，通过严格的试验室和全尺寸齿轮台架试验，具有适宜黏温性，优良的承载能力和抗擦伤能力，好的热氧化安定性、防锈性和贮存安定性。使用中高档车辆齿轮油可以有效地保护齿轮，延长齿轮装置的寿命。

合理选用润滑油是车辆长期安全运行的关键因素，正确选择驱动桥齿轮油要从两个方面入手：一是要根据油品最低环境温度和传动装置最高运行温度来确定油品的黏度等级；二是要根据齿轮类型、工作条件确定油品的种类或质量等级，如GL-4、GL-5等。

首先要确定齿轮油的性能水平。我国车辆齿轮油分普通车辆、中负荷车辆和重负荷车辆齿轮油，即GL-3、GL-4、GL-5油。加剂量少、价格便宜的GL-3油，只适用于螺旋伞齿轮驱动桥和拖拉机相应部件的润滑。东风汽车、斯太尔、轻型卡车驱动桥为单准双曲线齿轮，这类车如果使用GL-3油，会造成差速器早期磨损、疲劳点蚀，乃至剥落。进口汽车和引进生产线生产的汽车则要求使用GL-5油，但在具体使用中还要有所区别，例如装有螺旋伞齿轮后桥的公共汽车，由于启动频繁，客运高峰时严重超载，普通车辆齿轮油已无法满足低速高扭矩苛刻润滑需求，选用GL-4油或GL-5油为宜。同样，经常处于超载运行的拖车、半挂车也都应换成高一档次油；对于像桑塔纳一类前置驱动桥的轿车可不必使用价格较高的GL-5油，使用GL-4油即可满足润滑要求；对于新款型的江淮JAC、江铃轻型卡车，减小了驱动桥体积（只装3L油），增大了输送扭矩，用油条件苛刻，必须选用GL-5油。特别是我国南方地区，夏季温度高，还应考虑使用较高黏度、较高加剂量的GL-5油，否则，极易发生齿轮副擦伤，乃至烧结。

其次，要注意齿轮油黏度牌号的选择。我国幅员广阔，南北气候相差很大，不能按一个模式来选择黏度。江南地区冬季温度不低于-10℃，可全年使用SAE 90或SAE 140单级油；北方地区，为适当延长换油期，避免季节换油造成浪费，可选用冬夏通用的多级油，黄河以南地区可选用85W-90或85W-140油，东北、华北和西北地区可选用80W-90、80W-110或75W-90油。多级齿轮油有良好的低温启动性，良好的高温润滑性，并有一定的节能效果。当然，从节能角度来看，使用低黏度齿轮油有利于提高传动效率和减少磨耗，但根据我国的国情，卡车经常超载运行及路况较差，目前还不宜提倡。须知，GL-5 75W-90油的加剂量高于SAE 90油加剂量的30%～50%，油温超过75℃时，传动效率反而低于SAE 90油。

2．车辆齿轮油的换油期

随着添加剂水平的不断提高，车辆齿轮油的使用向着与车辆同寿命的方向发展，车辆生产厂家和用户对齿轮油的要求是尽可能延长换油期。由于摩擦学系统的显著时变性和系统依赖性，油品的更换不仅仅与油品的品质相关，也与车况、路况等各种环境因素密切相关。车辆齿轮油在使用过程中出现老化，理化性能和使用性能会逐渐发生变化，我国已制定出“重负荷车辆齿轮油（GL-5）换油指标”，见表5-11。

表5-11　　重负荷车辆齿轮油换油指标（GB/T 30034-2013）

项目		换油指标	试验方法
100℃运动黏度变化率/%	>	+10～-15	GB/T 265和GB/T 30034 3.3条
酸值（变化值，以KOH计）/（mg/g）	>	±1	GB/T 7304
正戊烷不溶物/%	>	1.0	GB/T 8926 B法
水分（质量分数）/%	>	0.5	GB/T 260
铁含量/（μg/g）	>	2000	GB/T 17476、ASTM D6595
铜含量/（μg/g）	>	100	GB/T 17476、SH/T 0102 ASTM D6595

在实际使用中，车辆齿轮油的换油期通常按行驶里程来决定，汽车生产厂家一般推荐传动系统齿轮油换油期为2个二级保养里程，或按冬夏季节更换油。润滑油生产厂家则要求按行车30000～40000km换油。有条件者则可根据具体车况，测定油品黏度、酸值、石油醚不溶物、铁含量、磷含量的变化，将换油期延至50000～80000km。当然无根据延长换油期，会造成传动系统齿轮的损坏，特别是在条件恶劣的环境如矿山、高原等地区则应该缩短换油期。

为了考察用国产添加剂研制的GL-5油的实际使用性能，研究国产极压抗磨剂的质量衰变规律，给出合理换油周期，为用户将来订购、选用、使用该档齿轮油提供技术依据，国内科研院所对照GJB 1108.2—1991《军用汽车油料鉴定检验规程 齿轮油》，参考国内外道路行车的经验，于1993年选用5台日本三菱FV413载重车作100000km行车试验和2台切诺基BJ-213吉普车作50000km行车试验。试验结束，经对油品质量的监测以及铁谱、红外光谱等仪器分析，并对驱动齿轮副进行详细拆检，得出结论：

①用国产添加剂T321、T309、T406等自主技术研制和试验生产的硫磷型GL-5 85W/140车辆齿轮油通过了三菱FV413载重车105000km的行车试验及切诺基BJ-213吉普车50000km的行车试验。在相应的试验里程内，该油具有优良的极压抗磨性、热氧化安定性、防锈防腐性和低温性能。

②对我国自行研制的硫磷型GL-5车辆齿轮油进行了较全面、科学的应用研究，了解和掌握了其实际使用性能和质量衰变规律。

③用红外光谱分析仪和铁谱分析仪对硫磷型车辆齿轮油极压抗磨剂的消耗降解和双曲线齿轮系统的磨损状态进行了监控。此外，得出了硫化烯烃（T321）消耗较慢而磷类添加剂（T305、T307）消耗较快的结论。其中磷类添加剂的消耗降解主要表现在对减摩起主要作用的P＝S基团上，并且产生含P—O—C基团的中间化合物。还得出了在双曲线齿轮系统中产生20～100μm的光滑薄片磨粒仍属正常磨损的结论。

④将来装备我国自行研制的硫磷型车辆齿轮油时，建议换油周期：载重、牵引车等大型卡车70000km，乘用车等中小型车40000km。

通过本次实车试验，对今后我国硫磷型GL-5车辆齿轮油的有关研制、质量改善及其应用研究提出如下建议：

①在研制硫磷型GL-5车辆齿轮油复合剂或经济型配方时，应结合实际使用过程中硫化烯烃消耗较慢、磷类添加剂消耗较快的特点加以考虑，以便对传动齿轮提供更好的润滑保护，提高油品本身的使用寿命。

②宜采用如红外光谱分析仪等先进仪器对添加剂有效基因进行测量和监控，从而了解添加剂的消耗降解状况。对于双曲线齿轮系统的磨损监控，铁谱分析是十分灵敏和有效的手段，建议在今后的GL-5车辆齿轮油应用研究中把它列为必须使用的技术手段。不宜采用原子发射光谱和原子吸收光谱的稀释喷灯法测量在用GL-5车辆齿轮油的铁含量，因为这两种方法对20μm以上的磨粒无法检测。

③制定GL-5车辆齿轮油换油指标时，至少要包括运动黏度和铁含量这两项指标。运动黏度变化率的下限可采用-15%，铁含量指标可定在0.1%左右，酸值、戊烷不溶物变化不明显。在氧化衰变上，可采用红外光谱分析仪测量氧化吸收值。这是一项直接有效而且灵敏的指标，亦可考虑引入红外光谱分析仪和铁谱分析仪监控的项目。

④我国GL-5车辆齿轮油产品标准宜参照MIL-L-2105D规格，增加道路行车试验这一要求，并且制定车辆齿轮油道路行车试验规范。国家军用标准GJB 1108.2—1991中的专车道路试验，在车辆选型要求、取样里程和取样数内容上宜作修订。

3. 车辆齿轮油的道路实车使用试验

近20年来，随着添加剂质量的提高，添加剂配方技术取得长足进步，配方组成更加完善、合理，各项性能指标不断提高，加剂量不断下降，经济性进一步提高。从美国Lubrizol公司车辆齿轮油复合剂添加量的变化就可以看出这一发展趋势：如从Anglamol 2000的8.5%，经过A-6044A的7.5%，A-6044B的5.5%，A-6085的4.8%直到现在LZ 1038的3.8%。

欧洲、美国、日本使用的GL-5油，为了保证产品质量，延长换油期，除采用大跨度多级油以外，加剂量均在6.5%以上。沃尔沃卡车公司是世界三大重型卡车生产厂之一，为保证其产品具有优异的使用性能，一方面要求使用高品质的GL-5 80W-140油，另一方面对齿轮油的使用周期也有严格控制，一般场合为120000km，在高原运行，换油期减半。

为了考察我国自主研制的GL-5油对传动齿轮的保护性、油品本身的极压抗磨性、使用稳定性及氧化衰变状况，参照GJB 1108.2—1991，对载重汽车进行100000km的道路行车试验，选用5台日本三菱FV413型中、后桥驱动的重型载重卡车（运输集装箱），试验车采用双曲线齿轮驱动桥，要求使用GL-5齿轮油。行车路线为天津-广州和天津-上海之间，横跨华北、华东、华中和华南地区。道路条件有高速公路、一般沥青路、土路及正在修建中的凹凸不平土路。山区公路占总里程的10%，满载荷行驶占总里程的60%以上。行车试验中无漏油现象和事故发生，1993年11月开始至1995年6月结束，最高行车126000km。试用油选用黏度较大、加剂量较高的国产GL-5 85W-140油，该油在L-37/L-42台架上评定结果有较大余地，实车试验后进行拆检，结果（典型数据）参见表5-12。

表5-12 典型车辆试验拆检结果

车号	行车里程/km	差速器齿轮磨损状况		结论
		试验前	试验后	
甲-33-9335 载重车	110548	主动轮：齿面光亮，有轻度擦伤 被动轮：接触区良好，稍靠小头，小头较光亮。从大头起有1/4齿长的加工刀痕可见。倒车面擦伤较严重，面积为齿长的2/3，高为1/2 除后盖板上有少量锈蚀外，其余无腐蚀，锈蚀	主动轮：齿面光亮，有轻度擦伤 被动轮：接触区良好，稍靠小头，小头相当光亮，有少量花斑。从大头起有1/4齿长的加工刀痕可见。倒车面擦伤较严重，面积为齿长的2/3，高为1/2 整体均无腐蚀，桥壳底部有少量油泥	无腐蚀、锈蚀，属正常磨损

4．车辆齿轮油使用中的问题

齿轮的承载能力和使用寿命是最重要的使用性能，取决于齿轮的几何参数设计、材料及强化工艺、加工精度、润滑材料与方式等因素。

齿轮失效的主要形式有断点、磨损、点蚀、胶合。

磨损：齿轮传动过程中，齿廓间相对滑动会引起磨损。磨损的类型有正常磨损、磨粒磨损、腐蚀磨损等，非正常磨损后的齿廓几何形状特征改变，侧隙增大，引起传动不平稳，严重时会造成断齿。

点蚀：齿轮传动过程中，轮齿上任何一点进入啮合到脱离啮合，接触应力脉动循环变化，在接触应力重复次数超过某一限度时，齿面出现细小的疲劳裂纹，裂纹扩展使金属剥落形成点蚀，点蚀首先出现在齿面节线附近。

胶合：在高速重载苛刻条件下工作的齿轮，齿面间压力大，温度高，出现齿面接触区域局部粘接现象，齿面相对滑动时，较软的齿面上沿滑动方向撕成沟纹，出现胶合，擦伤是胶合的雏形。

汽车运行时齿轮副发生失效，与所传递的运动和动力的性质直接有关。为了防止齿轮失效，人们首先从机械角度考虑问题，如选择优良的齿轮材料、合理的齿轮设计参数、先进的热处理技术工艺和高精度的机械加工工艺等，这都是必不可缺少且行之有效的，但往往忽略了合理润滑的作用。润滑是研究齿轮相对运动、相对作用的表面科学所不可缺少的内容。例如，在负荷不大的情况下，齿轮副的表面粗糙度与润滑油膜厚度成为一对矛盾；为保证流体动力膜的形成，可以要求更厚的油膜将稍高凸起隐盖，也可以要求齿面更光洁，二者都可以达到将摩擦面隔开的目的，但前者是通过选用合适润滑油黏度来实现的。在较大负荷作用下，齿面凸峰相碰，在齿轮制造中采用先进工艺减轻这种碰撞的必要条件，但不是充分条件，只有同时采用先进润滑技术，选用可与齿面形成有效边界润滑膜时，控制齿轮失效才成为可能。由此可见，合理润滑可以避免、减轻和延缓齿轮失效，因而人们将齿轮润滑剂看作是齿轮机构的元件之一，是设计齿轮装置的重要参数。

车辆齿轮油的正确选用对保证齿轮装置的正常工作是至关重要的。首先，应选用高档车辆齿轮油，切不可为省钱而用低档油。因为如今车辆齿轮油已被视为齿轮装置结构材料的一部分，在齿轮设计时必须进行齿轮强度计算，齿轮油的黏度和承载能力是重要的参数，不遵守推荐用油规则必然会降低齿轮装置的寿命。其次，要强调正确合理使用车辆齿轮油。国内各润滑油生产厂家生产的齿轮油的配方不同，特别是选用不同的防腐防锈剂，有些添加剂之间在常温下就能发生化学反应，产生沉淀物，而且基础油也不尽相同。若未做相容性实验，则不能盲目混用，对加剂量高的GL-5油更应慎重。

车辆齿轮油的管理也是一个重要的问题。高档车辆齿轮油是有严格质量标准的高技术产品，如果按照推荐的方法使用，可提供有效的服务并节省开支。车辆齿轮油在使用中出现的问题及改进措施见表5-13。

表5-13　　车辆齿轮油使用问题、产生原因及改进措施

问题	可能原因	改进措施
腐蚀	缺少防锈剂	使用加有足够防锈剂的油
	油中含水	勤排水，勤换油
	腐蚀性的极压剂	防止污染物进入油中
	污染物，如植物酸	
	油氧化产生的酸性物质	
泡沫	缺少抗泡剂	使用含抗泡剂的油
	抗泡剂析出	补加抗泡剂
	油面高度不够	控制加油量
	空气进入油中	防止空气和水进入油中
	油中含水	
沉淀或油泥	添加剂析出	使用储存稳定性能好的油
	遇水乳化	使用抗乳化性好的油或补加抗乳化剂
	油氧化生成不溶物	使用氧化安定性好的油
黏度增加	氧化	使用氧化安定性好的油
黏度下降	过热	避免过热
	增黏剂被剪切	使用剪切稳定性高的增黏剂

续表

问题	可能原因	改进措施
桥体过热，齿面烧伤	齿轮上油量不足，黏度太小	补油
	长时间过载运行	停车检修
	齿轮壳体尘土堆积，妨碍散热	清洁齿轮箱外壳
齿面烧伤	油黏度太小	增加油的黏度，使用GL-5油
齿面点蚀	齿面粗糙	降低齿面表面粗糙度
齿面胶合	低温启动，轮齿啮合不良	低温启动前预热，改进装配质量
驱动桥有异常响声	油量不足，黏度下降	应及时补油或更换黏度适宜的油

5．我国市场特殊产品——重载车辆齿轮油

齿轮油的发展方向是低黏度化、长寿命和减摩性能最佳化。降低润滑油黏度有利于节约燃料和动力消耗。然而我国载重卡车普遍存在超载的严峻现象，而且超载幅度大都超过50%。对于这类卡车关心的不是节能，而是如何保证正常行驶。笔者遇到这样的问题：2002年8月，唐山某运输单位用定量12t的解放牌自卸车（6×4）往北京运送球状铸铁，实载30t，行驶途中，驱动中桥、后桥因温度过高而导致齿轮油冒油，被迫停驶。采集油样分析的结果是：100℃运动黏度17.6mm^2/s，倾点-18℃，硫含量1.21%，磷含量0.06%，初步判断该油属于经济型85W/90 GL-5齿轮油。事故原因是在高温（环境温度34℃，路面温度45℃）条件下，严重超载所致。

车辆齿轮油是齿轮装置的结构材料，在齿轮传送装置设计时经过齿轮强度计算，油品黏度和承载能力是重要的参数。汽车工业的发展推动了车辆齿轮油的升级，卡车载荷的增加使得驱动桥齿轮传动的功率增加，而驱动桥齿轮的几何尺寸并没有很大的变化，导致齿面压力增加，温度升高。特别是汽车车身设计不断改进，使空气动力学性能更趋合理。车辆行驶时空气阻力减少，流过驱动桥外表面的空气流量减少，散热性变差，摩擦热难以散发，使用条件变得苛刻。如果再成倍增加载荷，没有足够的润滑保护膜，或油膜破裂，发生干摩擦后，产生的瞬间摩擦热足以熔化齿面上微凸不平的加工痕迹，发生烧结、擦伤。研究表明，车辆运转部件磨损量随车辆总重和道路的恶化而增大，特别是超载情况，经常使零件部件发生异常磨损。面对超载运输的现实，我国润滑油市场上需要一种较高黏度、较高剂量的重载车辆齿轮油。下面从齿轮油的润滑特性和添加剂量与齿轮台架的关系来说明这个问题。

齿轮的曲率半径小，润滑中形成油楔的条件差，轮齿的每一次啮合均需重新建立油膜。另外，啮合表面不相吻合，有流动的也有滑动的，恶化了油膜运转情况。车辆齿轮油的主要作用在于减少齿轮副之间的摩擦与磨损。摩擦润滑过程一般包含流体润滑、弹性润滑、混合润滑和边界润滑。当润滑的齿面在负载下接触时，就发生塑性变形，润滑油陷入金属表面之间。齿轮油的组成、性能和齿面的化学状态支配着摩擦润滑的全过程。

（1）基础油黏度与承载能力和抗擦伤能力的关系

齿轮表面的损坏形式有胶合、擦伤、点蚀、剥落、磨粒磨损等，齿轮油防止上述损伤出现的能力称为齿轮油的承载能力和抗擦伤能力，这与基础油黏度密切相关，同时也受温度影响。当油温升高时，黏度下降，油性减弱，难以形成牢固的油膜，增加金属间接触概率；黏度过低还会造成齿轮疲劳磨损，甚至齿根断裂。在特定工况下的各种黏度油膜厚度见图5-1。

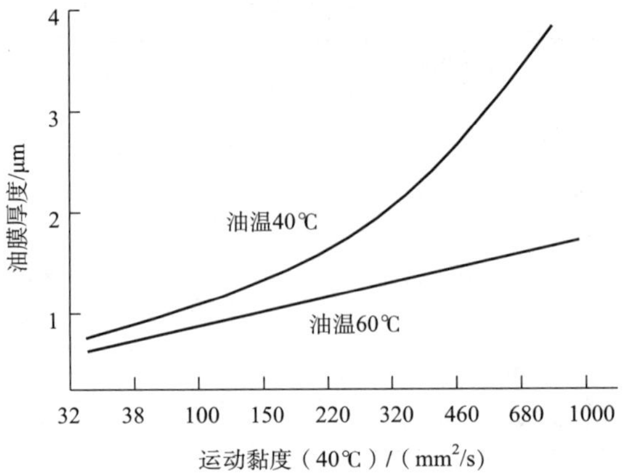

图5-1　油膜厚度与黏度的关系示意图

维持齿面间的流体润滑，防止和减少出现边界摩擦，则需保持特定的油膜厚度和强度。油膜厚度由油品黏度（η）、运转速度（N）和承载能力（P）即由无量纲参数$\eta \cdot N/P$决定，通常为增加油膜厚度，采用高黏度基础油。不同黏度的基础油在四球机上评定结果见表5-15。从表5-14中得出，高黏度150BS油具有较高的油膜强度和烧结负荷，因此车辆齿轮油基础油多半选用150BS。

表5-14　　不同黏度基础油在四球机上的评定结果

项目	HVI 150（100℃运动黏度5.1mm²/s）	HVI 500（100℃运动黏度9.9mm²/s）	HVI 150BS（100℃运动黏度31.2mm²/s）
P_B/N	735	931	931
D_{60min}^{441N}/mm	0.51	0.49	0.44

研究表明，齿轮发生擦伤时的负荷与润滑油黏度的关系可表示为：$P=K\sqrt{\eta_{100}}$。

式中　P—负荷；

K—与温度有关的常数；

η—100℃运动黏度。

从图5-2看出，在HQ-1型摩擦磨损试验机上对加剂量相同的不同黏度等级车辆齿轮油的评定，黏度越高，抗擦伤极限负荷越大。

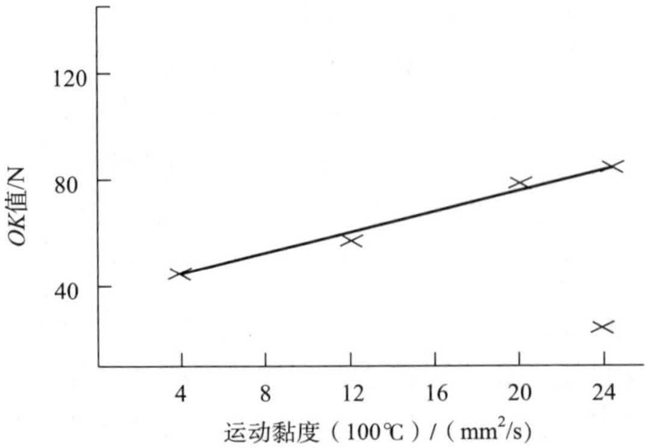

图5-2　OK值与车辆齿轮油黏度的关系图

从图5-3看出，高黏度齿轮油在较低的加剂量下顺利通过L-42抗擦伤性能试验台架。

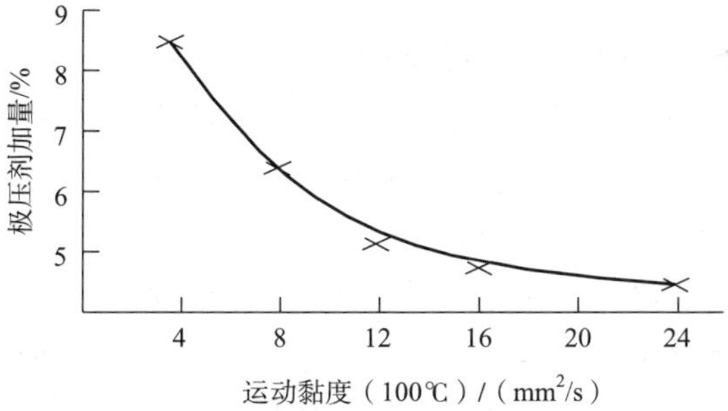

图5-3 通过L-42台架的齿轮油黏度与加剂量关系

（2）提高加剂量可改善油品的承载能力和抗擦伤能力

承载能力和抗擦伤能力是齿轮油的主要使用性能，其配方组成中90%以上是硫磷型极压抗磨剂。美国科学技术协作委员会CRC的4个全尺寸台架是评定GL-5油的关键，它们分别代表了汽车行驶时不同工况对齿轮油性能的不同要求，与车辆载荷有关的是L-37/L-42联合台架。

齿轮台架试验条件都是根据实际行车测得的数据，经过数据处理而确定，因此与实际行车有较好的相关性，凡是通过台架评定的油，正常实车使用都不会出现问题。但对于重载和超载汽车而言，在高速公路上车速可达到120km/h；在低速爬坡时，车速低于16km/h，驱动桥润滑温度、齿面负荷远超出设计值，甚至苛刻于L-37/L-42台架试验条件。因此，使用通过齿轮台架评定的GL-5油就显得力不从心，在实际使用中经常出现故障，必须从黏度、加剂量上进行补偿，提高油品的承载能力和抗擦伤能力。

基础油黏度直接影响齿轮油承载能力和抗擦伤能力，研究对低黏度级别的齿轮油在齿轮台架评定中的表现得出，在高速运转条件下75W油的油膜厚度只有85W/140油的一半，尽管75W油在L-37台架中试验温度相对缓和，标准的GL-5油加剂量仍不能满足低黏度75W油对承载能力（L-37台架）和抗擦伤能力（L-42台架）的要求，国外通常采用增加剂量加以改善。不同添加剂量和台架试验结果列入表5-15。

表5-15 GL-5 75W齿轮油台架评定结果

项目	加剂量6.2%	加剂量9.3%
L-37承载能力试验		
驱动小齿轮、环形齿轮		
波纹	严重	无
磨损	严重	无
点蚀	中等程度	中等程度
剥落	无	无
L-42抗擦伤性能试验		
小齿轮非驱动面擦伤面积/%	28	4
环形齿轮非驱动面擦伤面积/%	26	8

①75W油在L-37程序Ⅰ、程序Ⅱ温度分别为104℃和93℃，其余黏度等级相应的温度为147℃和135℃。

综上所述，为了生产满足市场需要的重载、超载车辆齿轮油，必须在黏度、添加剂加剂量上做调整。

6．超载车辆齿轮油在使用中应注意的问题

车辆齿轮油的维护和正确使用关系到汽车传动机构的工作状态和使用寿命，因此在选择了合适的油品后，还要对日常维护和引发的故障原因加以关注。要特别注意如下两点：

（1）稠化剂在多级GL-5油中的应用

双曲线齿轮由于其偏置结构，不仅在齿高方向，而且在齿长方向都会产生较大的滑移速度。内燃机油承受的剪切速率是10^4s^{-1}，液压油是10^6s^{-1}，而车辆齿轮油受到的剪切速率高达10^8s^{-1}，因此多级车辆齿轮油中添加的稠化剂，其剪切安定性更显得重要，它直接影响齿轮油的黏度级别。

一种稠化剂剪切安定性的优劣，取决于其分子量的大小、分子量分布的宽窄及在润滑油中的流体动力学体积。剪切稳定性差的稠化剂，其高分子链在剪切的作用下，主链断裂，导致分子量减小，使油品黏度下降，达不到使用黏度要求，从而对磨损、油耗等产生负面影响。

现有的稠化剂聚异丁烯，尽管稠化能力小，但其剪切安定性良好，早在1982年试制普通车辆齿轮油时，曾进行过行车使用试验，在CL-100齿轮机上剪切安定性表现良好的、分子量3000～5000的聚异丁烯，行车试验6000km后，试油100℃运动黏度降到未加稠化剂水平。相关院所对稠化齿轮油做过试验得出结论：实车试验结果与FZG齿轮机剪切试验结果有良好的对应关系，FZG 20h剪切后相当于3000km的实车试验，3000km后油品黏度下降减缓，5000km后黏度几乎不再变化。

目前，国内外使用较多的齿轮油稠化剂是低分子量聚甲基丙烯酸酯，其低温黏度小，降凝效果好，氧化安定性好，但因稠化能力小，通常在基础油中的添加量大于20%，其实质也是作为一种高黏度合成油组分。

SAE J306—1998齿轮油黏度分类采用CEC L-45-A-99试验方法，要求多级齿轮油在KRL齿轮机20h剪切试验后，黏度必须留在级别内。这就要求调制车辆齿轮油时，必须提高油品100℃初始黏度，选用剪切安定性更好的稠化剂，更多的使用Ⅱ类、Ⅲ类基础油及合成油。

（2）补充相关各类添加剂

有些用户为了提高超载车辆齿轮油的承载性，额外补加一些含硫、磷极压抗磨剂及各种补强剂，甚至在齿轮油中补加硫黄粉，这些做法不但不能有效地保护齿轮，有时却适得其反。极压抗磨剂的作用机理是控制性的化学腐蚀，额外补加添加剂，特别是补加硫黄粉只能造成齿轮的过度化学腐蚀，同时也影响齿轮的防腐防锈性、热氧化安定性，影响齿轮的使用寿命，得不偿失。

车辆齿轮油的研制是严格按照科学程序进行的，添加剂的数量、种类都是经过多次反复试验得来。为了提高油品的承载性，通过L-37/L-42台架评定，齿轮油要辅加相当数量的不同活性的硫磷极压抗磨剂，在L-42台架中最有效的含硫极压剂，在L-37台架中几乎完全失效；而在L-37台架中效果最理想的含磷抗磨剂，则在L-42台架中效果最差。配方中某种添加剂过量加入，将会影响其他添加剂效能的发挥，致使配方无法同时通过4个齿轮台架。

高品质的润滑油中，每种添加剂都有一个最佳的量，各种添加剂间又有一个最佳的平衡。正因为如此，各大石油公司每年投入巨额科研经费，建立各种台架试验装置，专门研究各种添加剂及其在配方中的比例，开发出高品质的润滑油配方。用这种配方调制的油品在具体应用中才不会出现质量问题，能够满足车辆的润滑要求。

至于说补加各种“增强剂”之类的东西，有些确实属于新兴材料，诸如纳米材料，作为辅助试剂加在齿轮油中能在齿轮表面形成一种牢固的、自润性的分子膜，吸附和渗透在金属表面微孔中，有减摩功效，并可在缺油和少油的情况下短时间内起着一种保护作用。

任何产品都有组成和规格标准，用来表明它的品质及其作为控制或监督的依据。而大多数增强剂却只是大谈其使用效果，并没有按照公认的标准试验方法进行评定，很难保证它的品质。在高档车辆齿轮油中要慎重考虑是否额外加入各类增强剂，以免打乱长期研究确定的润滑油平衡配方。只要按照厂家要求选择合适级别、黏度等级的润滑油并按规定适时换油，在正常使用中都不会出现问题。对于经常超载的车辆，最有效的方法就是使用高黏度、高剂量的多级车辆齿轮油。

随着我国交通运输业的发展，特别是我国高速公路运输网不断的健全，长途运输业长足发展，各类大型专用车辆比例大幅度升高，运输市场上也普遍存在超载问题，需要高黏度、高剂量的GL–5 85W–110、85W–140、80W–140齿轮油。同时对于目前生产量较大的GL–5 85W–90齿轮油也应尽量提高黏度，以满足社会车辆的正常运行。

第四节　车辆齿轮油的发展趋势

一　推动车辆齿轮油发展的因素

随着汽车工业的发展，车辆设备性能结构的变化使车辆传动部位的润滑条件较过去更为苛刻，这就对齿轮油性能提出了新的要求，主要表现在以下三方面。

1．齿轮箱体积更小

由于使用者对燃油经济性的要求，车辆制造厂家提高了后桥及变速箱传动功率密度，使齿轮箱内润滑油的容量变小，从而引起齿轮温度和负荷提高。

2．空气动力学设计

车辆的空气动力学设计可以有效提高燃油效率，但同时会使后桥及变速箱周围的空气流速降低。有报道称，由于车辆采用空气动力学设计，可能使重负荷卡车手动变速箱的工作温度提高25～30℉。

3．缓冲器的使用容易在齿轮齿尖产生剥坑

满足MIL–L–2105D规格的API GL–5齿轮油，在实际使用过程中出现了油泥及沉淀、密封泄漏，已不能满足实际使用需求，需要对API GL–5齿轮油以下几个方面的性能加以改进：

①高温操作条件下与密封材料的相容性；

②延长重负荷卡车齿轮油的换油周期；

③提高多级油的剪切稳定性。

GL–5齿轮油仍是当前国内外使用的最高档次车辆齿轮油，我国自“七五”以来，研制生产出各种牌号的同类油，按GL–5齿轮油配方剂量减半生产出相应牌号GL–4，经多年使用证明，完全可满足各种车辆需要，换油期均达到50000km以上。随着研究工作的深入及国产添加剂水平的提高，齿轮油加剂量越来越少，性能越来越高，具备相当的市场竞争能力。

二 车辆齿轮油的发展趋势

1．车辆齿轮油添加剂用量减小趋势

近20年来，随着添加剂质量的提高，添加剂配方技术取得长足进步，配方组成更加完善、合理，各项性能指标不断提高，加剂量不断下降，经济性进一步提高。

我国开始研制各种润滑油时，加剂量都较国外同类产品偏高，为了能够一次通过各种全尺寸台架评定，配方的添加剂用量留有余地。这样，国产润滑油的经济指标较差，技术含量偏低，缺乏市场竞争力。近些年来，我国又开展了优化配方的研究，目的在于满足润滑油各项性能指标的前提下，尽量降低总剂量，提高油品配方的技术经济指标，使添加剂用量与国外油品性能达到平衡合理，进而接近或达到国外先进水平。最新型的复合剂以4.3%加剂量达到了GL–5齿轮油水平，以2.4%的加剂量调制的85W–90、80W–90卡车手动变速箱油，达到了API MT–1规格。

2．车辆齿轮油的低黏度化趋势

为了节省机械设备和车辆传动机构中齿轮润滑的燃料与动力消耗，世界各国都在积极研究与开发低黏度齿轮油。齿轮油的发展方向是低黏度和长寿命。降低黏度可带来一系列好处：减少摩擦阻力，降低动力消耗。有资料显示，齿轮油的黏度降低1个级别，可节省燃料1%～5%；改善低温流动性可省掉润滑油循环系统中的设备，节省加热的必要能源；有利于散热，冷却部件；提高润滑油的渗透性，易于进入到必要的润滑部位。

长期以来，人们一直担心齿轮油低黏度化会使设备润滑不良，磨损增大，密封不良，油泄漏多，甚至会产生震动或噪声。随着润滑油添加剂的发展，齿轮油使用性能的主体——承载能力和抗擦伤能力，已不再取决于黏度，而齿面上的吸附膜和化学膜成为主要的影响因素。润滑剂摩擦化学为齿轮油低黏度化打下了坚实的理论基础。

美国曾用34辆重型卡车进行行车试验，比较各种黏度车辆齿轮油的节能情况，并对试验结果进行统计分析，表明低黏度的75W–90齿轮油节省燃料效果明显。

解放军后勤工程学院在重庆地区夏季使用GL–5低黏度的高剂量75W齿轮油在东风货车上运行了90000km，在不超载、路况良好情况下，差速器齿轮磨损量比使用18 # 双曲线齿轮油减少50%，齿轮寿命延长1倍，节油率达4%～6%，汽车启动快，挂挡轻松，滑行和加速性能好，并可延长换油时间。

3．新一代车辆齿轮油

汽车工业的发展推动了车用润滑油的进步。卡车载荷的增加使得驱动桥齿轮传动功率增加，而驱动桥齿轮的几何尺寸并没有很大的变化，导致齿面压力增加，这要求车辆齿轮油有更大的承载能力。汽车车体设计不断改进，使其空气动力学性能更趋合理，汽车行驶时空气阻力减小，流过驱动桥外壳表面的空气流量减少，散热性能变差，齿轮油的热负荷增加，这要求齿轮油有更好的热氧化安定性。国外汽车制造厂家将驱动桥和变速箱设备的保险期提高至120000km，与此相关，要求提高车辆齿轮油寿命。GL–5型车辆齿轮油已诞生40年了，这期间汽油机油已从SD级别更新到SN级别。20世纪80年代后期SAE、ASTM和API开始考虑车辆齿轮油的换代问题，提出了PG–1和PG–2规格，新一代车辆齿轮油对承载性、热氧化安定性、腐蚀性、密封件适应性等有更高的要求。美国齿轮制造厂家希望PG-1和PG-2可以做到换油期1×10^6km，和汽车同寿命。PG-1定型为MT-1规格，API正在着手进行PG-2取代GL-5的工作，该项工作完成之后可能成为GL-7规格，和GL-5规格相比，增加了一个齿轮剥落试验（Mack Spalling）和密封件适应性试验D5662，同时改进了原先L-60氧化试验的重复性和试验中的漏油问题成为L-60-1，增加了漆膜评分和油泥评分。同时，MIL-L-2105E规格生效，MIL-L-2105E规格在MIL-L-2105D的基础上不加了MT-1规格。满足SAE J2360（与MIL-L-2105E等效）规格的API GL-5驱动桥和MT-1手动变速箱油是目前世界上水平最高的通用车辆齿轮油。由于车辆设计的进一步改进，导致齿轮油的使用温度更高，密封泄漏，因此，对齿轮油的密封适应性提出了要求，并且采用相应的试验方法加评价。目前剥落试验尚未正式公布，剥落试验由于设备太复杂，重复性差，准备用L-37改变条件来做齿轮剥落试验，现正在试验中。新一代齿轮油的主要评定项目如表5-16所示。

表5-16 新一代车辆齿轮油的主要评定项目

评定项目	MT-1手动变速器油	PG-2（GL-7）草案	MIL-L-2105E
台架试验			
①承载能力试验L-37		L-37	L-37
②抗擦伤性试验L-42		L-42	L-42
③锈蚀试验L-33		L-33	L-33
④热氧化安定性试验L-60	ASTM D5704 L-60-1	D5704 L-60-1	D5704 L-60-1
⑤齿轮表面剥落试验		Mack机	
⑥高温耐久性试验	ASTM D5579		ASTM D5579
⑦抗磨损试验	D5182 FZG		
理化性能模拟试验			
①密封件适应性试验	ASTM D5562	ASTM D5562	ASTM D5562/D471
②铜片腐蚀试验	ASTM D130	ASTM D130	ASTM D130
③抗泡沫性试验	ASTM D892	ASTM D892	ASTM D892
④成沟点试验		FTM791-3456.1	FTM791-3456.1
⑤相容性试验	FTM791-3430.2	FTM791-3430.2	FTM791-3430.2
⑥贮存安定性试验	FTM791-3440.1	FTM791-3440.1	FTM791-3440.1

为了满足OEM对齿轮油延长换油期和燃料经济性的要求，高性能齿轮油都使用全合成或半合成油来提高产品的热氧化安定性、油膜厚度和高低温性能。这些基础油都具有很高的黏度指数甚至超高黏度指数，与合适的添加剂复配在一起为油品提供优良的性能。使用超高黏度指数的合成基础油使成品油在低温下黏度更低以有利于燃料经济性，在高温下保持性能更好以有利于耐久性。润滑油厂商可把这些特种油投放到日益发展的多功能运动车（SUV）和轻卡市场，以满足用户对燃油经济性的要求。

4. 手动变速箱油的发展趋势

现今世界范围内使用最为广泛的手动变速箱油是GL-4规格的油品，但是用于评定GL-4

油品的实验台架大部分已经不复存在。虽然API已推出了MT-1手动变速箱油规格，但是由于其仅适用于不带同步器的重型卡车和客车的手动变速箱润滑，因此符合MT-1规格的手动变速箱油只在北美地区得到了推广，而不能满足带同步器的重型手动变速箱的使用要求。欧洲、日本则使用低黏度GL-4车辆齿轮油作为手动变速器油。我国东风汽车集团公司、IVECO等生产的卡车也使用MT-1油。

随着手动变速箱技术不断发展，普遍使用的满足API GL-4规格的油品在同步器性能、橡胶相容性、热氧化安定性等方面已经不能满足现代车辆手动变速箱的运行要求，汽车OEM逐渐提出了适用于手动变速箱专用油（MTF）。MTF与满足API GL-4规格油品的关键性能对比见表5-17。

表5-17　　MTF与API GL-4规格油品的性能差异

性能要求	API GL-4	MTF
低温换挡性能	良好	优异
热氧化稳定性	良好	优异
剪切稳定性	良好	优异
抗磨性能	优异	优异
同步器耐久性能	可接受	优异
同步器换挡新能	可接受	优异
橡胶相容性	可接受	良好

由表5-17可以看出，MTF不仅在API GL-4规格基础上增加了性能要求，而且油品性能得到了整体提升。MTF的主要性能要求包括热氧化安定性、换挡性能、同步器耐久性、橡胶相容性、低黏度以及剪切安定性等。具体体现在：

①热氧化安定性。基于燃油经济性的要求，汽车制造商以及变速箱OEM提高了变速箱传动功率密度，即在缩小变速箱体积的情况下，不改变变速箱的传动效率。这就导致了润滑油装填量变小，导致齿轮啮合温度以及负荷提高，要求MTF必须具有良好的热氧化安定性，能够有效防止沉积物的生成，避免造成轴承、密封材质及同步器的损坏；同时有利于延长油品的使用寿命，甚至达到终身不换油。

②换挡性能。油品的运动黏度和摩擦特性对手动变速箱换挡质量影响较大。由于油品黏度会随着温度降低而显著增大，造成换挡不顺畅，因此，要求MTF具有良好的换挡性能。建议采用多级MTF，比较常见的黏度等级是75W-90、75W-85等。

③同步器耐久性。为了改善变速箱传动的可靠性和耐久性，新一代手动变速箱均采用带同步器的变速箱。同步器的使用提高了手动变速箱的换挡质量，这就要求MTF不但具有优良的黏温特性和摩擦特性，而且应具有良好的抗氧化安定性、防腐蚀性、摩擦特性的保持性，以保证同步器啮合的性能。

④剪切稳定性。随着低黏度手动变速箱油的应用越来越广泛，许多OEM采用75W-85或75W-80低黏度手动变速箱油作为初装和售后用油，而且要求油品的换油周期越来越长，甚至要求油品与变速箱同寿命，这就要求油品的剪切稳定性要好，避免因剪切导致油品黏度过

快下降而出现磨损等问题。

⑤橡胶相容性要求。MTF必须具有较好的橡胶相容性，避免因油品与密封件不相容导致密封件膨胀、收缩或者变形等而发生油品泄漏等问题。

总而言之，随着汽车手动变速箱的发展及车辆燃油经济性要求的不断提升，手动变速箱油的性能对其整体性能的影响会越来越明显，并已成为其重要的组成部分。满足API GL-4规格的油品已经不能满足当前手动变速箱的使用要求，手动变速箱箱专用油（MTF）的规格及标准将应运而生，并逐渐得到广泛应用，以满足手动变速箱对油品燃油经济性、长换油周期和换挡品质的要求。

第五节 车辆齿轮油知识问答

1. 什么叫多级车辆齿轮油？如何表示？GL-5 80W-140含义是什么？应用情况如何？

同一种齿轮油，既具有低黏度齿轮油的性质又具有高黏度齿轮油的性质，这种齿轮油称为多级齿轮油。它用两个数字表示，前一个数字表示这种齿轮油具有的低黏度油性质，即这种齿轮油在冬季使用时具有的黏度等级，所以在这个数字后面加“W”；后一个数字表示这种齿轮油具有的高黏度油性质，即在夏季使用时具有的黏度等级。

GL-5 80W-140意指多级重负荷车辆齿轮油，其中80W表示在-26℃下表观黏度不大于150Pa·s，140表示100℃下的运动黏度在24～32.5mm^2/s之间，应用环境温度为-25～49℃，为我国北方车辆四季通用油。这种大跨度高黏度齿轮油可满足专业运输车队的长途运输需要，广泛用于欧美。调制该档油必须辅加相当数量的低温性能好的高黏度聚α-烯烃（PAO）或低分子量聚甲基丙烯酸酯稠化剂，价格要昂贵一些，但驱动桥用油量小，换油期可达100000km以上，从提高传动效率、有效保护差速器、节省保养费等方面综合考虑还是经济合算，特别是我国超载卡车更应该使用该档油。

2. 为什么要使用多级齿轮油？GL-5 85W-110油的应用情况如何？低黏度齿轮油黏度的最低界限是多少？

在严寒的冬季，车辆驱动桥使用的齿轮油因低温黏度太大，低温流动性不好，在低温启动时，小齿轮轴承得不到足够的润滑，使小齿轮轴承常常出现损坏现象。我们知道，低黏度齿轮油有好的低温流动性，但低黏度齿轮油的高温润滑性不好，容易使齿面发生擦伤，增加磨损，缩短寿命。为保证齿轮油在低温流动性方面尽可能接近低黏度齿轮油水平，使低温启动时齿轮油和轴承得到满意的润滑，而在高温润滑性方面又有较高黏度齿轮油水平，使齿轮在装置达到稳定温度时得到满意的润滑，所以要使用多级齿轮油。GL-5 85W-110油适用于我国大部分地区重载卡车的后驱动桥使用，市场占有率逐年增大。

低黏度车辆齿轮油的最低界限是4.1mm^2/s（100℃运动黏度）。根据弹性流体润滑理论，液体摩擦引起的扭矩损失随齿轮油黏度下降而变小，但是黏度小到一定值后，由于润滑状态从弹性流体润滑区进入混合润滑区，扭矩损失反而增大。齿轮油100℃运动黏度对小齿轮轴承扭矩影响的研究表明：齿轮油黏度为4.1mm^2/s时，轴承旋转扭矩最小，即齿轮油的轴承效率最高；黏度小于或大于4.1mm^2/s时，轴承旋转扭矩都增大。可见，70W和75W齿轮油的100℃运动黏度定为4.1mm^2/s有其道理的。

3．低黏度车辆齿轮油用于重载货车上的效果如何？

低黏度车辆齿轮油在重载货车上使用，可能产生以下不利影响：

①短时间内使用，齿轮磨损不受车辆齿轮油黏度限制，使用SAE 90齿轮油和相当于SAE 90黏度1/7的低黏度齿轮油，产生的齿轮磨损量相当。但长期使用，低黏度车辆齿轮油产生的齿轮磨损量比高黏度车辆齿轮油产生的齿轮磨损量高出大约70%。

②防止齿轮烧结方面，高黏度齿轮油效果好，但在低黏度齿轮油中加入极压剂可以解决烧结问题。

③短时间内使用，用低黏度齿轮油的齿轮疲劳寿命比用高黏度齿轮油的好；长期使用时，低黏度齿轮油的寿命缩短很快，而高黏度齿轮油的寿命缩短较慢。

④黏度不是影响抗擦伤性的重要因素，但极压剂的添加量对抗擦伤性影响很大。

总之，低黏度齿轮油在高温下使用时，随齿轮油黏度的降低，齿面刮痕增加，油温也会大大提高，长期使用可能存在问题。解决的办法是改进变速箱和传动轴的结构或改进极压剂及采用先进的配方技术。国内的研究开发机构在低黏度齿轮油在高温下使用这一大家关注的领域做了大量的研究工作和实际行车试验，研究开发并投入市场的85W/90、85W/140、90、140 API GL–5重负荷车辆齿轮油完全可以满足重载货车使用要求。

4．车辆齿轮油的关键添加剂—含磷抗磨剂的结构组成如何？

硫磷型车辆齿轮油的含硫添加剂为硫化烯烃，含磷添加剂种类比较多，针对不同用途要求有所不同。按其结构大体上可分为：亚磷酸酯、磷酸酯及其胺盐、磷酸酯及其胺盐、硫代磷酸酯及其胺盐、硫磷酸复酯胺盐等，可以认为硫–磷型齿轮油的发展是磷化物研制及其应用技术的发展。

齿轮油最早使用的含磷添加剂为酸性亚磷酸酯，最具代表性的是酸性亚磷酸二正丁酯，酸性亚磷酸酯虽具有好的极压抗磨性，但水解安定性和热氧化安定性较差。含磷添加剂结构的设计主要在酸性亚磷酸酯的基础上，在不影响其极压抗磨性能的前提下，提高其水解安定性和热氧化安定性。含磷添加剂结构设计思路如下：

①增长酸性亚磷酸酯的烷基碳链，即长链酸性亚磷酸酯，以提高酸性亚磷酸酯的水解安定性和热氧化安定性；

②将酸性亚磷酸酯进一步酯化为中性亚磷酸酯，以提高酸性亚磷酸酯的水解安定性和热氧化安定性；

③通过硫化亚磷酸酯，提高其极压抗磨性；

④酸性亚磷酸酯胺化，可以提高其水解安定性和热氧化安定性；

⑤酸性硫代磷酸酯胺化，可以提高其水解安定性和热氧化安定性；

⑥复酯化可明显提高含磷添加剂的水解安定性和热氧化安定性；

酸性磷酸酯的合成方法：酸性磷酸酯主要有两种合成路线，即直接酯化法和酯交换法，一般的短链酸性亚磷酸酯采用直接酯化合成，长链的酸性亚磷酸酯采用短链的酸性亚磷酸酯与长链醇进行酯交换反应而合成。其分子式如下：

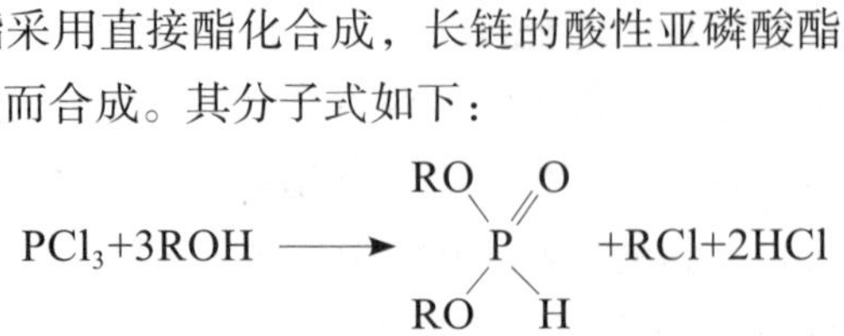

合成过程：将3mol的醇和一定量的氯代烷溶剂混合，在小于30℃条件下滴加1mol的三

氯化磷和一定量的氯代烷溶剂混合物，反应过程中产生的氯化氢用10%NaOH溶液吸收，滴加完毕后，室温下继续反应0.5h，蒸馏回收溶剂，减压切馏分即得成品。

中性亚磷酸酯合成方法：一般采用三氯化磷与醇在碱性环境下直接酯化法合成。其反应式为：$PCl_3+3ROH+3R_1NH_2 \rightarrow (RO)_3P+3R_1NH_3Cl$。

合成过程：将3mol醇和3mol胺及一定量的溶剂苯混合，小于20℃条件下滴加1mol三氯化磷，滴加完毕后室温反应0.5h，常温过滤，除去盐酸胺盐，减压蒸去溶剂，即得成品。

中性磷酸酯合成方法：采用三氯氧磷与醇在碱性环境下直接酯化。其反应式为：$POCl_3+3ROH+3R_1NH_2 \rightarrow (RO)_3PO+3R_1NH_3Cl$。

合成过程：合成过程同中性亚磷酸酯的合成过程。

5. 工业齿轮油是按ISO统一编号，为什么车辆齿轮油没有按ISO编号？

ISO润滑剂、工业润滑油和有关产品（L类）的分类C组，只包含工业齿轮油分类标准：L-CKB、L-CKC和L-CKD等，而不包含车辆齿轮油分类。这主要是由于欧洲与北美的汽车在设计上有所不同，汽车制造厂家对车辆用油也各有侧重，反映在油品规格上存在一些差异，难以统一。因此，ISO也一直未发布车辆齿轮油的分类标准及产品规格，但世界各国基本上都认可API 的使用分类：GL-4、GL-5和MT-1等，产品规格以美军规格最有代表性：MIL-L-2105E等。据SAE第三技术委员会1996年宣布：API GL-4、GL-5和MT-1为有效分类。GL-4规格的评定设备不再生产，性能评定无法进行，原产品国内外普遍采用通过GL-5台架的配方剂量减半生产GL-4。

我国曾制定车辆齿轮油分类标准GB/T 7631.7—89，有3个产品级别：L-CLC、L-CLD、L-CLE，分别相当于GL-3、GL-4和GL-5。5年之后，又等效采用ISO 6743.6—1990制定GB/T 7631.7—95工业齿轮油分类标准，原GB/T 7631.7—89中的车辆齿轮油内容被取消，我国目前有普通车辆齿轮油（GL-3）规格（SH/T 0350—92）、中负荷车辆齿轮油（GL-4）规格（JT/T 224—2008）和重负荷车辆齿轮油（GL-5）规格（GB 13895—2018）。

6. 为什么低温表观黏度和成沟点是冬用车辆齿轮油的关键性指标之一？

车辆齿轮油的低温黏度对齿轮工作有重要影响，齿轮副多是飞溅式润滑，低温时油品必须具有足够的流动性，齿轮在传动时才能将足够量的油带到齿面及轴承。150Pa·s表观黏度是由不同黏度等级油（75W、80W、85W）在相应低温（-40℃、-26℃、-12℃）下后桥台架试验得出。例如，对75W齿轮油来说，当-40℃表观黏度高于150Pa·s时，环形齿轮不能携带润滑油甩至主动齿轮轴承，此时虽然还能启动，但齿面因润滑不良而产生擦伤磨损，如继续降温，润滑油完全失去流动性，环形齿轮将壳体内润滑油划成沟槽，即达到成沟点。此时，齿轮干摩擦，齿面烧结，此时车辆无法启动。表观黏度采用GB/T 11145《车用流体润滑剂低温表观黏度测定法》测定，成沟点采用SH/T 0030《车辆齿轮油成沟点测定法》测定。在实际使用中，已找出油品表观黏度、成沟点与倾点的可比关系；对大庆石蜡基油而言，其表观黏度达150Pa·s时最高温度与倾点接近，成沟点则比倾点低10℃左右。因此，将倾点按表观黏度150Pa·s时最高温度低2℃控制，一般可满足油品低温性能指标。例如多级油80W/90，其中表观黏度150Pa·s时最高温度为-26℃，成沟点不高于-35℃，在生产中可将倾点控制在-28℃。当然，每批油在出厂时还应按有关规定测定并提供油品的表观黏度和成沟点数据。

7. 普通车辆齿轮油指标中四球机P_B值与齿轮油的承载性有何关系？

我国普通车辆齿轮油相当于API GL-3水平，该档油在国外早已淘汰，但仍占我国齿轮油一定的产量，用于各种拖拉机、农用车驱动桥及变速器。该产品标准（SH/T 0350）中对齿轮油使用性能的主体，只规定了GB/T 3142四球机法测定最大无卡咬负荷（P_B）来考察油品的承载能力和抗擦伤性能。齿轮表面的损伤形式有胶合、擦伤、波纹、点蚀、剥落、抛光、磨粒磨损、腐蚀磨损等，齿轮油防止上述损伤的能力叫承载能力。齿轮油的承载能力与四球机的P_B值不全是一回事，相关性较差，且P_B值过高容易造成金属的腐蚀磨损和发生锈蚀。承载性能好的GL-5油的P_B值并不比GL-3高。用四球机测定烧结负P_D和磨损值，与齿轮油承载能力有一定关系。

8．为什么驱动桥齿轮经常发生点蚀？

点蚀是由于金属疲劳引起的，点蚀可发生在齿面的某一区域，足以使齿牙受到破坏。要想了解齿轮油对点蚀的准确影响是十分困难的，导致齿面发生点蚀的原因是齿面上受到重复的应力，使齿面出现裂纹。由于齿轮油的表面张力和油压，齿轮油会进入裂纹中，齿轮油的高压作用使裂纹进一步扩大。

点蚀的另一种解释是：重复的应力会引起齿面下出现微小的裂纹，这种应力超过材料的抗拉强度时，裂纹扩展到齿面上就会发生点蚀。根据点蚀机理，可以得出这样的结论：油品质量和添加剂类型几乎不会缓解点蚀。

在新齿轮跑合期内也会发生缓和得多的延迟点蚀。在跑合期内，由于负荷高就会出现温和的点蚀。但在齿轮油的使用期内，这种点蚀不会进一步发展。在使用期内除了擦伤和点蚀之外，还可能出现许多其他类型的齿轮损坏。

9．手动变速器与驱动桥用同一种油效果如何？

汽车变速器分为手动变速器和自动变速器，目前我国生产的汽车大部分采用手动变速器。手动变速器传动齿轮为圆柱形齿轮，负荷一般不超过2000MPa，转速较高，工作条件比后桥要缓和，选用较低黏度、含有较少极压剂的齿轮油就可满足使用要求。我国大部分汽车生产厂家为管理方便，简化用油品种，将变速器用油统一改为后桥齿轮油，这样既影响了变速器齿轮的寿命又降低了传动效率。手动变速器的能源损失占整个驱动系统能源总损失的3.1%，不容忽视，特别是新型汽车采用有同步器的变速器。同步环多为铜制品，对腐蚀要求很严，后桥齿轮油是无法满足的。为引进“奔驰”汽车生产线而研制的低黏度80W/85变速器专用油，经德国ZF公司鉴定，符合API GL-4质量指标，可用作德国生产的各种汽车的变速器润滑油。实际使用证明了该变速器延长了换油期，提高了密封性，积炭减少了，提高了传动效率。随着汽车工业的发展，手动变速器油与驱动桥用油有各自成体系的趋势。API推出了MT-1手动变速器油规格，该油主要用于北美，而欧洲、日本则主要使用低黏度GL-4油。

10．为判断GL-5油的真伪，分析油中硫、磷元素的含量就可大致搞清，这种作法是否有道理？

硫磷型GL-5齿轮油配方中，90%的添加剂含硫、磷。为了能通过条件苛刻的L-37承载性能试验和L-42抗擦伤性能试验，含硫剂与含磷剂有一最佳配比，根据含磷剂的化学活性，通常硫/磷比为（15～25）: 1。早期国内研制的GL-5油配方中，硫化异丁烯T321（硫含量42%）加剂量在4.5%。最新研制的GL-5油经济配方，硫化异丁烯的加剂量也在3%以上，因此油的硫含量应在1.2%以上。根据硫/磷比例推测，油的磷含量应在0.06%以上，如果低于这个数值，就有可能是其他档次的油了。对于用进口复合剂调制的GL-5油，加剂量偏低，但其硫磷含量大致也应在这个范围内。

11．通用齿轮油复合剂有何作用？怎样用复合剂调工业齿轮油？

我国目前的齿轮油品种有车辆齿轮油与工业齿轮油等共55个牌号，如此繁多的油品又分别使用各种不同的单功能添加剂调配而成，不仅给生产、储运、经销、使用和管理带来很多困难，而且造成误用，导致设备润滑故障。因此，采用通用齿轮油复合剂调配非常方便且可减少事故发生。国外从20世纪80年代起各添加剂生产公司陆续推出性能更好的通用复合剂，通过改变剂量就可以分别调配出车辆齿轮油和工业齿轮油。

一般来说，采用通用齿轮油复合剂调配L–CKD重负荷工业齿轮油，按照推荐的调配GL–5油剂量的1/3即可；采用通用复合剂调配L–CKC中负荷工业齿轮油必须辅加抗腐防锈剂。国外已经取消了L–CKC这一档油，我国根据国情，作了保留。例如，用国产的T4202通用齿轮油复合剂，4.8%的加剂量可调配出GL–5油；2.4%的加剂量可调配出GL–4油；1.6%的加剂量可调配出重负荷工业齿轮油L–CKD，并达到USS 224规格要求；1.2%的加剂量并辅加0.1%的抗腐防锈剂，可调配中负荷工业齿轮油L–CKC，可达到AGMA 250.03EP规格要求，同时满足GB 5903的要求。

12．使用国产GL–5油时，夏季常常发生驱动桥过热，这是怎么回事？

我国载重卡车普遍存在超载的严峻现实，而且超载幅度都超过50%。卡车载荷的增加使得驱动桥齿轮传动的功率增加，而驱动桥齿轮的几何尺寸没有很大变化，导致齿面压力增加，温度升高。特别是汽车车体设计不断改进，使空气动力学性能更趋合理。车辆行驶时空气阻力减小，流过驱动桥外表面的空气流量减少，散热性变差，摩擦热难以散发，使用条件苛刻。如果再成倍增加载荷，齿轮没有足够的润滑保护膜，或油膜破裂，发生干摩擦，产生的瞬间摩擦热足以熔化齿面上微凸不平的加工痕迹，发生烧结、擦伤。研究表明，车辆运转部件磨损量随车辆总重和道路的恶化而增大，特别是超载情况，经常使零部件发生异常磨损。面对超载运输的现实，润滑油市场上需要一种高黏度、高剂量的重载车辆齿轮油。江苏龙蟠石化根据市场需求，选用高质量基础油并添加LZ1045复合剂生产出85W/110 GL–5油，可满足重载卡车需求，并解决了重型卡车夏季驱动桥过热的问题。

另外，如果汽车一直使用同一个品牌的同一种齿轮油，偶尔发生或间发性的齿轮箱发热，则有可能是油量不足引起，也可能是因超载引起。如果选用低级别的GL–4油，会因润滑不良而发热；选用过高黏度油也可能因流动性过差、散热差而发热。

13．除了行车试验外，有无其他方法来确定车辆齿轮油的换油周期？

确定重负荷车辆齿轮油的换油周期最关键的问题之一就是没有判断标准和依据。也就是说，车辆齿轮油衰变到什么程度，齿轮系统的磨损损伤到什么程度才是齿轮油的终结寿命，目前没有这样的具体判断标准和依据。因此，如何正确、合理地确定车辆齿轮油的换油周期一直是困扰研究者们的一个难题。

事实上，由于摩擦学系统的显著系统依赖性和时间依赖性，使得获得的油液监测数据同样具有显著的系统依赖性和时间依赖性。因此，油液监测获得的状态特征信息常常不能用简单的叠加方法，而需要对各项检测数据进行分类、组合、关联，并与已有的监测诊断经验（或知识）相联系，进行推理和匹配，才能给出摩擦学状态判别的合理结论。所以，这就导致即使同一辆车在用于不同的环境时，其诊断标准也会有一定的差别。虽然如此，但要研究一套融合各种油液监测技术的信息特征，使之能够使用于不同车辆在不同环境下运行的油液监测的综合方法，作为油品使用寿命的判断标准和依据是可能的，也是可行的。

所以目前仍采用了行车试验来确定换油周期的判断方法，具体内容如下：

①各项监控项目的指标随行驶里程变化的总体趋势特征，是衡量齿轮油整体使用状况的标尺；

②正常运行阶段与齿轮油衰变和磨损加剧阶段分界点的确认。齿轮油衰变和磨损加剧阶段的出现意味着齿轮油劣化的突跃；

③试验后齿轮油中有效添加剂量的保有量分析；

④试验过程最后油样的铁谱分析结果；

⑤行车试验后车辆后桥拆检的磨损状况分析。

14．如何正确选用车辆齿轮油？

轿车负荷轻，特别是欧洲技术生产的轿车，多采用前桥驱动，与变速箱连为一体，驱动齿轮并非双曲线齿轮，不必选用重负荷GL-5油。

一些用户和汽车维修人员，由于不了解GL-5齿轮油的特点，或为了爱护车辆，片面地追求高等级，会推荐GL-5。殊不知这不仅会增加不必要的车辆使用成本，而且会造成变速箱齿轮的腐蚀性磨损，不利于变速器的正常工作。双曲线齿轮传动具有啮合平顺性好、减速比大等特点，广泛地使用于汽车后桥主减速器齿轮传动。但由于双曲线齿轮在啮合传动过程中，传递的压力很高（大约4000MPa），相对滑移速度可达400m/min，因此会产生很高的瞬时温度（通常为600～800℃），而一般的油性添加剂在100℃左右就会从摩擦表面脱附，导致油膜被破坏。在这种极压条件下，为防止磨损、擦伤和粘合，必须降低金属接触面的摩擦，所以双曲线齿轮油中加入了含氯、硫、磷等元素的有机化合物作为极压添加剂。在极压条件下，这些添加剂在摩擦面的高温部分与金属反应，生成了一层假润滑层，从而防止接触表面咬合或熔合。这种假润滑层是由摩擦表面金属与添加剂分子中各种活性基因起化学反应而形成的。多数情况下，极压添加剂的效果取决于形成的金属硫化物、氯化物以及磷与金属的化合物。由此可以看出，它是依靠腐蚀金属表面而起到极压抗磨作用的。其中，含硫添加剂对有色金属，尤其对铜及其合金有较强的腐蚀作用；含氯添加剂作用时生成的氯化铁膜易发生水解，生成盐酸，对金属产生腐蚀。对于变速箱内的普通齿轮传动（常为渐开线齿轮），其齿面单位压力较低（3000MPa以内），且工作温度不高，一般低于90℃，所以油膜不易破裂，润滑条件较好，不必使用极压添加剂。若使用双曲线齿轮油，从上述极压添加剂的作用机理可知，势必会有部分添加剂产生反应，从而使齿轮产生不必要的腐蚀磨损。因此，单纯地认为等级越高越好的观点是不正确的，而应该根据齿轮传动的特点，选用性能合适的齿轮油。

15．怎样防止加错润滑油？

检测是否加错润滑油最有效的方法是油品分析，通过检测油品黏度变化，分析添加剂中的元素，可以区分开来；部分油品还可以根据气味、颜色等判断是否加错油品。但是，这些方法仅在油的密度、黏度、基础油的类型、添加剂的种类不同，或者润滑油、脂中的颜料使用明显不同时才适用。例如，车辆齿轮油颜色呈深褐色而且味道发臭，ATF呈红色，二硫化钼极压锂基脂是黑色，这些油品从外观上就容易区分。有时通过油品分析才知道油品加错了为时已晚，例如，某单位在新的液压系统中加入了7大桶HV液压油后又错加了一桶GL-5齿轮油，这种情况即使分析出来后，已经无法挽回损失。因此，最重要的是应该让油品管理人员认识到加错油品的严重危害和如何识别油的品种。

第一阶段，必须通过教育使员工们获得基本的润滑知识。由润滑油专家组织油品知识讲座。第二阶段，用油单位必须将储油间的油品按类型分类排放，最好用指定颜色或形状表示。大型润滑油品公司的200L大桶外包装在这方面考虑比较周到，例如，柴油机油为绿色环带，汽油机油为红色环带，液压油为棕色环带，车辆齿轮油为灰色环带，工业齿轮油为黑色环带，汽轮机油为蓝色环带。换油人员能够很直观地使用油，可明显识别润滑油品种，当然还应注意油桶上面具体的油品名称和黏度牌号。

接下来的工作对于交通运输与维护部门是十分重要的。有些部门通常需要很多品牌的润滑油、脂，加换油的设备也很多，员工有时还要倒班，未完全形成正确的润滑油管理程序的情况下，采用正确标识加到换油设备上的方法，能够使员工正确的使用加油容器、输油管线和滤油车等，避免忙乱中出错造成错加润滑油品种的事故。

最后，可在油箱或注油口的明显位置标识所要加注润滑油的名称，或者标识与润滑油大桶品种颜色对应的色带；该方法同样可以用于加油壶、换油机、润滑脂枪等设备上，以明显的颜色和名称避免错加润滑油品的事故。

16．现市售的18#双曲线齿轮油感觉不如10多年前的同类油耐用，这是怎么回事？

我国在1980年前后研制生产的18#双曲线齿轮油，其配方采用S–P–CL–Zn型，主要添加剂为T202 ZDDP、T301氯化石蜡、T302二苄基二硫，每剂加量均在1.5%～3%，总剂量8.5%，具有突出的极压抗磨性，但长期贮存易生成沉淀，遇水易水解。随着齿轮油添加剂技术的进步，S–P–CL–Zn型配方改为现在的S–P型，S–P型配方突出的优点是热氧化安定性好、防锈性好、贮存安定性好。18#双曲线齿轮油的主要性能相当于GL–4油，现在市售的GL–4油的加剂量只有GL–5油的一半，约2.2%～2.5%。由于我国运输业超载问题普遍存在，在使用GL–4油时常常会感到极压性能不足，不如旧牌号的18#双曲线齿轮油。

17．调制车辆齿轮油应注意哪些事项？

在加工齿轮油复合剂过程中，加料顺序及升温溶解过程中，都要严格遵守程序。

在调和复合剂过程中，有些极压剂不可能完全互溶（特别是经过较长时间的储存后），有可能造成复合剂成品的各种元素含量不均，影响复合剂的品质，进而影响齿轮油的质量。例如T305与T321在齿轮油复合剂中超过1:5的比例时储存1个月以上，即可能出现两剂分离的现象。

齿轮油复合剂要严格控制储存期，储存期超过的复合剂就要降档或不能使用。组成齿轮油复合剂的单剂基本上都是一些化学性质比较活泼的化合物，其中酸性化合物居多，这些化合物虽然在单剂储存过程中相对比较稳定，但是在复合过程中，由于加入了其他组分，有可能引发单剂的分解或进一步化合，进而抵消各种单剂的功效，降低齿轮油的润滑性能，造成齿轮油的品质低劣。

齿轮油不能日晒雨淋，避免因使用油桶标志不清而引起错用油；如果用油罐储存，应该专罐专用，油泵、盛油器具、计量仪器应保持清洁。

18．API GL–5修订标准包括哪些内容？

20世纪60年代API GL–5齿轮油等级在发布初期对产品性能的要求是适用的，但是目前有些规定已不再适用。最近，ASTM对API GL–5进行了更新和完善，主要改动如下：

①规定用ASTM D7450–08标准阐述新的API GL–5等级，并按照ASTM更新程序，每5年至少完成1次修订。

②ASTM D7450-08中对ASTM D6121测试有明确的成绩评定值，而以前的API GL-5对能否通过L-37测试标准不明确。

③ASTM D7038（L-33-1）测试方法替代L-33方法，ASTM D5704（L-60-1）替代L-60方法。但是已经在校正的L-33和L-60试验台架上得到的数据仍然有效。

④ASTM D7450-08标准明确规定SAE 75W/XX油需要通过ASTM D6121（L-37）和ASTM D6121（L-42）测试，而以前在这个问题上不明确。

⑤最新的SAE J306车辆齿轮油黏度等级分类增加了两个新黏度等级SAE 110和SAE 190，ASTM D450-08规定测试需要在包括这两个新黏度等级的SAE J306所有黏度等级上进行。

尽管API GL-5质量等级是测定齿轮油性能的重要标准，但它仅是用于判断不同齿轮油间质量差异的第一步。有些齿轮油已具备超出API GL-5质量等级所要求的性能水平，油品公司还需要更高等级产品标准，如SAE J2360等。

19. 如何鉴别真假齿轮油?

首先看包装外观。新油的包装外观干净漂亮，无油污尘迹，封口为一次性盖子，瓶口处有封口锡纸，锡纸上均有正规厂家特殊标记。

其次，观察油外观。真油色浅，透明无杂质，无悬浮物和沉淀物，晃动时流动性好。假油颜色较深，或有沉淀物杂质，或味道浓且有刺激性，或用手摸有拉丝现象。

最后，用仪器检查。如果难以用简单的目测方法鉴别，将油送往相关检测单位进行鉴定，这是最可靠的办法。

第六章　液压油和液力传动油

机械装置中以液体为工作介质传递和转换能量并进行控制的传动称为液力传动。其中，借助液体的动能传递能量称为液力传动，利用密闭容器内液体的压力能传递和转换能量称为液压传动。二者所使用的工作介质分别称为液力传动油（液）和液压油（液）。一般而言，广义的液压油包括传统的矿物液压油和水-乙二醇、磷酸酯等非油基液压油。

液压传动因其具有传动装置体积小、质量轻、结构紧凑、动作灵敏、便于实现自动化、能够在很大范围内实现无级调速等优点，被广泛应用于汽车、航天、航海、国防、钢铁冶金、矿山等领域，并且其应用范围还在继续扩大。近年来，液压技术在实现高压、高速、大功率、高效率等方面取得了重大突破，液压油是液压技术的一个重要组成部分，许多性能全面的液压油规格随之出现。

液压油用于车辆液压系统时对密封性能有严格要求，尤其是重型车辆液压系统的压力较高，对此要求更为严格。一方面要求密封元件具有更高的耐压性能和抗溶胀性能，另一方面也要求系统用油对密封材料有较低的溶胀作用，以防密封元件破裂，导致漏油。随着车辆重载化的发展及载重量的提高，这些液压系统用油会承受更高的温度和压力，工作条件更加苛刻。重型卡车对油品有以下几方面的要求：

①更高的抗磨性能；

②更好的黏温性能；

③更小的挥发度和更高的闪点；

④无腐蚀性以及更好的密封材料适应性；

⑤更长的使用寿命，最好能与车辆同寿命。

因此，重载货车的专用传动液、动力转向液和减震器油都会得到发展。

除了这些系统，一些工程车辆如自卸货车和起重机的液压举升系统，挖掘机和装载机的液压伸缩系统等，也都离不开液压油。随着车辆载重量和工作负荷的不断提高，对油品抗磨性能的要求也有了提高。

液压油（液）种类繁多，分类方法各异。1982年国际标准化组织提出了“润滑剂、工业润滑油和有关产品—第四部分H组”分类，即ISO 6743-4。该分类较系统地反映了液压油间的相互关系和发展。我国等效采用ISO标准制定了H组的分类标准GB/T 7631.2—87。该分类把液体传动系统用介质按其在系统中的工作性质分为流体静压和流体动力传动系统用工作介质。前者用于传递势能，常称液压油（液），流体静压系统用工作介质根据产品特性和组成分为烃类液压油和难燃液压油两类。流体动力传动系统用工作介质分为自动传动液和联轴节液两个品种。2003年我国发布了新的分类标准，即GB/T 7631.2—2003。

液压油与液力传动油虽然同属H组，但二者在使用性能上有明显差别。在自动变速器和扭矩转换器中装有液力变矩器、齿轮机构、液压机构、湿式离合器和涡轮传动装置等，这些机构均用同一种油润滑和传递能量。所以，液力传动油必须具有多种功能和性能。在扭矩变换器中，它作为流体动力能的传递介质。在液压机构中，它作为静压能的传递介质。在离合器中，它作为滑动摩擦能的传递介质。在摩擦片表面，液力传动液也作为热传递介质，控制摩擦副表面温度，防止烧结。在齿轮机构、轮和止推轴承中，它作为润滑介质。所以，液力传动油必须具有良好的高温黏度、低温黏度，热氧化安定性，密封材料适应性，优异的动、静摩擦性能等。具体的特点如下：

①摩擦特性是液力传动油的一个主要性质，即要匹配适当的动、静摩擦系数。液力传动油在整个工作温度范围内摩擦特性保持稳定，以保证在温度升高后离合器等部件的传递效率，防止离合器由于摩擦系数的改变而出现打滑等不正常的工作情况；

②适用温度范围较液压油宽，液力传动油使用的温度范围一般为-25～120℃；

③液力传动油的耐高温性能较好，在开开停停、频繁苛刻的运行条件下，最高油温可达120℃，由于油品承受高温后黏度会发生变化，就会引起摩擦特性的改变，使离合器或摩擦片打滑，局部的高温还会引起油品高温氧化变质，油品生成胶质、积炭等造成油道等部位的堵塞，传动操作变坏，控制阀、调节阀失灵等故障出现。所以液力传动油要求有更好的耐高温性和热氧化安定性。而液压系统中的液压油一般工作油温为80℃以内，50℃为最佳的工作温度。所以，液压油的抗氧化性能、耐高温性能等比液力传动油的要求低。

第一节　液压油的分类与规格要求

液压油是液压系统实现能量传递、转换和控制的工作介质，同时还担负着系统的润滑、防锈、防腐、冷却等作用，液压油应用领域很广。

液压系统工作的基本原理来自著名的帕斯卡定律。如今在各种机械设备上广泛应用的液压系统，在电动机的驱动下，通过泵用传递介质—液压油来完成从机械能到压力能的转换，因为液压系统具有可容易得到高压力工作介质并易于控制、可在宽范围内无级变速、易防止过载、安全性大等特点，广泛应用于生产和生活中，街上往来的小轿车、载货汽车、公共汽车的动力转向、减震器，筑路用的碾光机、压路机，建筑工地上的挖掘机、自卸卡车、汽车起重机等都采用了液压技术。

液压系统虽然多种多样，但从能量转换的角度来看，它们的工作原理和组成基本相同，均是由动力元件、操纵元件、执行元件、辅助元件4个部分组成（见图6-1），即由电动机带动油泵（齿轮泵、叶片泵、柱塞泵），将其机械能转换成液体的压力能，这时油经过滤器、溢流阀、流量控制阀、定向控制阀等进入油缸，再由液压缸将液体压力能转变为往复运动的机械能，从而推动活塞运动并操纵工作部件实现各种不同的工作循环。由此可见，液压油的工作原理是借助于处在密闭容积内的液体压力能来传递能量或动力的，液压油在系统中不仅担负着实现能量传递、转换和控制的工作介质的作用，还同时起着润滑、防锈、冷却和减震等作用。

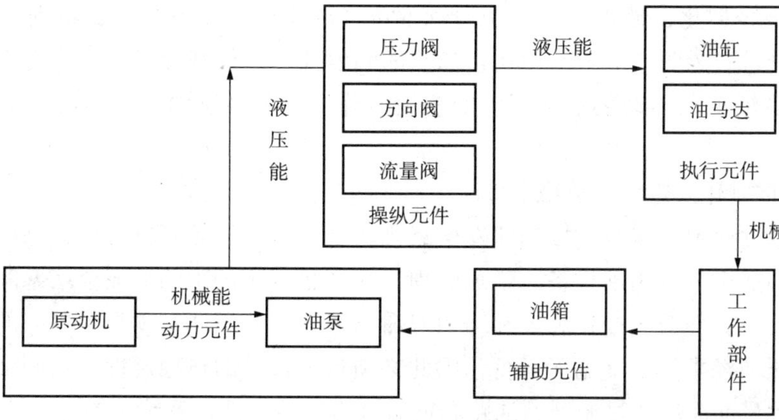

图6-1　液压系统的组成

液压系统是借助于液压油的静压力来传递功率，使机械或装置按照要求工作的系统。液压传动具有许多优点，如元件体积小、质量轻、结构紧凑、转动惯量小、灵敏度高、操作安装灵活方便；传递功率大，易实现自动化操作，易进行无级调速，易实现标准化、系列化、通用化、集成化等。这些优点使液压技术得到飞速发展，除在机床上普遍应用外，在汽车、工程机械也得到广泛应用。

液压系统工作时的能量转换如图6-1所示。从图6-1看出：动力元件油泵（齿轮泵、叶片泵、柱塞泵）是液压系统的心脏，它的作用是将原动机的机械能转换成液体的压力能；操纵元件（包括流量阀、溢流阀、方向阀）用来控制和调节液流的压力、流量及方向，以满足设备工作性能的要求，并实现各种不同的工作循环；执行元件中的液压缸将液体压力能转变为往复运动的机械能，或由油马达转换成旋转的机械能，用以操作工作部件。

一　液压系统对液压油的质量要求

液压油质量的优劣将直接影响系统的灵活性、准确性和可靠性，随着液压技术的发展（大功率、体积小、压力高），液压系统根据其结构、工作条件和周围环境以及所起的作用，对液压油提出了严格的性能要求。在GB 11118.1—2011抗磨液压油规格的指标中，基础油决定了成品油的物化性能、黏温性能和橡胶密封性，也是空气释放性、热稳定性和破乳化性的基础。配方的技术关键是极压抗磨性、抗氧化安定性和水解安定性的研究。

1．合适的黏度和良好的黏温性能

黏度是液体内流动的阻力，就是液体的内摩擦力，是液压油的重要使用性能之一。在液压系统内若黏度太低，会造成机械内部漏损及磨损增大，使泵的容积效率下降。若黏度太大，泵吸油困难，造成气蚀，使进入系统内的供油压力不足，动力损失增大。所以，必须选择合适的黏度，既照顾机械效率，又顾及容积效率。

温度是影响液压油黏度的重要因素，液压系统工作温度差异较大，温度的变化必然引起油品黏度的变化，这就要求油品黏度随温度变化越小越好，即要求黏度指数应高一些，通常是依靠加入黏度指数改进剂来提高油品的黏度指数。

2．良好的润滑性

随着液压系统的工作压力、流速、温度、精度、功率和自动化程度的不断提高，以及液压元件的小型、轻型化，使得液压系统滑动部位多处于边界润滑状态，特别在启动和停运时，情况更为严重。为防止磨损及擦伤，油品的润滑性能、抗磨性能就显得更为重要，以期最大限度地减少轴承及传动装置零部件的磨损，确保泵和系统的使用寿命，使之长期稳定运行。

3．良好的抗氧化安定性及热稳定性

油品在使用过程中，与空气接触即发生氧化，氧化后的油品颜色变深，黏度增大，产生沉淀，氧化后的酸生成物腐蚀设备、增加磨损，特别是氧化产生的油泥会堵塞间隙很小的润滑部位和精细滤器，使液压操作失灵和缩短寿命。因此，液压油必须具备良好的抗氧化安定性。另外，液压油经常处于高温下运行，因此必须具有较好的热稳定性，否则油品因受热分解使系统出现大量油泥堵塞过滤器、油路和伺服阀等，造成液压系统失灵。

4．良好的剪切安定性

液压油经过液压元件（如泵、阀、微孔）时，经受剧烈机械剪切作用，油品中的高分子聚合物会被剪断，引起油品黏度下降。这种黏度下降包括暂时性黏度下降和永久性黏度下降两种。前者在剪切应力撤除后，黏度能恢复到原值。后者在剪切应力撤除后黏度不能恢复到原值。

为了防止液压油在机械剪切作用下的黏度下降，一般选择性能优良的高分子聚合物（稠化剂）加入其中，以提高油品的抗剪切性能。

5．良好的防锈性能

液压油使用过程中，由于与水、空气作用，会使液压元件发生锈蚀，影响液压系统正常工作，锈蚀产生的金属粒子在随油循环中，作为磨料而加重系统的磨损，同时又进一步促使油品的催化氧化，使液压元件和油品的寿命都受到影响。所以，在油中添加适量的防锈剂，以提高油品的防锈性能。

6．良好的抗乳化性和水解安定性

液压油在工作过程中，可能从不同途径混入水分，在液压元件的剧烈搅动下与油形成乳化液，乳化液能引起金属锈蚀，甚至相互作用生成沉淀或腐蚀性物质，降低了油品的润滑性，因此具有良好的抗乳化性能是液压油极为重要的指标。另外，液压油中的游离水能引起油品中某些皂类、酯类添加剂的水解，水解产生的酸性物质会腐蚀金属元件，如柱塞泵的铜及铜合金元件；同时油品水解后产生的不溶物会堵塞过滤网，使液压系统运转失灵。因此，要求液压油还同时具有良好的水解安定性。

7．良好的抗泡沫性和空气释放性

液压系统在工作时，如果负压的吸油口和油泵处泄漏吸入空气，或油箱中油过分地飞溅都会使空气存留在油中。混有空气的液压油工作时会使系统的效率降低，润滑条件恶化，严重时产生异常的噪声、气穴、震动，甚至会损坏设备。

夹带在油品中的空气有两种形式：一是较大气泡（直径大于1mm）；二是雾沫空气。常用润滑油泡沫性能测定油品中较大气泡的生成及消泡倾向，而雾沫空气从油品中逸出的能力用空气释放值测定法测定。

为了改善油品的泡沫性能（即泡沫倾向小，生成泡沫后又迅速消泡），常加入硅油消泡剂，但硅油消泡剂抑制了油中雾沫空气的上升和释放，空气释放性能变差。因此，目前人们采用所谓非硅消泡剂，它不仅能改善油品的泡沫性能，而且对空气释放性影响极小。

8．对密封材料的适应性

液压系统的密封是保证系统安全可靠工作的重要因素。如果密封不良，会引起漏油或混入空气，漏油不仅增加液压油的损耗，还能破坏系统的正常工作，甚至引起爆炸。所以，要求液压油不能使液压系统中的各种密封材料（如橡胶密封件、尼龙、塑料、皮革等）过分膨胀、软化、硬化，与系统的各种材料具有良好的适应性。

9．良好的清洁性和过滤性

为防止油路堵塞及早期磨损，特别对高度自动化的液压装置（如数控机床、电液伺服阀），进入液压系统的液压油必须十分清洁，不允许含有超过限度的固体颗粒和其他可溶性脏物，以保证液压装置的正常工作。一些含有ZDDP的液压油受水污染后，很难过滤，往往造成过滤器堵塞，造成泵与部件的磨损，因此近年来，对液压油提出了过滤性的要求。

10．无毒、无臭、不污染环境

对于在密闭舱室（如潜水艇）工作的液压系统，所用的液压油无毒、无臭、不污染环境就显得特别重要。对环保型液压油，其特性要求是生物降解率和毒性。

11．其他

随着液压系统的工作条件愈来愈苛刻，系统的工作温度和工作压力不断提高，对液压油的防火性能也提出了较高的要求。对于可能接触火源或高温热源的液压系统，如冶金设备、飞机、舰艇等的液压系统，要求液压油具有一定的防火性能，有的则要求使用抗燃液压油，以免发生着火事故。

从上述可见，液压油要满足液压系统的使用要求，必须具备的性质是多方面的。随着液压技术的不断发展，对液压油的具体要求也将不断提高，需要不断地研制和生产新型液压油以适应液压技术发展的需要。

二 液压油的分类

液压油的分类方法过去主要有以下几种：

①按液压油用途分类：航空液压油、舰船液压油、数控机床液压油、特种液压油等；

②按使用温度范围分类：普通液压油、高温液压油、低温液压油、宽温范围液压油；

③按液压油的组成分类：无添加剂型液压油、防锈抗氧型液压油、抗磨型液压油、高黏度指数型液压油等；

④按使用特性分类：易燃液压油、难燃液压油、环保型液压油等；

⑤按使用压力分类：普通液压油、高压液压油等。

1982年国际标准化组织发布了液压系统分类标准ISO 6743.4–82，1987年我国等效采用ISO标准制定了《滑剂和有关产品（L类）的分类第2部分：H组（液压系统）的分类标准》（GB 7631.2—87）。1999年国际标准化组织出台了新的液压油分类标准ISO 6743–4:1999，与1982年版本相比增加了4种环保液压液，删除了2种对环境有害的难燃液压油。开发生物降解型液压油，保护环境，是顺应社会发展的需要。我国已等效采用ISO 6743–4:1999对制定了GB 7631.2—2003，增加环境可接受的液压液HETG、HEPG、HEES、HEPR 4种，取消对身体有害的难燃液压液HFDS和HFDT 2种。GB 7631.2—2003规定的液压油分类见表6–1。

表6-1　　液压油的分类（GB/T 7631.2—2003）

<table>
<tr><th>组别符号</th><th>应用范围</th><th>特殊应用</th><th>更具体应用</th><th>组成和特性</th><th>产品符号ISO-L</th><th>典型应用</th><th>备注</th></tr>
<tr><td rowspan="19">H</td><td rowspan="19">液压系统</td><td rowspan="17">流体静压系统</td><td rowspan="6"></td><td>无抑制剂的精制矿油</td><td>HH</td><td></td><td></td></tr>
<tr><td>精制矿油，并改善其防锈和抗氧性</td><td>HL</td><td></td><td></td></tr>
<tr><td>HL油，并改善其抗磨性</td><td>HM</td><td>有高负荷部件的一般液压系统</td><td></td></tr>
<tr><td>HL油，并改善其黏温性</td><td>HR</td><td></td><td></td></tr>
<tr><td>HM油，并改善其黏温性</td><td>HV</td><td>建筑和船用设备</td><td></td></tr>
<tr><td>无特定难燃性的合成液</td><td>HS</td><td></td><td>特殊性能</td></tr>
<tr><td rowspan="4">用于要求使用环境可接受的液压液场合</td><td>甘油三酸酯</td><td>HETG</td><td rowspan="4">一般液压系统（可移动式）</td><td rowspan="4">每个品种的基础液的最小含量应不少于70%（质量分数）</td></tr>
<tr><td>聚乙二醇</td><td>HEPG</td></tr>
<tr><td>合成酯</td><td>HEES</td></tr>
<tr><td>聚α烯烃和相关烃类产品</td><td>HERP</td></tr>
<tr><td>液压导轨系统</td><td>HM油，并具有抗粘-滑性</td><td>HG</td><td>液压和滑动轴承导轨润滑系统合用的机床在低速下使振动或间断滑动（粘-滑）减为最小</td><td>这种液体具有多种用途，但并非在所有液压应用中皆有效</td></tr>
<tr><td rowspan="6">用于使用难燃液压液的场合</td><td>水包油型乳化液</td><td>HFAE</td><td></td><td rowspan="2">通常含水量大于80%（质量分数）</td></tr>
<tr><td>化学水溶液</td><td>HFAS</td><td></td></tr>
<tr><td>油包水乳化液</td><td>HFB</td><td></td><td></td></tr>
<tr><td>含聚合物水溶液[①]</td><td>HFC</td><td></td><td>通常含水量大于35%（质量分数）</td></tr>
<tr><td>磷酸酯无水合成液[①]</td><td>HFDR</td><td></td><td rowspan="2"></td></tr>
<tr><td>其他成分的无水合成液[①]</td><td>HFDU</td><td></td></tr>
<tr><td rowspan="2">流体动力系统</td><td>自动传动系统</td><td></td><td>HA</td><td></td><td rowspan="2">与这些应用有关的分类尚未进行详细研究，以后可以增加</td></tr>
<tr><td>偶合器和变矩器</td><td></td><td>HN</td><td></td></tr>
</table>

①这类液体也可以满足HE品种规定的生物降解性和毒性要求。

根据应用场合液压油分为流体静压系统用油和流体动力系统用油。流体静压系统用油包括4部分：矿油型和合成烃型液压油（HH、HL、HM、HR、HV、HS）；环境可接受的液压液（HETG、HEPC、HEES、HEPR）；液压导轨系统用油（HG）；难燃液压液（HFAE、HFAS、HFB、HFC、HFDR、HFDU），共17个品种。流体动力系统用油包括自动传动系统（HA）和偶合器和变矩器（HN）两部分共2个品种。

三　液压油的规格标准

目前国际上液压油标准都是由设备生产商或标准化组织来制定，欧美国家有代表性的液压油规格主要有德国国家工业标准DIN 51524（Ⅱ）-1985（HM级）、DIN 51524（Ⅲ）-1990

（HV级），法国国家标准NF E48-603-1983，包括HH、HL、HM、HV级；美国Denison公司规格，HF-1为抗氧防锈HL型规格，HF-2、HF-0为抗磨HM型规格，其中HF-0规格对水解安定性和氧化腐蚀性提出了更高要求，还增设了热稳定性、过滤性和高压叶片泵及高压柱塞泵试验，代表了国际上液压油产品的最高水平。

美国Cincinnati-Milacron公司规格，其中P-38、P-55、P-57为抗氧防锈HL型；P-68（ISO32）、P-69（ISO46）、P-70（ISO68）为抗磨HM型；P-75A、P-75B和P-75C为抗磨专用型。

美国Vickers公司规格，主要是抗磨液压油Vickers M-2950-S（35VQ25t）和Vickers I-286-S（V-104C）2种规格。

国内外有代表性的抗磨液压油规格见表6-2。

表6-2　　国内外有代表性的抗磨液压油规格

项目	Denison	Cincinnati-Milacron	DIN 51524 HL P-46	GB 11118.1-2011 HM（高压）	试验方法
	HF-0	P-69			
密度（15℃）/（g/cm^3）	0.8395～0.8995	0.8395～0.8752	0.910以下		
黏度指数　≥	90	90	95	95	GB/T 2541
抗泡沫性/（mL/mL）　≤ 24℃ 93.5℃ 后24℃			150/10 75/10 150/10	150/10 150/10 150/10	GB/T 12579
中和值/（mgKOH/g）　≤		1.5	报告	报告	GB/T 4945
防锈性（汽轮机油法） 蒸馏水 海水	合格 合格	合格	合格	合格 合格	GB/T 1143
闪点/℃　≥		188	185	180	GB/T 3536
倾点/℃　≤			−15	−9	GB/T 3535
铜片腐蚀试验（100℃，3h）/级　≤			2	1	GB/T 5096
抗乳化度（40-37-3，54℃）/min　≤			40	30	GB/T 7305
抗氧化安定性试验（汽轮机油法1000h）　≤ 中和值/（mgKOH/g） 油泥/mg 铜失重/mg 铁失重/mg	2.0 200 50 50		2.0	2.0	GB/T 12581
水分解安定性 铜失重/（mg/cm^2）　≤ 水层酸度/（mgKOH/g）　≤	0.2 4.0			0.2 4.0	SH/T 0301 SH/T 0209
Cincinnati-Milacron热稳定性试验（135℃，168h） 油泥/（mgKOH/g）　≤ 铜失重/mg　≤	100 10	25 10		100 10	
叶片泵试验 叶片、环合计磨损量/mg　≤		50	150	50	SH/T 0307
FZG齿轮试验负荷/级　≥			10	10	SH/T 0306

续表

项目		Denison	Cincinnati-Milacron	DIN 51524 HL P-46	GB 11118.1-2011 HM（高压）	试验方法
		HF-0	P-69			
Denison泵试验 T-5D叶片泵试验 P-46活塞泵试验		合格 合格				Denison泵试验
过滤性试验，过滤时间/s 新油 含2%水的油	≤	600 新油的2倍			600 1200	SH/T 0210
空气释放值（50℃）/min	≤			10	10	SH/T 0308
密封适应性指数	≤				10	SH/T 0305

国际标准化组织ISO/TC28/SC4分技术委员会已出台了ISO 11158（包括HL、HM、HG、HV、HS）矿物油型和合成烃型液压油产品标准，ISO 12922难燃液压液产品标准，ISO/DIS 15380环境可接受的液压油产品标准，已将环保型绿色液压油正式列入规格标准中。国外液压油规格标准侧重点有所不同，且有些规格质量水平一般，但国外一些石油公司产品说明书中经常注明这些产品同时符合DIN 51424、NF E48-603、Denison HF-0、ISO/CD 11158等典型规格，说明这些产品的实际水平高于官方水平。

GB 11118.1-2011《液压油（L-HL、L-HM、L-HV、L-HS、L-HG）》使用重新起草法参考ISO11158-1997《润滑剂、工业用油和有关产品（L类）-H组（液压系统）—HH、HL、HM、HR、HV和HG品种的规格》（英文版）编制。

随着液压技术的发展，压力由7～10MPa增至21～35MPa，高压化使泵的间隙更小，且转速提高，因此泵的磨损成为重要问题，要求液压油具有优秀的抗磨性能；泵的高效化及液压机械的小型化，使液压油的温度越来越高，要求油品耐高温氧化能力进一步提高；液压元件的精密度有了很大提高，伺服阀的间隙已小至3μm，为保证液压元件的使用寿命和系统稳定工作，液压系统增设了微细过滤器，要求油品在提高抗氧化性的同时，产生油泥的趋势要小。由此可见，随着液压技术向高压、高速、高精度、大功率和小型化发展，要求液压油具备的性能也越来越高。

第二节　液压油的性能与组成

液压油的种类较多，主要包括高压抗磨液压油、高清洁液压油和高黏度指数多级液压油。

一　高压抗磨液压油

高压抗磨液压油是在HM抗磨液压油的基础上对配方进行了改进而来。HM抗磨液压油分为含锌型（含ZDDP添加剂）和无灰型配方两大类。不含金属盐的无灰型HM克服了含锌抗磨剂引起的如水解安定性、抗乳化性差等问题，但含锌配方抗磨性更佳，应用较广。含锌配方又分为高锌、低锌两种，其标准是以油中锌含量0.03%为界，大于0.03%称为高锌HM，因ZDDP锌含量为8.5% ~ 10%，故低锌配方中ZDDP加量控制在0.35%为宜。

液压技术在现代工业中大规模地应用，推动了液压油技术的发展，与现代重载液压设备使用要求相适应的高品位抗磨液压油质量规格也相继出现，如Denison HF-0。这些新规格要求高质量抗磨液压油具备良好的极压抗磨性、水解安定性、热稳定性和破乳化性。Denison HF-0规格指标中除了常规的理化性能指标外，其关键评定项目是要通过T-5D高压叶片泵和P-46高压柱塞泵台架试验，主要试验条件见表6-3。

表6-3　T-5D高压叶片泵和P-46高压柱塞泵台架试验条件

试验项目	T-5D叶片泵试验	P-46柱塞泵试验
压力/MPa	17.24 ± 0.34	34.5 ± 0.34
温度/℃	71（0 ~ 60h）	71（0 ~ 60h）
转速/（r/min）	2400	2400
时间/h	100	100

高压抗磨液压油要求通过T-5D高压叶片泵和P-46高压柱塞泵试验。含锌配方由于抗磨性能好，容易通过T-5D高压叶片泵台架试验，但含锌油会造成柱塞泵的青铜腐蚀，较难通过该项试验。无灰配方很容易通过P-46高压柱塞泵台架试验，但由于极压抗磨性不够而通不过T-5D泵试验。但是，液压装置既使用叶片泵，又使用柱塞泵，根据泵的不同类型而选用含锌或无灰配方的液压油往往是不现实的，因此高压抗磨液压油中锌的含量应严格控制。试验表明，抗磨液压油配方中加入0.3%ZDDP，此时油中的锌含量为0.025%左右，在复配其他无灰抗磨剂后，可使FZG齿轮机试验达到12级以上，表明该配方体系的极压性已达到要求。且锌含量为0.025%，是通过T-5D高压叶片泵台架试验的低限，对P-46高压柱塞泵的青铜腐蚀也降低到较低水平，是通过该项试验的上限。配方中使用的无灰抗磨剂要注意其对水解酸性的影响，金属钝化剂能有效地改善油品热稳定性和水解安定性试验中的铜腐蚀，分散剂能改善热稳定试验中油泥的生成量，高碱值清净剂能有效地中和水解酸值，改善油品的水解安定性。

磷酸酯型极压抗磨剂T306在加氢油中溶解性差，可选用T309。T309为固体，不宜调制复合剂。抗氧剂T501是通过1000h氧化试验不可缺少的，少量的高碱值清净剂可提高油品的水解安定性，再辅加适量的防锈剂、抗泡剂，完整的高压抗磨液压油配方就形成了，总加剂量为1.15%。今后，抗磨液压油将朝着长寿命，提高油品热稳定性，改进过滤性的方向发展。从规格上说，要满足Denison HF-0、Vickers M-2950-S和Cincinnati-Miacron规格的要求，配方上主要采用的是低锌和无灰配方，重点是提高油品的承载能力。

高压抗磨液压油产品配方（有灰型）：

ZDDP T203	0.3%
抗磨剂 T306或309	0.4%
清净剂 T106或P_x52	0.05%
抗氧剂 T501	0.3%
防锈剂 T746	0.05%
金属钝化剂 T551	0.05%

抗泡剂 T901	10×10^{-6}
总剂量	1.15%

抗磨液压油分为有灰型（ZDDP型）和无灰型两种。有灰型抗磨液压油具有很好的抗磨性，能满足叶片泵的使用要求。但当用于柱塞泵时，ZDDP会对柱塞泵的铜部件造成腐蚀，从而导致柱塞脚磨损、斜盘破裂。此外，由于ZDDP的热稳定性差，在高压液压系统运行中容易产生油泥，堵塞滤网，造成液压系统操作失灵。因此，20世纪70年代中期开发了基于硫/磷极压添加剂的不含ZDDP的无锌抗磨液压油和金属含量小于0.01%的无灰抗磨液压油。无灰抗磨液压油在水解安定性、破乳化性、油品过滤性及热氧化安定性方面均优于含锌抗磨液压油。

当前的液压技术在实现高压、高速、大功率、高效率等方面取得了很大突破。高压叶片泵的最高压力可达25MPa以上，高压柱塞泵的最高压力可达40MPa以上，转速可达2500r/min，油温可升至100℃，而油箱容积减少至循环系统容积的2～3倍。液压系统的这种发展趋势要求油品不仅具有极压抗磨性，而且应有良好的热氧化稳定性，以提高整个系统的服务寿命，同时ZDDP对环境的安全性也日益引起环保人员的关注，因此近年来无灰型液压油得到了发展。

研制生产无灰型高压抗磨液压油的关键在于选择合适的无灰型添加剂，并合理地平衡配方各项性能，使配方能够既满足叶片泵的高抗磨要求，又满足柱塞泵的低腐蚀性要求。特别是选用的无灰极压抗磨剂，既要保证极压抗磨剂使油品FZG失效级在10级以上，通过T-5D高压叶片泵台架试验，又要求有比较低的腐蚀性，通过P-46高压柱塞泵台架试验。

无灰高压液压油典型配方：

T309	0.55%
齿轮油复合剂	0.15%
T406/T561	0.10%
P_x52	0.05%
T501	0.35%
T901	0.010%
总剂量	1.2%

二 清洁液压油

随着液压技术在机械设备及车辆中的广泛应用，液压系统对液压油的要求更加苛刻，系统的可靠性和液压元件的使用寿命显得日益重要。但由于污染的原因，液压元件的实际使用寿命却往往比设计寿命短的多。20世纪60年代中期，美国国家流体动力协会（NFPA）就得出了“液压系统故障至少有75%是由于液压油污染造成的”的结论。所以，液压油的清洁度对液压系统的正常运行至关重要。

液压油清洁度的好坏将直接影响到液压系统工作的可靠性。在含有电液伺服机构的液压系统中阀的结构精细复杂，控制阀的阀芯其尖锐的刃边很不容易被液压油中所含的固体颗粒所伤害，导致控制精度下降，严重时会发生系统控制失灵。在我国，随着工业的迅速发展，大量高级液压系统的投入使用，液压系统控制精度的提高，对液压油的清洁度的要求也越来越高。

清净液压油完全符合我国L–HM抗磨液压油国家标准GB 11118.1–2011，其质量指标达到德国DIN 51524（Ⅱ）和ISO–L–HM规格，该油品在清净性方面进行了严格规定。清净液压油可用作冶金、电力、建筑行业的中高压（8 ~ 16MPa）及高压（16 ~ 32MPa）液压设备对污染度有严格要求的精密液压元件的工作介质。

目前液压系统向高压、高速、大功率、小型化发展。与此同时，液压系统的元件越来越精密，运动间隙越来越小，对污染物的敏感度也增加了。液压系统的这种发展趋势对液压油提出了更高的性能要求，特别是对污染度提出了新的要求。

液压系统污染物的主要来源有：新元件制造过程中产生的污染，如毛刺、铸砂、铁锈等；设备运转过程产生的污染物，如元件磨损产生的铁屑，油液运行中氧化、水解产生的化学污染；外来污染，如系统维修时从环境中引入或补加新油时带入的污物。还有往往被人们忽视的液压油自身的清净度、液压油组成中的添加剂。油液的污染度可以用过滤的方法加以控制，但因高聚物添加剂引起的油液污染问题却难以用过滤的方法来解决，关键是对清洁度要求较高的油品，液压油组成中的添加剂对污染度应是无影响或影响小的。并且还应注意油品的灌装和运输，防止二次污染。

液压系统的清洁程度对液压元件和液压系统的稳定运行有着非常重要的影响。普遍认为，液压系统的故障70% ~ 80%起因于颗粒污染。液压系统颗粒污染的来源主要有三种：一是原始污染，发生在液压管路的施工安装阶段，即管路的焊接、酸洗、冲洗环节；二是工作过程中产生的颗粒；三是液压油运输、储存及加油过程中混入的颗粒。这些污染颗粒和脏物会堵塞过滤器，加速液压元件的磨损，直接影响液压系统的正常运转。此类磨损在承受高流速的元件中最为常见，如伺服阀、比例阀，颗粒对表面的连续撞击，也会使元件表面凹陷，最终产生疲劳磨损。因此，人们对液压系统油的清洁度相当关注。

液压油清洁度的测试，是一项要求很高的工作，诸多的因素会对测试结果产生影响，在生产和应用的过程中也发生过很多因为操作环境或采样方法不当而引起的试验结果误差较大的现象。对液压油中所含颗粒计数是检测清洁度最好的方法，是提供过滤、磨损和液压系统清洁度的宝贵信息。

各国都制定了各自的油液清洁度等级标准。

1．ISO 4406油液清洁度等级标准

ISO 4406油液清洁度等级标准采用3段数码代表油液的清洁度，3段数码分别代表1mL油液中尺寸大于4μm、6μm、14μm的颗粒数，数码之间用斜线分隔。根据颗粒个数的多少共分为30个等级，颗粒数越多，代表等级的数码越大。

例如，测得1mL油液中大于4μm的颗粒数为60000个，大于6μm的颗粒数为8000个，大于14μm的颗粒数为1000个，则根据标准中的数据表可查得油液的清洁度等级为ISO 4406 23/20/17。

此等级标准比较全面地反映了不同大小的颗粒对系统的影响。目前ISO 4406清洁度等级标准已被普遍采用，我国制定的GB/T 14039—2002《液压传动油液固体颗粒污染等级代号》国家标准就等效采用ISO 4406清洁度等级标准。

2．SAE 749D颗粒度等级标准

SAE 749D颗粒度等级标准是由美国汽车工程师学会提出的，按照100mL油液中5 ~ 10μm、10 ~ 25μm、25 ~ 50μm、50 ~ 100μm和大于100μm的最大允许颗粒数划分为0级 ~ 6

级7个污染度等级。

SAE 749D颗粒度等级标准曾被美国一些工业部门和其他国家采用。

3．NAS 1638污染度等级标准

NAS 1638污染度等级标准是由美国航天协会提出的，按照5～15μm、15～25μm、25～50μm、50～100μm和大于100μm的污染物颗粒个数划分为14级。当油液污染度超过已有分级时，可用外推法确定污染等级。NAS 1638污染度等级标准目前在世界各国还被广泛使用。

清洁度ISO 4406标准与NAS 1638的对照关系见表6–4。

表6–4　ISO 4406标准与NAS 1638的对应关系

ISO 4406	每mL的颗粒数			NAS 1638
	＞4 μm	＞6 μm	＞14 μm	
23/21/18	80000	20000	2500	12
22/20/17	40000	10000	1300	11
21/19/16	20000	5000	6400	10
20/18/15	10000	2500	320	9
19/17/14	5000	1300	160	8
18/16/13	2500	640	80	7
17/15/12	1300	320	40	6
16/14/11	640	160	20	5
15/13/10	320	80	10	4
14/12/09	160	40	5	3
13/11/08	80	20	2.5	2
12/10/07	40	10	1.3	1
11/09/06	20	5	0.64	0
10/08/05	10	2.5	0.32	00

4．油液污染度测定方法

油液污染度的测定方法主要有光学显微镜颗粒计数法、自动颗粒计数器法和PCM400法，各有优缺点和局限性。

光学显微镜颗粒计数法可以提供准确的颗粒尺寸及颗粒分布，但试样准备时间长；自动颗粒计数器法快速，重复性好，但对颗粒浓度及非颗粒性污染物如水、空气、胶质很敏感；PCM400法快速，可在线检测，不受气泡与水的影响，不足的是不能提供具体颗粒数值。

5．清洁度的确定

由于每一套液压系统所处的环境和重要性不尽相同，因此不可能制定一个一成不变的通用清洁度等级标准，而应根据不同的情况确定各系统的清洁度等级，它与许多因素有关，其中包括系统元件对污染物的敏感度、关键元件的间隙尺寸、运行环境以及对系统工作可靠性和寿命的要求等。系统清洁度等级的确定还要考虑到初始投资资源，并不需要一味追求高等级的清洁度标准，而应在满足技术要求的前提下，以投资最省为宜。

对于终端用户，污染的控制分成三个简单步骤：第一，根据压力、操作条件和设备的关键程度设定清洁度目标；第二，采取行动达到目标；第三，监督并保持这一目标。

6．配方对油品清洁度的影响

高清洁度油品需要用到精细的过滤元件，过滤元件的精度达到1μm和3μm。液压油中部分添加剂处于分散状态而不是溶解状态，且颗粒尺寸在5～50μm之间，有的大分子溶胶虽然粒径小于1μm，在100nm左右，但过滤元件出现“搭桥”现象后，也会影响油品的过滤性。因此，在使用精细过滤元件后，上述添加剂可能会被过滤掉，有可能会影响到油品的性能，并且采用自动颗粒计数器进行清洁度检测时，会把这些粒子认为是污染物粒子进行计数，造成油品清洁度检测不合格。这些添加剂包括黏度指数改进剂、降凝剂、抗泡剂、破乳剂。

一般而言，降凝剂、破乳剂对油品的清洁度等级无影响，硅型抗泡剂、复合抗泡剂对油品的清洁度等级无明显影响，而黏度指数改进剂对清洁度的影响较大，但可通过精细过滤来满足清洁度的要求。

液压油中污染物的来源很多，污染物会造成磨损，从而影响设备的使用寿命，控制液压油的污染是一项重要的工作。油品目标清洁度的确定可以结合设备要求的可靠度、液压元件的工作间隙等来确定。

三　高黏度指数多级液压油

近20年来，随着工程机械、矿山机械快速发展，液压技术不断发展，液压油规格与性能也在不断发展，这些发展变化对当前液压设备维护提出了新的挑战。为了降低用油量，液压系统油箱体积被设计得更小，而泵输出功率要求越来越大，使得液压油使用温度升高，压力升高，转速也达到3500～5000r/min。系统压力的升高和功率的增大，要求油品必须具备更加优异的性能。高黏度指数多级液压油除满足抗磨液压油的性能要求外，还具有突出的黏温性能，可满足野外作业的工程机械液压系统润滑的要求，并且四季通用，节能效果明显。多级液压油的优点在于启动时黏度适中，避免了油中夹带空气、异常噪声、反应迟钝、能量损失大的缺陷；而在高负荷和高环境温度时油品黏度下降不大，又可避免液压泵的高磨损率，减少了内部的泄漏。由于黏度随温度波动小，提高了液压泵的体积效率和机械效率，如图6-2所示。

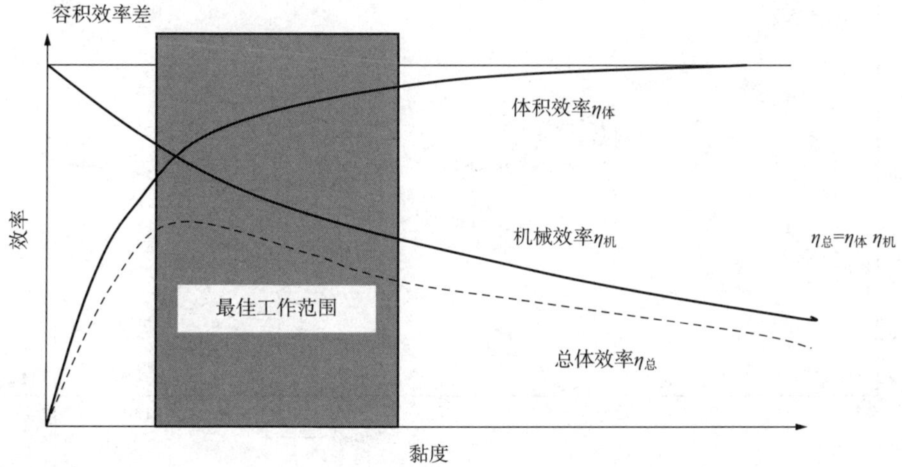

图6-2　油品黏度与泵效率的关系示意图

黏度是油品的基本性能，也是液压油选择的基本要求之一。从图6–2油品黏度与泵效率之间的关系示意图可以看出，对于每一个固定的液压泵，都存在一个最佳的黏度工作范围。在这个范围内，泵的总效率最高，即最大限度的利用能量。因此，在对液压油黏度进行选择时，首先要考虑泵的类型，根据泵类型的不同，其最佳工作范围也不同。一般而言，叶片泵为25～68mm²/s；柱塞泵和齿轮泵都是30～115mm²/s。叶片泵的最小工作黏度不应低于10mm²/s，而最大启动黏度不应大于700mm²/s。柱塞泵的最小工作黏度不应低于8mm²/s，而最大启动黏度不应大于1000mm²/s。齿轮泵的最小工作黏度不应低于20mm²/s，而最大启动黏度不应大于2000mm²/s。其次，应考虑泵的工作情况，工作压力越大，温度越高，则应选择高黏度的油品；反之，压力低，温度低，则应选择低黏度的油品。

下面以三种黏度指数的ISO VG46液压油来说明黏温性能的重要性，见图6–3、图6–4。

由图6–3看出，尽管三种油的运动黏度（40℃）都是46mm²/s，但VI200油的黏度随温度变化平缓，而VI97油的黏度变化（斜率）大，VI150油的居中。试验表明，液压油黏度小于9mm²/s时，系统内部泄漏增加，机械效率下降；黏度大于860mm²/s时，系统内易产生空穴现象，体积效率下降，并且液压系统操作失灵。

从图6–4看出，三种黏度指数的液压油在达到临界黏度9～860mm²/s时，工作温度分别是–6～87℃、–10～98℃、–16～103℃，显然高黏度指数多级液压油的适应温度范围更宽。

那么，怎样配制高黏度指数（多级）液压油？

选用高黏度指数的合成油固然好，但价格昂贵，而选择加氢Ⅱ类、Ⅲ类基础油或深度精制的Ⅰ类基础油添加聚甲基丙烯酸酯，具有剪切安定性好、提高黏度指数和降凝三重功效。聚甲基丙烯酸酯用于高黏度指数的液压油，原因有三：

①高黏度指数（相对稠化和剪切）；

②高剪切安定性；

③优良的其他性能（抗泡性、抗乳化性、可过滤性等）。

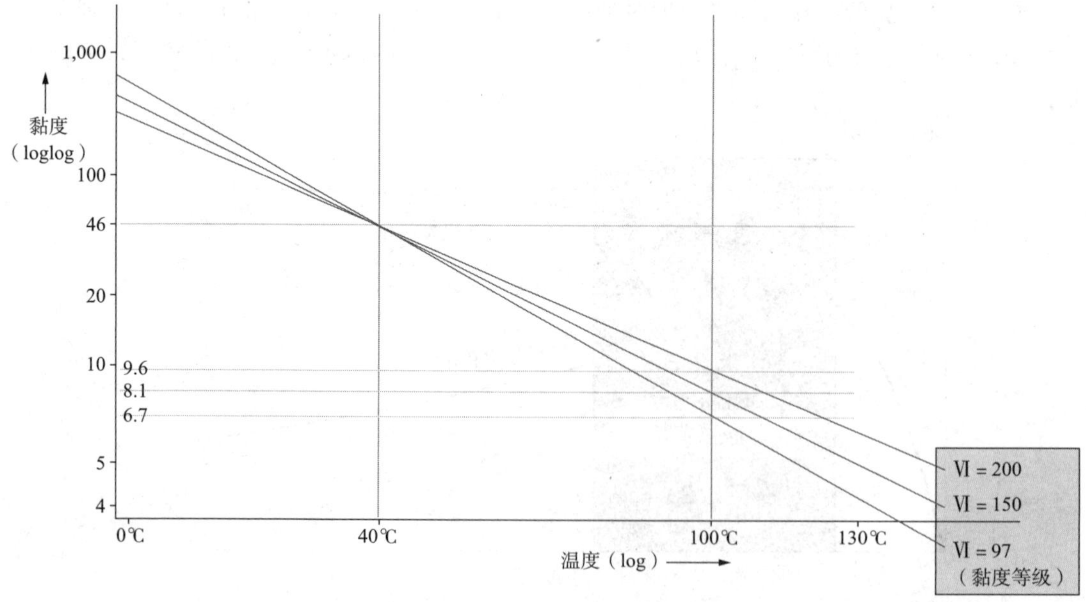

图6–3　ISO VG 46液压油黏度–温度曲线示意图

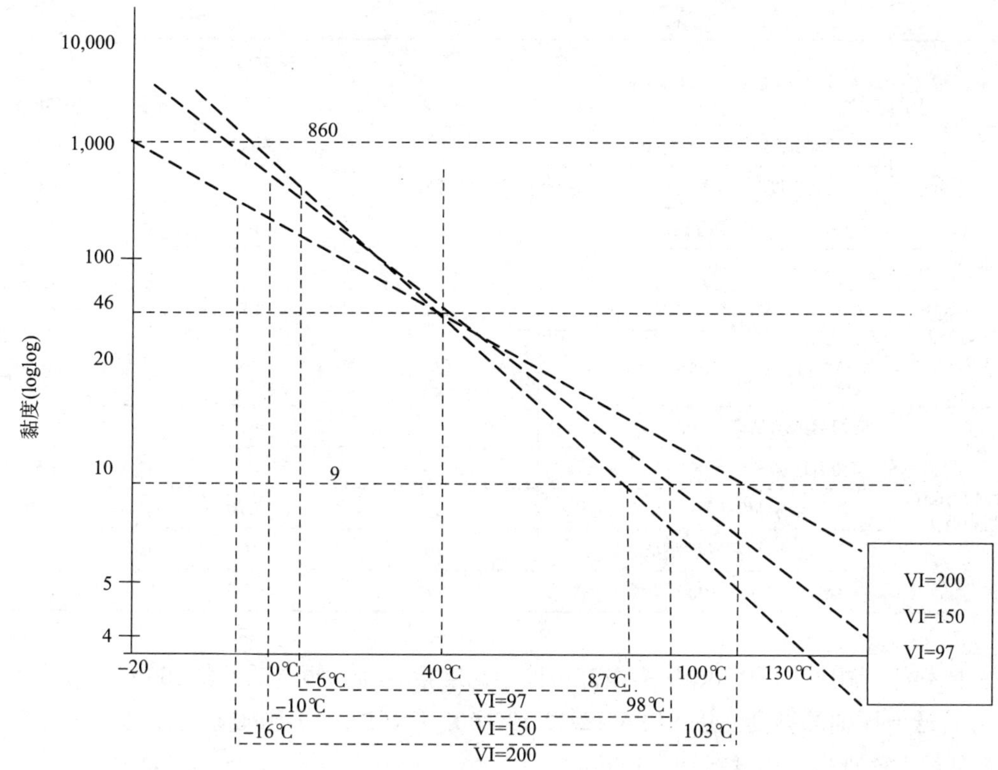

图6-4　ISO VG46液压油黏度-温度工作线及可操作温度范围示意图

多级液压油基础油配方（ISO VG46）如表6-5所示，多级液压油配方举例及剪切安定性评定结果见表6-6。

表6-5　**高黏度指数（多级）液压油基础油配方**

Viscoplex8-系列	ISO VG46	
	单级	多级
Viscoplex8-310/%	—	4.0
150SN/%	66.7	71
500SN/%	33.3	25
运动黏度（40℃）/（mm^2/s）	46	46.5
运动黏度（100℃）/（mm^2/s）	6.7	8.16
黏度指数	98	150

表6-6　**配方举例-剪切安定性**

	ISO VG46，VI≥180	Viscoplex		
		8-400	8-310	8-238
	Viscoplex Ⅶ/%	7.7	8.7	11.3
	100SN/%	20.0	30.3	44.2
	150SN/%	72.3	61.0	44.5

续表

	ISO VG46，VI≥180	Viscoplex		
		8-400	8-310	8-238
	运动黏度（40℃）/（mm^2/s）	45.9	46.7	46.2
	运动黏度（100℃）/（mm^2/s）	8.98	9.11	9.01
	黏度指数	181	181	181
剪切测试步骤				
DIN 51382（250循环）	剪切后运动黏度（100℃）/（mm^2/s）	8.87	8.94	8.65
	黏度损失（在100℃测量）/%	1.2	1.9	4.0
ASTM D5621（超声波）	剪切后运动黏度（40℃）/（mm^2/s）	42.4	40.3	38.5
	剪切后运动黏度（40℃）/（mm^2/s）	42.4	40.3	38.5
	剪切后运动黏度（100℃）/（mm^2/s）	8.17	7.70	7.21
	剪切后黏度指数	170	164	153
	黏度损失（在100℃测量）/%	9.0	15.5	20.0

按上述配方调出的ISO VG46多级液压油，黏度指数高，倾点低，其100℃运动黏度相当于68号普通液压油的黏度。按NFPA T2/13.13.2002（NFPA，美国国家流体动力学协会）黏度等级分类，该规格的黏度级别为L46-68。

四 多级液压油应用案例

北方某企业拥有多台挖掘机，夏季使用HM68油，冬季使用HM46油或HV46油。有时气候变化突然，未能及时换油，影响了工程机械正常工作。改用高黏度指数多级46 # 抗磨液压油（L46-68）后，不但避免了因停机换油带来的工程损失，还有效地保护了设备，降低了仓储及操作成本，节约了管理费用。该油因黏度指数高而具有优异的黏温特性和良好的低温启动性，保证油品在低温条件下，黏度增加较小，降低了液压机械的效率损失，避免堵塞液压系统和引起气蚀；同时在高温条件下，黏度降低较小，大大提高了系统的容积效率，减少了内部泄漏，不会引起因液体过热而导致的磨损。

第三节 液压油的应用

目前液压技术已广泛应用于汽车悬架装置、转向系统、传动系统、减震系统。由于液压元件的间隙配合零件很多，且间隙比较小，因此液压油的污染是导致液压系统故障的主要原因。对液压系统精心维护，可大大减轻其对液压油的污染程度，进一步提高车辆的可靠性和使用寿命。

一 液压油的正确选用及注意事项

正确、合理地选择及使用液压油，对提高液压设备的运行可靠性、延长元件和系统的使用寿命、保证设备安全、防止事故发生等，具有重要意义。

1．选择工程机械液压油的依据

（1）液压件。不同的液压件对所用的液压油都有一个最低的配置要求，因此，在选择液压油时，应注意液压件种类及其使用的材质，密封件和涂料、油漆等与液压油的相容性，保证各运动副的润滑要求，使元件达到设计寿命，满足使用性能要求。液压泵是对液压油的黏度和黏温性能最敏感的元件之一，因此常将系统中泵对液压用油的要求作为选择液压油的重要依据（有伺服阀的系统除外）。

（2）系统工况。如果对执行机构速度、系统压力和机构动作精确度的要求越高，则对所用液压油的耐磨和承载能力等的要求也越高。根据系统可能的工作温度、连续运转时间和工作环境的卫生情况等，选油时需注意油的黏度、高温性能和热稳定性，以减小油泥等的形成和沉积。

（3）油箱大小。油箱越小对油的抗氧化安定性、极压抗磨性、空气释放性和过滤性等要求就越高。

（4）环境温度。针对工程机械在地下、水上、室内、室外、寒区或是处于温度变化大的严寒区，以及附近有无高温热源或明火等环境温度特点，合理选用液压油。若附近无明火、工作温度在60℃以下，承载较轻时，可选用普通液压油；如果设备须在很低的温度下启动时，须选用低温液压油。

综上所述，若液压油的质量合格，系统执行机构运动速度很高时，油液的流速也高，液压损失随之增大，而泄漏相对减少，故宜选择黏度较低的油；反之，当油的流速低时，泄漏量相对增大，将对工作机构运动速度产生影响，这时宜选择黏度较高的油。通常，工作压力高时，宜选用黏度高的液压油，因为解决高压时的泄漏问题比克服其黏阻更应优先；当工作压力较低时，宜选用低黏度的油。环境温度高时，应采用黏度较高的油；反之，应采用黏度较低的油。

（5）液压油的最后确定。液压油初步选定后，还须逐一核查其货源、黏度、质量、使用特点、适用范围，以及对系统和元件材料的相容性，看各项指标是否能完全满足使用要求。

（6）经济性。要综合考虑液压油的价格、使用寿命，以及液压系统的维护、安全运行周期等情况，着眼于经济效益好的品牌。

2．选择液压油的经济性分析

选择液压油时，不能只注意到油价，而忽视了品种、质量、维护与再生等情况。如在高温热源和明火附近的高温、高压和精密液压系统，要选用磷酸酯型抗燃液压油，不能因价贵而用廉价的含水抗燃液压油代替，否则会使液压泵过早磨损，降低系统精度；又如，在高压液压系统中，该选用抗磨液压油，若选用便宜的机械油或防锈、抗氧液压油，则液压泵寿命会缩短。以ISO黏度等级为VG46的品种L-HH和L-HM油为例，分别用于相同的YB-D25型叶片泵（压力为12.5MPa，温度65℃，转速1500r/min），连续运行250h后，测得用L-HH油的泵，其磨损量为用L-HM油的泵磨损量的63倍。因此，在中高压系统中，不应该使用L-HH或L-HL油，而要选用L-HM抗磨液压油。

对在寒区和严寒区室外作业的工程机械高压系统，由于气温低、环境温度变化大，应该选用高黏度指数的低温液压油，以使系统低温冷启动容易，流动性好，还会使系统在冬夏季用油一致，避免频繁更换液压油。

高质量的抗磨液压油，热安定性高，水解安定性好，破乳化能力强，空气释放时间短，使用寿命长，可改善系统的运行情况。因此，高性能的液压系统，应当用高质量的液压油。选用高质量的液压油，油价虽贵，但油品的使用寿命长，液压元件磨损少，系统维护容易，生产效率高，因此总的经济效益还是好的。

3．影响液压油质量的因素

（1）水。油中水分的含量按照GB/T 11118.1的技术要求，经检测其质量指标应不大于痕迹。如果油中水分超标，则必须更换；否则不但会损害轴承，还会使钢件表面生锈，同时因有氧气，会加速生锈的过程。其进一步的危害是液压油乳化、变质和生成沉淀，影响冷却器的导热，阻滞管道和阀门，减少了滤油器的有效工作面积，增加了油的磨蚀作用。

（2）油的氧化。一般工程机械液压油的工作温度为30～80℃，液压油的寿命与其工作温度密切相关。经验告诉我们，当液压油工作温度超过60℃以上后，每增加8℃，油的使用寿命就会减小一半，即90℃时油的使用寿命是60℃时油使用寿命的10%左右，原因是油被氧化。氧气和油中的碳氢化合物进行反应，使油慢慢氧化、颜色变黑、黏度上升，最后可能严重到氧化物不能溶解于油中，而是以棕色黏液层沉积在系统某处，极易堵塞元件中的控制油道，使滚珠轴承、阀芯、液压泵的活塞等磨损加剧，影响系统正常运行。氧化还会产生腐蚀酸液。氧化过程开始慢慢进行，当达到某种阶段后，氧化速度会突然加快，黏度会跟着突然上升，结果导致液压油工作温度升高，氧化过程加快，累积的沉淀物和酸液会更多，最后使油液无法再用。

（3）杂质。杂质不仅能磨损各相关的运动件，而且一旦被卡在阀芯或其他运动副中，将影响整个系统的正常运行，导致机器产生故障。

（4）空气。若液压油路中含有气体，当气泡溢出时会对管件和元件产生冲击形成气蚀，使系统不能正常工作，时间较长会导致元件损坏。

（5）理化反应。油箱内未清理干净的油漆等，会导致油品化学性质变化。

4．油液的检查与保养

（1）检查水。放出2～3mL油到一个试管中，静置几分钟使气泡消失，然后对油加热（如用打火机），同时在试管口顶端注意倾听是否有水蒸气逸出时产生的轻微“嘭嘭”声，如有，则说明油中含有水分。

工程机械一般都在野外作业，几乎没有条件进行系统油液含水量的检查。最简单的查验办法是整机设备静置一夜后，将油箱底部放油螺塞拧开，放出少许油液到一个容器里，现场观察油液中是否含有水分。

（2）气味与外观。将未使用过的油与使用过的油各取油样一份，在相同的温度和玻璃器皿中进行比较，如果油的颜色差别很大或有特殊的气味，说明用过的油已变质，需更换。如果两种油样的颜色和气味无明显差别，此时可将两种油样同时放置一个晚上，若装有已使用过油的容器底部出现沉淀，则系统中的油液就必须经过细滤油器过滤并清洗油箱。

另外，还应注意以下用油事项：

①开机前检查油面位置，检查各油路的开关是否处于正确的待机状态。

②怠速5min左右，检查液位计中的油是否有气泡存在。若是新车或新换的液压油，怠速时油标中出现气泡属于正常。待气泡消失后，才能允许机器作业。

③密切注意油的温度。当机器工作一段时间后，如果油温偏高最好能停机休息，待油温下降到正常水平后再重新工作，从而延长系统和油的使用寿命。

④应注意液压系统的各种参数的数值是否正常，还须注意系统外部特征——声响。若系统进气、有水或油路不畅时，都会发出异响，同时仪表的读数会波动或显示值不正常，此时应及时停机并排查原因。

⑤定期过滤液压油。将油中的杂质颗粒控制在规定的范围内。

⑥定期更换液压油。按照机器说明书的要求，定期换油，同时更换滤油器。有条件检测的，应根据其结果判定是否换油，还可以根据机器使用场地和系统要求，制定换油周期，并将换油周期纳入设备技术档案。换油时注意如下事项：

a）新油的牌号及规格与旧油尽量保持统一，或使用系统中规定的油液牌号并符合规定的指标；

b）换油前将旧油全部放完并冲洗合格。对阀体、油缸等处放不出又冲洗不到的地方，将回油管路拆开并加装临时油桶。加入新油后，用点动发动机的方式，用新油将旧油置换出来；

c）原则上，新油的加入要经不低于系统过滤精度的过滤器过滤。若工地条件不足，在加入新油运行1h左右后，更换系统中的过滤器；

d）怠速运转后，再次检查油位，必要时续加新油。

⑦在洗车或机器长期不用时，应将油箱用东西罩住，以防空气中的水分进入。

二　液压油污染物的控制

在液压润滑系统的故障中，20%源于腐蚀，50%源于机械磨损，而磨粒磨损占有较大的比例，与液压油的清洁性能有直接的关系。在液压油使用过程中，要对液压油的污染物进行控制。

1．污染物的来源

污染物包括固有污染物、内部生成污染物、外界侵入污染物、维修中造成的污染物。其中固有污染物来自液压缸、流体、软管、液压马达、管道、液压泵、油箱、液压阀等元件。内部生成污染物包括系统组装、系统运转、系统调试、流体变质带来的污染物。外界侵入污染物包括油箱通气、液压缸活塞杆密封、轴承密封等带来的污染物。维修中造成的污染物包括拆装和油料补充带来的污染物。

2．控制系统污染的重要性

液压设备经常发生故障的元件有柱塞泵、伺服阀等，液压油污染物对伺服阀的损害最大。控制液压系统污染物对液压系统的正常运行，特别是对伺服阀的保护有重要的意义。

3．液压元件的工作间隙

液压系统常用的液压元件有齿轮泵、叶片泵、柱塞泵和液压阀（包括伺服阀、比例阀和方向控制阀）等，各液压元件的工作间隙为0.5～5μm，与壳体的间隙为0.5～5μm；叶片泵的叶片侧面间隙为5～13μm；叶片顶端间隙为0.5～1μm；柱塞泵中的柱塞与柱塞孔的间隙为5～40μm；配流盘与缸体的间隙为0.5～5μm；伺服阀、比例阀和方向控制阀的间隙分别为1～4μm、1～6μm和2～8μm。由于工作间隙非常小，污染物极易对这些液压元件造成损害。

4．污染物造成的磨损

由液压元件的摩擦副间隙可看出，液压系统对油品的清洁度要求很高，否则，这些污染物粒子会产生磨料磨损、冲蚀磨损等。

磨料磨损是最主要的一种磨损形式，进入元件运动副间的颗粒就好像是切削刀具，将相对运动的另一零件表面材料切下来。等于或略大于间隙尺寸的颗粒的危害性最大，因此，必须滤掉大小与摩擦副间隙尺寸近似的颗粒。

三 液压油质量与液压系统故障

正确选用液压油的品种和黏度是保证系统长期、可靠工作的首要条件。

液压系统发生故障的原因很多，归纳起来有三方面：

首先是设备的机械故障，包括液压系统设计不合理，安装间隙不正确，液压元件质量问题，密封件选用不当等。

其次是操作失误造成液压系统故障，如错误开阀闭阀，操作温度或压力过高，补油时加错油，油箱液面过高或过低，不及时从油箱底部放出分离水等。

上述两条故障原因均不涉及液压油质量，但有些则从液压油质量的变化可以反映出来。

第三是由于液压油的质量造成液压系统故障，这大多是选油不当或使用不合格油品所致，也可能是液压油使用时间过长，不及时更换新油所致。

液压油质量及使用中出现问题造成液压系统故障，分析结果大致分为以下几方面：

1．液压油系统油温过高自动停机

液压系统油温过高主要是系统设计不合理、设备故障或操作不当造成的，如冷却器不工作、长时间超负荷工作、压力管与回流管之间的油流量偏低等。从液压油的角度来看，如果油的黏度太高会使摩擦阻力增加而发热；某些液压油热容较高，即自身散热差，目前多采用加氢油调制液压油，尽管诸多方面都比Ⅰ类基础油好，但其受热后不易将热散出，油温过高使油品黏度降低，造成内泄漏增多，油泵容积效率下降，泵的磨损增加。对液压元件来说，温度升高产生热膨胀，配合间隙减小，造成元件失灵或卡死、密封件容易变形或老化失去弹性，发生漏油；液压油长期在高温下工作会加速油品氧化，缩短油品使用寿命，氧化产生的酸性物质还会腐蚀金属，氧化油泥会堵塞油滤器，增加泵的磨损。

2．液压系统压力不稳或不足

液压系统达不到额定压力主要是液压泵造成的，如安装间隙过大或泵长期运转产生磨损。在实际工作中，常因冷却水不足造成油温过高；如果选用的液压油黏度过低，也会使内泄漏增多，压力降低；当油中混有空气或油品的抗泡性差，油泵因吸入带气泡的油，在增压时空气溶解于油中或被压缩而达不到额定的压力；另外，如果液压油的空气释放性差，也会造成压力不足和工作部件不到位。

3．液压系统混入水及空气的影响

液压油的水含量超过0.5%后，会出现混浊，长期运行会加速油品老化，腐蚀金属。油中带水还会使油品乳化，润滑性明显下降。

液压油中混入空气后，当压力经减压阀降低时，空气就会以极高速度释放出来，造成气穴腐蚀，产生强烈的震动和噪声。带气泡的液压油在压缩时，由于气体压缩而造成能量消耗，使液压系统不能正常工作。

在液压油规格中对抗乳化性、起泡性和空气释放性都有严格要求，质量好的液压油都可满足正常操作运转的液压系统工作。在这些性能指标超标时，就应该考虑对油品进行处理或换油。

4．液压系统中混入其他油品

液压系统用油是一种性能要求全面并有严格质量标准的油品，绝不允许用其他油品替代或无根据地混用。如系统中误加入了内燃机油，特别是含有清净剂较多的柴油机油，金属清净剂多属表面活性剂，使液压油破乳化性明显变差，水不能从油中及时分离，不但使油的润滑性下降，还会造成锈蚀。如果系统中误加入了齿轮油，齿轮油中的硫磷型极压抗磨剂会造成金属元件的化学腐蚀。

不同品种液压油一般不能互换和混用，HL抗氧防锈油突出的优点是有较好的防锈性和氧化安定性，如果混用了HM抗磨液压油，会缩短油品的使用寿命；反之会降低HM液压油的极压抗磨性。石油基液压油更不能与油包水、水－乙二醇和磷酸酯混用，因为其难燃性不同，而且也不互溶。对于质量等级和黏度等级相同但分属不同品牌的产品一般也不要混用，各公司基础油和添加剂是不相同的，混用会出现混浊沉淀现象，影响正常使用。在特殊场合必须选用另一品牌替代原来油箱里正在使用的油时，应做3∶7、5∶5、7∶3两种油不同比例的混兑试验，如外观相容，再做抗乳化性、抗泡性、空气释放性、过滤性和热稳定性试验，这些性能都在合格范围内，则认为两种油可以混用。

四　液压技术发展对液压油性能的要求

随着液压设备的不断引进及国内液压技术朝着高精确度、高效率、节能、环保、自动、安全、舒适、可靠等方向发展，高新技术愈来愈被广泛应用，随之对用于液压系统的液压油的性能要求也越来越苛刻，主要体现在以下几个方面：

20世纪80～90年代，叶片泵压力为17.5MPa（14～21MPa），柱塞泵的压力则达到35～42MPa。由于液压系统压力的升高和功率的增大，对液压油抗磨性能的要求也提高了。

随着泵工作效率的提高以及液压机械的小型化，液压油在设备中的循环次数增加，要求液压油必须具有好的空气释放性、消泡能力和分水能力。

油品在设备中的工作温度越来越高，亦要求液压油的高温氧化性能有所提高。

第四节　车用减震器油

减震器油用于汽车、火车、拖拉机、坦克等车辆减震器中，减轻车辆上下颠动，实质上属于液压系统用油，与低温液压油HV类似。减震器是车辆的关键部件，肩负着车辆的许多重要性能，对车身和载荷质量作弹性支承并决定着车辆的承载能力。它能减少车身所受的惯性力，提高车辆的转向制动功能，保证车辆行驶的平顺性和舒适性；提高车辆各构件的可靠性寿命，从而改善安全性，同时改善车辆的操纵稳定性。由于减震器的结构日趋复杂，加工工艺精度不断提高，工作条件也较苛刻，同时考虑到减震器与减震器油的一体化，以及在不同的环境下工作，不但要求车用减震器油具有较长的使用寿命，而且还要求车用减震器油必须具备良好的黏温性能、高温稳定性能、抗磨性能、抗剪切性能和与橡胶材料的密封适应性。

一　减震器的工作原理

车辆减震器是车辆悬挂系统的组成部分，也是汽车和摩托车的主要零部件。车辆减震器按产品的用途分为：汽车减震器、摩托车减震器、自行车鞍座减震器等；按车辆装配中的位置分为：前减震器、后减震器、汽车座椅减震器等；按控制方式分为：被动悬架、半主动悬架、主动悬架；按阻尼介质分为：液压、充气、气液混合、磁流体、纯机械（弹簧）等。

目前，汽车减震器主要为筒式减震器，按结构分为单筒式减震器和双筒式减震器。轿车以双筒式减震器为主，大型车辆以单筒式减震器为主。

双筒式减震器由外缸和内缸筒组成。减震器内部由导向阀、复原阀和压缩阀与活塞杆、缸筒等部件连接而成。双筒式减震器工作原理和主要工作元件如图6-5所示。

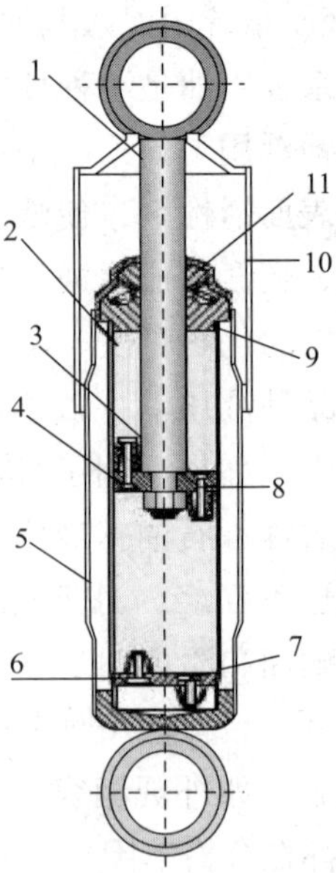

图6-5　汽车双筒式减震器

1—活塞杆；2—工作缸筒；3—活塞；4—复原阀；5—贮油缸筒；6—压缩阀；7—补偿阀；8—流通阀；9—导向座；10—外筒；11—油封

目前的汽车悬架中广泛采用液力减震器。液力减震器的作用原理是当车架与车桥作往复移动时，减震器壳体内的油液便反复地从一个内腔通过一些窄小的孔隙流入另一内腔。此时，孔壁与油液间的摩擦及液体分子内摩擦便形成对振动的阻尼力，使车身和车架的振动能量转化为热能，而被油液和减震器壳体所吸收。减震器阻尼力的大小随车架与车桥或车架与车轮的相对速度的增减而增减，并与减震器油的性能高度相关。减震器油就是利用油液本身流动的阻力来消耗振动的能量，当减震器内的油缸活塞受外作用移动时，油液高速流经阻尼孔道，通过摩擦消耗动能，转换为热量，从而使地面对汽车的冲击作用减弱直至消失。

二　减震器油的性能要求

影响减震器性能的因素，除减震器的结构、制造工艺和装配等因素外，关键是减震器油。减震器的速度特性要求减震器油具有优异的空气释放性能；减震器的泡沫特性要求减震器油具有突出的泡沫稳定性；减震器的温度特性要求减震器油具有较高的黏度指数和良好的低温性能，在-20～-40℃条件下使用时，油液仍不失去流动性；减震器的热平衡性能要求减震器油具有良好的热稳定性。减震器油与减震器历来是一体化的部件，减震器油的使用寿命长会相应地延长减震器的使用寿命，为此抗磨性能是减震器油应具有的另一主要性能。减震器油除上述主要特性外，还应具有：

①适当的运动黏度：黏度影响减震器在各种速度下的阻尼力大小。

②优异的橡胶相容性：防止由于橡胶密封与油品性能不匹配和易老化而造成油品渗漏和泄漏。

③良好的抗腐蚀及抗氧化性能：与减震器接触的有钢、铜、铬以及锌、铝合金等，减震器油接触这些材料，首先不应使其腐蚀生锈，其次在油品使用过程中产生的酸性物质等可能造成油品氧化，要求油品具有良好的抗氧化性能。

三 国内外主要减震器油的性能及规格

减震器油的类别属于液压油类，属特殊专用液压油，与低温液压油HV相似。国内外减震器油无统一规格和标准，日本和欧洲有不同的标准，在同类产品中，福斯公司和日本某公司的OEM（Original Equipment Manufacturer）产品，规格要求较高。减震器油是原厂装填（OEM）主要用油，市场上很难采购到。日本丰田轿车的减震器油和福斯公司在中国OEM厂家的主打产品1579A样品的分析检测数据见表6–7。

表6–7 国外减震器油样品数据

项目	全合成产品（日本丰田）	福斯油品1579A	分析方法
运动黏度/（mm^2/s）			
20℃	10.85	22.05	GB/T 265
40℃	3.202	11.35	GB/T 265
100℃	528.5	3.198	GB/T 265
–30℃	176	540.9	GB/T 265
黏度指数		157	GB/T 1995
水分（质量分数）/%		痕迹	GB/T 260
闪点/℃		162	GB/T 3536
倾点/℃	–59	–56	GB/T 3535
机械杂质（质量分数）/%	0.004	0.004	GB/T 511
泡沫倾向性/（mL/mL）			GB/T 12579
24℃		0/0	
93.5℃		30/0	
后24℃		0/0	
铜片腐蚀T3铜片（100℃，3h）/级	1b	1b	GB/T 5096
四球机试验			
最大无卡咬P_B/N	490	598	GB/T 3142
烧结负荷P_D/N	1960	1960	GB/T 3142
磨斑直径（392N，1500r/min，60min，75℃）/mm	0.36		SH/T 0189
抗乳化性（54℃）/min	15	（0–0–80mL）50min未分层	GB/T 7305
空气释放值（50℃）/min	3.5	2.0	SH/T 0308
旋转氧弹（150℃）/min	90		SH/T 0193

四 减震器油的研制和开发

1．基础油的选择

减震器是与减震器油一体化的装置，要求油品具有长的使用寿命，油品的使用环境温度随地区而定，既有较高的使用环境温度，又有在寒区较低的使用环境温度，这两个基本情况对基础油性能的要求是高黏度指数、低黏度、低倾点和相对较高的闪点。对一般的矿物油基础油来说，同时具备这三个特点难度较大，即使是采用加氢精制基础油也很难达到此要求。首先，石蜡基矿物油基础油的低温性能差，高黏度指数、低倾点基础油倾点一般都在–9～–15℃，在寒区冬季野外操作很难流动。其次，矿物油基础油的氧化温度低于合成基础油，所以在高温度使用其寿命很短，且易形成氧化产物。在黏温性能和低温性能方面，某些合成基础油与矿物油相比，其黏度指数高，黏度随温度的变化小，在高温黏度相同时，倾点比矿物油基础油低，低温黏度小，可以保证减震器油在较低的温度下使用；另外，在挥发度方面，一般合成基础油与同黏度的矿物油相比挥发度低，这是因为合成油多数是结构单一的化合物，其馏程范围较窄，而矿物油是某一段馏分油的产物，矿物油在一定的蒸发温度下，低分子量烃类会增大高温蒸发性，而高分子量的烃类又会增加低温黏度。第三，合成油的热安定性一般比矿物油好，热分解温度高，因而合成基础油特别适合作减震器油基础油。

常用于减震器油调制的合成基础油主要是聚α-烯烃、烷基苯、硅油。硅油是合成油中具有最好黏温特性的基础油，在宽温度范围内黏度变化小，它可以制备成具有很高黏度指数、低温性能优异、较高热氧化安定性的油品，是部分厂家作为减震器油基础油的首选。在20世纪80～90年代较广泛用作减震器油和阻尼油，其可用于汽车、军用履带式车辆的油气悬挂减震器等，以阻滞曲轴传出的扭转振动，阻滞各种仪表指针摆动。硅油的最大不足之处是与矿物油、合成烃、酯类油不相容；其次，在边界润滑条件下，润滑性差、承载能力差。烷基苯具有优异的低温性能，蒸发损失小，油中不含硫、氮等杂质，氧化后沉淀少，与矿物油能够混溶，热安定性好，但对某些橡胶有溶胀作用，原料来源少。

聚α-烯烃是长链烷烃，与同黏度矿物油相比，具有较好的黏温特性、较高的闪点和较低的挥发性。以聚α-烯烃-2为例，在135℃、金属催化剂作用下加热168h，其黏度增加仅15%，同黏度矿物油基础油则增加30%。另外，聚α-烯烃牵引系数较低，作为减震器油使用时可使与润滑剂有关的牵引力减少，因而可节约减震器的工作动力。聚α-烯烃油的缺点是会使某些橡胶轻微收缩和变硬。一般在使用聚α-烯烃油作为润滑油时常加入部分酯类油，以改善对橡胶的膨胀性能。

对汽车减震器油品，多以合成基础油为主，加氢矿物油为辅；对摩托车减震器油，为了降低成本，采用精制矿物基础油和加氢精制基础油。

2．黏度指数改进剂的选择

车辆减震器需要有一种阻力形式来衰减、降低振动，这种阻力称为阻尼力，是减震器所产生的。在影响阻尼力的因素中，阻尼力与速度成正比，速度与流量有关，如果油液黏度随温度变化而明显变化，阻尼力必将也显著变化，从而造成减震器在不同的工作温度条件下有不同的阻尼特性，所以对油品的黏温性能要求比较高。其次，减震器油是通过流经细小的孔隙来进行工作的，黏度较小，要求选择合适的黏度指数改进剂以使油品满足高过滤性能和抗乳化性能，选用的黏度指数改进剂分子量越低越理想。第三，减震器油在减震器工作时，受到多次的剪切作用，因此对黏度指数改进剂的剪切稳定性要求也较高。从黏度指数改进剂的类型来说，选用聚甲基丙烯酸酯（PAMA）和低分子量聚异丁烯（PIB）均能满足要求。用于减震器油品的PIB分子量在4000～8000，PIB有优异的抗剪切性能和热氧化稳定性，但低温性能较差，对油品过滤性能和破乳化性能的改善没有PAMA理想，目前已逐渐被PAMA所替代。PAMA的氧化安定性较好，低温性能优异，黏温性能优良，减震器油可以使用低分子量、高剪切指数的PAMA。

3．添加剂的确定

车辆减震器要求油品的氧化安定性要好。抗氧化性的优劣，生成油泥的倾向，直接关系到油品的使用寿命和减震器的使用寿命。对液压减震器油来说，衰减和吸收振动是减震器阻尼性能之一，要求油品必须具有好的润滑性能和抗磨减摩性能。在基础油和黏度指数改进剂确定后，选用多种添加剂分别进行抗磨损性能、抗氧化性能、剪切稳定性能、蒸发损失等主要性能的考察，最后确定配方组成。

减震器油的产品配方如下：

基础油：PAO-2（100℃运动黏度为2cst）与25#变压器油复合

T602H	3.5%
T803	0.5%
无灰抗磨液压油复合剂	1.0%
磷酸三乙酯	1.0%
T154	0.5%
T501/L-57	0.5%
T901	15×10^{-6}

第五节　液力传动油和自动传动液

液力传动基于欧拉方程，以液体动量矩的变化来传递动力。液力偶合器或液力变矩器由于可以平稳传递动力，在汽车传动领域得到广泛应用，矿物油是其最常用的工作介质，称为液力传动油。ISO曾在20世纪80年代将液力传动油按照用途分为HA和HN两种，其中HA油用于自动传动系统，HN油用于联轴节和转换器。API和ASTM对于含自动变速系统的润滑油曾提出了一个建议规格。

自动变速器的工作原理是：发动机的动力首先传递到液力变矩器，以自动传动液作为介质，动力（扭矩）再传递到变速器的主轴。变速机构通常为行星传动变速机构，在这个机构中，多套行星齿轮副一起工作，产生不同速比，以满足汽车不同负荷和行驶速度要求。换挡执行机构主要由多片湿式离合器、制动器等组成。离合器的作用是把动力传给行星齿轮机构的某个元件，使之成为主动件。制动器的作用是将行星齿轮机构中的某个元件抱住，使之不动。自动换挡控制系统有液压控制和电液压控制两种，其中液压控制是通过机械手段，将汽车行驶时的车速及节气门开度等参数转变为液压控制信号，阀板中的各个控制阀根据这些液压控制信号的大小，通过控制换挡执行机构动作，自动地接通或切断某些换挡离合器和制动器的供油油路，使离合器结合或分开、制动器制动或释放，以改变齿轮变速器的传动比，从而实现自动换挡。电液控制器是通过各种传感器将发动机转速、节气门开度、车速等参数转变为电信号，换挡电磁阀和油压电磁阀再将电子控制信号转变为液压控制信号，阀板中的各个控制阀根据这些液压控制信号控制换挡执行机构的动作。

由于自动变速器采用液力传动，因此具有以下优点：提高机械和车辆的使用寿命；借助于液力传动油来传递动力，在工作轮之间没有刚性摩擦，具有减振和抗冲击作用，可以有效通过动力传动系统的使用寿命；采用液力变矩器的工程机械和车辆在困难和复杂路面上行驶或外负荷增大时，能自动增大牵引力和降低行驶速度，有效克服增大的外负荷，提高车辆起步、爬坡和低速行驶的稳定性。随着人们对车辆燃油经济性、舒适性等方面要求提高，自动变速器技术不断发展。

一 液力传动油的分类

液力传动油发展最快的是汽车自动传动液，ASTM和API将自动传动液分为3类，见表6-8。

表6-8　　自动传动液使用分类

分类	相应规格	适用范围
PTF-1	通用汽车公司GM：DEXRON Ⅱ D、Ⅱ E、Ⅲ 福特汽车公司Ford：MERCON、NEW MERCON	适用于轿车、轻型卡车的自动传动装置
PTF-2	埃列逊汽车公司：Allison C-3、C-4 汽车工程师协会：SAE J1285-80	适用于重负荷卡车、农业用车、越野车的自动变速器、多级变矩器和液力偶合器
PTF-3	约翰狄尔公司：J-20B、J-14B、JDT-303 福特汽车公司：M_2CA	适用于农业、建筑和野外机械的分动箱传动装置及液压、齿轮、刹车和发动机共用的润滑系统

由于汽车自动变速器技术不统一，汽车自动传动液（ATF）规格以变速器生产商OEM各自的规格为主，其内在质量要求很高，主要规格包括德国的ZF规格，美国的Allison C-4规格、Caterpillar TO-4规格、GM公司的DEXRON规格，以及FORD公司的MERCON规格。表6-9列出了国外主要的液力传动油规格和性能要求。

表6-9　　国外主要的液力传动油规格和性能要求

项目	Allison C-4	Caterpillar TO-4	DEXRON Ⅲ	MERCON-Ⅴ
运动黏度/（mm^2/s）	满足SAE J300要求 ATF型满足DEXRON Ⅲ规格	满足SAE J300要求	—	6.8（100℃）
低温布氏黏度	报告3500mPa·s时的温度	—	不大于20000mPa·s（-40℃）	不大于20000mPa·s（-40℃）
铜片腐蚀/级	不变黑	1a（100℃，3h）	1b（150℃，3h）	1b（150℃，3h）
潮湿箱试验	40℃、50h，通过	175h，通过	—	—
锈蚀试验	通过	—	通过	通过
氧化试验	通过THOT	通过THOT	通过THOT	通过THOT
泵失重/mg（最大）	（Vickers 104C）15	（Vickers VQ25A）90	（Vickers 104C）15	（Vickers 104C）15
抗磨试验，FZG	—	10级， 20h磨损小于100mg	—	—
摩擦特性试验	SAE N02片式	Caterpillar VC 70	SAE N02片式、带式	SAE N02片式

各规格反映了液力传动装置对油品的性能要求，体现在黏度、氧化安定性、摩擦特性、抗磨性、腐蚀和锈蚀，只是评价方法略有不同而已。以最有影响的GM公司的DEXRON规格为例，在过去的20多年里，DEXRON Ⅱ到Ⅲ，再到Ⅲ H，最后发展到Ⅵ，整个过程就是向以与车辆同寿命为最终目标的更长寿命、以节能为目标的更低黏度方向发展。

传统的自动变速箱经过几十年的发展，目前已相对比较成熟，各汽车生产厂家的设计原理基本一致，但是在具体的设计细节上仍有各自的特点，这也是各汽车生产厂家之间追求所谓个性和风格不同的表现。具体主要体现在摩擦片选材上的不同，和密封件上的橡胶材料的不同。体现到ATF上，密封件的配伍性还好解决，而摩擦片的选择材料上的差异，即部件的摩擦系数不同，对ATF的影响要大一些。随着自动变速箱性能的提高及各OEM发展的风格不同，对ATF的要求越来越高，且各OEM规格间的差异性也越来越大。

汽车自动传动液分类规格比较复杂，由各汽车和变速箱生产厂家制定专用规格。具有代表性的ATF规格有：适用于轿车的Dexron和Mercon规格，适用于重负荷车辆的Allison C规格和Caterpillar TO-4规格。具体要求见表6-10～表6-14。

表6-10　　美国通用汽车公司汽车自动传动液规格指标

项目	质量指标		试验方法
	DEXRON Ⅲ H	DEXRON Ⅵ	
色度	6.0~8.0		GB/T 6540
运动黏度/（mm^2/s） 40℃ 100℃	报告 ≥7.0	≤32 ≤6.4	GB/ T265
黏度指数		≥145	GB/ T1995
布氏黏度/（mPa·s） -10℃ -20℃ -30℃ -40℃	报告 不大于1500 不大于5000 不大于20000	报告 不大于1500 不大于5000 不大于15000	GB/T 11145
闪点（开口）/℃	不低于170	不低于180	GB/T 3536
燃点/℃	不低于185	不低于195	GB/T 3536
倾点/℃	不大于-40	报告	GB/T 3535
硫酸盐灰分/%	报告	报告	GB/T 2433
液相锈蚀试验（A法）	无锈		GB/T 11143
CL100齿轮油试验机失效/级	≥9		SH/T 0306
泡沫倾向/泡沫稳定性/（mL/mL） 24℃ 93.5℃ 后24℃ 150℃	≤50/0 ≤50/0 ≤50/0 —	≯50/0 ≯50/0 ≯50/0 ≯50/0	GB/T 12579
元素分析/（μg/g） Ba B Ca Mg P Si Na Pb Al Zn Cu Fe Cl N S	报告 报告 报告 报告 报告 报告 报告 报告 报告 报告 报告 报告 报告 报告 报告	报告 报告 报告 报告 报告 报告 报告 报告 报告 报告 报告 报告 报告 报告 报告	SH/T 0223或SH/T 0225 SH/T 0227 SH/T 0270或SH/T 0631 SH/T 0027或SH/T 0631 SH/T 0296 ASTM D4951 ASTM D4951 ASTM D4951 ASTM D4951 SH/T 0226或SH/T 0309 SH/T 0102 SH/T 0077或SH/T 0197 SH/T 0161 SH/T 0224 SH/T 0303或SH/T 0631
红外光谱		报告	ASTM E168
混溶性 （与参考油混合试验后）	无分层、无颜色变化		FTM791C 3470.1方法

续表

项目	质量指标		试验方法
	DEXRON Ⅲ H	DEXRON Ⅵ	
铜片腐蚀（3h,150℃）	1b		GB/T 5096
腐蚀试验	通过		GB/T 11143
泡沫试验 95℃ 135℃泡高/mm 135℃消泡时间/s	无泡沫 不大于5 不大于15	—	GM公司方法
磨损试验 （80℃±3℃，6.9MPa）	失重不大于15mg		SH/T 0307
防锈试验	试件表面无任何锈蚀和腐蚀 （表面喷砂，40℃，50h）		ASTM D1748
合成橡胶试验 150℃，70h	品种　硬度变化/pts　体积变化/% A聚丙烯酸酯　0～10　-10～0 B丁腈胶　+1～+7　-6～+2 H氟橡胶　0～10　-5～0 J硅橡胶　0～30　-30～0 R乙丙胶　13～27　-15～0		GM 公司方法
片式离合器试验	1）顺利运转100h 2）试验件无异常磨损和剥落 3）在10～100h运转期间： a）中点动扭矩在150～180N·m之间； b）最大扭矩大于150N·m； c）最大扭矩与中点扭矩之差小于30N·m； d）停止时间在0.40～0.55s之间； e）报告最终扭矩，N·m		GM公司方法 （SAE No.2试验机）
带式离合器试验	1）顺利运转100h； 2）试验件无异常磨损和剥落； 3）在10～100h运转期间： a）中点动扭矩在185～230N·m之间； b）结束扭矩大于170N·m； c）最大扭矩与中点扭矩之差小于80N·m； d）停止时间在0.35～0.55s之间； e）报告最终扭矩，N·m		GM公司方法 （SAE No.2试验机）
带式离合器试验	1）顺利运转100h； 2）试验件无异常磨损和剥落； 3）在10～100h运转期间： a）中点动扭矩在185～230N·m之间； b）结束扭矩大于170N·m； c）最大扭矩与中点扭矩之差小于80N·m； d）停止时间在0.35～0.55s之间； e）报告最终扭矩，N·m		GM公司方法 （SAE No.2试验机）
氧化试验	1）顺利运转300h； 2）变速器零件状态等于或优于参考油； 3）总酸值增加小于3.25； 4）基吸收峰增加小于0.45； 5）变速器排出气体中O_2含量报告； 6）试验后油的100℃黏度大于5.5mm²/s； 7）试验后油的-20℃黏度小于2000mPa.s； 8）冷却器锌铜合金无腐蚀	1）顺利运转450h； 2）变速器零件状态等于或优于参考油； 3）总酸值增加小于2.00； 4）基吸收峰增加小于0.45； 5）试验后油的100℃黏度大于5.0mm²/s； 6）试验后油的-20℃黏度小于2000mPa·s； 7）试验后油的-40℃黏度小于15000mPa·s； 8）冷却器锌铜合金无腐蚀	GM公司方法（变速器：II：THM-350 IIE，III：4L-60）

续表

项目	质量指标		试验方法
	DEXRON Ⅲ H	DEXRON Ⅵ	
循环试验	1）顺利运转20000循环； 2）变速器零件状态等于或优于参考油； 3）总酸值增加小于2.0； 4）羰基吸收峰增加小于0.30； 5）一挡换二挡时间在0.30～0.75s之间； 6）二挡换三挡时间在0.30～0.75s之间； 7）报告三挡换四挡时间，s； 8）试验后油的100℃黏度大于5.0mm²/s； 9）试验后油的-20℃黏度小于2000mPa·s	1）顺利运转42000循环行； 2）变速器零件状态等于或优于参考油； 3）总酸值增加小于2.0； 4）羰基吸收峰增加小于0.30； 5）一挡换二挡时间在0.30～0.75s之间； 6）二档换三挡时间在0.30～0.75s之间； 7）报告三挡换四挡时间，s； 8）试验后油的100℃黏度大于5.0mm²/s； 9）试验后油的-20℃黏度小于2000mPa·s； 10）试验后油的-40℃黏度小于15000mPa·s	GM公司方法变速器： II：THM-350 IIE， III：4L-60

表6-11　美国福特汽车公司汽车自动传动液规格指标

序号	项目	Mercon	New Mercon	试验方法
1	混溶性	与两种参考油在试验后无分离及颜色变化	同左	
2	元素分析	报告Zn、P、Mg、Ca、B含量	报告Al、B、Ba、Ca、Cl、Cu、Fe、Mg、N、Na、P、Pb、S、Si、Zn含量	
3	运动黏度（100℃）	≥6.8mm²/s	≥6.8mm²/s	ASTM D445
4	闪点	≥180℃	≥177℃	ASTM D92
5	布氏黏度	-18℃不超过1700mPa·s； -40℃不超过50000mPa·s；	-10℃报告； -20℃不超过1500mPa·s； -30℃报告； -40℃不超过20000mPa·s	ASTM D2983
6	蒸发损失	无要求	蒸发损失结果及试验后样品的-40℃布氏黏度	NOACK（150℃，1h）
7	钢片腐蚀/级	≤1b	≤1b	ASTM D130（150℃，3h）
8	锈蚀	无明显锈蚀	无明显锈蚀	ASTM D665（A程序，24h）
9	颜色	6.0～8.0号	6.0～8.0号	ASTM D1500
10	威克斯泵磨损	总失重不大于15mg	总失重不大于10mg	ASTM D2882（6.9MPa，80℃）
11	抗泡性Ⅰ-Ⅱ-Ⅲ-Ⅵ（150℃±3℃）	空气流量200mL/min，5min泡高不超过100mL，静止60s，泡沫为0mL	空气流量200mL/min，5min泡高不超过100mL，静止60s，泡沫为0mL	ASTM D892

续表

序号	项目	Mercon	New Mercon	试验方法
12	橡胶适应性 ATRR100（丁腈橡胶） ATRR200（聚丙烯酸酯） ATRR300（硅橡胶） ATRR400（氟橡胶） ATRR500 （乙烯–丙烯酸酯橡胶）	体积变化/% 硬度变化/Pts 1～6 ±5 3～8 ±5 不变质 无要求 无要求	体积变化/% 硬度变化/Pts 1～6 ±5 3～8 ±5 同左 无限值（至1992年10月1日） 同上	ASTM D412/D2240 150℃，168h 163℃，70h 163℃，240h 163℃，168h 163℃，168h
13	铝杯氧化试验	通过300h试验： （1）200h样品的戊烷不溶物低于1%； （2）250h样品的酸值变化不小于5.0； （3）250h样品的羰基吸收峰差值不超过50； （4）250h样品的黏度变化不超过50%； （5）50h和300h样品的铜片腐蚀不大于3b； （6）300h样品铝片无漆膜； （7）300h无油泥	通过300h试验： （1）250h样品的戊烷不溶物低于1%； （2）250h样品的酸值变化不小于4.0； （3）250h样品的羰基吸收峰差值不超过40； （4）250h样品的黏度变化不超过40%； （5）50h和300h样品铜片腐蚀不大于3b； （6）300h样品铝片无漆膜； （7）300h无油泥； （8）报告试验结束样品的–40℃布氏黏度； （9）报告试验后样品的失重	ABOT氧化试验 ASTM D64 ASTM D445 ASTM D130 CRC Man14 ASTM D2983
14	摩擦耐久试验	通过5～4000周期操作： （1）5～4000周期动扭矩应在120～150N·m之间； （2）200～400周期静止断开扭矩应在90～130N·m之间； （3）5～4000周期啮合时间应在0.8～1.0s之间； （4）200周期静扭矩与中点动扭矩之比应在0.9～1.0之间； （5）5周期的低速摩擦系数峰值不大于155N·m	通过15000周期操作 （1）25～1500周期中点动摩擦系数应在0.130～0.160之间（扭矩127～157N·m）； （2）100～15000周期静态断开摩擦系数应在0.100～0.150之间（扭矩97～147N·m）； （3）25～1500周期啮合时间应在0.75～1.0s之间； （4）200～15000周期低速摩擦系数与中点摩擦系数之比应在0.9～1.0之间； （5）报告200～15000周期间静态断开摩擦系数与中点摩擦系数之比； （6）25～15000周期低速动摩擦系数应在0.10～0.160之间； （7）使用后的油报告：戊烷不溶物，总酸值、羰基吸收峰变化量，100℃和–40℃黏度	SAE NO.2 试验机
15	周期试验	（1）通过20000周期运行； （2）传动部件必须清洁，其状态应等于或优于使用参考油时的状态； （3）0.35s＜1～2换挡的时间＜0.7s； （4）总酸值增加小于6； （5）羰基吸收峰增加小于0.7； （6）使用后油的100℃黏度应大于5.5 mm^2/s	（1）通过20000周期运行； （2）传动部件必须清洁，其状态应等于或优于使用参考油时的状态； （3）0.35s＜1～2换挡的时间＜0.8s； （4）0.35s＜2～3换挡的时间＜0.8s； （5）总酸值增加小于2.5； （6）羰基吸收峰增加小于0.35； （7）使用后油的100℃黏度应大于5.0mm^2/s； （8）使用后油的–20℃布氏黏度应小于3000mPa·s； （9）报告使用后油的–40℃布氏黏度	THCT试验 Mercon采用汽化器的液压透平传动装置 THM–350New Mercon采用直喷式的（TPI）传动装置4L–60
16	换挡感揽	必须与使用参考油时相当	必须与使用参考油时相当	Ford Taurus

表6-12　　美国埃列逊公司重负荷车辆传动液规格指标

序号	项目	Allison C-3	Allison C-4	试验方法
1	100℃运动黏度	SAE10W大于5.6mm²/s SAE30大于9.3mm²/s	应符合SAE J300黏度级要求。但重负荷柴油机油应符合MIL-L-2104E规格、ATF应符合DexronII和Mercon规格对黏度的要求	ASTM D445
2	40℃运动黏度	SAE30小于120mm²/s	和Mercon规格对黏度的要求相同	
3	布氏黏度	SAE10W -18℃不大于2400mPa·s	报告布氏黏度达到3500mPa·s时的温度	GM 6137方法E修订
4	表观黏度	不要求	报告结果	ASTM D2602
5	金属含量	不要求	在使用极限值内	ICP
6	非金属含量	不要求	在使用极限值内	ASTM D808、D3228、D4294
7	酸值与碱值	不要求	报告结果	ASTM D664、D2896、D4739
8	红外光谱	不要求	报告结果	ASTM E168
9	闪电	不要求	不低于160℃	ASTM D92
10	燃点	不要求	不低于175℃	ASTM D92
11	倾点	SAE10W低于-28℃， SAE30低于-18℃	报告结果	FTM203
12	泡沫性能	泡高最高11mm， 消泡时间小于19s	95℃无泡沫， 135℃不大于10mm， 消泡时间不超过23s	GM 6137M方法G
13	锈蚀	无锈蚀 （允许在离边界6mm直径内至多有3个1mm锈点）	试片无锈蚀或腐蚀	GM 6137M方法I
14	铜片腐蚀	不要求	试片无变黑剥落	ASTM D130 （2/3浸入，15℃，3h）
15	腐蚀/ 锈蚀性能	不要求	试片无明显锈蚀	ASTM D665（A法24 h）
16	橡胶试验 丁腈橡胶 聚丙烯酸酯橡胶 硅橡胶 氟橡胶	体积变化/%　硬度变化/Pts 0～5　-5～5 0～10　0～5 0～5　0～-10	体积变化/%　硬度变化/Pts 1～5　-5～5 0～10　0～5 0～5　0～-5 0～4　-4～4	GM 6137M方法J_1 GM 6137M方法J_2 GM 6137M方法J_3 GM 6137M方法J_1
17	动力转向泵试验	泵的凸轮360℃仍保持抛光状态，且无划痕、磨蚀和振动磨损	1991年2月21日后不要求进行	GM 6137M（ⅡD）附录N
18	威克斯泵试验	不要求	叶片与环的总失重不超过15mg	ASTM D2882（6.9MPa,80℃）
19	石墨离合器试验	5500周期时 （1）啮合时间小于0.85s; （2）0.2s啮合时间的扭矩等于或大于101.7N·m; （3）150周期与5500周期之间扭矩差不超过40.7N·m	每500周期测定扭矩、转速、供气压力和低速扭矩、低速静扭矩和啮合0.25s时的摩擦系数。摩擦特性必须等于或优于使用参考油时规定的最低性能（共运转5500周期）	C-3:GM 6137M方法加附录B C-4:GM 6137N方法M修订
20	纸质离合器试验	不要求	共运行10000周期，在100、500、1000周期后，每2500周期测定扭矩、转速、供气压力和低速静扭矩、0.25s啮合时的摩擦系数，目前仅要求报告试验结果	GM 6137M方法M修订

续表

序号	项目	Allison C-3	Allison C-4	试验方法
21	氧化试验	（1）传动部件无油泥或漆膜； （2）铜或铜合无变黑或脱落； （3）100℃运动变化不超过15%； （4）按ASTM D664方法测定开始与结束时油样酸值； （5）测试并记录开始与结束时油样的羰基吸收峰值； （6）用发射光谱测定并记录开始与结束时油样的铁、铜、铅、锡和铝含量； （7）测定 -18℃、-23.3℃和-28℃布氏黏度	（1）传动部件无油泥或漆膜； （2）300h和0h样品的酸值差不大于7； （3）报告试验结束样时品的-23℃布氏黏度； （4）结束样品与0h样品的羰基吸收峰差值不大于0.9； （5）报告排出气的含氧量； （6）试验过程中测油液面； （7）传动部件的状态应等于或优于使用参考油时的状态	GM 6137M方法K C-3-THM350传动装置 C-4-4L-60传动装置

表6-13　　Caterpillar TO-4摩擦试验合格要求

试验程序		Seq 8E1219	Seq 8E1220	Seq 8E1221	Seq 8E1222	Seq 8E1223	Seq 8E1224	Seq FRRET
摩擦盘		1Y0708	1Y0709	1Y0710	1Y0711	1Y0712	1Y0713	1Y0709
摩擦盘材质	盘	弹性体（RPC）	烧结青铜	转向制动纸	转向制动纸	传动纸	弹性体（Cat）	烧结青铜
	片	1Y3610	8E4095	1Y3610	1Y0726	1Y0726	8E4095	1Y0726
平均动摩擦系数/%		94～130	94～140	94～140	91～125	95～130	91～130	96～125
循环间偏差（最大）/%		12	25	12	12	12	12	—
平均静摩擦系数/%		92～122	91～127	90～117	95～117	95～124	92～123	96～120
能量极限/%		≥95	≥95	≥94	≥98	≥93	≥98	—
擦片磨损/mm，最大		0.03	0.04	0.07	0.07	0.07	0.04	—
循环时间/s		20	20	20	20	20	20	15
啮合时间/s		4	4	4	4	4	4	5
总循环初始速度/（m/s）		1285	1195	1165	1195	1195	1285	25100
在1050Pa时，装置压力/kPa		55	40	35	40	40	55	18

表6-14　　美国卡特皮勒公司汽车自动传动液TO-4规格指标

项目	规格	试验方法
物理和化学性能		
锈蚀	失败不低于175h	1H-BT-9法修订
铜片腐蚀	最大1a	ASTM D130
与参考油相溶性	无分层或沉淀	
油与添加剂均匀性	无分层或沉淀	
泡沫性：倾向/稳定性（mL/mL） 程序Ⅰ　不大于 程序Ⅱ　不大于 程序Ⅲ　不大于	无水　加0.1%水 25/0　25/0 50/0　50/0 25/0　25/0	ASTM D892
闪点、燃点	不低于160℃、175℃	ASTM D92

续表

项目	规格	试验方法
橡胶适应性 氟橡胶，伸长率150℃，10d 聚丙烯酸酯橡胶	最大不超过参考油10% 与Allison C-4相同	ASTM D471 GM 6137M（ⅡE）
氧化稳定性	与Allison C-4相同	GM 6137M（ⅡE）THOT用4L-60传动装置
黏度	SAE 5W-20、10、30、50 （5W-20为合成油无Ⅵ剂）	SAE J300（含HTHS于150℃）
磨损性能 FZG齿轮试验 Vickers泵试验 叶片失重 环失重	3次平均最大100mg 每次最大150mg 最大15mg 最大75mg，无异常磨损或应力	ASTM E4998 M-2952-S
摩擦性能		VC-70，TO-4摩擦试验，Link Model 1158油/摩擦试验机，部件套#8E4103附表列出暂行合格要求，摩擦系数与能量极限的合格范围由参考油对每个部件套比较确定 试验机起始动量为：1.003N·m·s±0.01N·m·s

二 汽车自动传动液的组成

随着汽车自动变速器的发展，用于润滑、冷却、动力传递、液压控制、传动装置保护以及有助于平滑变速的自动传动液（ATF）也在同步发展。ATF规格比较复杂，在美国主要由各大汽车公司或变速箱和液力传动装置制造厂制定公司的专用规格，有代表性的ATF规格主要有适用于商务用车、轿车自动变速器的通用汽车公司Dexron规格和福特汽车公司的Mercon规格；用于重负荷动力转向系统的Allison C规格和用于动力转换、直接驱动传动、末端驱动、差速器和湿式盘式刹车的Caterpillar TO系列规格。

汽车自动变速系统在欧洲、美国、日本被普遍采用，目前美国轿车中的安装率高达90%以上，随着我国汽车工业的飞速发展，安装自动变速器的轿车也越来越多。ATF必须具备多方面的特性，是一种性能全面的优良油品，须满足如下性能要求：

（1）适宜的高低温黏度。较高的黏度指数和优良的低温性能，使用温度范围一般为-25～170℃。作为传递介质要求黏度低，而作为润滑介质又要求黏度高，二者兼顾需要一个合适的黏度范围；低温黏度除满足自动变速器启动性和泵送效率外，还要考虑离合器低烧结的危险，Dexron Ⅲ规格要求-40℃布氏黏度不超过20000mPa·s。ATF的低温特性主要取决于选择合适的基础油和多功能稠化剂。

（2）优良的抗氧化性能。汽车行驶中ATF温度在80～90℃，苛刻条件下可达150～170℃，油品温度升高，氧化产生油泥、漆膜和酸性物质，黏度的变化都会对离合器产生不良影响。随着变速装置不断改进，对ATF的抗氧化性能要求不断提高，反映在规格中氧化条件愈来愈苛刻，控制指标更加严格。一般情况下，不同类型的高温抗氧剂、金属减活剂复合使用才能满足ATF的抗氧化性能要求。

（3）特殊的摩擦特性。在ATF诸多特性中，摩擦性能是最重要而又最难达到的性能。摩擦特性实际上是换挡感觉、动力矩、负荷和摩擦耐久性的综合平衡性能，主要取决于ATF与摩擦副相匹配的静、动摩擦系数。优良的ATF希望动摩擦系数尽可能高，静、动摩擦系数之比要小于1；离合器的啮合时间要尽可能短；在全部操作温度范围内摩擦特性保持不变。合适的摩擦改进剂是ATF最重要的组分，所有的ATF规格都要求使用SAE No.2摩擦试验机来评定ATF的摩擦特性。

（4）优良的抗磨性能。ATF应具有防止齿轮、轴套、止推垫圈、油泵、离合器组件和制动器传送件磨损的性能，以保证泵的使用寿命和全部转动部件的接触外形。

（5）优良的橡胶密封适应性。ATF需与多种橡胶密封材料具有优良的适应性。

（6）优良的剪切性。ATF要通过液压自动循环台架评定，试验后100℃运动黏度不低于5.0mm^2/s。除此外，ATF还应具有优良的抗腐防锈性、抗泡性和清净分散性。

基础油对ATF十分重要，一般石蜡基基础油具有黏度指数高的优点，但由于倾点太高，需深精制、脱蜡后才能部分采用，石蜡基油对某些橡胶有收缩作用；环烷基油虽然低温性能可得到改善，但黏度指数太低，影响高温黏度，同时氧化安定性差，对橡胶有溶胀作用；合成油具有黏度指数高、黏温性能好，不加稠化剂就能满足ATF高低温黏度要求，且氧化安定性好，挥发性小等特点，但价格昂贵，不能广泛采用，一般多采用Ⅱ/Ⅲ类基础油掺和少量合成油及石蜡深精制低凝油作ATF基础油。

ATF各方面性能的平衡主要靠添加剂来实现，需要加入黏度指数改进剂、清净分散剂、抗氧剂、抗磨剂、摩擦改进剂、防锈剂、抗泡剂等多功能添加剂，总剂量高达10%左右，占添加量一半的黏度指数改进剂采用具有增黏、降凝、分散功能的低分子量聚甲基丙烯酸酯，以保证优良的高低温性能和剪切稳定性；采用酚型（T501）、胺型（Ciba公司L–57）及ZDDP等复合，以保证优良的抗氧防腐性能；加入磷酸酯/亚磷酸酯及烯基羧酸、油酸酰胺改善ATF的抗磨性能和摩擦特性，使油品中点摩擦系数及中点动扭矩保持在较高水平；采用硼化烯基丁二酰亚胺及少量高碱值清净剂可有效抑制系统的影响，还有一定的防锈功能。功能添加剂的类型、作用及ATF配方列于表6–15、表6–16。

表6–15　功能添加剂的类型及作用

类型	添加剂	作用	加入量/%
清净分散剂	磺酸盐，烯基丁二酰亚胺，硫化烷基酚盐	控制油泥与积炭生成	1～3
抗氧剂	二硫代磷酸锌，烷基酚，芳香胺	抑制油品氧化	0.5～1
抗磨剂、摩擦改进剂	磷酸酯，亚磷酸酯，胺类，二硫代磷酸锌	防止金属磨损，控制动静摩擦系数，改善换挡感觉	1～2
防锈剂	磺酸盐，脂肪酸类，酰胺	防锈防腐	0.1～0.3
抗泡剂	硅油及非硅抗泡剂	抑制泡沫生成	10～50mg/kg
密封材料溶胀剂	磷酸酯，芳烃化合物	防止橡胶收缩、溶胀	0.1～0.3
金属减活剂	有机氮杂环化合物	抑制金属腐蚀	0.01～0.1
染料	红色染料	ATF识别	0.01～0.02

表6–16　ATF配方组成

项目	添加量/%	具体成分
基础油	90	HVIW75，油公Yubase3或加氢2cSt，PAO
黏度指数改进剂/降凝剂	5.3	聚甲基丙烯酸酯
功能剂	4.7	复合抗氧剂1.5；抗磨剂磷酸酯1.5；摩擦改进剂1.0；清净分散剂0.5；防锈剂T746、金属钝化剂T551各0.1

续表

项目	添加量/%	具体成分
消泡剂	10mg/kg	—
红色染料	0.0025	—

自动传动液的型号不同，其摩擦特性也不同。不同国家生产的汽车变速器的构造不完全相同，对ATF的要求也不同。日本早期生产的ATF用于丰田、日产等自动挡轿车。我国研制生产的ATF满足Dexron Ⅲ规格，已在国内汽车生产厂广泛应用。

ATF的组成就是要满足包括摩擦特性在内的上述全部性能，其配方设计远比其他油品复杂。在日本，ATF应用时间较长，早期生产的ATF的配方组成见表6–17，分析其配方设计特点，供大家参考。

表6–17　日本早期生产的ATF配方组成　（质量分数）

类别	添加剂	特点及作用	添加量/%
黏度指数改进剂	聚甲基丙烯酸酯的胺化物	分子量4800；稠化、降凝、分散	5
抗氧剂	苯胺	抗氧化	0.5
无灰分散剂	丁二酰亚胺	N:2.1%；分子量3270；分散	5
清净剂	石油磺酸钙	R:C_{16} ~ C_{22}；清净、防锈	1
抗磨剂	磷酸酯	R:C_4，磷含量17%；抗磨	0.18
		R:C_8，磷含量11.7%	0.26
抗磨剂	亚磷酸二丁酯	R:C_4，磷含量16%；抗磨	0.19
抗磨剂	ZDDP	R:C_4，磷含量8.1%，锌含量8.8%；抗磨、抗氧	0.37
摩擦改进剂 FM–1 FM–2 FM–3 FM–4	 高级醇 高级醇 烯基羧酸 油酰胺	 减摩、防锈 减摩、防锈 减摩、防锈 减摩、防锈	 0.13 0.13 0.14 0.14

ATF的使用温度一般为–25 ~ 170℃，因此要求其具有较高的黏度指数和较低的倾点。表6–17配方中加入5%的聚甲基丙烯酸酯的胺化物，具有稠化、降凝和分散作用，控制其分子量的目的在于确保抗剪切稳定性。另外聚甲基丙烯酸酯还有一定的抗泡沫作用。

抗氧剂的种类和牌号较多，该配方选用二苯胺和ZDDP可显著提高油品的抗氧化效果。

高碱值金属清净剂中含有大量的磺酸钙，对油品提供了足够的碱值，对高温清净性起至关重要的作用，同时还具有一些抗磨作用（高碱值磺酸盐还具有极压抗磨作用，称之为惰性极压剂，可提高油品的摩擦持久性）。配方中采用内燃机油惯用的高碱值磺酸钙、聚异丁烯基丁二酰亚胺和ZDDP三元组合，可显著提高ATF油的清净分散性。该配方的特点是无灰分散剂占添加剂总剂量的近一半，这可能是早期生产的ATF更加重视氧化产生的油泥、漆膜或酸性物质对离合器、液压控制系统和排液管路的影响。另外，丁二酰亚胺中的酰胺结构还有一定的防腐防锈功能。

为了提高油品的抗磨性，表6–17配方中选用了正丁醇和辛醇按1∶1比例合成的磷酸酯与亚磷酸二丁酯混合物作ATF抗磨剂，这种用不同活性的含磷剂配合使用，在齿轮油配方中早已司空见惯。当然，用低碳数的ZDDP主要也是为了提高抗磨性。

有人把摩擦特性看成ATF的关键评定指标，在配方中加入剂量可观的摩擦改进剂。其实上述配方中只辅加了少量的油酸及同类结构的醇、胺和酰胺，使ATF在不同润滑条件下都具有恒定的摩擦特性。分子中保存适量的不饱和结构只为提高其低温性能又不会降低其氧化安定性。

整个配方未见防腐防锈剂和抗泡剂，这正是该配方设计的高明之处。稍加留意就会发现，高碱值磺酸钙、脂肪酰胺本身就是很好的防锈剂。因此，在配方研究中，应尽可能使用多效剂，不能一提及油品的抗氧化性就用T501，一提及防锈防腐性就用T746和T561。这样，不但把配方复杂化，而且还要耗费时间和精力去研究剂与剂之间的相互作用及影响，事倍功半。这就是研究该配方设计得到的启示。

三 无级变速器油的特性与配方

近几年，汽车变速器除了手动变速器（MT）和自动变速器（AT）外，低油耗和操作性优越的金属钢带型无级变速器（CVT）的应用也在不断增加。2007年在日本销售的汽车中，约50%装配了CVT，且多用于小型车。无级变速器是在输入轴转速不变的情况下，其输出轴转速可以在一定范围内连续变化的汽车变速器。汽车金属带式无级变速器是当代最先进的变速器之一，由于它能够让发动机在最佳状态下工作，依靠变速器无级调速来适应汽车的各种速度，因此可以使发动机燃油燃烧状况处于最好，排气污染最小。

采用CVT的汽车比用自动变速器节油7%～15%，减少废气排放约10%，而且生产成本降低20%～30%。

由于CVT的锥盘加压、传动与调速是靠专用高压油实施的，CVT专用油（CVTF）同时起润滑和传递动力与调速的作用。CVTF除了应具有良好的润滑性外，还必须有合适的黏度、黏度指数、剪切安定性、摩擦因数、牵引系数、低温动力性以及黏温黏压性等，以满足金属带传动的要求，保证合适的滑差率。传统的自动变速器传动液不能完全适用CVTF，CVTF必须选用性能优异的基础油和添加剂，以便达到摩擦因数、牵引系数处于一个最佳平衡值，使CVT工作特性达到最大优化，通常要求使用寿命在100000km以上。汽车需要一年四季南北通行，因此对低温性能和黏度指数要求很严格，其倾点要求在-50℃以下。

开发CVTF的关键技术是：基础油和添加剂的选择、用量、配伍和评价；CVTF各项理化性能指标和模拟评价参数与实际应用效果的关联度，与整机、整车的匹配标定。目前在用的CVTF的主要技术指标见表6-18。

表6-18 CVTF参考技术指标

项目	技术指标	测试方法
外观	清亮透明	目测
运动黏度（40℃）/（mm^2/s）	26～36	GB/T267
运动黏度（100℃）/（mm^2/s）	6.5～8.0	GB/T267
黏度指数	≥170	GB/T267
闪点（开口）/℃	≥150	GB/T261
倾点/℃	≤-45	GB/T3535

续表

项目	技术指标	测试方法
P_B/N	≥680	GB/T3142
P_D/N	≥2000	GB/T3142
D^{200N}_{30min}/mm	≤0.48	GB/T3142
D^{400N}_{30min}/mm	≤0.62	GB/T3142
摩擦系数	实测并根据实际要求进行修正	
牵引系数	实测并根据实际要求进行修正	
实机测试	匹配良好，满足CVT工作特性最佳化	

CVTF是汽车公司、CVT制造厂开发的专用油，与普通服务油不同，CVTF主要是装车油，属终生或半终生油，即只有在CVT需要修理时才配套更换CVTF，不同品牌、型号的CVTF不能通用。目前，国内CVT正在研制开发，即将产业化。

CVT是自动变速器的一种，与传统的自动变器相比，具有结构简单、体积小、可自动改变传动比等特点，从而实现全程无级变速，可保证发动机始终在最低燃油耗下工作。

无级变速器产生的牵引驱动力，依靠高硬度金属转动体间接触部分供给的润滑油形成油膜，在接触点上使两转体产生接线速度差，利用上述油膜间发生的剪切力，把动力传递出去。无级变速器可在不发生被动轴转速增减呈阶跃变化所产生的时间间隙和冲击的情况下平稳圆滑地换挡。这种新技术已在日本轿车中广泛应用，具有代表性的是本田公司的多片湿式无级变速器，其动力消耗小，油耗低，起步平稳。

CVT的主要缺点是扭矩较小，只限于使用在发动机排量2.5L以下的轿车和轻型卡车上。CVTF具体的特点如下：

（1）牵引特性（摩擦传动性能）

CVT的钢－钢摩擦形式和薄膜要求与扭矩转换器的摩擦形式基本一致，牵引特性是全部性能中最重要也是最难达到的性能，实际上它是一个复合的性能，须确保动力矩负荷和摩擦耐久性的综合平衡，且牵引系数必须在0.05以上，实际使用的多为0.09～0.095。石蜡基油牵引系数比环烷基油低而不宜采用，合成酯更低，也不宜选用。牵引系数的提高与传输扭矩成正比，且还可以大大延长耐疲劳寿命。

（2）黏度、黏度指数。无级变速器油采用黏温性能好、100℃运动黏度为5～10mm^2/s的基础油，其黏度指数须大于170。

（3）抗剪切性能。由于无级变速器滑块与滑轮间剪切扭矩大，油中不能辅加高聚物黏度指数改进剂。

无级变速器属滚动摩擦与滑动摩擦的混合摩擦，正常运转时大体上处于弹性润滑和流体润滑状态，但启动和停车时则处于边界润滑和混合润滑状态，在配方中必须有油性剂和极压抗摩剂。除此之外，还要求好的热氧化安定性、密封材料的适应性、防腐防锈性、抗泡性和低温流动性，有些性能大致与自动传动液有类似之处。

CVTF的主要性能是，有更大的金属间摩擦系数和必要的、足够长的防振寿命。CVTF是在基础油中添加抗氧剂、黏度指数改进剂、清净分散剂、抗磨剂和摩擦改进剂等多种添加剂调配而成的，其中影响CVTF摩擦系数的主要是清净分散剂、抗磨剂和摩擦改进剂。值得注意的是，并不是所有的上述添加剂都能够提高摩擦系数，必须谨慎从多种添加剂中筛选。选择摩擦改进剂是CVTF配方研究的关键，应尽可能选择降低摩擦系数少的化合物，使CVTF的摩擦系数长久保持在0.125水平。CVTF的复合剂配方组成为：

油性剂、摩擦改进剂及含磷抗磨剂	55%
磷酸酯类型抗氧剂／酚类抗氧剂/胺类抗氧剂	30%
防腐、防锈、金属钝化剂	5%
清净分散剂等	10%
总加剂量	5.5%

目前国际上尚无评价无级变速器油的标准，美国西南研究院（SWRI，Southwest Research Institute）建立了多种评价不同类型CVT的方法，但没有被OEM接受。最近GM开发了一个评定无级变速器油摩擦传动性能的台架，该台架可能会出现在通用公司汽车传动液标准GM DEXRON Ⅳ中。由于无级变速器具有良好的燃油经济性，世界各大汽车公司已陆续着手生产装备有CVT的轿车。随着CVT技术的进一步发展，一些新的评价油品的台架和试验方法亦将会陆续建立和完善。CVT将从低扭矩、低容量发动机移向高扭矩、高容量发动机，福特、菲亚特、奥迪公司纷纷推出可匹配大排量发动机的CVT，意味着无级变速器将会得到进一步应用，其规格也会迅速发展、成熟。

四 双离合器变速器油的特性与要求

双离合自动变速器已有70多年的发展历史。1939年，法国人加尔奇首次构想了DCT，1940年，德国Darmstadt大学的教授弗兰克第一个申请了双离合变速器专利。2O世纪90年代末期，大众公司和博格华纳合作研发一款适用于大批量生产和应用于主流车型的双离合变速器，并于2002年首次向世界展示了这一技术，并给其命名为Direct Shift Gearbox，简称DSG，双离合技术由此正式进入量产时代。

双离合自动变速器继承了电控机械自动变速器和机械变速器结构简单、安装空间紧凑、重量轻和传动效率高的优点，又融合了液力机械自动变速器的不间断动力、换挡迅速平稳的优点，因此双离合自动变速器既可以应用在大型载重汽车、城市公共汽车和中型货车等大中型车辆上，也可以用在运动型车辆上。目前常见的双离合变速器有大众DSG、福特Powershift、三菱SST、保时捷PDK、宝马MDKG和奥迪S-Tronic等。根据相关机构对代加工配套和售后市场的综合分析预测，全球的自动变速器市场仍将不断增长。

目前，国外双离合自动变速器的主流供应商主要有博格华纳（Borg Warner）、格特拉克（Getrag）、鲁克（LuK）、采埃孚（ZF）、格拉奇亚诺（Graziano）和里卡多（Ricardo）等。与国外相比，国内对双离合自动变速器的研究相对较晚。2002年，吉林大学与杭州前进齿轮箱集团合作开发轿车DCT，在变速器结构和双离合总成设计方面取得了一定的研究成果。2006年．国家科技部将双离合自动变速器列为“十一五”国家“863计划”现代交通技术领域“汽车开发先进技术”重点项目，项目分别由重庆青山工业有限责任公司、杭州前进齿轮箱集团和吉利集团承担。2008年，在国家发改委支持下，国内12家汽车企业联合成立了“中发联”，并与美国的博格华纳公司进行合作开发双离合自动变速器。在2009年上海国际车展上，吉利汽车首次展出了国内第一款自主研发的具有7个前进挡的双离合自动变速器，填补了国内空白。吉利公司基本掌握了双离合自动变速器的关键技术及双离合自动变速器的开发流程。

DCT的工作原理与手动变速箱MT相近，所不同的是DCT使用2个离合器，但没有离合器踏板。在DCT中，先进的电子系统和液压系统像控制标准自动变速器那样对离合器进行控制，各离合器可以单独运转，瞬间转换通常在百万之几秒的时间内完成。因此DCT消除了传统MT换挡时的动力传递停滞现象，可以实现更加平顺的换挡。DCT分为干式和湿式；两种，两者的差异在于扭矩传递方式及润滑方式不同：湿式DCT用油冷却双离合器摩擦片，其扭矩传递通过浸没在油中的湿式离合器摩擦片来实现；干式DCT通过离合器从动盘上的摩擦片来传递扭矩，离合器不需要使用油品来进行润滑和冷却。最初的DCT都是湿式的，采用油浴或循环润滑方式，通常用于更高扭矩的场合。这类应用需要控制更强大的动力，同时需要更有效的散热功能。由于干式DCT因其自身所具有的传递扭矩的高效性以及节省了相关液力系统，在很大程度上提高了燃油经济性，较湿式DCT的燃油经济性更优。与传统的MT相比，干式DCT可节省油耗6%左右。

湿式、干式DCT的特点及应用见表6-19。

表6-19　　湿式和干式DCT的特点及应用情况

项目	湿式DCT	干式DCT
工作特点	通常用于更高扭矩的场合。需要控制更强大的动力。相对较高的成本限制了DCT在250N·m及更高扭矩输出的中型车上应用	适用于无需处理高扭矩的小型车辆。具有轻量化、体积更小巧和价格更低廉的特点
离合器润滑	变速箱和离合器可能会共用一个油槽，也可能各自单独的油槽。离合器利用润滑油进行冷却和润滑。同时适用于较高或较低扭矩应用	变速箱使用一个油槽。离合器无需使用润滑。由于在高负荷下没有油液对离合器进行冷却，因此仅限用于较低扭矩的应用
变速箱润滑	使用同一油槽的离合器DCT润滑油需同时满足离合器摩擦片间的摩擦要求及变速箱承载和同步啮合方面的性能要求。以DQ250变速箱为例，需要润滑油6.5L	变速箱由手动变速箱油进行润滑。良好的承载抗磨损能力、抗氧化能力以及同步啮合方面的性能要求等。以DQ200变速箱为例，需要润滑油1.7L
效率分析	泵送DCT润滑油时会发生能量损失	降低了液体泵送时的寄生损失，减少了重量和液体数量，可提高效率
典型应用变速箱型号装配车型	大众DQ25O、福特6DCT450、一汽7DCT350R 一汽大众迈腾、新帕萨特、福特蒙迪欧、致胜等	大众DQ200、福特6DCT250、菲亚特DDCT 上汽大众途安、斯柯达明锐、福特嘉年华等

双离合器自动变速器油（Dual Clutch Transmission Fluid，以下简称DCTF）作为DCT的工作和润滑介质，其主要作用有：传递压力和动力，完成双离合器的啮合，分离及换挡动作；对双离合器自动变速器进行冷却；对齿轮、同步器、轴承和双离合器进行润滑；保护双离合器自动变速器不受到磨损和腐蚀。对于干式DCT而言，由于离合器不需要油液润滑，其润滑要求与传统MTF（手动变速箱油）一致。对于湿式DCT而言，润滑部位主要包括离合器、齿轮组、主轴和同步器，其润滑要求相对于干式DCT要高，DCTF既要求具有手动变速器油（MTF）对齿轮和同步器磨损、点蚀良好的保护性能，又要求具有自动变速器油（ATF）良好的摩擦性能和抗抖动性能。因此DCTF要同时兼顾ATF和MTF的主要性能，并且在原有性能要求基础上均有所提高。湿式双离合器油的主要性能要求如下：

（1）适宜的黏度和黏温性能。DCTF在高温条件下要有良好的润滑和冷却性能，防止离合器片过热，并且在低温下要保证启动性能和泵送性能。在保证能形成足够油膜厚度的前提下，低黏度油品可降低系统传动阻力和功率损耗，增加流体流动速度，使系统散热更快。

DCT系统工作温度较高，液压和冷却循环系统的效率对DCT工作稳定性影响很大，一般要求DCTF的黏度比手动变速箱齿轮油的黏度要低，在满足性能要求的前提下，DCTF的黏度应该越低越好，DCTF的高温黏度、低温黏度与ATF相当。

（2）适宜的动、静摩擦特性。摩擦特性是DCTF的重要特性，一般通过静摩擦因数和动摩擦因数来评价。DCTF应具有与摩擦材料相匹配的静摩擦因数和动摩擦因数，动摩擦因数过小，离合器啮合时滑动增大，启动转矩损失大。为了减少扭矩传递中的损失，离合器在啮合时要尽量提高离合器片间的动摩擦因数，但动摩擦因数不能太大，以免增大离合器间的摩擦，产生磨损。此外，静摩擦因数也不能过大，否则离合器在低速阶段会引起转矩激烈增大，使换挡感觉不够平顺。因此，DCTF中加入摩擦改进剂时既要考虑离合器的平滑啮合、减小扭振，又要考虑啮合时的扭矩损失．使两者达到平衡。

（3）适宜的抗磨特性。抗磨性是机械传动时对油品的基本性能要求，由于DCT是在传统手动变速器基础上通过增加2个离合器和1个电液控制单元来实现自动变速的，其上有互相啮合的各种齿轮。为满足齿轮润滑的需要，DCTF必须具有良好的润滑性，以防止齿轮的点蚀和磨损。因此要求DCTF的抗点蚀、抗擦伤和抗磨损性能等要至少达到MTF的同等水平。

（4）适宜的同步器耐久性。与MTF性能类似，DCTF也应具有适宜的同步器耐久性能。采用SSP180同步器试验，通过同步环摩擦因数和磨损量考察油品的同步器耐久性。目前，同步环的主要材质包括黄铜、钼、纸质、烧结青铜以及碳复合材料，材质不同，其换挡舒适性及耐久性能均有差异，碳复合材料最好，纸质、钼和烧结青铜次之，黄铜最差。因此，DCTF必须配合同步器材料和结构，以实现同步器的耐久性。

（5）适宜的热氧化安定性。DCT离合器在工作时会产生较大的热量。在高温下，DCTF氧化使黏度增大，流动性降低以及在摩擦副表面逐渐积聚，影响油品的摩擦性能，增大离合器的黏滞作用，从而造成双离合变速器产生抖动。

（6）适宜的剪切安定性。在DCTF中需要加入一定的黏度指数改进剂，但这类的高分子化合物分子结构容易在机械剪切作用下发生断裂，一方面造成油品的承载能力降低，另一方面改变油品的黏度，影响油品的使用寿命。因此，随着对油品长寿命要求的逐渐提高，DCTF具备一定的抗剪切稳定性是非常重要的。

目前DCTF的研究开发主要基于与国外OEM 厂商进行技术合作，基于OEM的产品机械结构、摩擦材质及其他具体性能要求进行DCTF配方设计。在DCTF配方设计中，为了达到更大的扭矩传递效率和扭矩容量，需要DCTF具有较低的运动黏度、稳定的黏温性能、氧化安定性及剪切安定性良好等。目前，DCTF的基础油主要是合成油或半合成油，具有优异的高热氧化稳定性，黏度指数高，倾点低，低温流动性好，剪切安定性高和矿物油的相容性好等。但由于合成油或半合成油的成本较高，所以使用Ⅲ类基础油将是未来DCTF的发展趋势。选用Ⅲ类加氢基础油进行DCTF配方设计需要加入一定量的黏度指数改进剂。常用的黏度指数改进剂主要有聚甲基丙烯酸酯（PMA）、烯烃共聚物（OCP）和氢化苯乙烯双烯共聚物（HSD）等。不同的黏度指数改进剂具有不同的性能特点，因此需要结合DCT的机械性能来选取合适的黏度指数改进剂。摩擦特性和承载性能是DCTF的重要性能，因此配方设计中需要加入一定量的摩擦改进剂和极压抗磨剂。常用的摩擦改进剂包括有机钼化合物、有机硼酸酯、硼酸盐以及硫化脂肪酸等；常用的极压抗磨剂有硫磷型极压抗磨剂，如硫化异丁烯、磷酸酯等。在配方设计中，摩擦改进剂和极压抗磨剂一般复合使用，产生协同效应，使

DCTF的性能更加全面。DCTF氧化产生的酸性物质会对DCT造成腐蚀，为了增加DCTF的抗氧化 性能和抗腐蚀性能，需要在DCTF配方中加入一定的抗氧剂和抗腐蚀剂。但抗氧剂和抗腐蚀剂的选择同样要考虑与其他功能添加剂的复合效应，特别是与摩擦改进剂和极压抗磨剂的协同效应和对抗效应。因此在确定DCTF配方时，必须仔细平衡极压性和防锈性.目前国内还没有明确的DCTF规格标准，导致DCTF的研究开发相对滞后，随着双离合自动变速器技术的进步，会对DCTF规格形成相对清晰的性能要求，将促进DCTF规格标准的建立和开发。

五 汽车自动传动液的选用

汽车自动液力变速器中变矩器的工作油液、液压操纵系统的工作油液以及行星齿轮机构的滑润油液都是一种专用的液力传动液。它是一种特殊的高性能润滑油，不仅具有润滑、清净、冷却的作用，还具有传递扭矩和液压以控制自动变速器的离合器和制动器工作的功能。由于自动变速器的工作环境比较恶劣，因而，对自动传动液的选用、加注方法、用油量、维护检查方法和换油等均应严格按规定执行。否则，不但容易发生故障，而且影响自动变速器的使用寿命。

1．ATF的选用

自动变速器的工作特点要求ATF必须具有较高的品质，应具备以下性能：适当的黏度和低温流动性、抗磨性、热氧化安定性、抗泡性、密封材料适应性、摩擦特性以及贮存安定性等。自动传动液的型号不同，其摩擦系数也不同。因此，用油时一定要按照自动变速器使用说明书中规定的型号使用，既不能错用，也不能混用。如果规定使用GM的Dexron Ⅱ型而错用FORD的F型，会使自动变速器发生换挡冲击和制动器、离合器突然啮合的现象。反之，规定使用FORD的F型而错用GM的Dexron Ⅱ型，则会出现自动变速器的离合器、制动器打滑，加速摩擦片的早期磨损。

2．ATF的加注

ATF油量的多少，对其使用性能和使用寿命均有较大影响。因此，加入变速器的油量必须符合标准。若油面低于标准，机油泵会吸入空气，导致空气混入工作液，降低油压，造成各控制器和执行元件动作失准，操纵失灵，离合器片、制动器会早期磨损，加速ATF的氧化变质。当油面过低时，由于运动件卡滞而产生噪声。当油面高度过高时，会因机械搅拌而产生大量泡沫。这些泡沫进入液压控制系统，引起与油面高度过低同样的问题。如果控制阀体浸没于ATF中，则液压管路中的制动器、离合器的泄油口会被自动变速器油阻塞，施加于离合器、制动器的油压不能完全释放或释放速度太慢，使离合器、制动器动作迟缓。在坡路行驶时，由于过多的油在油底壳中晃动，可能从加油口往外窜油，容易引起发动机罩下起火。

正确的加油方法是：汽车停放在水平路面上，并将选挡杆置入停车位（P挡位）。加油时，先从加油口注入ATF，使之达到规定的高度。然后启动发动机，在发动机怠速运转的情况下，移动选挡杆，经所有的挡位后回到P挡位，再加油至规定的高度。如果加油时不慎使油面高于规定的高度，这时不应勉强使用，而应该拧开放油螺塞进行放油。如果没有放油螺塞，可以从加油口用吸管或其他器具吸出。

变速箱油的更换与发动机机油的更换不同，其需要由专业人员使用专业工具及设备进行操作，否则极易适得其反。一般来说，有以下几种变速箱油的更换方式：

①通过重力作用进行更换，更换率约为40%，需要使用的新油量最少，但换油效果最差，大部分的旧油并没有被更换；

②拆换油底壳及滤清器进行更换，更换率约为65%，需要使用的新油量略高于重力换油，其换油效果要优于重力换油；

③使用循环换油机进行更换，更换率为90%以上，需要使用的新油量约为拆换油底壳更换方法的1倍，这种方法用油量多但更换的最为彻底，对变速箱的保护也最好。

六 我国液力传动油的生产

根据JB/T 12194—2015《液力传动油》标准，液力传动油根据使用设备的不同分为液力偶合器用液力传动油和液力变矩器用液力传动油，分别相当于6#液力传动油和8#液力传动油，见表6-20。其中常用的8号液力传动油主要用于各种小轿车、轻型载货汽车的液力自动变速器传动系统，6号液力传动油的性能接近于国外的PTF-2类油，主要用于内燃机车或载重汽车的液力变速器及工程机械（如挖掘机、装载机、推土机等）的行走系统。

表6-20　JB/T 12194-2015液力传动油

项目		技术指标		试验方法
黏度等级		6#	8#	—
运动黏度（100℃）/（mm²/s）		不小于6.0	不小于7.0	GB/T 265
黏度指数		不小于100	不小于120	GB/T 1995
闪点（开口）/℃		不低于160	不低于180	GB/T 3536
倾点/℃		不高于-20	不高于-30	GB/T 3535
表观黏度（-20℃）/（mPa·s）		—	不大于3500	SH/T 0739
水分/%		不大于0.03	不大于0.03	GB/T 260
机械杂质/%		无	无	GB/T 511
泡沫性（泡沫倾向性/泡沫稳定性）/（mL/mL）　不大于	24℃	不大于50/0	不大于50/0	GB/T 12579
	93.5℃	不大于50/0	不大于50/0	
	后24℃	不大于50/0	不大于50/0	
铜片腐蚀（100℃，3h）/级		不大于1b	不大于1b	GB/T 5096
橡胶相容性 氟橡胶　体积变化率/% 　硬度变化/HA 丙烯酸酯橡胶　体积变化率/% 　硬度变化/HA 丁腈橡胶　体积变化率/% 　硬度变化/HA		 0-4 -8-4 0-4 -2-5 0-6 -9-5	 0-4 -8-4 0-4 -2-5 0-6 -9-5	附录A
液相锈蚀（蒸馏水法）		无锈	无锈	GB/T 11143
圆锥滚子剪切安定性 100℃运动黏度/（mm²/s） 100℃运动黏度下降率/%		 — 不大于15	 不小于6.0 不大于20	NB/SH/T 0845
FZG齿轮机试验/失效级		—	不小于10	NB/SH/T 0306
氧化安定性（酸值达2.0mg/KOH/g的时间）/h		不小于1000	—	GB/T 12581

目前，我国轿车市场仍是一个发展中市场，还没有达到成熟市场阶段，欧洲车占21%的

市场份额，美国车占14%，日本车占28%，而且我国本土汽车品牌也正在发展壮大。与此同时，我国自主生产的自动变速器使用率也在大幅上升，在轿车中自动变速器已占35%。我国自“八五”期间开始对汽车自动传动液新产品进行研制，并生产出质量符合国际通用的Dexron Ⅱ、New Mercon和Allison C-4规格的自动传动液。

第六节　润滑油液监测技术

现代润滑理念提出，润滑不仅仅就是润滑油，同时还需要进行设备润滑管理，这是一项系统工程，它贯穿整个设备的生命过程，而其核心就是油液检测技术。

油液检测技术提供了设备润滑的全程服务，产品售出只是第一步，这仅仅是完成了选油步骤，如何正确使用润滑油，科学规定换油周期，制定监测参数和准则，根据用户使用情况对油品进行针对性改进，保证油品使用可靠，这也是创立产品品牌和提高品牌声誉的有力保障。

液压系统油液在现代机械中的地位犹如人体中的“血液”，在机器的性能寿命中起着关键的作用，调查显示系统故障的70% ～80%是由液压油液的污染所造成的，而这些故障的80%则是由固体颗粒污染物所引起的磨损故障。因此，以这些“血液”提出一套有效的监测与分析方法将是机械故障诊断的重要手段。

所谓油液监测技术就是通过分析被监测机器在应用润滑剂或者其他油液工作介质的性能变化和携带的磨损微粒的情况，获得机器的润滑和磨损状态的信息，评价机器的工况和预测故障原因的技术。通过油液监测技术手段的实现，可以对机器实行主动维修，提前更换系统油液，从而避免机械重大事故的发生。

一　油液监测技术的基本原理和方法

油液监测技术是实现设备润滑状态监测与磨损故障诊断的重要技术手段，其主要是通过对设备在用润滑油理化性能指标和油中磨损金属颗粒及污染产物的分析来获取设备摩擦副润滑和磨损状态的信息，从而对设备的润滑状态及磨损故障进行诊断。如同人体身体状况可以通过对血液的化验来对人体内部病患进行诊断，油液监测技术就是把人体血液诊断病理学移植到机械设备的故障诊断上来。因为润滑油就是设备的血液，设备几乎所有的摩擦副都需要润滑，设备在用滑润油携带了设备摩擦学系统丰富的状态信息，通过对这些状态信息的综合分析，并参考设备的运行工况、设备摩擦副材料、设备现场的维修保养记录，可以有效地实现机械设备的磨损故障诊断，指出设备故障发生的部位，确定故障的类型，解释故障发生的原因，预告故障发生的时间，所以油液监测技术已成为国内外机械设备润滑系统故障诊断的重要技术手段。

油液监测技术是由多种油液分析方法组成，主要有理化分析、光谱分析、铁谱分析、红外分析和污染分析等。表6-21列举了油液监测技术的主要方法、原理和目的。这些分析方法各有所长，需针对具体的监测对象来选择合理的分析方法。在日常油液监测工作中要根据本企业设备的特点及运行状况，确定合理的油品监测项目、取样点、取样方法和取样周期。另外，油液诊断的关键所在是根据各种分析方法得出的分析结果，对设备的润滑磨损故障进行综合诊断，提出合理的视情维修建议。

表6-21 油液监测技术的主要方法、原理及目的

分析方法	简要原理和分析内容	分析目的
理化分析	分析油品的常规理化性能指标，主要有：黏度、黏度指数、闪点、水分、酸值、腐蚀性、抗泡沫性、破乳化性和不溶物等	新油质量、油品变质、油品误用、油品污染等
光谱分析	主要用于分析油中磨损金属、污染元素和添加剂元素的浓度，能在1min的时间内分析出24种元素的含量	磨损故障、污染来源、油品变质等
铁谱分析	用物理方法（磁性法）将油中磨损金属颗粒、污染杂质颗粒分离出来，用显微镜检测其形貌、尺寸和数量	磨损故障的部位、原因和程度，污染来源
红外分析	分析油品在使用过程中所产生的氧化物、硝化物、胶质和积炭颗粒的相对含量以及添加剂分子结构的变化	油品劣化程度、新油质量评定等
污染分析	主要用于分析油中固体污染颗粒的数量，液压油常用颗粒计数器法	油品污染程度、设备磨损程度等

二 油液监测技术是对润滑油销售的技术支持

当润滑油品销售市场逐步规范经营和有序化，润滑油产品的销售竞争在很大程度上是靠产品的技术服务支撑来实现，对于这点国内外著名石油公司都有深刻认识并予以高度重视。例如壳牌的“Shell Care程序”，埃克森美孚的“优释达油品分析”，龙蟠的“3E Care程序”等都是以技术服务来提升企业产品的竞争力，而这些技术服务程序中的技术核心就是油液监测技术，这些技术服务程序中的关键点在于人员的经验和专业水准。油液监测技术对润滑油销售的技术支持主要表现在以下4个方面：

①了解潜在客户存在的设备润滑磨损问题，从技术角度找出润滑油销售的商机；

②对用油客户发生的润滑、磨损故障进行分析诊断，找出客户使用和维修上的原因；

③对重大客户建立长期油液监测制度，提高油品公司的技术服务形象和销售品位；

④对上游供应商的油品进行定期抽检把关，对油品质量心中有数，以便采取对策。

三 油液监测技术的发展趋势

我国各种机械设备日趋先进和复杂，对油液分析技术提出了新的要求。随着计算机应用技术不断成熟和高性能传感器的出现，油液监测技术必将集成化、智能化、网络化并大量实现在线监测。

①加大基础性研究。广泛开展实验室基础性研究，对油液磨粒生成机理、运动轨迹、形状大小进行研究，找出磨粒形成与机械故障发生的关系模型。进行多种油液参数监测的深入研究，如磨粒、油液黏度、油液的理化性能等，分析各种参数监测的可行性和可靠性。

②加大计算机磨粒图像识别研究。采用新型高灵敏度准确度传感器，结合计算机图像技术、人工智能和视觉工程开发出可靠的在线监测技术产品。目前这种技术是油液在线监测技术最可靠的方法。

③将油液监测与故障诊断结合起来，开发集成油液监测系统。一方面开发油液参数监测产品，另一方面研究参数变化与机械故障产生的原因。通过油液在线监测其参数来实现故障定位和诊断。另外，可建立区域油液监测信息数据并实现网络化，从而实现资源共享，有效减少资源浪费。

第七章　汽车制动液

汽车制动液又称刹车油，是汽车液压制动系统中传递能量的一种功能液，在汽车化学品中被称作“安全油料”，其质量优劣直接影响驾乘人员和行人的安全。据有关部门对一定时期发生的交通事故进行的统计分析发现，制动液产品质量低劣是造成交通事故的一个不容忽视的因素。

汽车制动系统主要是由制动器和操作机构组成，制动器是指产生阻碍车辆运动和运动趋势的制动力部件，其中也包括缓冲装置；制动操作机构包括供能装置、控制装置、传动装置、制动力调节以及报警装置、压力保护等附加装置。一般来说，总重小于5t的汽车大部分采用液压式制动；总重在5～8t之间的汽车采用真空加力或气压助力的液压式制动。

简单液压制动传动机构是利用液体作为介质进行传力的，其优点是机械效率较高，通过改变轮缸直径比可以很容易地实现各车轮制动力的合理分配；其主要缺点是，过度受热后会有一部分制动液汽化，在制动总成管路中形成气泡。由于气体的可压缩性，从而形成制动系统的“气阻”现象，严重影响液压传输，使制动效能降低，甚至完全失效。

汽车制动液是车用化学制品唯一被中国纳入工业产品生产许可证管理的品种。制动液质量直接关系到制动系统制动效能的正常发挥，直接涉及行车安全，用量虽少，但受公众关注程度较高。

我国制动液行业的发展起步较晚，随着中国汽车工业的迅猛发展，目前在技术水平上已经能够和国际接轨，但由于长期低质量水平下形成的消费习惯，导致流通市场上的制动液质量依然良莠不齐，大量非标劣质制动液产品充斥市场，给人民生命财产带来严重危害。

第一节　制动液产品标准

一　国外制动液产品标准的制定和发展概况

世界上许多国家根据各自的具体情况制定了制动液产品标准或相应的安全法规，如美国汽车工程师协会标准SAE 1703–JAN95《机动车辆制动液》及美国联邦机动车辆安全标准FMVSS No.116《机动车辆制动液》、法国NF R12–640《液压制动液》、日本JIS K2233《机动车用非石油基制动液》、澳大利亚AS 1960–1983《汽车制动液（非石油基型）》等。除此之外，针对特殊要求，各国还制定了一些要求更为苛刻的技术标准，如美国军用标准MIL–

B-46176A、美国汽车工程师协会早年制定的SAE J1702等。在众多产品标准中，被较普遍采用的是美国SAE J1703、SAE J1704、SAE J1705制动液系列标准以及FMVSS No.116标准等。1976年国际标准化组织ISO/TC22道路车辆技术委员会起草了ISO 4925标准，1978年被批准发布为国际标准。该标准是首次发布的制动液产品国际标准，自1978年9月1日发布执行。近年来，西欧制动液产品发展势头迅猛，大有超过美国的趋势，美国机动车工程师协会的文件SAE J1709对此进行了较详尽的综述。

FMVSS No.116、SAE系列、ISO 4925是国际上普遍采用的3个制动液产品标准，ISO 4925、SAE J1703以及FMVSS No.116的技术性能要求见表7-1。

表7-1　　制动液规范质量要求对比表

项目		SAE J1703（16）	FMVSS No.116（96）			ISO 4925:2005
			DOT3	DOT4	DOT5	
平衡回流沸点（*ERBP*）/℃	≥	205	205	230	260	205
湿沸点（*WERBP*）/℃	≥	140	140	155	180	140
运动黏度/（mm^2/s）						
-40℃	≤	1800	1500	1800	900	1500
100℃	≥	1.5	1.5	1.5	1.5	1.5
pH值		7.0～11.5	7.0～11.5	7.0～11.5	7.0～11.5	7.0～11.5
液体稳定性						
高温稳定性（185℃，120min）						
ERBP≤225℃者		ERBP变化≤5℃	ERBP变化≤3℃			ERBP变化≤3℃
ERBP＞225℃者		ERBP变化≤5℃	ERBP变化≤[3+0.05×（ERBP-225）]℃			ERBP变化≤[3+0.05×（ERBP-225）]℃
化学稳定性						
ERBP≤225℃者		ERBP变化≤5℃	ERBP变化≤3℃			ERBP变化≤2℃
ERBP＞225℃者		ERBP变化≤5℃	ERBP变化≤[3+0.05×（ERBP-225）]℃			ERBP变化≤2℃
金属抗腐蚀性（100℃，120h）						
质量变化/（mg/cm^2）						
镀锡铁皮		±0.2	±0.2	±0.2	±0.2	±0.2
钢		±0.2	±0.2	±0.2	±0.2	±0.2
铝		±0.1	±0.1	±0.1	±0.1	±0.1
铸铁		±0.2	±0.2	±0.2	±0.2	±0.2
青铜		±0.4	±0.4	±0.4	±0.4	±0.4
电解铜		±0.4	±0.4	±0.4	±0.4	±0.4
锌						±0.4
外观		通过	通过	通过	通过	通过
橡胶皮碗状态						

续表

项目		SAE J1703（16）	FMVSS No.116（96）			ISO 4925：2005
			DOT3	DOT4	DOT5	
根径增值/mm	≤	1.4	1.4	1.4	1.4	1.4
硬度变化（IRHD或HS）		0 ~ -15	0 ~ -15	0 ~ -15	0 ~ -15	0 ~ -15
体积增加/%	≤					16
液体性能						
外观		通过	通过	通过	通过	通过
沉淀物体积/%	≤	0.10	0.10	0.10	0.10	0.10
pH值		7.0 ~ 11.5	7.0 ~ 11.5	7.0 ~ 11.5	7.0 ~ 11.5	7.0 ~ 11.5
低温性能						
-40℃，144h						
外观		通过	通过	通过	通过	通过
气泡上浮时间/s	≤	10	10	10	10	10
-50℃，6h						
外观		通过	通过	通过	通过	通过
气泡上浮时间/s	≤	35	35	35	35	35
蒸发性能（100℃）						
蒸发损失/%	≤	80	80	80	80	80
沉淀性质，外观（23℃）		通过	通过	通过	通过	通过
低温流动性（-5℃，6min）						
倾点/℃	≤	-5	-5	-5	-5	-5
容水性能						
-40℃，22h						
外观		通过	通过	通过	通过	通过
气泡上浮时间/s		10	10	10	10	10
60℃，22h						
外观		不分层	不分层	不分层	不分层	不分层
离心后沉淀体积/%	≤	0.05或0.15（商品）	0.05	0.05	0.05	0.05或0.15（商品）
相容性						
（-40℃，22h）外观		通过	通过	通过	通过	通过
（60℃，22h）						
外观		不分层	不分层	不分层	不分层	不分层
离心后沉淀体积/%	≤	0.05	0.05	0.05	0.05	0.05
抗氧化性能						
金属片质量变化/（mg/cm^2）						
铝		± 0.05	± 0.05	± 0.05	± 0.05	± 0.05
铸铁		± 0.3	± 0.3	± 0.3	± 0.3	± 0.3
外观		通过	通过	通过	通过	通过

续表

项目	SAE J1703（16）	FMVSS No.116（96）			ISO 4925：2005
		DOT3	DOT4	DOT5	
橡胶溶胀性					
NR和SBR橡胶皮碗（70℃，70h）					
根径增值/mm	0.15 ~ 1.4	0.15 ~ 1.4	0.15 ~ 1.4	0.15 ~ 1.4	0.15 ~ 1.40
硬度变化（IRHD或HS）	0 ~ −10	0 ~ −10	0 ~ −10	0 ~ −10	0 ~ −10
体积增加值/%	1–16				1–16
外观	通过	通过	通过	通过	通过
EPDM橡胶片（70℃，70h）					
根径增值/mm					0.15 ~ 1.40
硬度变化（IRHD或HS）	0 ~ −10				0 ~ −10
体积增加值/%	0 ~ 10				1 ~ 16
外观	通过				通过
SBR橡胶皮碗（120℃，70h）					
根径增值/mm	0.15 ~ 1.4	0.15 ~ 1.4	0.15 ~ 1.4	0.15 ~ 1.4	0.15 ~ 1.40
硬度变化（IRHD或HS）	0 ~ −15	0 ~ −15	0 ~ −15	0 ~ −15	0 ~ −15
体积增加值/%					1–16
外观	通过	通过	通过	通过	通过
EPDM橡胶片（120℃，70h）					
硬度变化（IRHD或HS）	0 ~ −15				
体积增加值/%	0 ~ 10				
外观	通过				
行程性能（85000次行程，120℃，6.86MPa）					
金属部件状态	通过	通过	通过	通过	通过
缸体和活塞直径变化/mm ≤	0.13	0.13	0.13	0.13	0.13
橡胶皮碗状态					
根径增值/mm ≤	0.90	0.90	0.90	0.90	0.90
硬度变化（IRHD或HS）					
平均值	0 ~ −15				
变化值大于−17的值/个 ≤	2				
外观	通过	通过	通过	通过	通过
橡胶皮碗唇径过盈量/% ≤	65	65	65	65	65
任一24000次行程液体损失量/mL ≤	36	36	36	36	36
缸和活塞工作状态	正常	正常	正常	正常	正常
试验最后的100次行程液体损失/ML ≤	36	36	36	36	36
试后液体状态	通过	通过	通过	通过	通过
沉淀体积/% ≤					1.5

其他国家的制动液产品标准的基本框架和主要要求，都采用上述标准的结构，基本技术内容大同小异，但其中一些标准根据自己的实际情况，分别加有特殊要求。

二 我国制动液产品标准及发展状况

由于我国汽车工业发展较晚，相配套的制动液产品从20世纪50年代才开始使用。最初的产品为矿油型制动液，其作用机理类似于液压油，后来发展了在国际上已经淘汰的蓖麻油－醇型制动液，并于1976年由当时的石油化学工业部颁布了我国第一个制动液产品标准SY 1906-76《醇型汽车制动液》，对使用的原料的技术要求做了相应的规定。SY 1906-76标准在1988年标准复审时转为石油专业标准ZBF 39004-88，1992年标准清理整顿时调整为企业标准。

1980年7月，我国又推出了SY 1907-80《汽车制动油（矿油型汽车制动液）》标准。该标准分为2个牌号：7号和9号，其中7号可全国通用，9号用于气温高于-20℃的地区。由于此标准应用于酸碱精制的低凝点馏分油或25号变压器油作基础油调制的产品，特别指明了汽车液压制动系统必须采用耐矿物油的制动软管等橡胶配件。由于耐油丁腈橡胶皮碗的供应问题，该类产品未能广泛应用，该标准于1988年标准复审时废除。

20世纪70年代，为解决进口汽车安全行车问题及保证红旗牌轿车的制动性能，我国第一次提出发展合成制动液。进入 80年代后，由于进口的液压制动汽车数量逐渐增多，加上我国开始生产液压制动的车辆，对制动液的需求量与日俱增，于是开始批量生产优于醇型制动液的合成制动液产品。为解决国家标准在合成制动液产品方面的空缺，促进我国汽车制动液产品的更新换代，1989年由公安部和交通部牵头，组织我国制动液产品主要研究和生产单位以及制动液产品使用单位的有关人员参加制动液国家标准起草工作，依据国外普遍采用的先进标准，结合我国制动液生产和使用状况，起草并颁布了我国第一个制动液产品标准GB 10830—1989《汽车制动液使用技术条件》，同时明令禁止生产和销售蓖麻油－醇型制动液产品。GB 10830—1989中的产品，既有技术较先进、符合国际发展水平的类别，又包含了兼顾当时仍在生产和使用、且产量占相当大比例而国际通用标准中所没有的3类产品。

制定GB 10830—1989遵循的总原则是以高温抗气阻性能更优异的醇醚型制动液产品淘汰质量低劣的蓖麻油－乙醇型产品。GB 10830—1989从某种意义上说完成了这一使命，它使中国制动液产品逐步转向醇醚型制动液产品，并使汽车用户通过使用逐步认同了该类产品。但由于GB 10830—1989保留了3类低档产品类别，使我国制动液产品向国际通行作法靠拢的步伐有所延缓。GB 10830—1989于1996年重新立项修订。1998年，在充分了解我国制动液生产技术情况的前提下，GB 10830—1998废除了低温性能不好及高温抗气阻性能稍差的JG_0、JG_1和JG_2共3个品种，形成了与国际上普遍认同的DOT产品的对应关系。GB 10830—1998将橡胶配伍性试验列入附录A，并增加了EPDM三元乙丙橡胶，同时在标准中提出试验采用国家标准物质试验件，进一步规范了试验方法的严谨程度。由于GB 10830是制动液使用技术条件，无论是1989年版本还是1998年版本，在考虑方法可操作性方面都有所偏重，如测定制动液湿平衡回流沸点的方法采用直接注水增湿程序，降低了标准的应用难度；其次，它给出的是制动液产品能够满足使用的最低限度，因此省略了许多评定产品技术质量水平的项目，如液体稳定性、抗氧化性等，使得GB 10830—1998与国际通行的产品标准存在一定差别。

1991年，为规范制动液生产和对产品质量进行更严格的控制，确保产品使用安全性和有效性，促进我国制动液产品接近或达到国际水平，国家质量技术监督局批准和发布实施GB 12981—1991《HZY2、HZY3、HZY4合成制动液》。GB 12981—1991的技术内容反映了我国多年研究和生产制动液的技术积累情况，与国际制动液发展的大环境和趋势有了更紧密地衔接。GB 12981—1991中的HZY3和HZY4产品的技术要求基本上与国际通用的DOT3、DOT4产品相对应，但同样出于对我国当时制动液生产和使用现状的考虑，保留了质量水平相对较低的HZY2产品，总体上还是未能完全与国际水平对齐。

为了更适合我国国情，GB 12981—2012标准在采用ISO 4925：2005《道路车辆 液压制动系统用非石油基制动液规范》时进行了修改。在附录B中给出了这些技术性差异及其原因的一览表以供参考：

①名称改为：机动车辆制动液；

②增加安全提示；

③用GB/T 265代替ISO 3104；

④用修改采用ASTM D893的GB/T 8926代替ASTM D91；

⑤用参照采用ASTM D1123的SH/T 0086代替ASTM D1123；

⑥用SH/T 0430代替ASTM D1120；

⑦增加引用GB/T 514、GB/T 710、GB/T 2520、GB/T 3190、GB/T 5231、GB/T 9439、GB/T 13818、GB/T 4756、GB/T 5345、SH 0164、GB/T 8170、GB/T 10586、GB/T 11158、HG 2865、QC/T 77、QC/T 311；

⑧增加第5章“检验规则”；

⑨增加第6章“标志、包装、运输、贮存”。

随着制动液生产许可证制度的建立和实施，以及国家、地方质量技术监督部门对制动液产品监督力度的加强，人们可以相信制动液产品质量会逐步得到完善。表7-2列出了目前我国市场上的主要制动液产品情况，包括代号、与国外制动液标准的对应情况、在我国汽车制造厂的装车使用情况。

表7-2　　我国大型制动液生产厂家的产品代号及其使用范围[①]

制动液代号	性能指标符合	使用范围
719	GB 12981-2012 HZY3和FMVSS NO.116 DOT3	要求使用DOT3级的各类车辆
7103	GB 12981-2012 HZY3和FMVSS NO.116 DOT3	要求使用该质量等级的各类车辆
7104-1	GB 12981-2012 HZY4和FMVSS NO.116 DOT4	使用DOT3、DOT4级的各类车辆
NISSAN DOT4	FMVSS DOT4级、ISO DIS4925、JIS K2233 BF-4	郑州日产、杭州日产、广州日产风神等
4604	GB 10830-1998 JG3和FMVSS NO.116 DOT3和SAE J1703E	重庆长安、奥拓、柳州五菱、松花江等
4606	GB 10830-1998 JG4和FMVSS NO.116 DOT4	武汉神龙、重庆长安铃木等
901	GB12981-2012 HZY3和FMVSS NO.116 DOT3	要求使用DOT3级的各类车辆
901-4	GB12981-2012 HZY4和FMVSS NO.116 DOT3	要求使用DOT3、DOT4级的各类车辆
恒安3000	GB12981-2012 HZY3和FMVSS NO.116 DOT3	要求使用DOT3级的各类车辆
恒安4000	GB12981-2012 HZY4和FMVSS NO.116 DOT4	要求使用DOT3、DOT4级的各类车辆

续表

制动液代号	性能指标符合	使用范围
恒安5000	GB12981-2012 HZY5和FMVSS NO.116 DOT5	要求使用DOT5.1的各类车辆
恒安6000	GB12981-2012 HZY6和ISO4925-2005 Class6	要求使用HZY6的各类型车辆

①由于各汽车生产厂家生产的车辆技术性能指标在不断变化以及其他因素的影响，与其配套的制动液产品也会相应发生变化。

第二节　汽车制动液的性能

根据传递制动能量介质的不同，汽车制动系统分为气压制动和液压制动两种方式。与气压制动相比，液压制动具有更多优点：液压制动系统结构紧凑，体积小，制动力矩大而均匀，刹车迅速、灵敏、耗能低，还可延长轮胎使用寿命，因此普遍应用于小轿车、商务车和轻卡车。

汽车制动液是汽车液压制动系统的工作介质，其质量的优劣，影响着汽车制动性能的可靠性。

制动液在制动系统中起传递制动能量、散热、防腐蚀及润滑等作用，合格的制动液应该满足以下性能要求：

①优良的高温性能。即平衡回流沸点要高，液体的蒸发性要小，以满足车辆在炎热地区或山区使用的要求。

②优良的低温性能。即-40℃运动黏度要低，液体在低温下的流动性要好，以满足车辆在寒冷地区严寒条件下的使用要求。

③优良的金属防腐蚀性能。用于防止制动系统金属部件的腐蚀。

④优良的橡胶相容性。用于避免制动系统的橡胶密封件在使用过程中出现过分膨胀或收缩等能够导致制动迟缓或失灵的不良现象。

⑤较低的吸湿性。制动液在储存和使用时易吸收空气中的水分，平衡回流沸点会有所下降，影响高温抗气阻性能。因此，除要求制动液吸湿性低外，还要求其吸湿后仍能保持较高的平衡回流沸点。

⑥优良的热稳定性和化学稳定性。用于保证制动液有较长的保质期和使用寿命。

⑦良好的润滑性能。用于保持传动机构工作的灵敏性。

汽车制动液产品可根据使用条件不同分为HZY3、HZY4、HZY5、HZY6质量级别，其主要特点及应用范围的差异见表7-3。因此，不同地区及不同车型应选用适当的制动液产品。

表7-3　汽车制动液产品的主要特点及应用范围

级别	主要特点	应用范围	备注
HZY3	具有良好的高温抗气阻性能和优良的低温性能	我国广大地区均可使用，但炎热地区车辆负荷较高时慎用	标识上有HZY3、DOT3、符合SAE J1703等字样的产品均属此级别
HZY4	具有优良的高温抗气阻性能和良好的低温性能	我国广大地区均可使用，但冬季严寒地区慎用	标识上有HZY4、DOT4、符合SAE J1704等字样的产品均属此级别

续表

级别	主要特点	应用范围	备注
HZY5	具有优异的高温抗气阻性能和低温性能	赛车等具有特殊要求的车辆使用	标识上有HZY5、Class5等字样的产品均属此级别
HZY6	具有杰出的温黏性能，具有优异的高温抗气阻性能	装配ABS、ESP、ASC、ASR等系统的车型	表示有HZY6、Class6等字样的产品均属于此级别

随着汽车工业的迅速发展，国家有关部门对确保汽车制动性能的汽车制动液给予了极大关注。20世纪90年代以前我国大多用醇型制动液，这种醇型制动液不到100℃会产生气阻，低温时黏稠，制动失灵。为此1989年交通部、公安部联合颁布了GB 10830–1989《汽车制动液使用技术条件》，将制动液从JG_0到JG_5分为6级，使制动液市场逐步走向正规。1998年鉴于汽车行业的新发展和需求，国家又对老标准进行修订，颁布了GB 10830–1998《机动车制动液使用技术条件》的新标准。新标准的实施，使得制动液行业的许多厂家的产品不得不更新换代。然而缺乏合适的配方与生产技术，许多厂家仍以次品充斥市场，严重威胁着车辆的安全，影响了我国汽车业的发展。汽车制动液必须具有：良好的高温抗气阻性能（由平衡回流沸点和湿平衡回流沸点体现出来）；良好的抗氧化能力和化学稳定性（由抗氧化性指标和液体稳定性指标体现出来）；良好的润滑性能（由高温黏度指标体现出来）；良好的橡胶相容性（由橡胶皮碗的收缩与溶胀体现出来）；良好的抗腐蚀能力（由各种金属的腐蚀数据体现出来）。国家新标准除了未对化学稳定性作要求外，对其他指标均作了严格要求。然而水解稳定性导致硼酸析出，不仅腐蚀设备，而且会引起严重制动事故，是汽车用户较为关心的问题。现有技术一味迎合新标准，对此并未引起注意，同时也未考虑配方的市场适用性。1991年，国家参照采用国际标准ISO 4925–1078《道路车辆—非石油基制动液》重新定制标准GB 12981–91《HZY2、HZY3、HZY4合成制动液》，并引入液体稳定性、低温外观及流动性、蒸发性、容水性、液体相容性、抗氧化性等，初步实现了制动液标准与国际标准的接轨。2003年，国家对GB 12981进行重新编制，取消了HZY2型制动液品种、增加了HZY5型制动液品种。GB 12981–2003中HZY5型制动液为硅酮型制动液，其具有更好的性能，但消化水能力弱，一旦混入水分易产生事故，且成本高，不适合我国国情。2012年，最新的制动液国家标准GB 12981–2012《机动车辆制动液》中删除了硅酮型制动液品种，HZY5制动液只包含对应国际通用的DOT5.1产品，同时增加HZY6品种。

第三节　汽车制动液的组成

一　醇型汽车制动液的组成

醇型汽车制动液主要由蓖麻油加乙醇或丁醇调和而成，基本上不加添加剂。1号醇型制动液由45%～55%（质量分数，下同）精制蓖麻油和55%～45%乙醇配制而成；3号制动液由46%～52%蓖麻油和48%～54%丁醇为原料生产。为了改善低温性能，可用34%蓖麻油、13%甘油和53%乙醇调制。该类制动液已被强制淘汰。

二　矿物油型汽车制动液的组成

N10号汽车制动液由低凝基础油，加入T602、T501、司苯80和红色染料配制而成；N15号汽车制动液则由25号变压器油、上述添加剂，以及少量合成橡胶溶胀剂苯基甲萘胺调制而成。该类制动液已被强制淘汰。

三　合成汽车制动液的组成

一个完整的醇醚或醇醚硼酸酯型汽车制动液配方，如表7–4所列，除各种添加剂外，其基础油又分为润滑剂组分与稀释剂组分两部分。

表7–4　合成汽车制动液的配方组成

配方组成	加剂量/%	性能指标
三乙二醇单甲醚硼酸酯 三乙二醇单甲醚 聚乙二醇（M300） *N*–苯基吗啉	66 21.9 7.7 4.4	平衡回流沸点　238℃ 湿平衡回流沸点　165℃ 运动黏度（–40℃）　$1584mm^2/s$ 运动黏度（100℃）　$2.04mm^2/s$ 金属防腐性试验　合格 橡胶相容性（SBR）　合格
三乙二醇单甲醚硼酸酯 三乙二醇单甲醚 聚乙二醇（M300） 甲基二乙醇胺 亚硝酸钠	82.78 10 5 2.2 0.02	—
硼酸酯 多乙二醇醚（黏度调整剂） 二乙二醇 T501 苯并三氮唑	30 ~ 50 20 ~ 30 10 ~ 20 0.5 0.1	—

润滑剂组分是分子量较高的聚醇醚或其硼酸酯，润滑性能好，橡胶膨胀较小，能与稀释剂互溶。

稀释剂组分则是分子量较小的醇醚，低温性能好。

添加剂用来改善制动液的各项性能指标，以克服制动液润滑剂和稀释剂在性能方面的不足，包括抗氧剂、防腐剂、防锈剂、pH调节剂、抗泡剂。常用添加剂有苯并三氮唑、钼酸钠、二苯胺、双酚A、T501、三乙醇胺等。在具体的制动液配方中，根据制动液类型来决定加剂量。

四　硼酸酯型汽车制动液的配制

尽管汽车制动系统的机构不断改进，但制动液（刹车油）的工作原理却是不变的。制动液经历了醇型、硅油型、醇醚型和醇醚硼酸酯等阶段。随着汽车性能的提高，对汽车制动液的要求愈来愈高，现在的汽车制动液应具备下列性能：高沸点，挥发性小；适宜的黏度和高的化学稳定性与热氧化安定性；低凝，低吸湿，混溶性好；良好的防腐防锈性，pH值呈微碱性；与橡胶的密封适应性好等。目前发达国家普遍采用酯型制动液，醇醚硼酸酯型制动液具有生产工艺简便，原料来源广，产品性能经有关部门测定达到美国联邦发动机车辆安全委员会制定的FMVSS DOT4规格，研制方法如下：

1．聚醇醚、聚醚硼酸酯的合成

（1）丁醇环氧丙烷聚醚的合成

将0.2mol（14.4g）正丁醇、0.8mol（46.4g）环氧丙烷加入250mL三口烧瓶中，搅拌升温，滴加0.2g氢氧化钠催化剂，充入氮气，体系中无环氧丙烷回流即认为缩合反应完成，用90%乳酸中和至pH值7～8。

（2）甲醇环氧丙烷聚醚的合成

原料为甲醇和环氧丙烷。合成方法和条件同“（1）丁醇环氧丙烷聚醚的合成”。

（3）丁醇环氧丙烷聚醚硼酸酯的合成

将聚醇醚（1）与硼酸按物质的量比4：1，加入硼酸0.05mol（3.1g）和相应量的聚醇醚（2）于250mL三口烧瓶中充分搅拌，充入氮气保护，加热至100～110℃，脱水酯化3h，最好减压蒸馏，防止局部过热和副反应增多。

（4）甲醇环氧丙烷聚醚硼酸酯的合成

原料为聚醇醚（2）和硼酸。合成方法和条件同“（3）丁醇环氧丙烷聚醚硼酸酯的合成”

（5）乙二醇胺硼酸酯的合成

乙二醇胺与硼酸物质的量比3：1，酯化温度130℃，酯化时间3h，氮气保护。

2．醇醚硼酸酯制动液的配制

取聚醚硼酸酯（3）、（4）各45g，聚醇醚（1）、（2）各30g配制成基础液。取基础液100g、聚乙二醇4g、乙二醇2g、对苯二酚0.2g、苯并三氮唑0.02g、乳酸0.1g，将混合物加热至一定温度，使不溶物溶解成透明液体，再加入少量三丁胺调节pH值至弱碱性即得成品。

3．胺基醇型硼酸酯制动液的配制

取乙二醇胺硼酸酯30g、聚醇醚（1）和（2）60g（比例1：1）、聚乙二醇5g、乙二醇4g、对苯二酚0.5g、苯并三氮唑0.4g、乳酸0.1g混合，加热并搅拌至透明液，三丁胺调节pH值即得成品。

4．另一种硼酸酯制动液的生产制备过程

按下列方法可生产出硼酸酯制动液，克服现有制动液因聚醚类和过量硼酸酯化带来的高成本问题及酯化水解不稳定的影响，并能对各种金属提供良好的保护，解决制动液水解可能造成的安全隐患。

（1）合成酯化液

将二乙二醇泵入反应蒸馏釜，再按硼酸：二乙二醇＝1：（40～55）的比例加入硼酸，并加入硅或沸石分子筛强化蒸馏剂；升温至128～138℃，同时启动真空系统，打开釜顶回流冷凝水；调节釜内残压和回流冷凝水量，控制酯化反应过程中冷却回流器的出口温度不高于120℃；随着反应进行，逐渐增大真空度，直至釜内残压维持在−0.085～−0.095MPa；反应釜内的抽出物不再增加时，关闭釜顶回流冷却水，待回流冷却器出口温度降至25～35℃时，即达反应终点；然后从釜底抽样检测水含量，当水含量＜0.1%时，即得合格的酯化液。

（2）调配基础液

将稀释剂二乙二醇单甲醚、二乙二醇单丁醚、三乙二醇单甲醚其中一种或一种以上混合物泵入调和罐，然后按（1）得到的酯化液：稀释剂＝（1.2～1.5）：1的比例加入酯化液，启动夹套冷却水，待罐内温度降至50～60℃时，即得基础液。

（3）调配制动液

将各种添加剂按比例加入基础液中，维持搅拌30～45min，冷却到常温。所述各种添加剂占基础液的质量分数如下：

水解稳定剂	0.4～0.9
防橡胶收缩剂	0.3～0.8
三乙醇胺	0.4～0.6
二正丁胺或三正丁胺	0.2～0.4
亚硝酸钠	0.01～0.025
苯并三氮唑	0.15～0.25
双酚A	0.5～0.8
聚乙二醇（M600～900）	0.6～0.8

所述水解稳定剂是硅烷，所用防橡胶收缩剂是磷酸酯，所述磷酸酯是磷酸三丁酯或磷酸异辛酯，所述硅烷是3-二乙醇胺丙基硅烷或2-二乙醇胺丙基硅烷。

具体实施办法：将二乙二醇由管线泵入反应蒸馏釜，再按硼酸：二乙二醇＝1：40的比例加入硼酸，启动搅拌，并加入硅或沸石分子筛强化蒸馏剂。逐渐升温至135℃保持不变，同时经管线，启动真空泵，打开回流冷凝器的冷凝水；通过阀门调节釜内残压和回流冷凝水量，控制酯化反应过程中冷却器出口温度不高于120℃。随着反应进行，逐渐增大真空度，直至反应蒸馏釜内残压维持在-0.085MPa为止。最后当抽出物不再增加时，关闭釜顶回流冷凝器的冷却水，待回流冷却器的出口温度降至常温时，即达反应终点。将所得酯化液经管线泵入调和罐，由管线按与酯化液1：12的比例泵入二乙二醇单甲醚和二乙二醇单丁醚，其中二乙二醇单甲醚和二乙二醇单丁醚的比例为6:4。同时启动调和罐的搅拌装置，待温度降至45℃时，按比例加入添加剂，其中：3-三乙醇氨丙基硅烷0.9%，磷酸三丁酯0.3%，二正丁胺0.4%，亚硝酸钠0.01%，苯并三氮唑0.25%，双酚A 0.5%，聚乙二醇600 0.6%，三乙醇胺0.6%。然后搅拌45min，降至常温后，过滤即得产品。所得产品外观清亮透明，100℃运动黏度1.7mm^2/s，-40℃运动黏度1321mm^2/s，平衡回流沸点215℃，湿沸点171℃，水含量0.06%。完全符合GB 12981—2012的标准要求。

第四节　我国汽车制动液的发展趋势

制动液新产品的开发与应用是为满足汽车液压制动系统对高性能制动液产品的需要而进行的。近年来我国汽车工业的水平已逐渐向国际水平靠近，日本、欧洲、美国的主要车型都已在我国合资生产，同时国外生产的高性能车辆也不断地进入我国汽车市场。因此，总的来看，我国汽车制动液的发展趋势与国外汽车制动液大同小异。纵观我国汽车制动液的发展历程和现状，结合国外制动液的发展状况和我国汽车工业的发展水平，可以认为我国汽车合成制动液技术与产品质量已经发展到了较高水平，能满足各种车辆的使用要求。因此，汽车制动液今后的研究重点可能将不再体现在提高制动液的性能指标方面，而是体现在研究对人体健康及环境友好的、长寿命、低吸水型的制动液产品上。另外，在制动液产品类型和结构上将呈现如下趋势：

①HZY3（DOT3）级醇醚型制动液使用量所占比例越来越少；

②HZY4（DOT4）级醇醚硼酸酯型合成制动液将得到更大发展；

③HZY5（DOT 5.1）级合成制动液，由于其优质的高、低温性能、良好的性价比和与DOT3、DOT4级制动液相容性好，会在一些高性能的车辆及特殊用途车辆上推广使用，前景广阔；

④HZY6级合成制动液，由于其杰出的高、低温性能，适用于对制动液产品要求更为苛刻的高级车型。

第五节　汽车制动液的正确使用与维护

汽车液压制动系统是汽车的安全装置，为了防止制动液在使用过程中受到其他污染物的影响或过度吸收水分后，造成车辆制动系统工作不可靠、制动失灵的事故，应正确使用并对使用中的制动液进行适当的维护保养，因此在选用和使用制动液时要注意以下几点：

①正确选择制动液的种类和质量等级，严格按车辆使用说明书的要求来购买，尽量使用知名厂家生产的性能稳定，质量可靠的产品；

②制动液使用过程中，液面高度必须位于贮液罐上最高（HIGH）和最低（LOW）标记之间；

③制动液为醇醚及其硼酸酯、聚醚复配调和制成，具有一定的吸湿性，需注意防止日晒雨淋，用后及时盖紧瓶盖，防止吸水变质；

④制动液的正确加注与更换。即使用与车辆制动系统技术性能相匹配的合格制动液产品，并采用正确方法加注到制动系统中；

⑤制动液的换液期由汽车生产厂家或制动液生产厂家制定，按要求定期、定点更换，还应根据气候、环境条件、季节变化及工况及时检查其质量性能，建议视情况行驶2×10^4km～4×10^4km或1～2年时间更换一次，每次对制动系统维修或更换制动系统零部件时，必须更换制动液；

⑥严禁混加制动液，不同类型和不同牌号制动液由于成分不同，混合后可能发生化学反应，出现分层或沉淀，堵塞制动系统，以致失去制动作用。

第八章　汽车冷却液

第一节　冷却系统和冷却介质

一　冷却系统的功能

发动机在工作过程中，燃烧室内温度可达2000℃以上，直接与高温燃气接触的机件（如汽缸体、汽缸盖、活塞和气门等），不断吸收热量而使温度升得很高。这些机件若得不到及时冷却，则其中运动机件将因高温膨胀而破坏正常配合间隙，使活塞等运动机件可能卡死在汽缸中而造成“拉缸”，甚至熔化；润滑油也因受热而失效，使润滑系统工作不良，零件磨损加剧；各机件因高温导致机械强度降低，甚至损坏。因此，要想维持发动机正常工作，必须对这些高温工作的机件进行冷却。发动机冷却系统的功能就是将受热机件吸收的部分热量及时散发出去，使发动机在任何工况下都得到适度的冷却，防止发动机过热或过冷，保证发动机在最适宜的温度（80～90℃）范围内工作。因此，冷却系统已成为发动机正常运转不可缺少的一部分。

二　冷却系统的结构

发动机冷却系统可分为两大类：水冷式和风冷式。

水冷冷却一般指强制循环水冷却系统，是利用在汽缸体和汽缸盖冷却水套中进行循环的冷却液作为冷却介质进行冷却的。

风冷冷却是利用流动于汽缸体与汽缸盖外表面散热片之间的空气作为冷却介质进行冷却的，其结构简单，只有散热片、风扇和导风罩。由于空气的导热系数与传热系数都较低，风冷发动机的热量较难散出，而水冷冷却均匀，冷却效果好。

目前汽车发动机上广泛采用强制水冷冷却系统。汽车发动机冷却系统一般由散热器、节温器、水泵、汽缸体水套、汽缸盖水套、风扇等组成，如图8-1所示。

水泵将冷却液吸入并加压，使冷却液流入发动机缸体水套中，然后流入汽缸盖水套，带走多余的热量。之后经出水管流入散热器和进气歧管水套中，流入进气歧管水套中的冷却液，对进入发动机的气体进行加热，保持一定的进气温度；对着散热器的冷却风扇加速流经散热器芯的空气，促使热水加速冷却，最后沿冷却液软管流入水泵中。冷却液在水冷系统中的流动如图8-2所示。

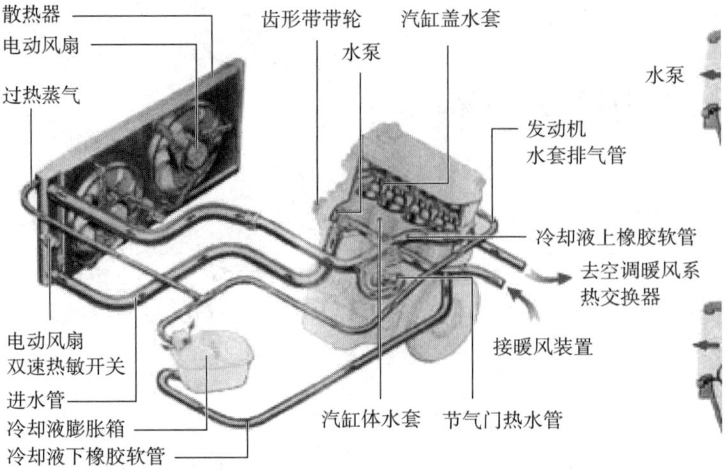

图 8-1　汽车发动机水冷系统

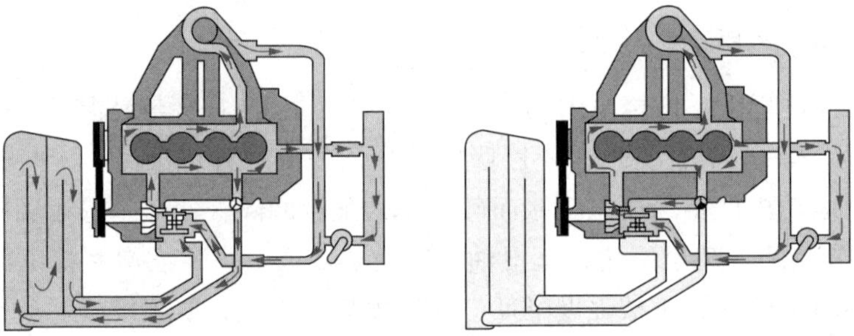

（a）大循环　　（b）小循环

图 8-2　冷却液在水冷系统中的流动

三 冷却介质

1．冷却液介绍

发动机冷却液，又称防冻液或不冻液，是发动机冷却系统的冷却介质，具有冷却、防冻、防垢、防腐、防沸等作用。冷却液是发动机正常运转不可缺少的散热介质，直接影响发动机的使用寿命。

随着汽车保有量的逐渐增多、技术的不断更新、公众环保意识的日益增强以及对汽车保养的重视，冷却液随着发动机冷却系统的材质、结构、防腐性能等方面的发展而在不断发展。一方面，高效的发动机设计要求采用更合理的材质，使用更少量的冷却液来达到更好的散热效果；另一方面汽车平均行驶里程延长，而冷却液换用周期保持不变或相应延长，对冷却液提出了新的要求。发动机设计的不断发展促进了冷却液标准的发展，也极大地推动了冷却液质量的提高。

早期的冷却液配方通常不含硅酸盐，主要适用于铸铁、铜组成的冷却系统。

早期的全有机型发动机冷却液产品成本较高，对铝合金的防护作用不如硅酸盐型冷却液，限制了其进一步推广应用。但近年来，随着全有机型发动机冷却液技术的完善，已经成为轿车发动机冷却液的普遍选择。

随着汽车功率的增大及工艺、材料的进步，同时为了减少车辆自重，增加燃油经济性，现代汽车采用了更新更轻的铝合金材料。目前铝合金制造的散热器、缸盖、水泵等部件的应用已经非常普遍，全铝发动机也已经投放市场，因此对发动机冷却液对铝合金材料的保护能力提出了更高的要求。ASTM也制定了专门针对铝合金材料防腐蚀的试验方法：铸铝合金传热腐蚀和铝泵气穴腐蚀。硅酸盐缓蚀剂对铝合金材料具有优异的防腐蚀性能，在冷却液配方中应用也越来越普遍。

2．冷却液的作用

冷却液是冷却系统中的传热介质，具有以下作用。

（1）冷却作用

冷却是冷却液的基本作用。发动机工作时产生大量的热量，使机件温度升高，特别是直接与高温燃气接触的机件（如汽缸体、汽缸盖、活塞和气门等）温度更高，因此要使发动机正常工作，必须对这些高温工作的机件进行冷却。冷却液的基本作用就是将受热机件吸收的部分热量及时散发出去，使发动机在任何工况下都得到适度的冷却，保证发动机在正常的温度范围内工作，过冷和过热现象都应避免。

发动机过热会降低充气效率，使发动机功率下降，早燃和爆燃的倾向加大，使零件因承受额外冲击性负荷而造成早期损坏；运动件的正常间隙被破坏，运动阻滞，磨损加剧，甚至损坏；润滑情况恶化，加剧了零件的摩擦磨损；零件的机械性能降低，导致变形或损坏。

发动机过冷会使进入汽缸的混合气（或空气）温度太低，可燃混合气品质差，使点火困难或燃烧迟缓，导致发动机功率下降，燃料消耗量增加；燃烧生成物中的水蒸气易凝结成水而与酸性气体形成酸类物质，加重了对机体和零件的侵蚀作用；未汽化的燃料冲刷和稀释零件表面（汽缸壁、活塞、活塞环等）上的油膜，使零件磨损加剧。

（2）防沸作用

沸点是指汽车发动机冷却系统与外界大气压相平衡的条件下，冷却液开始沸腾的温度。发动机冷却液应在较高温度下不沸腾、蒸发损失小，以保持发动机的正常工作。水的沸点是100℃，不能满足现代汽车发动机正常水温高（95～105℃）的要求，夏季会经常出现发动机“开锅”现象；冷却液的沸点通常在106℃以上，这样在夏季使用，冷却液比水难“开锅”，能起到良好的冷却作用。

（3）防腐蚀作用

发动机及其冷却系统是由各种金属制造的，其材料成分有钢、铸铁、黄铜、紫铜、铸铝、焊锡等。这些金属在高温下与冷却水接触时间长了都会遭到腐蚀或锈蚀，影响发动机正常工作，甚至造成事故，因此要求冷却液具有防止金属部件腐蚀的作用和除锈的功能。

（4）防垢作用

水中的钙、镁等正离子在热负荷条件下，容易与水中的负离子（如硫酸根离子、碳酸根离子等）反应生成水垢。另外，冷却液中添加剂的浓缩物和分解物等也会形成水垢。水垢附着在水箱、水套的金属表面，会大大地降低冷却系统的导热效率，导致不均匀的热量分布，引发“热点”，引起缸盖等零部件的炸裂，对发动机造成严重损害，因此要求冷却液含有适量的防垢剂，抑制水垢的生成。

（5）防冻作用

为了防止汽车在冬季停车后，冷却液结冰而造成水箱、发动机缸体胀裂，要求冷却液的冰点应低于该地区最低温度10℃左右。但水的冰点是0℃，当气温低于0℃，使用水易结冰而冻裂汽缸体和散热器。发动机冷却液因加入了防冻剂，使其冰点可达到-68～-15℃，保证在低温天气情况下冷却系统不冻结，可有效地防止冬季结冰冻裂汽缸体和散热器。

此外，冷却液还应具有防泡和消泡作用。冷却系统中如果存在大量气泡时，由于氧气的存在会引起氧化腐蚀，还会使液体导热性能、水泵工作压力下降，对发动机冷却、传热极为不利，而且空气进入冷却系统将大大地降低冷却液的冷却效率。因此，冷却液中应有消泡和防泡剂，在发动机工作过程中不断消除、抑制冷却液中产生的空气泡或泡沫。

第二节　发动机冷却液的标准和配方

一　冷却液的分类

冷却液的分类方法很多，按照基础液类型可分为乙二醇型冷却液和丙二醇型冷却液。按照缓蚀剂的化学组成不同，可分为无机盐为主的常规型发动机冷却液和以有机酸为主的有机型发动机冷却液。按照使用寿命不同，可将冷却液分为普通类型发动机冷却液和长寿命型发动机冷却液。按照发动机负荷不同，可分为轻负荷发动机冷却液和重负荷发动机冷却液。

二　发动机冷却液的标准

1．标准概述

国际上比较先进的冷却液标准属ASTM标准，欧洲和日本的冷却液标准均是在ASTM标准的基础上发展的。目前ASTM的冷却液规范主要可分为轻负荷发动机冷却液规范和重负荷发动机冷却液规范两种。

ASTM轻负荷发动机冷却液的规范为D3306《汽车及轻型卡车用二元醇型发动机冷却液规范》，包括四种类型的冷却液：Ⅰ—乙二醇型浓缩液；Ⅱ—丙二醇型浓缩液；Ⅲ—乙二醇预稀释液（体积分数50%）；Ⅳ—丙二醇型预稀释液（体积分数50%）。在性能试验中，由于相同冰点的乙二醇和丙二醇溶液中乙二醇和丙二醇的浓度不同，所以性能测试溶液浓度不根据冰点而根据二元醇的浓度配制。其中玻璃器皿腐蚀试验中二元醇含量为33%，模拟使用试验中二元醇含量为44%，传热腐蚀试验中二元醇含量为25%，泡沫倾向性能试验中二元醇含量为33%，铝泵气穴腐蚀试验中二元醇含量为17%。

ASTM的重负荷发动机冷却液规范有D4985《需要预加补充添加剂（SCA）的低硅酸盐乙二醇型重负荷发动机冷却液规范》和D6210《全配方二元醇重负荷发动机冷却液规范》。D4985标准是在轻负荷冷却液标准的基础上建立的，在浓缩液硅含量低于250mg/kg的轻负荷发动机冷却液中预先加入SCA补充添加剂，就可以作为重负荷发动机冷却液使用。由于重负荷发动机冷却液在使用过程中需要定期加入SCA，ASTM制定了补充添加剂SCA的规格标准D5752。D6210重负荷冷却液标准规定冷却液使用前不需要预加SCA，但在第一个保养期需加入一定剂量的SCA以达到继续保护冷却系统的作用。D6210标准也包括四种类型的冷却液规范：Ⅰ—乙二醇型浓缩液；Ⅱ—丙二醇型浓缩液；Ⅲ—乙二醇预稀释液（体积分数50%）；Ⅳ—丙二醇型预稀释液（体积分数50%）。冷却液生产者和用户通过大量试验已证实有几种化学组分可有效减少发动机缸套的气穴腐蚀。所以，在D6210标准中还对冷却液化学成分有强制性要求，规定50%浓缩液水溶液中亚硝酸根离子（NO_2^-）含量不低于1200mg/kg，或者冷却液中亚硝酸根离子和钼酸根离子的总含量不低于780mg/kg，而且其中任一种离子的含量不能低于300mg/kg。

目前我国的汽车发动机冷却液标准主要是国家标准：GB 29743—2013《机动车发动机冷却液》，是参考ASTM D3306-11《轿车及轻负荷发动机用二元醇型冷却液规范》和ASTM D6210-10《重负荷发动机用全配方二元醇型冷却液规范》编制。

（1）轻负荷冷却液分类及型号

轻负荷冷却液分类及型号见表8-1。

表8-1　　轻负荷冷却液分类代号及型号（GB 29743—2013）

产品分类		代号	型号
乙二醇型	浓缩液	LEC-Ⅰ	—
	稀释液	LEC-Ⅱ	LEC-Ⅱ-15、LEC-Ⅱ-20、LEC-Ⅱ-25、LEC-Ⅱ-30、LEC-Ⅱ-35、LEC-Ⅱ-40、LEC-Ⅱ-45、LEC-Ⅱ-50
丙二醇型	浓缩液	LPC-Ⅰ	—
	稀释液	LPC-Ⅱ	LPC-Ⅱ-15、LPC-Ⅱ-20、LPC-Ⅱ-25、LPC-Ⅱ-30、LPC-Ⅱ-35、LPC-Ⅱ-40、LPC-Ⅱ-45、LPC-Ⅱ-50
其他类型		LOC	依据冰点标注值

（2）重负荷冷却液分类及型号

重负荷冷却液分类及型号见表8-2。

表8-2　　重负荷冷却液分类代号及型号（GB 29743—2013）

产品分类		代号	型号
乙二醇型	浓缩液	HEC-Ⅰ	—
	稀释液	HEC-Ⅱ	HEC-Ⅱ-15、HEC-Ⅱ-20、HEC-Ⅱ-25、HEC-Ⅱ-30、HEC-Ⅱ-35、HEC-Ⅱ-40 HEC-Ⅱ-45、HEC-Ⅱ-50
丙二醇型	浓缩液	HPC-Ⅰ	—
	稀释液	HPC-Ⅱ	HPC-Ⅱ-15、HPC-Ⅱ-20、HPC-Ⅱ-25、HPC-Ⅱ-30、HPC-Ⅱ-35、HPC-Ⅱ-40、HPC-Ⅱ-45、HPC-Ⅱ-50

（3）冷却液通用要求及试验方法

冷却液通用要求及试验方法见表8-3。

表8-3　　冷却液通用及试验方法要求（GB 29743—2013）

项目	要求	试验方法
外观①	无沉淀及悬浮物、清亮透明液体	目测
颜色	有醒目颜色	目测
气味	无刺激性异味	嗅觉

①浓缩液允许有少量的沉淀，稀释后应清亮透明。

（4）乙二醇型冷却液理化性能要求及试验方法

乙二醇型冷却液理化性能要求及试验方法见表8-4。

表8-4　　乙二醇型冷却液理化性能要求（GB 29743—2013）

项目		要求									试验方法
		LEC-Ⅰ HEC-Ⅰ	LEC-Ⅱ-15 HEC-Ⅱ-15	LEC-Ⅱ-20 HEC-Ⅱ-20	LEC-Ⅱ-25 HEC-Ⅱ-25	LEC-Ⅱ-30 HEC-Ⅱ-30	LEC-Ⅱ-35 HEC-Ⅱ-35	LEC-Ⅱ-40 HEC-Ⅱ-40	LEC-Ⅱ-45 HEC-Ⅱ-45	LEC-Ⅱ-50 HEC-Ⅱ-50	
其他二元醇含量（质量分数）①/%		≤15	—								GB/T 14571.2
密度（20℃）/（g/cm³）		1.108～1.144	≥1.036	≥1.044	≥1.050	≥1.055	≥1.060	≥1.065	≥1.070	≥1.076	SH/T 0068
冰点/℃	原液	—	≤-15.0	≤-20.0	≤-25.0	≤-30.0	≤-35.0	≤-40.0	≤-45.0	≤-50.0	SH/T 0090
	50%体积稀释液	≤-36.4	—								
沸点/℃	原液	≥163.0	≥105.5	≥106.0	≥106.5	≥107.0	≥107.5	≥108.0	≥108.5	≥109.0	SH/T 0089
	50%体积稀释液	≥108.0	—								
灰分（质量分数）/%		≤5.0	≤2.5					≤3.0			SH/T 0067
pH值	原液	—	7.5～11.0								SH/T 0069
	50%体积稀释液	7.5～11.0	—								
氯含量/（mg/kg）		≤60									SH/T 0621
水分（质量分数）/%		≤5.0	—								SH/T 0086
储备碱度/mL		报告值									SH/T 0091
对汽车有机涂料的影响		无影响									SH/T 0084

①其他二元醇包含：二乙二醇、三乙二醇、四乙二醇、丙二醇、二丙二醇、三丙二醇和1,3-丙二醇等。

（5）丙二醇冷却液的理化性能要求及试验方法

丙二醇冷却液的理化性能要求及试验方法见表8-5。

表8-5　　丙二醇型冷却液理化性能要求（GB 29743—2013）

项目	要求									试验方法
	LPC-Ⅰ HPC-Ⅰ	LPC-Ⅱ-15 HPC-Ⅱ-15	LPC-Ⅱ-20 HPC-Ⅱ-20	LPC-Ⅱ-25 HPC-Ⅱ-25	LPC-Ⅱ-30 HPC-Ⅱ-30	LPC-Ⅱ-35 HPC-Ⅱ-35	LPC-Ⅱ-40 HPC-Ⅱ-40	LPC-Ⅱ-45 HPC-Ⅱ-45	LPC-Ⅱ-50 HPC-Ⅱ-50	
其他二元醇含量（质量分数）①/%	≤1	—								GB/T 14571.2
密度（20.0℃）/（g/cm³）	1.028～1.063	≥1.015	≥1.018	≥1.020	≥1.022	≥1.024	≥1.025	≥1.027	≥1.028	SH/T 0068

续表

项目		要求									试验方法
		LPC-I HPC-I	LPC- Ⅱ-15 HPC- Ⅱ-15	LPC- Ⅱ-20 HPC- Ⅱ-20	LPC- Ⅱ-25 HPC- Ⅱ-25	LPC- Ⅱ-30 HPC- Ⅱ-30	LPC- Ⅱ-35 HPC- Ⅱ-35	LPC- Ⅱ-40 HPC- Ⅱ-40	LPC- Ⅱ-45 HPC- Ⅱ-45	LPC- Ⅱ-50 HPC- Ⅱ-50	
冰点/℃	原液	—	≤ -15.0	≤ -20.0	≤ -25.0	≤ -30.0	≤ -35.0	≤ -40.0	≤ -45.0	≤ -50.0	SH/T 0090
	50%体积稀释液	≤ -31.0	—								
沸点/℃	原液	≥ 152.0	≥ 102.0	≥ 102.5	≥ 103.0	≥ 103.5	≥ 104.0	≥ 104.5	≥ 105.0	≥ 105.5	SH/T 0089
	50%体积稀释液	≥ 104.0	—								
灰分（质量分数）/%		≤ 5.0	≤ 2.5				≤ 3.0				SH/T 0067
pH值	原液	—	7.5 ~ 11.0								SH/T 0069
	50%体积稀释液	7.5~11.0	—								
氯含量/（mg/kg）		≤ 60									SH/T 0621
水分（质量分数）/%		≤ 5.0	—								SH/T 0086
储备碱度/mL		报告值									SH/T 0091
对汽车有机涂料的影响		无影响									SH/T 0084

①其他二元醇包含：乙二醇、二乙二醇、三乙二醇、四乙二醇、二丙二醇、三丙二醇和1,3-丙二醇等。

（6）其他类型冷却液的理化性能要求及试验方法

其他类型冷却液的理化性能要求及试验方法见表8-6。

表8-6　　其他类型冷却液的理化性能要求（GB 29743—2013）

项目	要求 LOC	试验方法
冰点/℃	≤标注值	SH/T 0090
沸点/℃	≥ 102.0	SH/T 0089
灰分（质量分数）/%	≤ 3.0	SH/T 0067
pH值	7.5 ~ 11.0	SH/T 0069
氯含量/（mg/kg）	≤ 60	SH/T 0621
储备碱度/mL	报告值	SH/T 0091
对汽车有机涂料的影响	无影响	SH/T 0084

（7）重负荷冷却液的化学组分要求及试验方法

重负荷冷却液的化学组分要求及试验方法见表8-7。

表8-7　　重负荷冷却液化学组分要求（GB 29743—2013）

<table>
<tr><th colspan="2">项目</th><th>单组分要求</th><th>双组分要求</th><th>试验方法[①]</th></tr>
<tr><td colspan="2">亚硝酸盐（以NO_2计）含量/（mg/kg）</td><td>≥1200</td><td>—</td><td>HJ/T 84</td></tr>
<tr><td rowspan="2">亚硝酸盐（以NO_2计）和钼酸盐（以MOO_4计）</td><td>总量/（mg/kg）</td><td>—</td><td>≥780</td><td rowspan="2">HJ/T 84
NB/SH/T 0828</td></tr>
<tr><td>单组分含量/（mg/kg）</td><td>—</td><td>≥300</td></tr>
</table>

①浓缩液应稀释成冰点 -15℃的溶液进行试验。

（8）冷却液的使用性能要求及试验方法

冷却液的使用性能要求及试验方法见表8-8。

表8-8　　冷却液使用性能要求（GB 29743—2013）

<table>
<tr><th colspan="3">项目</th><th>要求</th><th>试验方法</th></tr>
<tr><td rowspan="6">玻璃器皿腐蚀（88℃±2℃，336h±2h）</td><td rowspan="6">质量变化/（mg/试片）</td><td>紫铜</td><td>±10</td><td rowspan="6">SH/T 0085</td></tr>
<tr><td>黄铜</td><td>±10</td></tr>
<tr><td>钢</td><td>±10</td></tr>
<tr><td>铸铁</td><td>±10</td></tr>
<tr><td>焊锡</td><td>±30</td></tr>
<tr><td>铸铝</td><td>±30</td></tr>
<tr><td rowspan="6">模拟使用腐蚀（88℃±3℃，1064h±2h）</td><td rowspan="6">质量变化/（mg/试片）</td><td>紫铜</td><td>±20</td><td rowspan="6">SH/T 0088</td></tr>
<tr><td>黄铜</td><td>±20</td></tr>
<tr><td>钢</td><td>±20</td></tr>
<tr><td>铸铁</td><td>±20</td></tr>
<tr><td>焊锡</td><td>±60</td></tr>
<tr><td>铸铝</td><td>±60</td></tr>
<tr><td rowspan="2">泡沫倾向</td><td colspan="2">泡沫体积/mL</td><td>≤150</td><td rowspan="2">SH/T 0066</td></tr>
<tr><td colspan="2">泡沫消失时间/s</td><td>≤5.0</td></tr>
<tr><td colspan="3">铸铝合金传热腐蚀（135℃±1℃，168h±2h）质量变化/（mg/cm^2）</td><td>±1.0</td><td>SH/T 0620</td></tr>
<tr><td colspan="3">铝泵气穴腐蚀（113℃±1℃，103kPa±3kPa，100h）/级</td><td>≥8</td><td>SH/T 0087</td></tr>
</table>

2．冷却液的性能要求

冷却液的首要功能是防止在寒冷冬季停车时冷却液结冰而胀裂散热器和冻坏发动机汽缸体或盖。因此，其主要性能指标是冷却液的冰点。在选择或配制冷却液时，其冰点应该比该地区最低温度低10℃左右，以确保在特殊情况下冷却液不冻结。冷却液的另一个重要性能要求是沸点高。

冷却液还应具有良好的防腐蚀功能，发动机冷却系统的金属材料主要有钢、铸铁、紫铜、焊锡、黄铜、铸铝等，冷却液应对这些金属不产生腐蚀和锈蚀。随着技术的进步，现代汽车发动机的冷却系统多采用铸铝和铝合金件，所以要求冷却液的防腐重点转向对铝合金的防腐。为使冷却液具有良好的防腐性，冷却液在使用中要保持一定的pH值，pH值在7.5～11.0之间为好，不但能保证冷却液对金属的腐蚀程度减到最小，而且能防止冷却液腐败变质。此外，防冻液应具有优良的消泡性能、空气释放性能，对循环铝泵不发生汽蚀，以及价廉、无特殊气味等，同时还要考虑冷却系统中的非金属材料如橡胶、塑料的溶解、鼓胀、老化等。

三 冷却液的组成

冷却液一般由防冻剂、水、添加剂组成。

1. 防冻剂

冷却液中最初采用的防冻剂为甲醇、乙醇和甘油。甲醇、乙醇由于沸点较低、容易蒸发、易燃等因素，现已被淘汰。甘油降低冰点效果不如甲醇、乙醇，黏度大，不利于散热。甘油还有一个缺点是在加热条件下还容易分解产生酸性物质，加剧腐蚀，所以现在也已经被淘汰。

乙二醇具有优异的降低冰点的效果，同时还具有稳定性好、沸点高、黏度适中，与橡胶相容性好的特点，成为目前应用最广泛的冷却液防冻剂。

丙二醇也具有非常优异的防冻性能，毒性小，但由于价格较高，以前很少作为防冻剂应用到冷却液中。近年来，由于对环境保护的逐渐重视，以及石油和化工行业的发展，丙二醇作为防冻剂在冷却液中的应用逐渐增多。因此，目前冷却液中通常使用的防冻剂主要为乙二醇和丙二醇。

2. 水

水是冷却液中的重要组成部分，约占冷却液的30%～60%，因此水的质量将直接影响冷却液的性能。使用硬度大、腐蚀性离子（如氯离子、硫酸根离子）含量高的水调配的冷却液会在传热表面产生锈蚀和结垢，并对金属产生严重的腐蚀作用，因此水质非常重要。在冷却液的生产和冷却系统补加水的过程中，必须使用蒸馏水或去离子水。在ASTM的产品标准中，对水的硬度、腐蚀离子含量做了具体规定，总硬度≤170μg/g，氯离子≤40μg/g，硫酸根离子≤100μg/g。

3. 添加剂

冷却液中使用的添加剂主要有缓蚀剂、缓冲剂、防垢剂、消泡剂和染色剂等。

（1）缓蚀剂

冷却系统是由各种金属制造而成的，要求冷却液具有一定的防腐蚀功能。缓蚀剂是冷却液中最主要的添加剂，是一类能使汽车冷却系统的金属部件减缓或防止腐蚀产生的物质。缓蚀剂对金属的保护作用具有选择性，即对某种金属具有良好保护作用的缓蚀剂，对另外一种金属不一定具有缓蚀作用，因此冷却液中的缓蚀剂多采用复合剂形式，以满足对多种金属缓蚀要求。缓蚀剂在冷却液配方中一般占0.5%～5%，用量少，保护效果好，持续作用时间长。按化学组成不同可分为无机型和有机型缓蚀剂。无机型缓蚀剂是传统的冷却液缓蚀剂，主要有亚硝酸盐、硝酸盐、硼砂、苯甲酸钠、磷酸盐、硅酸盐、钼酸盐、钨酸盐等。有机型缓蚀剂有苯并三氮唑、硫基苯并噻唑、甲苯基并三氮唑、三乙醇胺、庚酸、辛酸、2-乙基己酸、柠檬酸、叔丁基苯甲酸、肉桂酸、辛二酸、癸二酸、琥珀酸、戊二酸、壬二酸、对苯二甲酸及辛二酸等。

（2）缓冲剂

冷却液在使用过程中，一般要求其pH值范围为7.5～11，这样容易使冷却系统金属部件得到保护。但冷却液在使用过程中其所含的乙二醇会分解产生酸性物质，同时酸性燃气有可能窜入冷却液中，使体系的pH值降低。为了使冷却液在使用过程中维持一定的pH值，防止酸化，冷却液中通常都加入缓冲剂，配成缓冲体系，具有一定的缓冲能力。冷却液常用的缓冲剂有磷酸盐、硼酸盐和有机酸盐。

（3）防垢剂

通常使用的防垢剂有配合型和分散型两种。配合型防垢剂主要是金属配合剂，通过与金属离子配合，防止金属离子与负离子结合形成水垢。分散型防垢剂是水溶性有机聚合电解质，能使形成的水垢分散成微小的颗粒悬浮在冷却液中，从而起到防止冷却系统中沉积结垢的作用。

（4）消泡剂

冷却液在冷却系统中工作时，通常会产生泡沫，不仅影响传热效率，而且会加剧铝质水泵的气穴腐蚀，因此需要加入消泡剂来解决泡沫产生的危害。常用的消泡剂有硅油、聚醚、甲基丙烯酸酯等。

（5）染色剂

冷却液要求具有醒目的颜色，这样在冷却系统发生故障时，通过观察冷却系统外部管路就能判断出渗漏位置。染色剂主要有水溶性颜料或有机染料，而且要求染色剂水溶性好，着色力强，而且有良好的热稳定性。

乙二醇型发动机冷却液浓缩液配方组成为：乙二醇90%，水5%，腐蚀抑制剂（包括硅酸钠、芳香酸盐、硼砂、苯三唑铜盐、氢氧化钠等）5%。一个实用型的乙二醇发动机冷却液浓缩液配方组成如表8-9所示。

表8-9　　乙二醇型发动机冷却液浓缩液配方组成

添加剂名称	加剂量/%	性能指标
芳香酸钠 十八羧酸 硼砂 硝酸钠 氢氧化钠 磺化硅酸盐 苯三唑铜盐 乙二醇	2.0 0.6 0.5 0.3 0.3 0.2 0.2 余量	浓缩液60%与去离子水调成-50号冷却液 浓缩液40%与去离子水调成-30号冷却液

第三节　发动机冷却液的应用

一　冷却液的正确选用与注意事项

现代轿车一年四季均使用冷却液。冷却液不仅能防止冷却系统在冬季结冰，也可提高其沸点，防止冷却系统“开锅”，损坏机件。同时，冷却液还具有防腐、除锈、防垢等作用，所以千万不能随意取舍。

目前，市场上销售的防冻液品种繁多，质量参差不齐，令人眼花缭乱，产生许多使用误区。因此，正确选用和合理使用发动机冷却液要注意以下几点：

1．尽量选择质量有保证的企业生产的发动机冷却液

切勿贪便宜购买劣质品，以免损坏发动机，造成不必要的经济损失。

2．牌号选择

冷却液牌号即为其冰点值。选用冷却液时，其冰点应该比车辆运行地区的最低温度再低10℃左右，以确保在特殊情况下冷却液不冻结。

需要注意的是：并不是冰点越低的冷却液越好，冰点越低，冷却液中的乙二醇含量越高，如果在高纬度地区使用低冰点冷却液，会由于乙二醇浓度过高造成散热效果不好，导致发动机过热。这种危害在发动机中、小负荷运转时不太明显，但高负荷、高速运转时会造成冷却系统温度过高。所以冷却液并不是冰点越低、乙二醇含量越高，使用性能就一定好。要根据环境使用温度确定冷却液的冰点，选择合适的冷却液。

3．可根据发动机的类型选择冷却液

根据负荷不同，发动机分为轻负荷发动机和重负荷发动机。轻负荷发动机冷却液满足ASTM D3306、SH/T 0521、VW774C等标准要求。目前中国冷却液市场上的大部分产品为此类产品，一般使用寿命为50000km。重负荷发动机冷却液满足ASTM D4985、ASTM D6210、VW774D、VW774F等标准要求，新一代重负荷冷却液腐蚀抑制剂成分以有机羧酸盐为主，一般使用寿命为500000km。

4．冷却液浓度

为便于运输与储藏，冷却液多加工成浓缩液，使用时必须加水稀释，使冷却液达到最佳冷却状态。当冷却液太浓或太稀时，防冻能力及流动性、散热性都将下降，因此严禁在汽车上直接加注冷却液母液，应严格按照冷却液外包装上的使用说明和结合本地区环境进行稀释调配。

5．过程维护

在使用后，若因冷却系统渗漏引起散热器液面降低时，应及时补充同一品牌冷却液。若液面降低系水分蒸发所致，则应向冷却系统添加蒸馏水或去离子水，切勿加入井水、自来水等硬水。当发现冷却液中有悬浮物、沉淀物、发臭或有异味时，证明冷却液已起化学反应，已变质失去功效，应及时地清洗冷却系统，并全部更换其冷却液。

6．更换周期

冷却液在高温状态下长期使用后，必然会导致变质，从而使其性能下降，为此应定期更换冷却液。普通冷却液一般每行驶40000～50000km或2年更换1次；如果是出租车，需换得勤点，比如1年或30000km换1次。随着冷却液技术的研发升级，有机型冷却液一般每行驶100000km或5年更换一次，甚至行驶10年200000km更换一次。使用中要实行定期检查，每年可结合换季保养对冷却液进行检查，检查内容应包括冰点检查、密度检查，同时还应对使用中的冷却液进行外观检查，如发现冷却液内出现悬浮物、沉淀物或变质、变色，应及时更换并清洗冷却系统。

7．要坚持长年连续使用冷却液

要坚持长年连续使用冷却液，因为冷却液除了防冻功能，还具有防腐、防沸、防垢等功能。

二　发动机冷却液出现非正常热现象分析

1．非正常热现象描述

由于汽车发动机冷却液在汽车发动机系统中所起的特殊作用，汽车发动机冷却液在使用

过程中出现的问题以一些非正常热现象为主。主要包括：

①发动机冷却液结冰；

②发动机冷却液温度超高；

③水温表显示温度不高，但水箱却出现类似沸腾的溢出现象。

通过调查，对汽车发动机冷却液在使用过程中出现的非正常热现象的具体表现和季节、车辆情况进行了总结，具体情况见表8–10。

表8–10　非正常热现象的具体表现和出现频率

现象	具体表现	易发生地区和季节	车辆情况
防冻液结冰	防冻液结冰，使水箱冻裂；或加入前防冻液已经结冰	北方地区，冬季	各种车辆
防冻液温度超高	水温表显示温度超高，防冻液沸腾，车辆难以运行	南方地区、北方地区，夏季	重负荷车辆，电喷车辆
水温表显示温度不高，但水箱却出现类似沸腾的溢出现象	车辆运行一段时间后，即使水温不高（多为60～80℃），却出现防冻液自溢流孔溢出的现象。如果打开水箱盖，则出现防冻液呈类似“开锅”状态的溢出现象	全国各地、各季节均有发生	多为车况不好的工程车辆及载重车，车辆没有储液箱、膨胀箱及调压箱等类似除气循环装置的设施

2．原因分析

通过对汽修厂工作人员以及司机进行咨询，了解到导致汽车发动机冷却液在使用过程中出现上述现象的因素很多，主要有以下几方面原因：

（1）防冻液结冰

防冻液结冰多出现在北方地区冬季，出现这种情况主要有以下几种原因：

①防冻液质量不过关。由于防冻液调配工艺简单，所以在市场上充斥着许多冰点不符合要求的劣质防冻液产品，无法满足当地低温要求。

②防冻液牌号选用不适当。在选用防冻液时，防冻液的冰点应该比车辆运行地区的最低温度再低10℃左右。如果防冻液冰点过高，则会使发动机冷却系统冻结，造成水箱冻裂。

（2）防冻液温度超高

造成防冻液温度超高的原因很多，既可能是防冻液存在质量问题，也有机械本身的原因。导致防冻液温度超高主要有以下几方面的原因。

①防冻液质量有问题

防冻液种类很多，但乙二醇水溶液冷却性能良好，与水按一定比例混合时，冰点可低于–60℃，而沸点可高于110℃。

市场上的防冻液多数是乙二醇型防冻液产品，但质量鱼龙混杂，有许多假冒伪劣产品。由于甲醇、乙醇价格低廉，冰点低，所以一些小厂用它们来代替抗冻剂。但甲醇、乙醇沸点低，又易挥发，易燃烧，所以容易产生温度超高的现象。

②冷却系统有渗漏隐患

冷却系统的渗漏隐患具体表现为：

a）散热器芯子破裂或上、下水室开裂、脱焊；

b）进、出水管老化损坏或卡箍松动；

c）水泵水封或衬垫损坏；

d）散热器压力盖帽失效；

e）汽缸床损坏。

③冷却液循环不良

冷却液循环不良具体表现为：

a）散热器芯管积垢堵塞；

b）进水胶管因老化而吸瘪；

c）缸体水道铁锈淤积或异物堵塞；

d）节温器失效，无法形成大循环；

e）水泵叶轮损坏，无法形成大循环；

f）风扇传动带打滑或断掉。

④冷却风量不足

冷却风量不足具体表现为：

a）散热器芯子通风网眼受阻，

b）风扇叶子变形或损坏。

（3）水温表显示温度不高，但水箱出现溢出现象

水温表显示温度不高，但水箱却出现类似沸腾的溢出现象，这多数都是由于机械方面的原因造成的。

①冷却系统没有储液箱、膨胀箱及调压箱等类似除气循环装置的设施，或设施有问题，且车况不好，冷却系统密封不严。

汽车在运行过程中，随着发动机压缩比增大，压缩终了的燃烧压力相应增高，燃气容易渗入冷却系统。另外，水管接头及水封处有时也会渗入空气。在有储液箱、膨胀箱及调压箱等类似除气循环装置的情况下，发动机在运转期间，冷却水不断由节温器和散热器的上部流向膨胀水箱上部，在膨胀水箱里，蒸气与水或进入水中的空气易于被分离，从而防止冷却系统形成气阻；否则，气体排不出去，在冷却系统中会形成气阻，将防冻液“顶出”，造成防冻液自溢流孔溢出的现象。此时如果打开水箱盖，则会出现防冻液呈类似沸腾状态的溢出现象。

②冷却系统堵塞。例如节温器主阀门脱落并横卡在散热器进水管内，使防冻液大循环不畅。如出现这种故障，会使冷却系统内压力迅速升高。当压力达到一定程度时，便会突然冲开卡滞物，导通大循环水路。此时，沸腾的防冻液便迅速冲击散热器盖，造成冷车初启动时水温很快升高，出现冷却水沸腾的现象。

③汽缸垫烧坏。汽缸垫若烧坏，有时会使水箱口向外溢出防冻液和排出气泡，呈现冷却水沸腾的现象。因为汽缸垫烧蚀和缸盖、缸套出现裂纹，使高压气体窜入水套，因而会冒出激烈的气泡。

④冷却系统太脏，石油产品混入防冻液中。如果在加入防冻液时，冷却系统没有清理干净，水箱中还有较多杂质，会大大影响防冻液的抗泡性能，使防冻液中产生大量气泡而影响散热效能。

⑤加入防冻液时温度太低，且汽车没有储液箱。通常使用的防冻液母液为乙二醇，膨胀系数比水大，从0℃上升到50℃时，其膨胀量比水约大30%，而且乙二醇比热容小，在相同使用情况下，温升比水大。当发动机温度增高，防冻液膨胀时即会顶开压力阀。如果有储液

箱，防冻液就会流入储液箱；否则，防冻液会自溢流孔流出，出现防冻液污染发动机的现象，使用户产生“防冻液飞溅得到处都是”的错觉。

第四节　新能源汽车冷却液

一　新能源车辆发展现状

1．发展现状及市场分析

（1）发展现状

随着世界经济的快速发展，能源与环境已经成为人类发展和生存的重大问题。内燃机汽车使用的燃料均为一次性能源，开发使用后便不可再生。随着全球能源消耗的增加，地球的矿物能源已面临枯竭。环境问题也日益突出，在世界各地的大、中城市，大气污染物中约40%～70%来自内燃机汽车的尾气排放。中国华北、华东的大城市调查中，大气污染的70%来自汽车的尾气排放。基于这些原因，新能源汽车就成为解决能源与环境问题的一个选择。

为应对日益突出的燃油供求矛盾和环境污染问题，世界主要汽车生产国纷纷加快部署，将发展新能源汽车作为国家战略，加快推进技术研发和产业化，同时大力发展和推广应用汽车节能技术。节能与新能源汽车已成为国际汽车产业的发展方向，未来10年将迎来全球汽车产业转型升级的重要战略机遇期。目前我国汽车产销规模已居世界首位，预计在未来一段时期仍将持续增长，必须抓住机遇、抓紧部署，加快培育和发展节能与新能源汽车产业，促进汽车产业优化升级，实现由汽车工业大国向汽车工业强国转变。

新能源汽车是指采用新型动力系统，完全或主要依靠新型能源驱动的汽车，新能源汽车主要包括纯电动汽车、插电式混合动力汽车及燃料电池汽车。节能汽车是指以内燃机为主要动力系统，综合工况燃料消耗量优于下一阶段目标值的汽车。发展节能与新能源汽车是降低汽车燃料消耗量，缓解燃油供求矛盾，减少尾气排放，改善大气环境，促进汽车产业技术进步和优化升级的重要举措。

我国新能源汽车经过数年的研究开发和示范运行，基本具备产业化发展基础，电池、电机、电子控制和系统集成等关键技术取得重大进步，纯电动汽车和插电式混合动力汽车开始小规模投放市场。近年来，汽车节能技术推广应用也取得积极进展，通过实施乘用车燃料消耗量限值标准和鼓励购买小排量汽车的财税政策等措施，先进内燃机、高效变速器、轻量化材料、整车优化设计以及混合动力等节能技术和产品得到大力推广，汽车平均燃料消耗量明显降低，天然气等替代燃料汽车技术基本成熟并初步实现产业化，形成了一定市场规模。

当今纯电动车需求和使用范围日益扩大，地球南北温差和电池能耗将成为制约纯电动车普及的重要因素，从设计的有效性和实用性来看，解决上述问题主要有两种途径：一是采用新型材料，如电池材料、电池耐热材料和导热材料；二是部件的结构、布置结构以及控制策略的优化，改善EV热管理系统，合理的部件结构和布局有利于热传递和热保护，完善温度场和流场，同时使用高精度电控冷却加热方案实现精确控制，最大程度提高热管理系统性能，实现智能化、模块化和集成化。

现已有《纯电动城市客车通用技术条件》(JT/T 1026—2016)、《电动汽车安全要求》(GB/T 18384-2015)、《电动汽车用锂离子动力蓄电池包和系统》(GB/T 31467—2015)、《电动汽车用动力蓄电池循环寿命要求及试验方法》(GB/T 31484-2015)、《电动汽车用动力蓄电池安全要求及试验方法》(GB/T 31485-2015)、《电动汽车用动力蓄电池电性能要求及试验方法》(GB/T 31486-2015)、《电动汽车用动力蓄电池箱通用要求》(QC/T 989-2014)等多项新能源汽车行业技术标准。

(2)市场分析

2018年新能源车型销量对比见表8-11。

表8-11　　2018年新能源车型销量对比

新能源汽车车型	2018年累计销量	2017年累计销量	同比变化
北汽新能源EC系列	90637	77754	16.60%
奇瑞eQ	46967	25703	82.70%
比亚迪秦Pro DM	45054	19701	128.70%
比亚迪e5	43902	22423	95.80%
江淮iEV	42024	23153	81.50%
江铃E200S	39883	16167	146.70%
比亚迪宋DM 1.5T	37352	29366	27.20%
比亚迪唐混动	35289	13863	154.60%
比亚迪元EV	33915	—	—
荣威i6 1.0T EDU	33347	8925	273.60%

资料来源：http://www.evhui.com/82462.html

在2018年全年的新能源乘用车销量榜单中，北汽新能源EC系列排名第1，销量90637，同比去年上升16.6%。其次是奇瑞eQ销量46967辆，同比去年上升82.7%。同比2017年的新能源售量，增量最大是荣威i6 1.0T EDU，同比增加273.6%，其次是唐混动以及江铃E200S，分别增加154.6%和146.7%。新能源汽车销量排行前十的车型与去年相比，整体上升。

随着新能源补贴政策逐步取消，2019年7月，我国的新能源汽车首次出现负增长，市场同比下跌4.2%。

二　新能源汽车的分类和主要技术

1. 新能源汽车的分类和主要技术特点

新能源汽车分类如图8-3所示。

汽车按动力源不同，主要有三种：

以车载蓄电池为动力的蓄电池电动汽车(Electric Vehicle，EV)，亦称之为纯电动汽车；

以车载多能源为动力的混合动力电动汽车(Hybrid Electric Vehicle，HEV)；

以车载燃料电池为动力的燃料电池电动汽车(Fuel Cell Electric Vehicle，FCEV)。

三大类新能源汽车技术对比，如表8-12所示。

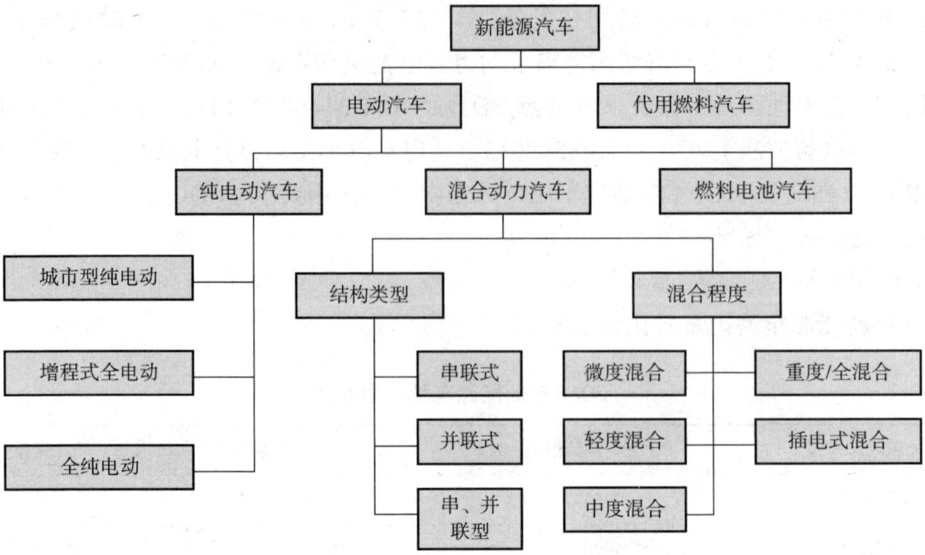

图8-3　新能源汽车的分类

表8-12　　三大类新能源汽车技术对比

	纯电动汽车	混合动力汽车	燃料电池汽车
技术特征	1. 无污染，噪声小； 2. 结构简单，使用维修方便； 3. 能量转换效率高；同时可回收制动、下坡时的能量，提高能量的利用效率	在传统内燃机驱动基础上增加电机驱动实现混合动力，提高内燃机经济性，具体实现形式有多种	1. 能量转化效率高。燃料电池的能量转换效率可高达60%～80%，为内燃机的2～3倍； 2. 零排放，不污染环境。燃料电池的燃料是氢和氧，生成物是清洁的水； 3. 氢燃料来源广泛，可以从可再生能源获得，不依赖石油燃料
性能特点	零排放、污染低，但续驶里程低，成本高	保证整车性能基础上提高燃油经济性，成本增加相对较低，但在满足电气性能要求的同时还需保证排放等法规要求，技术要求高	零排放、无污染，同时可解决续驶里程低等问题，目前技术尚不成熟，存在安全性问题
技术难点	电池及管理系统	整车控制策略及发动机管理系统	氢储能装置
控制策略	较简单	较复杂	很复杂
技术资源	VCU自主开发，电池系统国际合作	国际合作	国内高校开发
总布置难易程度	布置相对简单	动力总成集成，布置相对困难	总布置难度更大
整车成本	受电池成本影响最大，整车成本相对较高	整车成本相对较低	系统非常复杂，成本最高

2．新能源汽车的热源

相比于传统车辆，新能源的车辆增添了很多的电控模块以及调节器，车内零部件布置也有了很大的改变。因此，新能源汽车的冷却散热技术是车辆辅助系统的核心技术之一。

电动汽车主要热源有电池、控制器、电机等。在这样一个系统中，总的散热量大概相当于同功率普通机械传动装置的2.5~3倍。

新能源汽车的热源主要集中在三类部件中：一是能量储存系统中，比如蓄电池、燃料电池等；二是电机控制器；三是电机。

（1）蓄电池的发热机理

镍氢电池的正极采用氢氧化镍为活性物质的镍电极，负极采用由储氢合金储氢而形成的金属氢化物电极，电解质是水溶性氢氧化钾和氢氧化锂的混合物。

镍氢电池的生热因素主要有电池化学反应生热、电池极化生热、过充电副反应生热和内阻焦耳热。

电池充电过程中的反应生热可以分为两个阶段：在没有发生过充电副反应之前为第一阶段，发生过充电副反应之后为第二阶段。第一阶段的热量主要来自电池化学反应生热、电池极化生热和内阻焦耳热。第二阶段，生热量主要来自电池化学反应生热、电池极化生热、过充电副反应生热和内阻焦耳热。充电末期和过充电时，过充电副反应就开始发生，其生热量如下：

$$Q_{\text{charge}} = 5.334 I_{\text{c}} + 3.6 I_{\text{c}}^{2} R_{\text{t}}$$

电池放电过程中的生热量主要来自电池化学反应生热、电池极化生热、内阻焦耳热。

（2）燃料电池的发热机理

燃料电池中的热量来源主要有：

①化学反应产生的热量；

②欧姆极化产生的焦耳热量；

③加湿气体带来的热量；

④吸收环境辐射的热量。

其中化学反应产生的热量占到转化化学能的60%左右，是热量的主要来源。

（3）电机控制器的发热机理

电机控制器是将蓄电池等能量储存系统的电能转换为驱动电机的电能，并输出给电机的部件。电机控制器的主要生热器件是输出级的功率绝缘栅型双极场效应管MOSFET器件。这些功率模块的损耗主要包括晶体管工作时的导通损耗、关断损耗、通态损耗、截止损耗和驱动损耗，这些功率损耗都会转换成热能，使控制器发热。最重要的是通态损耗和关断损耗，这两项损耗是电机控制器热量的主要来源。

通态损耗是指IGBT在导通过程中，由于导通压降而产生的损耗。电机控制器的通态损耗的大小取决于三个因素：一是IGBT的饱和压降，这取决于晶体管的特性；二是向电机输出的电流的大小，电机的工作电流越大，通态损耗就越大；三是取决于占空比系数，占空比越大，表示电机控制器向电机输出的平均电压就越高，控制器本身的通态损耗就越大。

开关损耗是指晶体管在饱和和截止过渡过程中所产生的损耗。当PWM频率超过5kHz时，这种损耗会很严重。

（4）电机的发热机理

电动机内部由铁芯和绕组线圈组成，电机通电运行都会有不同的发热现象。

绕组有电阻，通电会产生损耗，损耗大小与电阻和电流的平方成正比，这就是我们常说的铜损。除直流电机外，电动汽车电机控制器输出的电流多为方波，不是标准的正弦波，会产生谐波损耗。铁芯有磁滞涡流效应，在交变磁场中也会产生损耗，其大小与材料、电流、频率、电压有关，这就是铁损。铜损和铁损都会以发热的形式表现出来，从而影响电机的效率。

三 新能源汽车的循环冷却系统

1．新能源汽车散热系统的主要类型

（1）自然散热

自然散热就是指不采用特别的散热措施，让发热部件通过自身表面与环境空气的作用，或通过相邻部件的传导作用，将热量传送出去，达到散热的目的。

（2）风冷散热

通过空气流过发热部件表面或特别设计的风道，带走发热部件内部所产生的热量，这种方式称为风冷散热。

风冷散热可分为利用汽车行驶时与空气相对运动所产生的风进行散热和强制风冷散热两种形式。

（3）液体循环散热

让液体（水、专用油或其他介质）通过发热部件内部专门设计的水道，吸收发热部件内部的热量，并将热量带到外部的散热器，通过风冷方式给散热器中的液体降温，再将降温后的液体送回发热部件内部继续吸收热量，也称为液体强制循环冷却系统。

（4）运用相变材料的冷却系统

材料在固态、液态、气态中发生转变的过程称为相变。材料在相变过程中，会放热或者吸热，利用相变材料的这种特性在发热部件工作时，吸收热量，不工作时散发热量，来维持发热部件的正常温度。运用这种相变材料可以构成冷却系统。相变材料的分类：按照相变过程的不同，相变材料可分为固－固相变、固－液相变、固－气相变和液－气相变材料四种，目前应用较多的是固－液相变材料。按照其化学组成可分为无机相变材料、有机相变材料和复合相变材料。无机相变材料包括结晶水合盐（可逆性不好）、熔融盐、金属合金等无机物；有机相变材料包括石蜡、羧酸、酯、多元醇等有机物；混合相变材料主要是有机和无机共融相变材料的混合物，多种相变材料混合可以获得合适的相变温度。

相变冷却系统具有以下特点：

①它属于吸收型被动冷却，与常规散热有很大的不同，不靠温差散热，因此不受外界环境温度变化的影响，使元件或设备始终稳定在需要的温度上；在低气压或真空条件下需要散热的设备采用这种温控技术效果更好；

②与主动散热比较，不用电，没有运动部件，可在振动、冲击、加速度等恶劣的力学条件下工作，可靠性很高；

③在一定条件下可取代水冷和风冷进行散热，如对半导体制冷器件的热端温控，不用水冷或风冷，节水节电，具有较大的经济价值；

④能周期性工作，长久使用；

⑤它比普通散热器体积可缩小5～13倍左右，重量可减轻2～9倍左右。

2．新能源汽车冷却系统

纯电动汽车冷却系统主要是对动力电池、驱动电机、电机控制器、DC/DC以及车载充电器等多个电器单元进行冷却。在轻量化、低能耗、高效率、低成本等方面上的要求与传统车辆的冷却系统一致，不同的是纯电动汽车冷却系统针对的用电器部件，受温度影响更加明显，所以对温度的控制要求更加精确。同时，由于纯电动汽车的动力系统和供电系统的电子部件耐受温度低，整车降噪小，使得纯电动汽车对冷却系统的散热性能和噪声的要求较传动车辆更为严格。因此，开发高效可靠的冷却系统，势必为纯电动汽车动力系统进一步提高效率，改善续驶里程的关键技术之一。

燃料电池的工作温度一般为60～100℃，须设有专门的冷却装置。由于冷却水的温差小，所需散热器的体积大。美国研制的燃料电池电动汽车用的散热器体积是相同功率内燃机用散热器体积的1.5倍。燃料电池的冷却介质为无离子水，这是由电池本身决定的。一般其排热方式有电池组本体外部冷却法，冷却剂通过电池组内部管道进行循环、电极气体通过外部冷却器进行循环。燃料电池冷却系统工作流程如图8-4所示。由于交流感应电机体积小、重量轻，而动力电源逆变器均使用IGBT大功率管，所以动力驱动控制系统应用专门的冷却装置，一般采用油或水作为冷却液。

燃料电池的工作温度一般为60～100℃，须设有专门的冷却装置，由于冷却水的温差小，所需散热器的体积大。美国研制的燃料电池电动汽车用的散热器体积是相同功率内燃机用散热器体积的1.5倍。燃料电池的冷却介质为无离子水，这是由电池本身决定的。

一般其排热方式有：电池组本体外部冷却法，冷却剂通过电池组内部管道进行循环，电极气体通过外部冷却器进行循环，如图8-4所示。

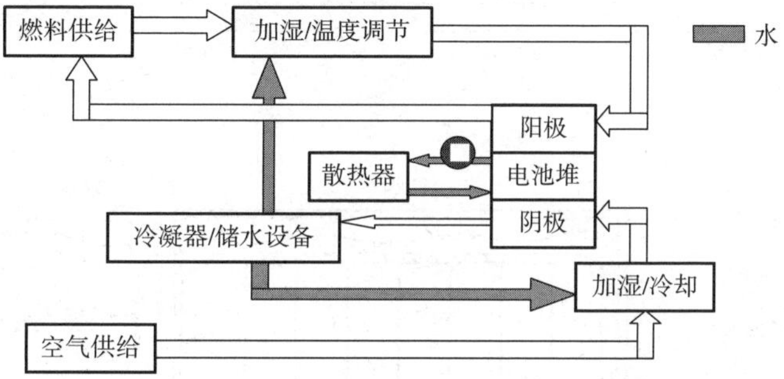

图8-4　燃料电池冷却系统工作流程示意图

锂离子电池可在温度40～50℃工作，一般采用自然冷却或强制通风冷却方式。如果蓄电池在低温条件下工作，其性能也会很差，所以一般采取的措施是在蓄电池的外部装一个套，在冬季环境下进行加温，而在夏季进行通风冷却降温。

控制装置一般允许最高温度为60～70℃，而最佳工作环境温度在40～50℃。周围环境的温度较高时，很容易达到其允许温度，所以必须采取专门的冷却装置，对其温度进行控制。

而电动汽车的性能特别是高温环境下的最大速度、最大爬坡度在很大程度上取决于冷却系统的热负荷特性。

（1）电池冷却系统

目前最有效且最常用的电池包散热还是采用空气作为散热介质。目前多采用的空冷主要有串行和并行两种通风方式，如图8-5所示。

串行情况下一般是使空气从电池包一侧流往另外一侧，从而达到带走热量的效果。并行情况下模块间空气都是直立上升气流，这样能够更均匀地分配气流，从而保证电池包中各处散热一致。

采用气体（空气）作为传热介质的主要优点有：结构简单，质量轻，有害气体产生时能

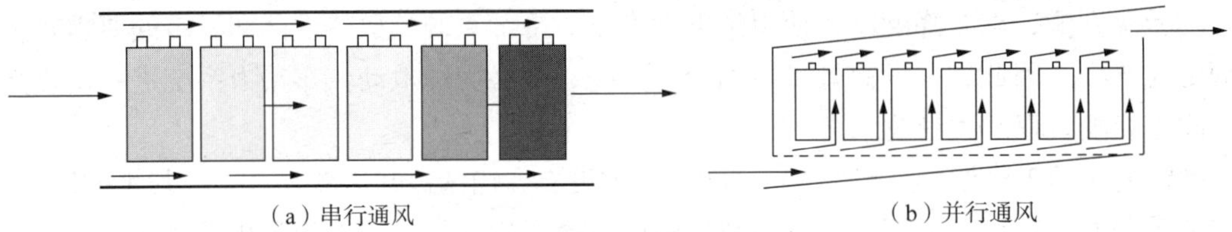

图8–5　电池空冷方式

有效通风，成本较低；不足之处在于与电池壁面之间换热系数低，冷却速度慢，效率低。

目前应用较多的另一种散热系统是采用液体作为传热介质的散热系统（图8–6），有以下主要优点：与电池壁面之间换热系数高，冷却速度快；不足之处在于密封性要求高，重量相对较大，维修和保养复杂，需要水套、换热器等部件，结构相对复杂。

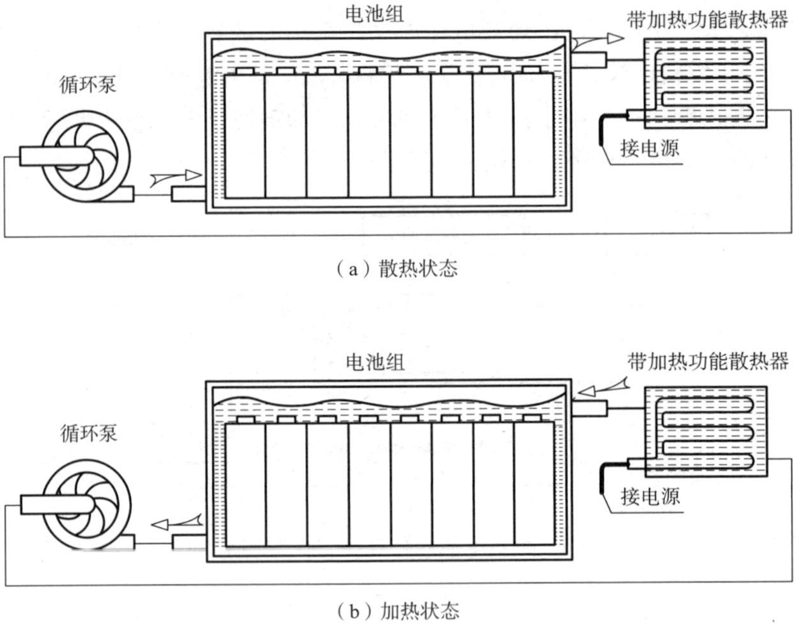

图8–6　液冷电池箱工作原理示意图

采用相变材料的主要优点有：与电池壁面之间换热系数高，冷却加热速度快，效率高，还能一定程度上控制温度上下限；不足之处在于其研发制造成本高。

（2）电机与控制器的冷却

研究表明，液冷效果较好，其中，强制油冷的相对冷却能力为强制风冷的20倍以上，强制水冷的冷却能力为强制风冷的50倍以上。因而，采用强制液冷系统的电机和电机控制系统是适合电动汽车运行工况的。

采用液冷的电机和控制器冷却系统，通常由控制单元、循环水泵、设置在电机和控制器中的内外冷却套、散热水箱、散热风扇等组成。

冷却液的流向是从散热水箱下部出来后，经水泵后先冷却电机控制器，从电机控制器流出的冷却液进入电机的低位进水口，然后回流到散热水箱的上回流口，如图8–7所示。这样一个循环下来，保证了控制器的冷却需求，使电机控制器得到整个系统最低温度的冷却液。

电机控制器的冷却方式是在控制器的底部加装循环散热板，与控制器中的主要功率模块

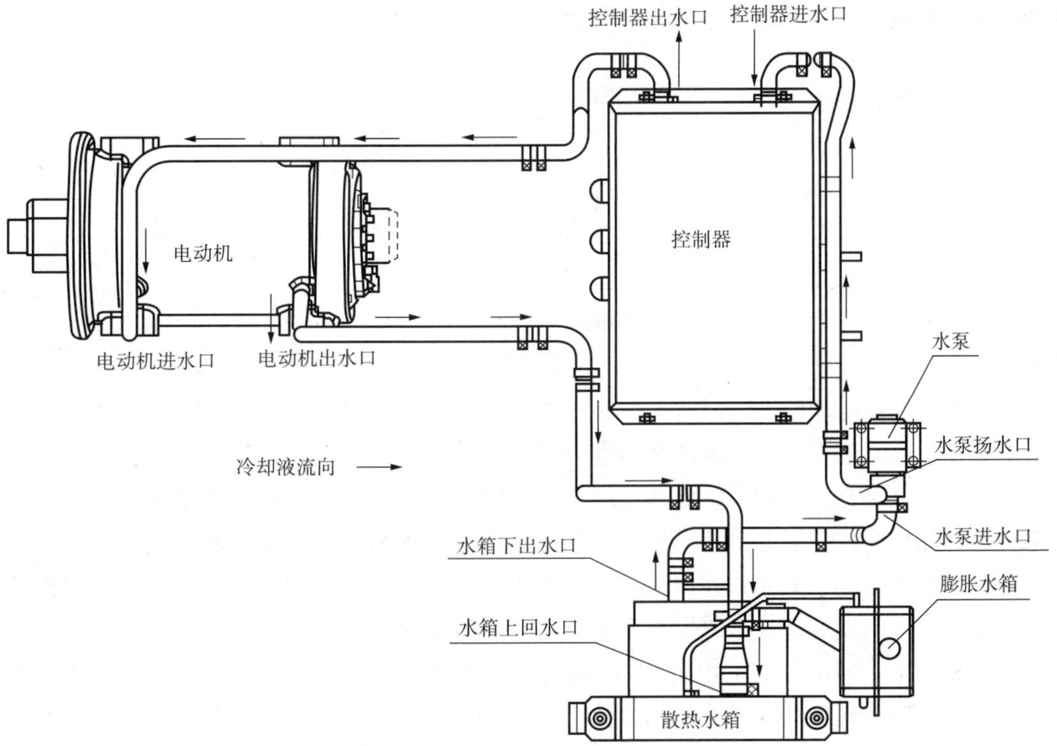

图 8-7　某电动汽车循环水路布置图

通过导热而绝缘的绝缘层进行连接，而循环散热板内部则分布有水套，如图 8-8 所示。电机内的冷却系统主要由电动机的冷却套和电动机冷却内套（图 8-9）组成。

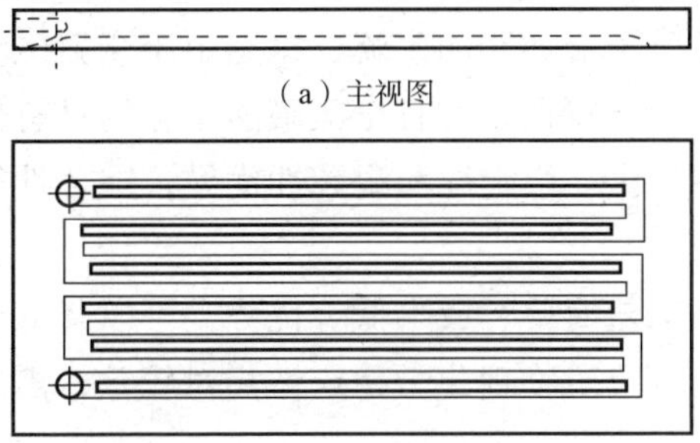

（a）主视图

（b）顶视图

图 8-8　电机控制器的循环散热板的结构图

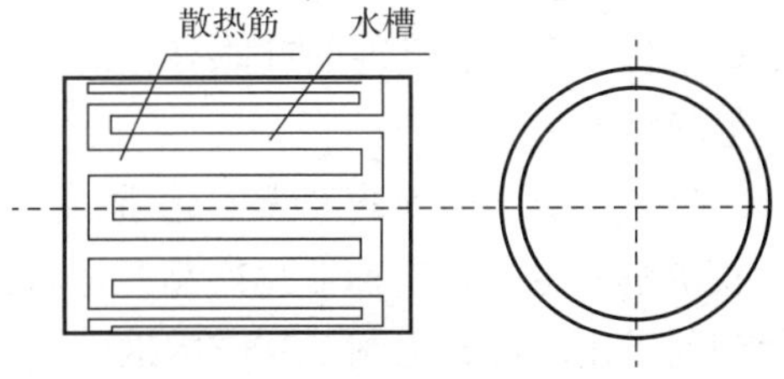

图 8-9　电机的冷却内套的结构图

3．新能源汽车冷却液

采用液体介质的传热可在模块间布置管线，或围绕模块布置夹套，或者把模块沉浸在电介质的液体中，也可把模块直接布置在加热（或冷却）液体中。

若液体不是直接和模块接触（如传热管、夹套等），传热介质可以采用水、乙二醇甚至制冷剂。若要把模块沉浸在传热液体中，则该液体必须是电介质，并采用绝缘措施以免发生短路。在模块壁和传热介质之间进行传热的速率取决于液体的热导率、黏度、密度和流动速率等。在相同流速下，大多数直接接触式流体（例如矿物油）传热速率远高于空气。因为后者有比较薄的边界层和较高的导热率，但由于油具有较高的黏度，需要较高的泵送功率，只能采用较低的流速，使其传热系数比空气仅高出1.5～3倍。

（1）乙二醇+水基型产品

（2）新能源新型冷却介质

该类型冷却介质的技术特点主要有：

①高热容能力：3～5倍水的热容；

②抗燃烧能力：阻燃等级较高；

③热传导能力：30%高于50%乙二醇溶液；

④抗电解能力：电导率低于500μS/cm；

⑤高沸点、高闪点性能：大于120℃，无闪点。

（3）燃料电池冷却液

①开发燃料电池专用冷却液的必要性

燃料电池电动汽车（FCEV），其动力源是用燃料电池发动机－电动机系统。燃料电池驱动系统是FCEV的核心部分，不同燃料作为动力源，发电机系统组成是有差别的。目前燃料电池的技术主要掌握在日本以及欧美国家的手里，并且在技术上也有相应的突破。国内的车厂也紧随着国外的发展，也是研发推出了自己的燃料电池车辆。

与传统汽车、纯电动汽车相比，燃料电池电动汽车具有如下的优点：效率高，不受卡诺循环的限制，能量转换效率较高，可以达到30%以上；续驶里程长，其长途行驶能力及动力性已经接近于传统汽车；绿色环保；过载能力强，在短时间内其过载能力可达到额定功率的200%或更大；低噪声；设计方便灵活。

质子交换膜是一种高分子固态电解质材料，作为燃料电池的关键材料，其性能直接影响燃料电池的稳定性和耐久性。根据成分组成，可以将质子交换膜分为全氟磺酸质子交换膜、部分氟化质子交换膜、无氟化质子交换膜和复合质子交换膜。其中，全氟磺酸质子交换膜是已经商业化的燃料电池隔膜材料，也是目前世界上质子交换膜的主流，这是由于全氟碱酸聚合物分子链上的亲水性磺酸基团具有优良的氢离子传导特性，并且全氟磺酸聚合物具有聚四氟乙烯结构，其碳－氟键的键能高，使其力学性能、化学稳定性和耐久性优异，综合性能高于其他膜材料。

部分氟化质子交换膜和无氟化质子交换膜具有工艺简单、成本低等优势，可以降低质子交换膜价格，也是目前商业化产品开发方向。但是现阶段物理化学稳定性相对较差，需要比较苛刻的工作环境，限制了其应用推广。

复合质子交换膜是以全氟磺酸膜为基础进一步优化后的产品，主要包括机械增强型质子交换膜、高温质子交换膜及自增湿型质子交换膜。

由于质子交换膜对温度的敏感性，而且燃料电池排气温度不高，因此对散热系统提出了很高的要求。为确保燃料电池温度分布的均匀性，进出口冷却液温差一般不超过10℃。另外一旦冷却液被污染，电导升高，将会降低电池组的能量转化效率，因此专用冷却液的开发显得尤为重要。

目前燃料电池的效率一般在50%左右，即燃料电池对外输出功率和排出的热量是相等的，因此燃料电池发动机通过冷却系统排出的热量很大。由于质子交换膜对温度的敏感性，而且燃料电池排气温度不高，相比传统汽车与环境的温差小，因此对散热系统提出了很高的要求。为确保燃料电池温度分布的均匀性，进出口冷却液温差一般不超过10℃。

随着全球汽车需求量的快速增长以及环境问题和能源问题的日益突出，新能源汽车成为世界各大汽车厂商及研发机构的研究热点，而燃料电池汽车（fuel-cell vehicle，FCV）以其高效率和近零排放被普遍认为具有广阔的发展前景。以质子交换模式为代表的燃料电池技术应用在汽车上可降低汽车燃料油的消耗和减少污污染。通用汽车早在1966年推出了世界上第一款燃料电池电动汽车。现今各大车厂均在开展燃料电池车的研发及生产，燃料电池冷却液是一种新型的汽车消费产品，用于匹配燃料电池电动车的专用冷却液。

②燃料电池专用冷却液

当以水为冷却液时，应采用去离子水，对水的电导要求很严格。一旦水被污染，电导升高，则在电池组的冷却水流经的共用管道内要发生轻微的电解，产生氢氧混合气体，影响电池的安全运行，同时也会产生一定的内漏电，降低电池组的能量转化效率。

当用水和乙二醇混合液作为冷却剂时，冷却剂的电阻将增大。由于冷却剂的比热容降低，循环量要增大，而且一旦冷却剂被金属离子污染，其去除要比纯水难度大得多，因为水中的污染金属离子可通过离子交换法去除。传统冷却液与燃料电池专用冷却液理化性能指标如表8-13所示。

表8-13 传统冷却液与燃料电池专用冷却液理化指标对比

名称	传统冷却液	燃料电池专用冷却液
遵循的标准	GB 29743—2013	无
pH	7.5～11.0	4.0～8.0
电导率/（μS/cm）	无要求	≤2
氯含量/（mg/kg）	≤60	≤2
铁含量/（mg/kg）	无要求	≤2
不溶物量/（mg/kg）	无要求	≤10
颗粒物尺寸/μm	无要求	≤100

由于燃料电池车的性能特点，燃料电池设有专门的冷却装置，这也要求所用冷却液必须具有低电导率的特性，有别于传统冷却液。

燃料电池汽车在新能源汽车中占据重要地位已经是不争的事实，燃料电池专用冷却液将拥有更广阔的前景。

③燃料电池冷却液对材料的特殊性要求

由于燃料电池专用冷却液具有极低电导率的特性，为避免冷却液在使用过程中被污染，在处理、运输和存储，包括取样的所有过程中，都要保证冷却液与直接接触的材料（表8-14）的兼容性良好（以及接触的表面的清洁）。任何与冷却液兼容性不确定的材料在使用前，需经过测试，以评价该材料对冷却液各项指标的影响。另外，该测试要保证和冷却液接触的材料的兼容性是持续的。

表8-14 推荐性金属材料举例

推荐使用的金属材料	不推荐使用的金属材料
铝①、不锈钢、黄铜、铜、镍、青铜、镍基合金、铬镍铁合金、钼、镍铬铁合金825、钛	镁、锌、铸铁、碳钢镀锌或镀锌金属，以上金属材料不允许使用在与产品直接接触

①当使用铝作为结构浸湿性材料时，需要联系技术支持工程师。

任何与未抑制的乙二醇相容的塑料都可以与燃料电池专用冷却液一起使用，如PEX、HDPP、HDPE、LDPE、EPDM、Buna-N、Viton和PTFE等塑料是可以接受的。燃料电池冷却液与非金属材料的兼容性见表8-15。

表8-15　　非金属材料兼容性举例

材料名称	兼容性	材料名称	兼容性
NBR（丁腈橡胶）	差	PSU（聚砜类塑料）	好/优秀
EPDM（三元乙丙橡胶）	差	尼龙	差
PVC（聚氯乙烯）	差	硅橡胶	优秀
PTFE（聚四氟乙烯）	优秀	PPS（聚苯硫醚）	优秀
PP（聚丙烯）	优秀	石墨	优秀

如果在处理、运输和存储过程中发现冷却液产品被污染，应立即进行调查，以确定被污染的原因，并采取适宜的纠正措施。

第九章　润滑脂

润滑脂是一种常用的润滑材料，从人们日常生活用的家用电器，如洗衣机、冰箱、电脑等；到农业工具，如拖拉机；再到交通运输工具，如汽车、火车、船舶、飞机等，润滑脂都得到了广泛的应用。据了解，2017年全球润滑脂产量达到了117.3×10^4t，我国润滑脂的产量达到了40.81×10^4t，约占世界润滑脂总产量的1/3，位居世界第一。

国际标准化组织（ISO）给予润滑脂的定义是：润滑脂是由稠化剂分散在液体润滑剂中形成的一种稳定的半流体至固态状产品，还可加入赋予某些特性的添加剂和填料。按此定义选用各类稠化剂、液体润滑剂和各种各样的添加剂作组分，通过适宜的分散工艺，可以生产出质量性能稳定的、类型不同的数百种润滑脂产品，以满足在不同温度、不同压力和不同环境条件下的各种润滑和防护部位的要求。

润滑脂的性能主要取决于润滑脂的组成和结构，不同组成的润滑脂结构和性能是不同的。因此，要了解各类润滑脂的性能，就需要了解润滑脂各组分的性质和结构，并根据使用要求，选择合适的润滑脂产品。

第一节　润滑脂的分类

润滑脂是一种非牛顿流体，它的胶体结构分散体系具有独特的流变学性质，而这种性质是它区别于润滑油和其他润滑材料而得到广泛应用的根本原因。据粗略统计，全球润滑脂的产量仅占润滑剂总量的2%左右，就数量而言，远远没有润滑油多；但是就其品种和润滑的部件的数量来说，润滑脂要比润滑油多得多，在汽车上也是如此。除了发热量很大的发动机曲柄连杆机构与缸体之间和传动系部分零部件采用润滑油进行润滑外，汽车上用脂的零部件多达100多种零部件，遍及汽车发动机、轮毂、底盘、等速万向节、电器仪表和车身附件各处。

虽然润滑脂品种多种多样，但还是可以按其组成、性能等区分成不同的类型。目前我国润滑脂主要应用四种分类方法。

一　按稠化剂类型分类

润滑脂按稠化剂类型可分为皂基润滑脂、烃基润滑脂、无机润滑脂和有机润滑脂。

这种分类方法实际是以皂基润滑脂为主体。通常接触到的润滑脂或泛指的润滑脂，是指以石油润滑油为基础油的皂基润滑脂。这类产品占润滑脂总产量的90%以上，从品种上说也占润滑脂总数的大部分。烃基脂主要用于防护，无机和有机类润滑脂主要作特种用途专用脂。

皂基润滑脂又可按稠化剂的不同分成各种单皂基润滑脂、混合皂基脂和复合皂基脂。如图9-1所示。

- 皂基润滑脂
  - 单皂基润滑脂
    - 钙基润滑脂
    - 钠基润滑脂
    - 铝基润滑脂
    - 钡基润滑脂
    - 锂基润滑脂
    - ……
  - 混合皂基润滑脂
    - 钙-钠基润滑脂
    - 铝-钙基润滑脂
    - 锂-钙基润滑脂
    - 钡-铅基润滑脂
    - 锂-铅基润滑脂
    - ……
  - 复合皂基润滑脂
    - 复合钙基润滑脂
    - 复合铝基润滑脂
    - 复合钡基润滑脂
    - 复合锂基润滑脂
    - ……

图9-1　皂基润滑脂按稠化剂分类

同一种皂基润滑脂按采用液体润滑剂（常称基础油）和添加剂的不同，又可产生同系列的不同品种。

二　按主要用途分类

润滑脂按用途分类，如图9-2所示，这种分类方法比较笼统，因为润滑脂实际用途是以

- 润滑脂
  - 减摩润滑脂
    - 通用减摩润滑脂
    - 低温减摩润滑脂
    - 高温减摩润滑脂
    - 极压减摩润滑脂
    - 专用减摩润滑脂
  - 防护润滑脂
    - 通用防护润滑脂
    - 专用防护润滑脂
    - 封存防护润滑脂
  - 密封润滑脂
    - 通用密封润滑脂
    - 专用密封润滑脂
  - 分散润滑脂
    - 一般切削脂
    - 防锈切削脂
  - 增摩润滑脂

图9-2　润滑脂按用途分类

减摩为主，而单用减摩特性又不能详细划分出具体品种。通常各种润滑脂都兼备减摩、防护、密封等功能，故以用途分类只能粗分出某种产品的主要功能。

三 按使用性能分类

世界各国对润滑脂分类方法都极为重视。国际标准化组织经过多次国际会议研究，于1987年提出了润滑脂分类的国际标准ISO 6743-9:1987。此标准的特点是排除了按稠化剂类型、应用部门和应用部位作为分类命名的基础，而是完全按润滑脂应用场合的操作条件、操作环境、需要润滑脂具备的各种使用性能作为分类代号的基础。使用性能包括：最低使用温度、最高使用温度、抗水和防锈水平、极压抗磨性能和稠度牌号等状况。因为润滑脂产品属类为X类，后面用4个英文字母，分别表示使用性能水平，再用1个数字表示稠度等级，由此组成的代号可以反映这种润滑脂的使用性能水平。

我国于1990年接受国际标准ISO 6743-9:1987，等效采用该标准制定了GB/T 7631.8—1990。这种润滑脂分类方法的主要内容见表9-1、表9-2和表9-3。

表9-1　　X组（润滑脂）的分类

代号字母（字母1）	总的用途	使用要求									标记	备注
		操作温度范围				水污染③	字母4	负荷EP	字母5	稠度		
		最低温度①/℃	字母2	最高温度②/℃	字母3							
X	用润滑脂的场合	0 −20 −30 −40 <−40	A B C D E	60 90 120 140 160 180 >180	A B C D E F G	在水污染的条件下，润滑脂的润滑性、抗水性和防锈性	A B C D E F G H I	在高负荷或低负荷下，表示润滑脂的润滑性和极压性，用A表示非极压型脂；用B表示极压型脂	A B	可选用如下稠度号： 000 00 0 1 2 3 4 5 6	一种润滑脂的标记是由代号字母X与其他4个字母及稠度等级号联系在一起来标记的	包含在这个分类体系范围里的所有润滑脂彼此相容是不可能的。而由于缺乏相容性，可能导致润滑脂性能水平的剧烈降低，因此，在允许不同的润滑脂相接触之前，应和产销部门协商

注：①设备启动或运转时，或者泵送润滑脂时，所经历的最低温度。
②在使用时，被润滑的部件的最高温度。
③见表9-2。

表9-2　　水污染（抗水性和防锈性）代号的确定

环境条件①	防锈性②	字母4
L	L	A
L	M	B
L	H	C
M	L	D
M	M	E
M	H	F
H	L	G
H	M	H
H	H	I

注：①L表示干燥环境，M表示静态潮湿环境，H表示水洗。
②L表示不防锈，M表示淡水存在下的防锈性，H表示盐水存在下的防锈性。

表 9-3　润滑脂稠度等级

稠度等级	锥入度范围（工作60次）/0.1mm	稠度等级	锥入度范围（工作60次）/0.1mm
000	445 ~ 475	3	220 ~ 250
00	400 ~ 430	4	175 ~ 205
0	355 ~ 385	5	130 ~ 160
1	310 ~ 340	6	85 ~ 115
2	265 ~ 295		

例如，一种润滑脂用在下述操作条件：最低操作温度，-20℃；最高操作温度，160℃；环境条件，经受水洗；防锈性，不需要防锈；负荷条件，高负荷；稠度等级，00。这种润滑脂的代号应为L-XBEGB 00。

此分类方法适用于各种设备、机械部件、车辆等润滑和防护，可用于所有种类的润滑脂，但不适用于如接触食品、抗辐射、高真空用的特种润滑脂。由此可见，以使用性能为基础的分类方法对于量大面广的绝大部分润滑脂品种和绝大部分应用场合均可适用，使用户可合理选用润滑脂，对于性能类同的产品，便于简化品种。此分类方法也布设了品种框架，便于开发新品种，也指导我们不再研制性能类同的产品。另外，此分类方法也有不足之处，如对极压性能部分划分不细，有待于应用发展过程中改进。

四　按润滑脂应用部门和应用部位分类

按这种分类方法可将润滑脂划分成工业、车辆、船舶、仪表、航空、石油石化、冶金、铁路、机电、纺织、食品、矿山等专用润滑脂。这种分类方法的优点是某一行业可专门供应和使用一套润滑脂，针对性比较强，缺点是各行各业是互相联系和互相渗透的体系，各个行业使用的润滑脂中有许多相互重叠、相互重复的产品，易使产、供、销引起混乱，也不利于润滑脂生产的连续化、大型化。

汽车工业作为国民经济的支柱产业，在改革开放中得到了迅速发展，1980年我国汽车生产量还不足23万辆，2018年全国汽车生产量超2800万辆，随着我国汽车年产量及汽车保有量的逐年增加，汽车润滑脂的需求量也在不断增长。但是汽车用润滑脂不规范、档次低，与汽车发展不配套，因此，随着汽车整体技术的提高及道路条件的改善，提高我国汽车用润滑脂的质量水平，满足汽车高速、重载方面的要求将成为至关重要的课题。

国内外汽车用润滑脂的发展，一般都经历了从钙基脂→锂基脂→复合皂基脂（聚脲基脂）的过程，各国因为国情限制及发展程度的不同，汽车用润滑脂的标准在不同时期差别很大。为满足汽车工业全局性规范化发展要求，美国汽车工程师学会（SAE）、美国试验与材料协会（ASTM）和美国润滑脂学会（NLGI）三方联合，在1989年统一了汽车润滑脂分类，制定了汽车用润滑脂标准ASTM D4950，如表9-4所示。

表 9-4　ASTM D4950对汽车润滑脂分类标准

类别		主要性能	适用范围
L类	LA	润滑性、耐磨性及与橡胶件的相容性	平缓运行的汽车底盘部件和万向节，使用温度 -20 ~ 60℃

续表

类别		主要性能	适用范围
L类	LB	润滑性、低温性、防锈性、极压抗磨性与橡胶件的相容性	平缓到苛刻条件下运行的汽车底盘部件和万向节，使用温度-40～120℃
G类	GA	润滑性、低温性	平缓运行的汽车轮轴承，使用温度-20～70℃
	GB	润滑性、低温性、抗水性、防锈性、抗磨性、热安定性、高温寿命及与橡胶件的相容性	平缓到较苛刻条件下运行的汽车轮轴承，使温度-40～120℃，短时间可达160℃
	GC	润滑性、低温性、抗水性、防锈性、抗磨性、极压性、热安定性、高温寿命及与橡胶件的相容性	平缓到苛刻条件下运行的汽车轮轴承，使用温度-40～160℃，短时间可达200℃

ASTM D4950把汽车用润滑脂分为两类，如表9-5、表9-6所示，底盘润滑剂（字母L前缀）和轮毂轴承润滑剂（字母G前缀）。根据性能把底盘润滑剂分为两类：LA、LB，把轮毂轴承（WB）润滑脂设计成GA、GB、GC三个等级，多效润滑脂则兼有底盘和轮毂轴承用脂的功能，GC-LB两者结合代表一个多用途类别产品，并且如今国外的一些汽车润滑脂正是兼具底盘、水泵、轮毂、离合器等多方面润滑要求的润滑脂。

表9-5 “L”底盘润滑脂分类

类别	试验	性质		可接受极限值
LA	ASTM D217	稠度，工作锥入度/0.1mm		220～340
	ASTM D566或ASTM D2265	滴点/℃	不低于	80
	ASTM D2266	抗磨损，磨痕直径/mm	不大于	0.9
	ASTM D4289	橡胶SAE AMS 3217/3B相容性		
		体积变化/%		0～40
		硬度变化		-15～0
LB	ASTM D217	稠度，工作锥入度/0.1mm		220～340
	ASTM D566或ASTM D2265	滴点/℃	不低于	150
	ASTM D2266	抗磨损，磨痕直径/mm	不大于	0.9
	ASTM D4289	橡胶SAE AMS 3217/3B相容性		
		体积变化/%		0～40
		硬度变化		-15～0
	ASTM D1742	分油/%	不大于	10
	ASTM D1743	防锈/级	不大于	通过
	ASTM D2596	极压性能		
		负荷磨损指数/N	不小于	294
		烧结负荷/N	不小于	1961
	ASTM D4170	防磨损质量损失/mg	不大于	10
	ASTM D4693	低温性能，转矩（-40℃）/（N·m）	不大于	15.5

表9-6 “G”轮毂轴承润滑脂分类

分类	试验	性质	可接受极限值
GA	ASTM D217	稠度，工作锥入度/0.1mm	220～340

续表

分类	试验	性质		可接受极限值
GA	ASTM D566或ASTM D2265	滴点/℃	不低于	80
	ASTM D4693	低温性能，转矩（-40℃）/（N·m）	不大于	15.5
GB	ASTM D217	稠度，工作锥入度/0.1mm		220 ~ 340
	ASTM D566或ASTM D2265	滴点/℃	不低于	175
	ASTM D4693	低温性能，转矩（-40℃）/（N·m）	不大于	15.5
	ASTM D1264	抗水（80℃）/%	不大于	15
	ASTM D1742	分油/%	不大于	10
	ASTM D1743	防锈/级	不大于	通过
	ASTM D2266	抗磨损，磨痕直径/mm	不大于	0.9
	ASTM D3527	高温寿命/h	不小于	40
	ASTM D4289	橡胶SAE AMS 3217/3B相容性		
		体积变化/%		-5 ~ +30
		硬度变化		-15 ~ +2
	ASTM D4290	漏失量/g	不大于	24
GC	ASTM D217	稠度，工作锥入度/0.1mm		220 ~ 340
	ASTM D566或ASTM D2265	滴点/℃	不低于	220
	ASTM D4693	低温性能，转矩（-40℃）/（N·m）	不大于	15.5
	ASTM D1264	抗水（80℃）/%	不大于	15
	ASTM D1742	分油/%	不大于	6
	ASTM D1743	防锈/级	不大于	通过
	ASTM D2266	抗磨损，磨痕直径/mm	不大于	0.9
	ASTM D3527	高温寿命/h	不小于	80
	ASTM D4289	橡胶SAE AMS 3217/3B相容性		
		体积变化/%		-5 ~ +30
		硬度变化		-15 ~ +2
	ASTM D4290	漏失量/g	不大于	10
	ASTM D2596	极压性能		
		负荷磨损指数/N	不小于	294
		烧结负荷/N	不小于	1961

五 润滑脂的组成

润滑脂是通过稠化剂稠化基础油并加有添加剂的胶体状的润滑剂，主要应用于相对运动的摩擦副中，其主要功能是降低摩擦磨损和密封，从而延长机械设备的使用寿命。

润滑脂的组分可分为基础油、稠化剂、添加剂及填充剂等4大类，如图9–3所示。

- 润滑脂
  - 基础油
    - 矿物油：HVI、MVI、LVI润滑油通用基础油和HVIW等专用基础油；L-AN全损耗系统用油以及汽缸油等成品油
    - 合成油：聚α-烯烃油、酯类油、硅油、氟油、醚类油等
  - 稠化剂
    - 皂类
      - 脂肪类
        - 天然油脂
          - 动物油：牛油、羊油、猪油、鲸鱼油等
          - 植物油：花生油、大豆油、蓖麻籽油、棉籽油、菜籽油、葵花籽油、米糠油等
          - 野生植物油：茶油、苍耳籽油、木油、梓油、橡胶籽油等
        - 合成脂肪酸（各馏分）
        - 加工油脂：硬化油、硬脂酸、12-羟基硬脂酸、棕榈酸、月桂酸、油酸、二元酸等
        - 其　他：松香、环烷酸等
      - 复合剂类：低、中分子脂肪酸生成的盐类
      - 碱　类：氢氧化钠、氢氧化锂、氢氧化钙、氢氧化钡等
    - 非皂类
      - 烃　类：微晶蜡、石蜡、蜂蜡
      - 有机物
        - 染料：酞菁铜、阴丹士林等
        - 聚合物：聚烷基脲、聚四氟乙烯等
        - 酰胺钠或锂盐、氟化物等
      - 无机物：膨润土、硅胶、炭黑等
  - 添加剂
    - 抗氧剂：胺类、酚类、硫氮物
    - 防锈剂：磺酸（钠、钙、钡）盐、亚硝酸钠、环烷酸锌、司苯-80、苯并三氮唑（对有色金属）、钡皂等
    - 极压剂：氯化石蜡、二烷基硫化磷酸锌、二烷基硫代氨基甲酸盐、二苄基硫化物、有机钼化合物、硫化油脂类、磷酸酯、环烷酸铅等
    - 油性剂：硫化鲸鱼油、高级醇、酯类、胺类及金属皂等
    - 胶溶剂：甘油、水、醇胺类等
  - 其他
    - 填充剂：石墨、二硫化钼、氮化硼等
    - 助分散剂：乙醇、甲醇、丙酮等
    - 覆盖剂：脂肪酰胺等

图9–3　润滑脂的组成

第二节　我国汽车润滑脂的现状及研制

一　车用润滑脂

虽然润滑脂在汽车材料中是一个小品种，但它在汽车中的作用十分重要，不可替代，亦不容忽视。润滑脂对汽车的动力性、燃料经济性、制动性、操作稳定性和行驶平顺性都有直接影响，与现代汽车追求的高速、灵活、安全、可靠、节油、环保等诸多要求息息相关。润滑脂不仅是保障汽车安全运行的“关节液”，更是使汽车健康长寿的“维生素”。

随着汽车工业向着高速、重载、高性能、小型轻量化以及低能耗、低污染方向发展，为了满足“安全、舒适、环保、节能”的要求，对汽车零部件的要求也越来越高。除了轮毂轴

承、等速万向节（CVJ）这些采用润滑脂润滑的重要部位以外，发动机作为汽车的心脏，布置在其周围的密封轴承对润滑脂的性能要求也十分苛刻。除了要求车用润滑脂具有良好的润滑性、抗磨性、高温安定性、低温启动性、减少微动磨损等性能外，还提出了耐高温、较好的橡胶相容性、长寿命、无污染经及抗水性等要求。车用润滑脂产品主要包括通用性强、用量大的汽车轮毂和底盘用润滑脂，以及用于CVJ、门锁、车窗、发动机周围密封轴承等部位的润滑脂。

润滑脂遍布在汽车发动机、底盘、车身和电器等200多个部位。粗略统计，其中大约30%分布在汽车发动机和车身（各占15%左右），30%在底盘，40%在电器。出于上述多方面的需要，各个部分都需要选用相应的润滑剂，每个部分都离不开润滑脂。汽车上各部分使用润滑脂的零部件列举如下：

1．发动机

①曲柄连杆机构：启动轴油封、曲轴飞轮端油封、缸盖、机架、主螺栓、时规盖。

②配气机构：正时齿轮皮带张紧器轴承。

③燃料供给系：输油泵及电机、喷油泵、涡轮增压机高温螺栓、歧管螺栓、油箱开关、油门脱扣器缆索、管路接头、密封面。

④润滑系：管路接头、密封件。

⑥冷却系：水泵（电动机、轴承）、电动风扇马达轴承、冷气装置用电磁离合器轴承、冷却风扇用液体联轴节轴承、冷却风扇轴承、水箱开关、管路接头。

⑥点火系：分电器凸轮、分电器轴、火花塞线箍和罩与接头。

⑦启动系：启动机轴承、电触点（电刷、整流子等）。

2．底盘

底盘是汽车应用润滑脂部位最多的地方，也是用量最大的地方。

①传动系：等速万向节、差速器、空转轮（轴承）、主动（汽/油）缸、调档变速箱、滑轭、增压器、风门板、变速箱、万向节、传动轴滚针轴承、变速箱第一轴前球轴承、传动轴滑动叉、离合器踏板轴、变速器拉杆换挡轴、传动轴中间支承装置、离合器（离合器分离叉轴承）、主动油缸、从动油缸、花键连接、双质量飞轮、变速拉杆、变速器缆索、滑动轴承套、密封件、花键轴、（鞍式牵引车）支承转盘。

②行驶系：轮毂轴承、悬架、球节、前后及辅助钢板弹簧、前后钢板弹簧销、转向节主销、减震器。

③转向系：转向拉杆球销、密封件、小齿轮、转向管柱、转向齿轮箱、转向齿条、手动转向器、转向臂、电动转向齿轮、齿条和小齿轮转向器、中间轴、转向器轭、电转向器电动机。

④制动系：制动助力器、制动缆索、盘式制动器、鼓式制动器、制动主缸、前后制动器凸轮轴、驻车制动蹄片轴、驻车制动第一、第二轴、停车闸、刹车缆索等。

3．电器

①电源：蓄电池电极柱、交流发电机轴承及接头。

②启动装置：启动电机的超速离合器、端部轴承、螺旋花键、行星齿轮、中间传动器、电刷、接头。

③点火系统（汽油机）：发火开关、火花塞线箍和罩、分配器。

④照明及信号：仪表盘减光器开关、应急灯开关、前灯开关、阅读灯开关、信号转换开关、前灯/尾灯接点。

⑤仪表及显示系统：速度计软轴、仪表轴承、仪表盘减光器开关、各种传感器（油箱压力、变速器范围、废气循环、氧气、油压、踏板位置、电动镜位置、座椅位置、转向器位置、悬架位置、温度、节气门开度等）及接头与开关、多用开关。

⑥辅助电器设备：电动刮水器、风窗玻璃防冰霜设备及洗涤设备、电动汽油泵、空调系统、防盗系统、安全系统、视听设备及无线电防干扰装置。

⑦电子控制装置：汽车电子控制防抱死制动装置（ABS）、电子控制汽油喷射装置（EFI）中的节气门开度传感器、ABS接头和电动机。

4．车身附件

①门锁和铰链：中控门锁装置、门铰链、插销、门锁。

②玻璃升降机与车顶窗：车窗调节器（缆索、电机、开关）、滑动表面、小齿轮、齿条齿扇。

③车身密封条的复合涂层：车身密封条、车门密封条、折叠顶棚密封条、车顶窗密封条、车窗玻璃框及滑轨密封条。

④椅与安全带：调节机构、带扣、电动机、活动轴、卷带器、卷带弹簧、座椅导轨、小齿轮、齿条齿扇座椅倾斜（调节装置）缆索。

⑤后视镜与遮阳板：小齿轮、调节缆索、电动镜的电动机和开关。

⑥车身、顶棚、机罩和行李箱：车身内壁、顶棚发动机和缆索、机罩脱扣器缆索、（车尾）行李箱脱扣器拉下机构电动机、缆索和开关等。

由此可以看出润滑脂遍及汽车全身100多种零部件、200多处润滑点，虽然用量不大，却是一种不可或缺的重要结构材料。

二 我国车用润滑脂的现状

我国汽车底盘用润滑脂基本包括钙基脂、锂基脂两大类，轮毂轴承用脂一般都是锂基脂。20世纪80年代初我国汽车通用锂基脂的生产和推广，最初应用在解放CA141、东风EQ140等新型车辆上，耐温性能提高到了120℃，换脂周期延长到20000km以上，使用寿命延长了2~3倍，在一定时期内满足了润滑要求（GB/T 5671），如表9-7所示。

表9-7 我国汽车通用锂基润滑脂（GB/T 5671—2014）

项目		质量指标		试验方法
		2号	3号	
工作锥入度/（1/10mm）		265~295	220~250	GB/T 269
延长工作锥入度（10万次），变化率/%	不大于	20		GB/T 269
滴点/℃	不低于	180		GB/T 4929
防腐蚀性（52℃，48h）		合格		GB/T 5018
蒸发量（99℃，22h）（质量分数）/%	不大于	2.0		GB/T 7325
铜片腐蚀（T_2铜片，100℃，24h）		铜片无绿色或黑色变化		GB/T 7326，乙法
水淋流失量（79℃，1h）（质量分数）/%	不大于	10.0		SH/T 0109

续表

项目		质量指标		试验方法
		2号	3号	
钢网分油（100℃，30h）（质量分数）/%	不大于	5.0		SH/T 0324
氧化安定性（99℃，100h，0.770MPa），压力降/MPa	不大于	0.070		SH/T 0325
漏失量（104℃，6h）/g	不大于	5.0		SH/T 0326
游离碱含量（以折合的NaOH质量分数计）/%	不大于	0.15		SH/T 0329
杂质含量（显微镜法）/（个/cm^3） 10μm以上 25μm以上 75μm以上 125μm以上	 不大于 不大于 不大于 不大于	 2000 1000 200 0		SH/T 0336
低温转矩（-20℃）/（mN·m） 启动 运转	不大于	 790 390	 990 490	SH/T 0338

2017年我国润滑脂产量占世界总产量的1/3，名列世界前茅，各种润滑脂品种在我国均有生产，但复合锂基润滑脂、聚脲基润滑脂和磺酸盐复合钙基润滑脂等高滴点脂发展相对滞后。我国高滴点、高质量润滑脂的品种和数量与发达国家存在较大的差距，这是导致我国润滑脂消耗量显著偏高的主要原因。

高温和高负荷运转的机械设备，要求选用高滴点的极压润滑脂润滑，若采用工业锂基润滑脂或低档润滑脂润滑，其使用寿命仅为高滴点极压润滑脂的1/5 ~ 1/10，不但换脂周期短，润滑脂消耗量大，而且容易损坏设备。虽然高滴点、高质量润滑脂品种在我国均有生产，但其产量只占润滑脂的27.46%，与北美、欧洲、日本等相比，依然偏低。

另外，我国润滑脂技术标准管理和实施力度不足，试验方法标准主要采用国外标准，自主开发和起草的润滑脂试验方法标准极少，许多对测试和评价润滑脂质量水平极其重要的国外试验方法标准还没有被采用，由此造成了我国润滑脂产品技术标准中理化指标多、性能指标少的状况，加大了与发达国家之间的差距，这种差距反映在润滑脂产品质量上，最直接的表现就是润滑脂使用寿命短、消耗量大。

再者，在制定技术标准时，往往不是从技术发展和提升产品质量的角度来考虑确定质量指标，而是从多数企业所生产的润滑脂产品是否能够达到质量指标的角度来制定标准。也就是说，不是要求企业通过技术进步提升产品质量以符合标准的要求，而是降低标准的质量指标要求，以满足企业的生产需要，这样按照企业技术标准生产出来的产品质量不高。以锂基润滑脂为例，虽然我国锂基润滑脂产量已占润滑脂总产量的62.21%，但中、低端锂基润滑脂（甚至是不合格的产品）仍占有相当大的市场份额。

随着汽车整体技术和单元化发展及道路条件的改善，现代汽车向着高效、重载、节能及环保方面发展，因此对汽车用润滑脂的使用寿命和耐高温性能提出了更苛刻的要求，尤其是高速重载情况下的轮毂轴承用润滑脂。汽车通用锂基润滑脂越来越多地暴露出它的缺陷，耐温能力差、抗冲击负荷能力差以及黏附性差等问题已成为其致命弱点。

20世纪70年代发展起来的复合锂基、聚脲基润滑脂，以其通用、多效、耐高温和长寿命特性，被称为“新一代”润滑脂，它改善了高温条件下的使用性能，可在180℃较长时间使用，寿命比锂基润滑脂高了2～3倍，是当今汽车用润滑脂的理想产品。目前，我国很多柴油发动机的张紧轮轴承仍使用矿物油聚脲基润滑脂或矿物油复合锂基润滑脂，甚至采用更低档的锂基润滑脂。这些润滑脂均无法满足汽车发动机辅助设备轴承的润滑要求。而轿车发动机辅助设备轴承几乎全部采用聚脲稠化剂稠化合成油制成的高档润滑脂，因而具有较好的耐高温、耐高速、低噪声、长寿命等特点。

三　汽车用新型润滑脂的研制

为满足现代汽车高效、重载、节能及环保方面要求，克服现用脂在抗水性、抗冲击负荷能力、耐高温性以及黏附性等方面的弱点，参照ASTM D4950标准，可以在稠化剂、基础油、添加剂等方面进行试验研究。

1．选择适当的稠化剂

稠化剂决定着润滑脂耐高温性、抗水性、长寿命等性能。钙基润滑脂滴点在95℃左右，耐高温性能差，使用温度一般在60℃以下，抗水性良好，适用于汽车底盘及农用车。锂基润滑脂滴点在180℃左右，使用温度一般在120℃以下，抗水性较好，适用于普通车辆。复合型润滑脂滴点一般大于260℃，使用温度可达180℃，如表9–8所示。

表9–8　　几种稠化剂耐高温性、抗水性和轴承寿命对比

项目	钙基脂	锂基脂	复合锂基脂	复合锂钙基脂	聚脲基脂
使用温度/℃	＜60	＜120	＜180	＜180	＜180
抗水性	优	良	良	优	良
轴承寿命（125℃，ASTM D1747）/h	差	200～300	700～800	700～800	1000以上

根据资料调研和试验数据比较，并参照ASTM D4950标准，结合我国原材料情况，确定以新型复合皂作为汽车润滑脂的稠化剂。

2．筛选适当黏度的精制基础油

润滑脂中基础油占90%左右，基础油性能的优劣决定了润滑脂的润滑性能，影响脂的氧化安定性和耐高温性。矿物润滑油分为石蜡基、中间基、环烷基三类，其黏温特性有较明显的区别，耐温性能也不一样；基础油黏度小，润滑脂的流动性好，润滑性差；基础油黏度大，润滑油膜较厚，能有效地减少磨损，而且黏附性好；精制深度影响氧化安定性和对添加剂的感受性。根据汽车轮毂轴承、发动机、底盘等部位润滑特点的要求，采用深度精制的适当黏度矿物油作为润滑脂的基础油。

3．添加剂的研究

加入添加剂旨在改进润滑脂已有性质或赋予它本身不具有的新的性能，但添加剂和润滑脂的合理配伍又是极其复杂、重要的。

（1）极压抗磨添加剂的选择

复合皂基润滑脂对一般添加剂有较好的感受性。极压抗磨添加剂能有效地改善润滑脂的抗磨、抗极压性能，因为其极性很强，通过争取金属表面发生化学反应形成化学反应膜或通过物理吸附形成物理吸附膜而起极压抗磨作用，但对润滑脂的防护性能等则有负面效应，配伍不好，会对金属产生腐蚀。

（2）抗氧剂的选择

润滑脂中加入一定的抗氧剂可抑制、延缓润滑脂氧化变质。润滑脂储存和使用过程中，受温度影响和金属元素的催化作用，易与空气中的氧发生作用，通过对抗氧剂作用机理进行分析，选用胺类抗氧剂为此润滑脂的抗氧剂。

（3）防锈剂的选择

防锈剂能够在金属表面形成牢固的防护膜隔绝水分和空气，从而防止腐蚀的发生。通过试验选择使用对黑色金属和有色金属腐蚀有效的复合防锈剂，使润滑脂的防锈性能达到理想的效果。

4．制脂工艺的考察

润滑脂制脂工艺影响其机械安定性、胶体安定性、滴点等，同时加剂次序、温度对润滑脂的性能也有很大影响。通过大量的考察，确定了基础脂的炼制温度、时间，后处理的过程、方式，添加剂的加入温度、次序，最终生产出性能优良的润滑脂。

从表9–9、表9–10数据分析可知，该产品的质量水平与国外同类中高档汽车产品相当。

表9–9　汽车用极压复合锂基润滑脂典型数据

项目	典型数据	试验方法
工作锥入度/（0.1mm）	278	GB/T 269
滴点/℃	295	GB/T 3498
钢网分油（100℃，30h）（质量分数）/%	0.9	SH/T 0324
漏失量（104℃，6h）/g	0.48	SH/T 0326
防腐蚀性（52℃，48h）/级	1	GB/T 5018
延长工作锥入度（10万次）与60次差值/（0.1mm）	28	GB/T 269
延长工作锥入度（加水10%，10万次）与60次差值/（0.1mm）	32	GB/T 269
水淋流失量（79℃，1h）/%	2.75	SH/T 0109
高温轴承寿命（160℃）/h	102	ASTM D3336
低温转矩（–40℃）/（N·m）	5.2	ASTM D4693
橡胶相容性 NBR–L体积变化/% 硬度变化（邵氏硬度）	 12.45 –4	ASTM D4693
极压性能 综合磨损指数ZMZ值/N 烧结负荷/N	 353 2452	SH/T 0202
抗磨性能（392N，60min）/mm	0.45	SH/T 0204
离心分油（120℃，1h）/%	12	P–VW1423

表9–10　汽车用复合锂基润滑脂与国外同类产品主要理化指标对比

项目	复合锂基润滑脂	进口1	进口2	试验方法
工作锥入度/（0.1mm）	278	285	278	GB/T 269
滴点/℃	295	273	195	GB/T 3498
腐蚀（T_2铜片，100℃，24h）	合格	合格	合格	GB/T 7326

续表

项目	复合锂基润滑脂	进口1	进口2	试验方法
钢网分油（100℃，30h）（质量分数）/%	0.9	2.08	1.82	SH/T 0324
延长工作锥入度（10万次）与60次差值/（0.1mm）	32	28	25	GB/T 269
水淋流失量（79℃，1h）/%	2.75	3.4	5.1	SH/T 0109
四球长磨d_{60min}^{392N}/mm	0.45	0.50	0.54	SH/T 0204
极压性能P_D值/N	2452	2452		SH/T 0202
梯姆肯OK值/N	178	178	133	SH/T 0203
低温转矩（–20℃） 启动力矩/（N·m） 运转力矩/（N·m）	 0.45 0.03	 0.78 0.25	 0.66 0.15	SH/T 0338
基础油黏度（–40℃）/（mm²/s）	230	213	160	GB/T 265

5．结论

我国汽车现用润滑脂与国外的差距是显而易见的，从使用品种上应向耐高温、长寿命及极压抗磨的复合锂基、聚脲基等润滑脂转变。而GB/T 5671—2014重生产、轻使用的理化性能指标已不能指导汽车使用。以国际标准为参照，结合我国现有车辆状态和发展要求，制定新的以满足使用为目的的理化性能、模拟、台架评定指标。

第三节　车用润滑脂发展的里程碑——ASTM D4950

1989年，ASTM批准发布了汽车维护保养润滑脂的分类和规格标准—ASTM D4950，这在车用润滑脂发展历程中无疑是具有里程碑意义的事件。该标准于2001年、2008年、2014年进行了修订，最新版本是2019年批准发布的。

ASTM D4950规格标准的颁布，为社会提供了一个共同的质量标准，即全社会有了一种汽车养护润滑脂的共同语言。

①汽车制造厂可据此推荐维护汽车保养用润滑脂。

②润滑脂生产厂可据此生产市场需要的润滑脂。

③润滑脂经销商可据此推荐和经销汽车养护用润滑脂。

④汽车零件设计单位可据此选用适当的润滑脂。

⑤车队、车主和维修厂在选用轮毂和底盘养护润滑脂时有了依据。

一　ASTM D4950的适用范围

ASTM D4950是一个适用于轿车、货车和客车养护润滑脂的规格，从颁布之日起就说明其适用于轿车、货车和客车的底盘和轮毂轴承周期性再润滑使用的润滑脂。更严格地说，ASTM D4950最适合的对象是轻载车，即轿车和轻载货车，因为规格和指标的制定是围绕这些车辆进行试验和确定试验范围的。ASTM D4950规格确定了用来表述适合维护保养加注的底盘润滑脂和轮毂轴承润滑脂的性质和性能特点的要求。

汽车出厂前使用的润滑脂是初装润滑脂，出厂后因汽车零部件维护保养的需要而补充的润滑脂是维护保养润滑脂。二者可能相同，也可能不同，ASTM D4950是汽车维修保养润滑脂的分类体系和规格标准，不是为初装润滑脂制定的规格标准。汽车制造厂为简化润滑脂品种、延长换脂周期或适应采用某项新技术而出现的新情况，其初装润滑脂规格标准往往比维护保养润滑脂的要求更严格，有的甚至还有其他性能要求，而这些性能要求又常常是由非标准试验方法规定的。

汽车零件的“终身润滑”是汽车厂家和用户共同追求的目标，用于“终身润滑”的初装润滑脂质量要求自然更高。当然，如果汽车制造厂愿意根据ASTM D4950来规范其初装润滑脂，ASTM D4950本身并没有任何条款排除这种应用。事实上，克莱斯勒公司和通用汽车公司从1994年开始已规定采用LB和GC-LB（GC指轮毂轴承润滑，LB指底盘润滑）类型的润滑脂作为底盘装机用润滑脂。ASTM D4950没有包括所有的维护保养润滑脂，它只适用于底盘和轮毂轴承的维护保养润滑脂。底盘和轮毂轴承的维护保养润滑脂是汽车养护润滑脂的主要品种，汽车养护润滑脂还有部分其他品种（例如一些专用润滑脂），只是用量较少。

目前，汽车上要求“终身润滑”的零件愈来愈多，如何规范承担“终身润滑”任务的润滑脂的使用已经是一个超出ASTM D4950范围的新课题了。如具有NLGI认证标志的GC-LB产品已不能满足当今重型车队保护卡车拖车和延长润滑期以增加经济效益的需要了。在美国，重型车队使用的润滑脂已占车用润滑脂一半以上，甚至可能高达70%～80%。重型车辆对润滑脂性能有更特殊的要求。

二 ASTM D4950的制定给我们的启示

ASTM D4950是ASTM在有关润滑脂产品方面的第一个标准。在车用润滑脂领域内，ASTM D4950被认为是正确选用车用润滑脂及研究开发新产品的依据，具有十分重要的意义。ASTM D4950制定的过程和结果都有值得借鉴和思考的地方。

1．标准制定的艰巨性

ASTM D4950从提出到批准用了23年的时间，但实际上酝酿的时间更长，可以追溯到20世纪30年代。当时SAE打算建立一个底盘润滑脂分类体系，但由于没有先例可参考，加之意识到难度太大，一直未付诸实施。和许多其他高技术产品一样，如果没有适当的技术语言，就很难表述润滑脂的性能。这就要求建立新的润滑脂性能试验方法，确定相应的规格指标。建立润滑脂性能试验方法包括性能试验方法的设计、试验数据的重复性和再现性考察、试验结果与实际效果之间的相关性等一系列工作。确定规格指标时，要安排许多联合试验，对取得的数据进行各种数理统计处理，工作量很大，牵涉面很广。从1966年SAE请求ASTM用“技术语言定义润滑脂”开始，ASTM组织制定了ASTM D3527《汽车轮毂轴承润滑脂寿命特性》、ASTM D4170《润滑脂抗微动磨损性能》、ASTM D4289《润滑脂与橡胶相容性》、ASTM D4290《加速条件下汽车轮毂轴承润滑脂漏失倾向》、ASTM D4693《润滑脂轮毂轴承低温转矩》以及ASTM D3428《球节润滑脂转矩稳定性、磨损和盐水敏感性》等6个试验方法标准。

2．标准制定的广泛参与性

ASTM D4950的制定者既有美国三大学会——SAE、ASTM和NLGI，还有10多家石油公司、汽车公司。正是有了这种大联合大协作，才造就了ASTM D4950这样一个里程碑。

3. 标准制定的开放性

汽车技术的发展对车用润滑脂提出了新的挑战。为了与不断发展变化的新需求保持同步，ASTM D4950在附录中说明，任何个人、公司和团体都可以提出更改或添加该标准中润滑脂种类的请求。SAE、ASTM和NLGI将密切协调，决定是否采纳请求。在前文所述的重型车队用润滑脂需要制定质量标准的例子中，SAE已在第3技术委员会下设立润滑脂专题组，考虑SAE J310《汽车润滑脂实用指南》（其中的润滑脂规格与ASTM D4950相同）的修订问题。预计ASTM将发挥选择试验方法、制定试验方法标准和确定规格的作用，NLGI也将发挥制定用户语言的传统作用。这种开放的、与时俱进的做法是十分可取的。

虽然ASTM D495O从批准发布至今已有20余年，但它仍然是美国维护保养润滑脂的基本大法。中国润滑脂行业和汽车行业要与国际接轨，与国外石油公司和汽车公司竞争，ASTM D4950都是一个绕不过去的坎。遗憾的是中国的相关标准（产品规格标准和试验方法标准）与ASTM D4950相比还有一些差距。

三　我国车用润滑脂发展的主要问题与解决方法

目前，国内既有进口的高档轿车、大客车、重型汽车，也有大量的国产轿车、客车和卡车，还有行驶速度较慢但数量较大的农用运输车辆，不同车辆对润滑脂的性能要求不同，导致国内市场对车用润滑脂的需求档次差别较大。

除进口的高档轿车、大型矿车等对车辆用润滑脂有特殊的性能要求外，达到GB/T 5671技术要求的汽车通用锂基润滑脂一般可以满足汽车底盘和轮毂轴承的使用要求。但是，根据各类汽车的市场占有比例以及市场销售的车用润滑脂情况分析，我国中低档润滑脂产品消耗率明显偏高，而高档润滑脂产品的市场份额又大多数被符合NLGI GC–LB技术标准的国外知名公司的产品占有。

润滑脂消耗量显著高于发达国家，是当前我国车用润滑脂工业发展中存在的主要问题。而造成这一问题的主要原因如下：

①与发达国家相比，高滴点、高质量润滑脂品种和数量存在较大差异。目前，一大批中、小型简易炼油厂生产的低档廉价基础油占有一定的市场份额，加之我国有较大数量的农用车辆和机具，这就为一些企业生产低档润滑脂产品提供了生产原料和较大的市场。低档润滑脂产品的使用寿命仅为高滴点极压润滑脂的1/5～1/10，不但换脂周期短，润滑脂消耗量大，而且容易损坏设备。

②润滑脂技术标准管理和实施力度不足。我国润滑脂试验方法标准主要采用国外标准，自主开发和起草的试验方法标准极少，技术含量低，由此导致我国润滑脂产品技术标准中理化指标多，性能指标少。

润滑脂产品技术标准的差距反映在润滑脂产品质量上，带来的直接后果就是润滑脂使用寿命短，消耗量大。

③润滑脂应用技术和润滑脂知识普及、推广不足。润滑脂应用技术和润滑脂知识普及、推广不足，导致车辆、机械、设备使用润滑脂存在大量浪费现象，这也是造成我国润滑脂消耗偏高的一个重要原因。

长期以来，人们关心较多的是润滑脂新产品、新设备和新工艺的研究开发，对润滑脂应用技术的推广、宣传、普及没有给予足够的重视。在应用现场，因工作人员对润滑脂使用、保管不当所造成的浪费现象较为普遍。

车用润滑脂的质量与用脂部位的润滑状况密切相关。只有正确使用符合要求的润滑脂，才能延长汽车的使用寿命，降低维修费用，提高使用效率。今后我国润滑脂行业应学习和借鉴国外车用润滑脂产品的研发经验，制定先进的技术标准，重点开发、生产高滴点优质复合锂基润滑脂和脲基润滑脂产品，并逐步提高其在润滑脂总产量中的比例，以满足我国汽车行业飞速发展的要求。

对我国润滑脂生产企业而言，要具备标准意识，将标准的执行作为企业发展的主要环节来抓；要有计划、有步骤地做好润滑脂应用技术和知识的推广、宣传、普及工作，减少润滑脂水泵为企业增效，为国家节能，为社会增益。

第四节　环保型高性能长寿命润滑脂

车用润滑脂是汽车上用量小而涉及面广的重要配套材料。车用润滑脂的发展与汽车工业的发展密不可分。国家发展的改革委员会2004年5月21日发布的《汽车产业发展政策》第32条要求石化等汽车工业相关领域的生产企业应注重在车用油品等方面，提高产品水平和市场竞争能力，与汽车工业同步发展。从事车用润滑脂研究的研究院所和润滑脂生产的企业需要随时了解国内外汽车工业的发展动态，增强创新意识，促进技术进步和产品升级，使中国车用润滑脂质量达到国际先进水平，满足汽车产业发展的需要。

汽车行业除了环保、节能以外，产品安全、舒适、耐用也是永恒的目标。润滑剂与所润滑的零件同寿命，实现“终身润滑”是生产企业和用户共同的愿望。因此，作为汽车重要的配套材料，可靠、环保、节能、长寿应成为对车用润滑脂最基本的要求。这些基本要求可以归纳为两个方面：

一是与外界环境的关系，润滑脂与环境要“友好”“和谐”，成为环保型润滑脂；

二是与汽车本身的关系，润滑脂要可靠、节能、长寿命，成为高性能润滑脂。

由此可见，兼有环保和高性能特性要求的润滑脂将是车用润滑脂未来的发展方向，汽车零件的“终身润滑”是汽车行业和润滑脂行业的共同奋斗目标。

①“终身润滑”可以减少机械零件再润滑的各种消耗，节约时间、费用、人力、物力；

②“终身润滑”可以有效减少维修保养中低水平润滑脂的使用问题，减少润滑脂和汽车零件的不合理消耗；

③用最少量的润滑剂保持“终身润滑”是避免产生不必要废物的最佳途径，有利于环保；

④“终身润滑”是汽车技术发展进步的需要。

汽车零件的“终身润滑”要求润滑脂具有高可靠性和长使用寿命。在汽车发展的早期，“终身润滑”是不可思议的。而现在，润滑脂的发展已实现了从钙基、钠基润滑脂发展到锂基润滑脂，进而发展到复合锂基润滑脂和聚脲基润滑脂的二次飞跃，加上合成润滑油技术的发展，实现“终身润滑”的汽车零件已不限于那些工作条件不太苛刻的部位。对于某些传统上采用润滑进行维护保养的零件实现“终身润滑”的问题也已提上了日程，例如汽车轮毂轴承，甚至是重型货车采用组合毂的部位。因此可以说，汽车零件的“终身润滑”已经是汽车行业和润滑脂行业共同面临的现实问题。

“终身润滑”给汽车零件生产企业和润滑脂生产企业都提出了更加苛刻的要求。汽车零件生产企业需要研制适合“终身润滑”的高质量零件，润滑脂生产企业需要研制性能优异的车用润滑脂，特别是未来产品具有高可靠性和特别长的使用寿命。

总之，让更多的汽车零件实现“终身润滑”，既是汽车用户、汽车行业和润滑脂行业的共同愿望，也是建设节约型社会的需要。这应当成为我国汽车制造厂和润滑脂生产企业大力开展科技创新、实现跨越的现实课题和共同奋斗的目标。

第五节 润滑脂生产工艺

润滑脂的性能直接取决于配方组成和制造工艺。要获得性能优良的润滑脂，除选择优质原料和最佳配方外，还需要在适宜的生产工艺条件下制造润滑脂。

一 锂基润滑脂生产工艺

以3号锂基润滑脂为例，其配方组成为：12-羟基硬脂酸9.2%，硬脂酸2.3%，氢氧化锂1.6%，水0.3%，基础油650SN余量。锂基润滑脂生产工艺如图9-4所示。

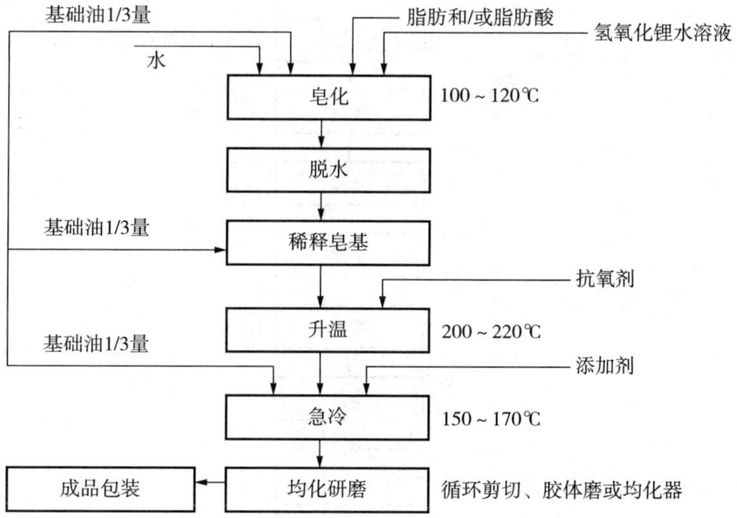

图9-4 锂基润滑脂生产工艺示意图

二 烃基润滑脂生产工艺

以石墨烃基润滑脂为例，烃基润滑脂生产工艺如图9-5所示。

三 无机润滑脂生产工艺

以膨润土润滑脂为例，无机润滑脂生产工艺如图9-6所示。

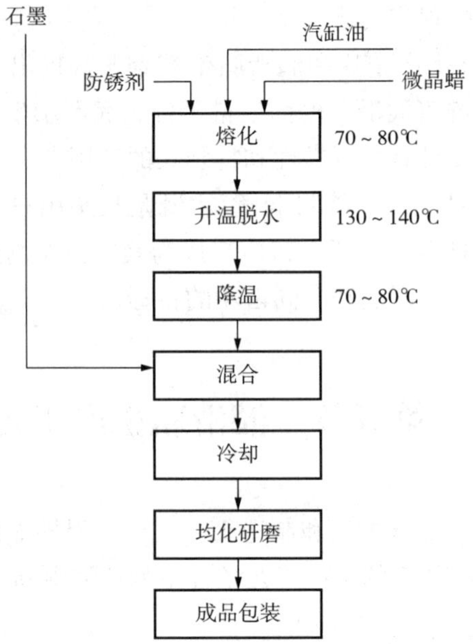

图9-5　石墨烃基润滑脂生产工艺示意图

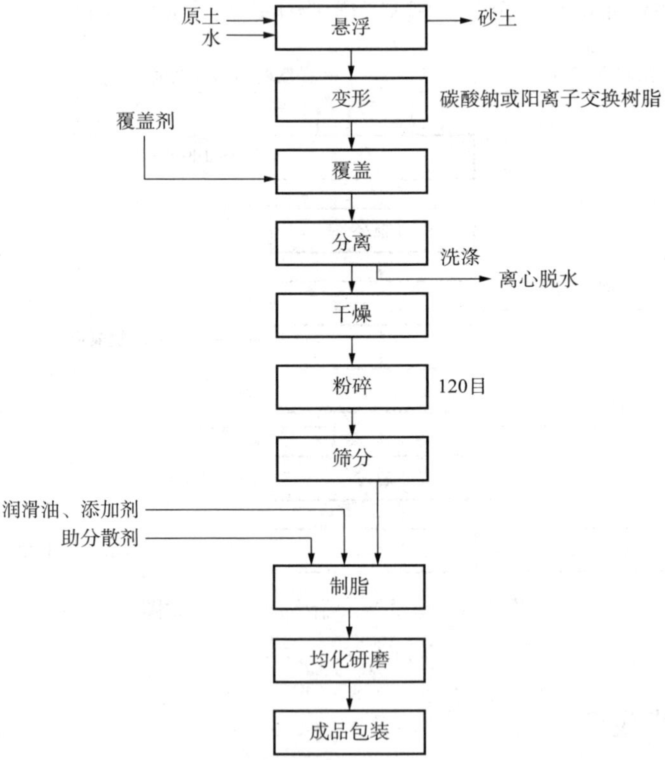

图9-6　膨润土润滑脂生产工艺示意图

四　皂基润滑脂的间歇式生产程序（10点法）

①在90℃时，将脂肪酸溶解或分散于1/3 ~ 2/3的基础油中。

②将金属碱作为溶液或悬浮液加入水中。

③加热至115～150℃，或在压力下加热至180～250℃（依据反应器类型而定）。

④加热至180～200℃使皂脱水或通过减压来实现。

⑤再冷却至150～130℃时结晶，同时加入更多的基础油。

⑥在低于80℃时加入添加剂。

⑦在专用设备上进行预处理和均质。

⑧调整流动压力和调整润滑脂稠度。

⑨过滤和脱气。

⑩包装。

第六节　润滑脂的特性与应用

一　润滑脂的特性

润滑脂和润滑油的用途极为相似，但是特点各不相同，与润滑油相比，润滑脂与应用有密切关系，具体优点如下：

1．不流失，不滴落

当摩擦部位处于静止状态时，润滑脂能够保持原来形状，不致受重力作用而自动流失，对于停停开开的摩擦部位、补充润滑材料非常困难的部位以及敞开式或密封不良的部位，润滑脂是非常适用的。

2．不泄漏，不飞溅

当摩擦部位处在运动状态时，润滑脂不会像润滑油受离心力作用而甩漏，也不会在密封不良部位飞溅出来，可防止污染环境、污染产品。

3．使用温度范围宽

润滑脂工作温度范围要比润滑油宽，一般润滑脂可在-20～120℃温度范围内使用。

4．耐压性高

润滑脂在金属表面上吸附力要比润滑油大得多，并能形成较坚固的油膜，承受比较高的工作负荷，这是由于润滑脂内含有大量极性物质。

5．使用寿命长

消耗量少，设备维修保养期长，保养费用也相应降低。

6．润滑设备构造比较简单

这样可以简化工艺装备的设计，减少投资。

7．防护性能好

润滑脂涂抹在金属表面或零件上，是一种良好的防护材料，而且防护期长。一般脂层又都比油层厚，而且抗水性远比润滑油好，防止水或水蒸气渗透到金属表面能力也强。润滑脂还能隔离酸、碱、氧气和水，避免工作表面受到直接侵蚀。

8．密封性能好

润滑脂可防止灰尘进入工作表面，避免杂质混入磨损机械零件，对于如轴承之类空间结构比较复杂、润滑面的精密度要求较高的工作部件，润滑脂能把空间填满，起到密封作用。

9．有缓冲减震作用

润滑脂的黏滞性大、油性比较好，所以对于某些常常要求改变运动方向和承受很大冲击力的机械，如拐轴、万向接头等润滑部位，润滑脂能起一定缓冲减震作用，还能降低噪声。

虽然润滑脂有上述优点，但与润滑油相比也存在一些缺点。润滑脂是固态或半流体状态，它在润滑面上启动力矩和运转力矩较大，流动性较差，在高速部位不如润滑油好，在极高转速如30000r/min下不能使用润滑脂。此外，由于它几乎不存在散热性，也不能像润滑油不断地带走摩擦表面由于磨损而出现的金属屑和其他杂质，同时在高温下有相转变，而且容易氧化变质等缺点，因此它的使用范围受到一定限制。

二 润滑脂的选用

选择润滑脂时，首先应明确使用润滑脂的目的。按润滑脂所起的主要作用，润滑脂大致可分为减摩、防护、密封三大类作用。需要润滑脂的部位，就润滑脂所要起的主要作用来选用符合要求的润滑脂。

减摩用润滑脂，主要应考虑耐高低温的范围、耐转速的界限、负荷的大小等。

防护润滑脂，则应重点考虑接触的金属，接触的介质是水汽，还是化学气体。在润滑脂的性能方面，应着重考虑金属的防护性的指标，抗氧化性、抗水性等方面性能。

密封润滑脂，则应首先考虑接触的密封件材料，是橡胶还是塑料，或者是金属。尤其是用橡胶和塑料为密封元件时，一定要搞清楚橡胶的牌号，根据润滑脂同橡胶的相容性来选择适宜的润滑脂。其次是应考虑接触的介质，如水、醇类、油，是静密封还是动密封。若是静密封，应选择黏稠一些的密封润滑油；若是动密封，应选择基础油黏度不太大的润滑脂。介质是水或醇类，应选用大黏度石蜡基基础油的酰胺基、脲基润滑脂；介质是油类的应选用耐油密封润滑脂。

1．考虑润滑部位的工作温度

润滑部位的工作温度是选择润滑脂的重要依据。使用润滑脂的典型部件是滚动轴承，就有关轴承温度和润滑脂寿命的关系来看，轴承温度每上升10～15℃，润滑脂的寿命约降低1/2。一般来说，轴承外环温度比内环温度低15℃左右。在中低速（3000～5000r/min）工作的轴承温度与内部介质的温度近似。

对于在室内使用的机器轴承，如机床、间断启动的电机、手动工具、仪表和精密机械等，一般工作温度范围为10～15℃。对于运输机械、建筑机械、农业机械等室外工作的机械轴承，一般工作温度随大气温度变化而变化，我国大多数地区大气温度变化从–40～40℃。增大负荷、加大速度、环境温度升高、润滑脂装得太满以及长期连续工作等因素都使滚动轴承温度升高。例如，在径向负荷为1470N、转速8000 r/min条件下工作的204轴承，温度可达40～70℃。对于沿着大道行驶的载重汽车的轮毂轴承，温度可达40～80℃。大型发电机轴承，温度可达80～90℃。飞机起落架、高温电机等的滚动轴承温度可达150～200℃或更高。

考虑润滑脂的耐温性能，不仅是看润滑脂滴点的高低，而且还应考虑其基础油的类型、抗氧化性能、蒸发性能等。表9–11中列出按最高使用温度选用润滑脂的大致类型。

表9-11　　按最高温度选择润滑脂的类型

最高温度/℃	稠化剂类型	基础油类型
40～50	钙皂、锂皂	矿物油
100～120	锂皂、复合皂	矿物油
～150	复合锂、复合铝、复合钡	矿物油、聚α-烯烃
180～200	复合锂、聚脲、膨润土、酰胺盐	酯类油、聚α-烯烃、烷基硅油
250	脲类有机物、含氟化合物	苯基硅油、全氟聚醚
300	氮化硼、硅胶等	高苯基硅油

以上说的是高温情况。润滑部位的工作温度有些情况下处于较低温度，一般来说温度处于-30℃以下，必须使用合成油的润滑脂，特别是一些仪表的微型轴承，启动力太小，选用润滑脂时要特别注意，合成油润滑脂的最低极限温度是-80℃。

2．考虑润滑脂润滑部位的负荷

矿石粉碎机、球磨机等机械的轴承受到较大的冲击负荷；大型电机的定子质量在成吨以上，所以轴承负荷是比较大的；齿轮的润滑条件是相当苛刻的，存在滚动摩擦和滑动摩擦，一般齿轮所传递的力都是比较大的；还有蜗轮蜗杆都是承受较大的负荷。在这些部位选用润滑脂必须考虑抗磨性和极压性。现在许多设备管理人员，认为只要是负荷大的部位都用二硫化钼润滑脂和石墨润滑脂，实际上应考虑润滑脂中是否添加抗磨极压添加剂。

3．考虑润滑脂润滑部位的速度

前面已经讲过，速度对润滑脂的轴承寿命影响很大。因此在选用润滑脂时，一定要考虑润滑部位的速度。

对于滚动的圆柱滚子轴承，一般来说，内径在50mm以下的，当轴承DN值［轴承内径（mm）与轴转速（r/min）的乘积］< 300000时采用润滑脂，DN值> 300000时采用润滑油。内径d在50mm以上的，当DN值$< 300000/\sqrt{d/50}$时采用润滑脂；DN值$> 300000/\sqrt{d/50}$时采用润滑油。

对于圆锥和滚子轴承，一般来说，内径在50mm以上的，当DN值$< 150000/\sqrt{d/50}$时采用润滑脂，DN值$> 150000/\sqrt{d/50}$时采用润滑油。

当前许多大型电机经常发生所谓的“抱轴”事故，就是因为润滑脂满足不了速度要求，运转很短时间即发生润滑不良，造成轴承突然烧坏。现在电机制造厂往往是选用2号或3号通用锂基润滑脂。如400kW三相异步电机，轴承型号为6222，则轴承内径为110mm，电机转速为2975r/min，其DN值为327000。显然选用2号或3号锂基润滑脂是无法满足要求的。

4．考虑润滑部位的环境和所接触的介质

润滑部位的环境和所接触的介质对润滑脂的性能有极大影响，因此在选择润滑脂时，应慎重考虑。

潮湿或易与水接触的部位，不宜选择钠基润滑脂，甚至不可以选用锂基润滑脂。因为钠基润滑脂抗水性较差，遇水容易变稀流失和乳化。有些部位用锂基润滑脂也无法满足要求，如立式水泵的轴承可以说是经常浸泡在水中的，用锂基润滑脂也发生乳化，寿命很短，轴承很容易损坏。在这样的部位应当选用抗水性良好的复合铝基润滑脂或脲基润滑脂。汽车、拖拉机和坦克底盘，常在潮湿、易与水接触的环境下工作，我国目前多选用抗水性能更好的锂–钙基或脲基润滑脂。

与酸或酸性气体接触的部位，不宜选用锂基润滑脂或复合钙、复合铝、膨润土润滑脂。这些润滑脂遇酸（弱酸）或酸性气体，如空气中含微量氯化氢，脂变稀流失，造成轴承防护性不良。某些印染厂使用的活性染料会放出氯化氢气体，不仅使设备造成腐蚀，而且使轴承内的润滑脂很容易变质，这些部位应选用抗酸性能好的复合钡基润滑脂或脲基润滑脂。如是接触强酸或强氧化介质，则应使用全氟润滑脂。

同海水或食盐水接触的部位，应当选用复合铝基润滑脂；同天然橡胶或油漆接触的部位，应避免选用以脂类油尤其是双脂类型油为基础油的润滑脂；接触燃料油类或石油质润滑油类介质的部位，应选用特种的耐甲醇润滑脂等。

5．考虑润滑脂的加注方法等

润滑脂的加注方法，有人工加注或泵集中加注。涂抹或填充、脂枪加注、脂杯加注等都为人工加注。汽车上使用润滑脂时都采用人工加注，如轮毂轴承采用人工填充法，钢板弹簧用人工涂抹法，钢板弹簧销等（设有注油嘴）采用脂枪加注法，分电器传动轴采用脂杯加注法。采用人工加注的部位，在选择润滑脂时主要应考虑它的稠度，一般为1号～3号稠度的润滑脂，最好选用2号稠度的润滑脂，加注比较容易，寿命也较长。

有些润滑设备采用集中加注法。潜艇的首尾升降舵活动关节，这些部位均在舱外，当潜艇在水下工作时，无法向这些部位加注润滑脂进行润滑，因此就采用舱内通过管道向这些部位定时定量压送润滑脂进行润滑。工业上，集中加注润滑脂更为广泛，如钢厂的输送辊轴承，因辊子排列很长距离，数量多，采用集中加注润滑比较方便。集中加注润滑要通过很长的管道，为了加注方便，不致使泵压过大，所采用润滑脂的稠度一般为1号～0号，最好选用0号稠度的润滑脂。

从润滑脂稠度来考虑，一般密封脂，如阀门阀杆的密封脂，采用4号～5号稠度的润滑脂；高转速或超高转速的部位，应采用3号～2号稠度的润滑脂；一般通用，多采用2号～1号稠度的润滑脂；集中加注润滑，采用1号～0号稠度的润滑脂；减速箱齿轮用脂，采用00号～000号稠度的润滑脂。

6．从经济性方面考虑

从经济性方面考虑选择合适的润滑脂，是每一个润滑脂使用者十分关心的事情。选用润滑脂不能只看哪一种润滑脂价格便宜，更重要的是要看这种润滑脂的性能如何，应综合考察一种润滑脂使用以后是否延长了润滑周期，减少的加注次数和润滑脂的消耗数量、检修费用、停工造成的生产损失等。如某钢厂热轧车间的叠扎机，传统上是使用钙基润滑脂，虽然价格比较便宜，但性能不能满足要求，轧机检修频繁，每月检修1次，每次检修约需16h。后来，选用2号复合锂基润滑脂，表面上看，价格是钙基润滑脂的3倍，但性能优良，检修周期延长为4个月检修1次，每次检修仅用12h（缩短了4h），并且每次检修不像使用钙基润滑脂时全部更换，补加少许即可。更可观的是，原使用钙基润滑脂时每年需更换1次丝杆和蜗轮，现在使用2号复合锂基润滑脂后，延长至2年更换1次丝杆和蜗轮。该车间共有4台叠扎机，仅此一项每年即可节约11万多元。而且润滑剂消耗量仅为使用钙基润滑脂时的1/5，还可以多开工，增加的生产效益更为可观。类似实例还很多。近年来，国外发达国家在许多设备上都使用高档润滑脂，其原因就在于此。

7. 详细参看说明书，正确选用润滑脂

各种机械都有“使用说明书”，一般来说对所使用的润滑剂都有说明，只要遵照执行即可。但应当值得注意的是，往往一些机械的设计人员，对最新的先进的润滑脂牌号、品种不是十分了解，因此在设备使用说明书中写入一些过时的低档润滑脂产品，以致造成加脂频繁，运转很短时间就需检修。如国内某石化公司有两个大型化肥厂，一个是国内制造的设备，各种机泵规定每24h加注钙基润滑脂1次，而另一个是全套引进的设备，各种机泵规定每3个月至半年加注1次极压锂基润滑脂。若国产设备也使用高档的极压锂基润滑脂，润滑周期的差距绝对不是1比180～190，应当会大大缩小。在这种情况下，我们就应当参照国外先进经验，大胆使用高档润滑脂，而不是墨守成规。

各种润滑脂都有说明使用书，一般规定了大致的组成、理化性能指标、使用温度范围、适应的工作条件等，可以根据说明使用书来选择适宜的润滑脂。但是应当注意，一些企业或者某些销售人员，为了推销其润滑脂产品，对某些性能以及适应的范围做了不适当的夸张。

总之，润滑脂的品种繁多，制造厂家也很多，生产工艺千差万别，工业应用前又不能进行太多试验，因此选择一种适宜的润滑脂必须慎重行事。

第十章　车用尿素溶液

当前全球能源短缺，气候变暖，环境保护形势日益严峻。每逢秋冬季节，我国许多地方都会出现雾霾天气，严重影响空气质量。造成雾霾天气的原因中，机动车尾气排放平均要占到20%到25%左右。目前全国机动车排放污染物每年有5700多万吨，包括氮氧化物、碳氢化合物、一氧化碳、颗粒物，其中汽车排放的氮氧化物和颗粒物超过85%，碳氢化合物和一氧化碳超过70%。此外，占汽车保有量不到20%的重型柴油车排放了60%左右的氮氧化物。柴油车排放的氮氧化物（NO_x）和颗粒物（PM）对人类健康及大气环境的危害已引起了高度的关注。

世界主要发达国家都在紧锣密鼓地出台更为严格的汽车尾气排放控制标准，欧洲、美国、日本都陆续开始实施了更为严格的机动车尾气排放标准。

大量的试验研究表明，选择性催化还原技术（SCR）是目前最适合柴油车的尾气排放解决方案，而这项技术必须利用尿素溶液对尾气中的NO_x进行处理，因而车用尿素溶液成了各项标准法规中尾气排放解决方案的必备产品。因此，世界各国在推行更为严格的柴油机排放法规的同时，配套制定了车用尿素溶液标准，如欧洲、日本等。

第一节　车用尿素产品标准

一　国外汽车尾气排放标准的发展状况

2005年，欧洲车用发动机已开始实施欧盟机动车污染物排放第Ⅳ阶段标准（欧Ⅳ排放法规），对柴油机油提出了更为苛刻的要求。其中，NO_x排放限值自排放法规实施20年以来下降了81%；PM（颗粒物）排放限值15年以来下降了97%。2009年9月1日，欧盟开始实施第5代的“欧Ⅴ排放标准”，2013年1月，全面实施第6代的“欧Ⅵ排放标准”。

2009年9月16日，美国政府颁布了针对2012年至2015年车型的油耗和二氧化碳排放标准，要求2016年的车型达到低于55.37g/（kW·h）的标准。美国环保署（EPA）要求从2010年1月1日起实施EPA 2010法规，即美国重型车排放法规，其将NO_x排放限值从EPA 2007的1.63g/（kW·h）降低至0.27g/（kW·h），比欧Ⅵ排放法规和日本2009年的排放法规都要低，是目前全球要求最严的排放法规。

日本国土交通省加强了尾气排放规定，制定了全球最为严格的规定，即“后新长期规定”，并于2009年10月起实行。在柴油车方面，“后新长期规定”将NO_x排放限值降低了40%～65%，将PM排放限值降低了53%～64%，基本上与汽油车达到相同水平。

为了满足欧Ⅳ以及将来更加严格的重型柴油车的排放法规要求，如欧Ⅴ、欧Ⅵ及美国的EPA 2007/2010等，世界各国都致力于减少柴油机NO_x和PM排放的研究，其途径有提高燃油品质、实行机内净化技术和尾气后处理技术。但是大量的试验研究证明，仅依靠机内净化技术同时降低NO_x和PM排放量到符合排放法规的要求已经变得越来越困难，而且导致生产和使用成本明显升高。SCR（选择性催化还原）技术是一种很有前途的机外净化措施，能降低80%～90%的柴油机尾气中的NO_x排放。因此，柴油机在内净化处理的同时辅助以尾气后处理技术来控制柴油机有害物质的排放成为柴油机未来的发展方向。

二　国内汽车尾气排放标准的发展状况

我国排放法规的制定主要采用欧洲的模式。在世界三大排放标准体系中，欧洲法规在标准的严格程度、道路交通情况等方面相对较适用于我国的实际情况。我国在充分吸收欧美的经验后，全面等效采用了欧盟（EU）指令、ECE技术内容和部分前欧共体（EEC）法规。在此基础上形成了中国排放法规体系。2001年6月30日国家环境保护总局发布《关于实施国家第二阶段轻型车排放标准的公告》，规定自2001年7月1日起，在全国范围内开始实施相当于欧II标准的国家机动车污染物排放标准第二阶段限值GB18352.2，又称国二，并停止对达到国家机动车排污标准第一阶段排放限值（相当于欧Ⅰ标准）轻型车行驶核准的申报；在2008年1月1日与2013年1月1日分别实施第Ⅲ阶段与第Ⅳ阶段排放限值。

2014年4月14日，国家工业和信息化部发布第27号公告，决定“于2014年12月31日废止国三柴油车产品《公告》，同时停止国三柴油车产品销售”。公告的发布，标志着我国在政策法规层面已经进入到柴油机国四时代。

2017年7月1日开始，全国范围全面实施国五排放标准，国五标准排放控制水平相当于欧洲的第5阶段排放标准。

2018年6月22日，生态环境部、国家市场监督管理总局发布《重型柴油车污染物排放限值及测量方法（中国第六阶段）》，自2019年7月1日起实施。国六标准排放控制水平相当于欧洲正在实施的第6阶段排放标准。

三　国内外车用尿素溶液标准的发展

世界各国在推行更为严格的柴油机排放法规的同时，配套制定了车用尿素溶液标准，如欧洲、日本等。目前，车用尿素溶液在国际上有两大主要认证，一是德国汽车工业协会（VDA）的AdBlue认证，另一个是美国石油学会（API）的DEF认证。

国内外车用尿素溶液的标准主要有：

①国际标准化组织ISO 22241-1：2006《Diesel engines—NO_x reduction agent AUS32—Part 1: Quality requirements》（柴油发动机AUS 32型NO_x还原剂　第1部分：质量要求）；

②ISO 22241-2：2006《Diesel engines—NO_x reduction agent AUS32—Part 2：Test methods》（柴油机NO_x还原剂AUS 32　第2部分：试验方法）；

③ISO 22241-3：2008《Diesel engines—NO_x reduction agent AUS32—Part3：Handling, transportation and storage》（柴油发动机NO_x还原剂AUS 3：2第3部分：装卸、运输和存储）；

④德国标准DIN 70070：2005《柴油机NO_x还原剂AUS32质量要求》；

⑤日本标准JIS K2247-1：2005《柴油机氮氧化物还原剂AUS32第1部分：质量要求》。

⑥2008年7月1日实施的北京市地方标准DB 11/552—2008《车用尿素溶液》；

⑦2011年9月1日实施的上海市地方标准DB31 /T538-2011《车用尿素溶液（AUS 32）》；

⑧深圳特区技术规范SZJG 33-2010《车用尿素溶液（AUS32）》；

⑨2013年7月1日实施的国家标准GB/T 29518-2013《柴油发动机氮氧化物还原剂 尿素水溶液（AUS 32）》

国内外车用尿素溶液标准对比见表10-1。

表10-1 国内外车用尿素溶液标准对比

项目	ISO 22241-1:2006	DIN 70070：2005	JIS K2247-1:2005（已作废）	DB 11/552—2008	DB 31/T 538—2011	SZJG 33	GB/T 29518—2013
尿素含量（质量分数）/%	31.8～33.2	31.8～33.2	31.8～33.3	31.8～33.3	31.8～33.2	31.8～33.2	31.8～33.2
密度（20℃）/（kg/m^3）	1087.0～1093.0	1087.0～1093.0	1087.0～1092.0	1087.0～1092.0	1087.0～1093.0	1087.0～1093.0	1087.0～1093.0
折光率（20℃）	1.3814～1.3843	1.3814～1.3843	1.3817～1.3840	1.3817～1.3840	1.3814～1.3843	1.3814～1.3843	1.3814～1.3843
缩二脲（质量分数）/%	≤0.3	≤0.3	≤0.3	≤0.3	≤0.3	≤0.3	≤0.3
不溶物/（mg/kg）	≤20	≤20	≤20	≤20	≤20	≤20	≤20
磷酸盐/（mg/kg）	≤0.5	≤0.5	≤0.5	≤0.5	≤0.5	≤0.5	≤0.5
铝/（mg/kg）	≤0.5	≤0.5		≤0.5	≤0.5	≤0.5	≤0.5
钙/（mg/kg）	≤0.5	≤0.5	≤0.5	≤0.5	≤0.5	≤0.5	≤0.5
铁/（mg/kg）	≤0.5	≤0.5	≤0.5	≤0.5	≤0.5	≤0.5	≤0.5
铬/（mg/kg）	≤0.2	≤0.2	≤0.2	≤0.2	≤0.2	≤0.2	≤0.2
钾/（mg/kg）	≤0.5	≤0.5	≤0.5	≤0.5	≤0.5	≤0.5	≤0.5
镁/（mg/kg）	≤0.5	≤0.5	≤0.5	≤0.5	≤0.5	≤0.5	≤0.5
钠/（mg/kg）	≤0.5	≤0.5	≤0.5	≤0.5	≤0.5	≤0.5	≤0.5
镍/（mg/kg）	≤0.2	≤0.2	≤0.2	≤0.2	≤0.2	≤0.2	≤0.2
锌/（mg/kg）	≤0.2	≤0.2	≤0.2	≤0.2	≤0.2	≤0.2	≤0.2
铜/（mg/kg）	≤0.2	≤0.2	≤0.2	≤0.2	≤0.2	≤0.2	≤0.2
醛/（mg/kg）	≤5	≤5	≤10	≤9	≤5	≤9	≤5
碳酸盐（以CO_2计）/%			≤0.2	≤0.2			
碱度（以NH_3计）/%	≤0.2	≤0.2	≤0.2	≤0.2	≤0.2	≤0.2	≤0.2
氯化物/（mg/kg）				≤0.2			

第二节 车用尿素溶液的性能

车用尿素溶液质量从对SCR系统的影响角度主要包含两方面的含义，一个是尿素浓度，一个是杂质含量。尿素浓度直接影响NO_x的转化效率，而杂质含量如果太高则会有损害催化转化器的风险。

车用尿素溶液中的尿素浓度对SCR系统的NO_x转化率有直接影响。由于采用SCR技术的发动机和汽车制造商已经在把32.5%的尿素溶液作为NO_x还原剂的问题上达成一致，所以这些制造商都用32.5%这个尿素浓度来标定SCR系统，保证NO_x的削减率水平满足排放标准要求。随着尿素浓度的降低，NO_x的削减率也会随之降低，当低于28%时一般就会造成NO_x超标排放。所以，对于车用尿素溶液生产者来说，保证尿素浓度在32.5%左右比较窄的范围内波动是必要的。

车用尿素溶液中的杂质主要指醛类、缩二脲、不溶物、磷酸盐和金属离子。醛类和缩二脲易发生聚合作用，生成高分子物质堵塞管道和催化器骨架。不溶于水的杂质易堵塞喷嘴，损害气泵，影响喷雾效果，降低NO_x转化效率。在高温下不溶物燃烧产生的积炭可能堵塞催化器骨架。磷和金属离子浓度过高会使催化器中毒，降低催化器活性，特别是钾离子和钙离子。所以在国际标准中对杂质含量有非常严格的限制。

车用尿素水溶液作为SCR系统中的还原剂，它满足严格的质量标准，保证了SCR系统工作的稳定性。迅速将汽车尾气中的NO_x转化为对环境无害的N_2和H_2O，使尾气排放达到法规规定的要求，净化空气，是一款非常符合环保要求的产品。

车用尿素溶液是一种人工合成的无毒、无味的液体，并且对水的污染是最低级别，使用它是简单且安全的，合格的车用尿素溶液满足以下性能要求：

一 高效的还原性

车用尿素溶液是SCR系统的还原剂，通过与汽车尾气中NO_x发生选择性催化还原反应，迅速提高NO_x的转化率，大大降低尾气中氮氧化合物的排放，起到净化汽车尾气的作用，保护环境。

二 结晶点更低

32.5%的车用尿素水溶液在-11℃开始结晶，在温度低于-11℃的严寒地区，车用尿素溶液开始结晶，不能维持SCR系统的正常运行。由此，开发一款结晶点更低的低温可兰素产品，使其在严寒地区仍能保持极佳的工作状态，维持SCR系统的正常运行，高效地净化汽车尾气，保护环境。

三 对催化剂无毒性

SCR催化剂是SCR还原技术的核心，因此催化剂的活性对提高整个SCR系统的转化效率至关重要。钙、铁、铜、钾等金属离子可以使Urea-SCR系统的V_2O_5/WO_3-TiO_2催化剂中毒失活，降低了NO_x的转化率。所以为保护Urea-SCR系统的催化剂，提高氮氧化物消减率，应该严格控制车用尿素溶液中以上金属元素的含量。

四 安全节能、清洁环保性

SCR技术比EGR技术节油5%～7%，更加节能环保。车用尿素清洁安全，没有腐蚀性，对车辆SCR系统的喷嘴、过滤器等零部件无损，是一款安全节能、清洁环保的高品质产品。

第三节 车用尿素溶液的组成

一 低温型车用尿素溶液的组成

低温型车用尿素溶液是由超纯水、低碳醇、铵盐类物质、多元醇聚醚分散剂、特种表面活性剂等物质调制而成。低碳醇和铵盐类物质可以有效降低车用尿素溶液的冰点；低分子量的多元醇聚醚分散剂利用分散功能阻止晶体晶型增长；一些特种表面活性剂能明显改变尿素水溶液在低温时的结晶行为。主要是针对客户反应的常温尿素低温（低于-11.5℃）条件下易结晶，需要热车而开发的有针对性的产品。

二 传统车用尿素溶液的组成

传统车用尿素溶液是由32.5%高纯尿素和62.5%超纯水调制而成，该尿素溶液的结晶点为-11.5℃。

防结晶型车用尿素溶液（持畅）、高效活性车用尿素溶液（省畅、净芯1号）含有自主设计合成的环保梳型胺类高分子聚合物和多官能团物质添加剂，降低体系中分子间的作用力，干扰晶体结晶的形态和强度，有效控制尿素结晶体的析出时间和析出量，有效持续保护SCR系统并净化管路，保持喷嘴长时间使用的无晶体析出，大大延长了国四车辆使用尿素溶液结晶造成的亮红灯周期。

第四节 我国车用尿素溶液的发展趋势

随着社会的发展和科技的进步，环保大势，势不可挡。在践行节能减排这一基本国策上，机动车特别是柴油车排放标准升级同样势不可挡，十年来排放标准从国二到国五已实现“三级跳”，而且史上最严国六标准也即将到来。2018年11月1日深圳国六排放标准开始实施，自11月1日（含）起，在深圳注册登记、外地转入的变更登记和转移登记的轻型压燃式发动机汽车应当符合国Ⅵ标准；自2018年12月31日（含）起，在深圳注册登记、外地转入的变更登记和转移登记的轻型点燃式发动机汽车应当符合国Ⅵ标准；对于政策实施前已购置或外地转入的轻型国Ⅴ车辆设置2个月的办理缓冲期；对于珠三角地区内的轻型国Ⅴ车辆设置2个月的过渡期。2019年国内全面实施国六排放标准，更严格的排放标准将促进环境保护力度的进一步提升。作为柴油车尾气排放处理的黄金搭档车用尿素将迎来再一次的市场爆发和产品升级。

车用尿素的使用源于SCR汽车尾气后处理技术，在机外后处理过程中，采用还原剂尿素溶液对氮氧化物进行选择性催化还原，使尾气中的氮氧化物变成无污染的氮气和水，降低NO_x排放，从而符合重型柴油车排放物相关法规。因此，车用尿素溶液成了柴油车达到排放标准的必备产品。

作为全球第二大汽车市场，我国重型卡车保有量为2300多万辆，每年国五标准重型卡车的销售量为70万台，每台重型卡车每年消耗车用尿素2t，未来车用尿素市场需求的上升将是爆发式的。预计2019年年底我国车用尿素溶液市场容量将达800万吨，因此需要建设大规模产业化的车用尿素生产装置，开发合格的高附加值车用尿素产品，实现一体化生产，满足日益增加的市场需求。

第五节　车用尿素溶液的使用

一　车用尿素溶液的工作原理

SCR系统的基本工作原理见图10-1。尾气从涡轮出来后进入排气混合管，在混合管上安装有尿素计量喷射装置，喷入尿素水溶液，尿素在高温下发生水解和热解反应后生成NH_3，在SCR系统催化剂表面利用NH_3还原NO_x，排出N_2，多余的NH_3也被还原为N_2，防止泄漏。一般情况下，消耗100L燃油的同时会消耗5L液体尿素水溶液。

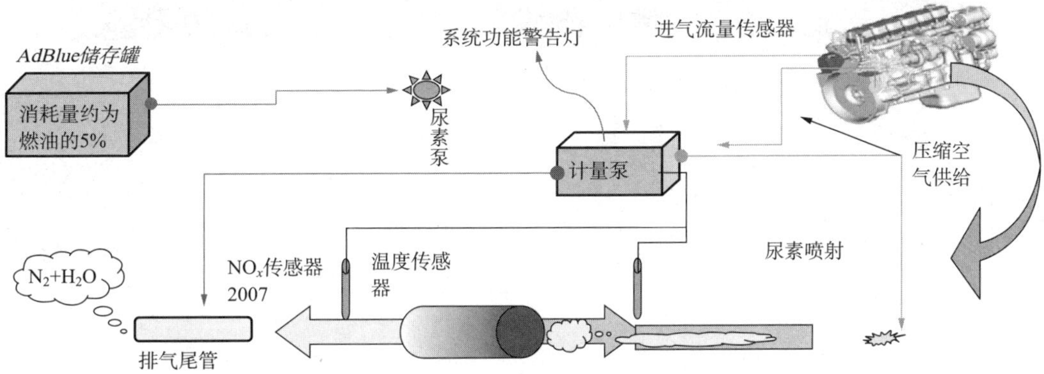

图10-1　SCR系统的基本工作原理

柴油发动机的主要污染排放物是NO_x（氮氧化物）和PM（微粒），减少这两种排放物所需的工作条件刚好是相反的，因此，出现了EGR（废气再循环）和SCR（选择性催化还原）两种技术方案来达到国四排放的要求。采取SCR技术路线的发动机在燃烧的过程中，已通过技术手段使柴油充分燃烧从而达到有效控制PM排放量的目标，而NO_x则需要在排气的过程中将其还原为氮气（N_2）和水（H_2O），这一过程的还原剂就是车用尿素溶液。尾气从涡轮增压器出来后进入排气管，排气管上安装有尿素计量喷射装置，在温度达到300～500℃时喷入尿素溶液，在催化剂的作用下尿素（NH_2CONH_2）水解产生NH_3和CO_2，NH_3与NO_x反应，生成氮气和水排出，如图10-2所示。车用尿素溶液在催化还原反应中的控制是非常精细化的一个过程，尿素的喷入量必须要与NO_x的浓度相匹配，尿素的喷入量过少，则达不到应有的处理水平，尿素的喷入量过多，则会使多余的氨气排入大气，导致新的污染。

二　车用尿素溶液的使用注意事项

①车用尿素溶液是一种透明无毒液体，不属于危险品，操作安全，对环境无害。

②车用尿素溶液不是车辆燃油和润滑系统添加剂，只能加注入尿素溶液箱中。

③若接触到衣物或皮肤，脱下被污染衣物，用肥皂水清洗皮肤。

④若不慎入眼，用大量清水冲洗至少15min，冲洗时保持眼睛张开。

⑤若不慎吸入，如有呼吸道刺痛或不适，请将人员转移到新鲜空气处，如症状持续，应就医。

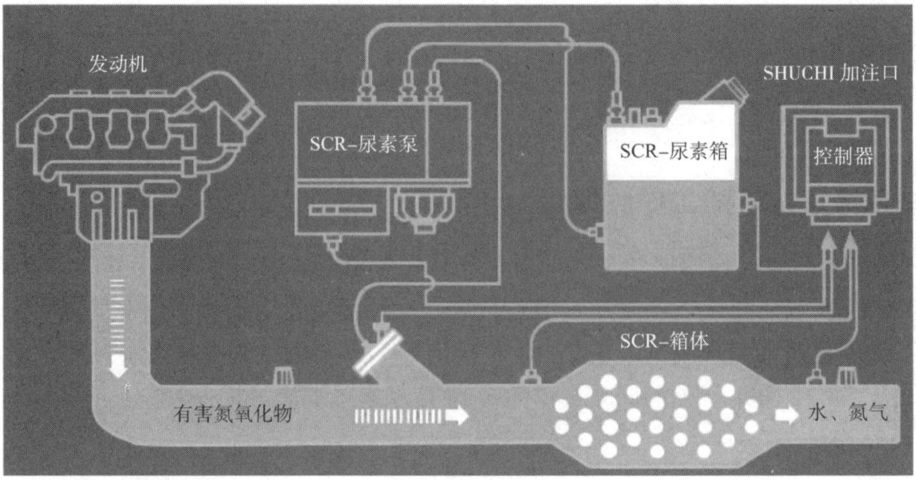

图10-2

参考文献

[1]曼格. 润滑剂与润滑. 北京: 化学工业出版社, 2000.
[2]徐先盛. 中国润滑油品大全. 北京: 中国石化出版社, 1996.
[3]董浚修. 润滑原理及润滑油. 北京: 中国石化出版社, 1998.
[4]北京联合润华科技公司. 车用润滑油宝典. 北京: 中国石化出版社, 2003.
[5]王丙申, 等. 石油产品应用指南. 北京: 石油工业出版社, 2002.
[6]宋昭峰, 刘希. 世界及中国车用润滑油市场发展趋势[J]. 润滑油, 2008, 23.
[7]伏喜胜, 姚文钊, 等. 润滑油添加剂的现状及发展趋势[J]. 汽车工艺与材料, 2005, 5.
[8]黄文轩. 全球润滑剂添加剂发展情况和趋势[J]. 石油商技, 2014(1).
[9]徐金龙, 等. 柴油机油标准的发展及对我国标准制定的启示[J]. 润滑油, 2008, 23(1).
[10]徐小红. 美国最新内燃机油规格发展, 润滑油[J]. 2005, 20(2).
[11]徐小红. 排放标准对美国柴油机油规格发展的影响[J]. 润滑油, 2004, 19(5).
[12]翟月奎, 孙翔兰. 轻负荷柴油发动机润滑特点及其润滑油发展规格[J]. 润滑油, 2008, 23(3).
[13]陈刚, 等. 柴油轿车发展趋势及对润滑油的要求[J]. 石油商技, 2008, 26(1).
[14]包冬梅, 杨超等. 2016版ACEA轻负荷发动机油规格简介[J]. 润滑油, 2018, 33(3).
[15]石顺友, 王雪梅. 美国重负荷柴油机油规格CK-4和FA-4及其影响[J]. 润滑油, 2017, 32(6).
[16]刘兴野, 王成功, 等. 汽油/燃气双燃料汽车发动机油的发展及应用[J]. 石油商技, 2006, 24(2).
[17]刘功德, 等. 天然气增压输送设备润滑油研究和应用发展[J]. 润滑油, 2007, 22(3).
[18]华献君, 等. ECD风冷二冲程汽油机油的研制[J]. 润滑油, 2000, 15(2).
[19]华献君, 等. TC-W3水冷二冲程汽油机油的研制[J]. 润滑油, 2004, 35(4).
[20]贺产鸿, 等. 摩托车市场的发展对摩托车专用油提出的要求[J]. 润滑油, 2000, 15(5).
[21]谢欣, 武光强. API发动机认证概述与我国发动机油认证展望[J]. 润滑油, 2008, 23(2).
[22]刘兴野, 姚斌, 等. 小马拉大车与润滑[J]. 石油商技, 2006, 24(4).
[23]韩申君. 四冲程摩托车发动机专用油的应用[J]. 石油商技, 2001, 19(5).
[24]姚文钊. 内燃机油添加剂的研究现状及发展趋势[J]. 润滑油, 2007, 22(3).
[25]周亚斌. 油液清洁液标准及测定方法[J]. 润滑油, 2008, 23(1).
[26]贺石中. 全新的润滑理念及油液监测技术[J]. 润滑油, 2006, 21(3).
[27]颜自力. 制动液标准中技术项目的确定和拓展可能性[J]. 润滑油, 2005, 20(4).
[28]崔海鸥. 车用减震器油系列产品的开发与应用研究[J]. 润滑油, 2008, 23(3).
[29]张龙华, 伏喜胜. 车辆齿轮油规格与技术发展趋势[J]. 润滑油, 2007, 22(5).
[30]唐林, 陈英等. 车辆齿轮油标准规范概述, [J]. 交通运输研究, 2012(18).
[31]王成功. 车辆齿轮油规格及其发展趋势[J]. 石油商技, 2005, 23(4).

[32]王成功，许淑艳. GL-4中负荷车辆齿轮油的标准化[J]. 石油商技，2004, 22(1).
[33]王成功. 重载车辆齿轮油[J]. 润滑油，2004, 19(6).
[34]钟泰岗. 关于车用润滑脂的几点认识和思考[J]. 石油商技，2008, 26(1).
[35]王月霞，等. 润滑油中的纳米材料[J]. 润滑油，2002, 17(3).
[36]蒋明俊，等. 生物降解润滑剂的特点及发展[J]. 石油商技，2008, 26(1).
[37]林菁，等. 发动机冷却液出现非正常热现象分析[J]. 石油商技，2004, 22(1).
[38]姚丽丹，等. 2017年中国润滑脂生产情况调查报告[J]. 石油商技，2018, 3.
[39]朱廷彬. 润滑脂技术大全(第二版). 北京：中国石化出版社，2009.
[40]钟泰岗，等. 汽车用润滑脂及添加剂. 北京：化学工业出版社，2006.
[41]梅凤德，等. 汽车润滑脂的发展及汽车用新型润滑脂的开发，中国汽车工程学会第十届年会论文专辑，2002.
[42]黄文轩. 润滑油添加剂遇到的挑战和发展趋势[J]. 石油商技，2007, 25(5).